승강기 기사 · 산업기사 실기

대한민국 산업현장교수

이 도 흠 저

머리말

 승강기 공학은 기계, 전기 및 제어공학과 인공지능 및 사물인터넷(IOT) 등 첨단 기능이 융복합된 기술이 요구되며 승강기는 건물의 초고층화, 대형화 및 인텔리전스화에 따라 현대사회에 없어서 안 될 중요한 수직 교통기관으로 수요가 폭발적으로 증가하고 있으며 시장성장이 지속 가능한 산업 분야로 전문 기술 인력의 수요도 꾸준히 증가하고 있다.

 우리나라의 승강기 운행 대수는 약 90만 대에 육박하고 있으며 연간 설치 대수는 약 5만 대로 세계 3위의 시장 규모여서 승강기 설계, 제조, 설치 및 유지보수 기술 인력은 성별 연령에 관계없이 전문 직종으로 인기가 높아 승강기기사 및 산업기사 시험 응시자도 꾸준히 증가하고 있다.

 약 40년 동안 대기업과 중견기업에서 터득한 실무능력과 1991년 일본 국토교통성의 승강기검사원 자격을 취득하여 우리나라 승강기 안전관리법 제정에 참여하였고 현재 고용노동부 산하기관인 산업인력공단에서 대한민국 산업현장 교수로 활동하면서 쌓은 경험과 1992년 동일 출판사에서 우리나라 최초의 승강기기사 수험 서적을 집필하고 대학과 한국승강기안전공단에서 강의하면서 승강기기사·산업기사 실기시험을 연구 분석한 결과를 바탕으로 자격시험 대비 및 한 차원 높은 실무 참고서로 활용할 수 있도록 다음 사항에 역점을 두어 집필하였다.

1. 2019년 개정 시행된 승강기 안전기준과 산업인력공단의 출제기준에 맞추어 승강기에 관한 실무 경험이 없는 수험생도 이해하기 쉽도록 규정 및 법규를 상세하게 설명하였다.
2. 승강기기사 및 산업기사 실기시험에 대비하여 꼭 필요한 기본 지식과 풍부한 문제를 수험생의 입장에서 이해하기 쉽도록 설명하였고 꼭 암기해야 할 내용을 반복하여 기술하였다.
3. 특히 최근 5개년 필답형 실기시험의 출제경향 파악을 위해 저자가 승강기기사, 승강기산업기사, 전기기사, 전기공사기사, 태양광발전설비기사 자격을 취득하면서 철저히 분석한 결과를 바탕으로 상세하고 이해하기 쉽게 수험생의 입장에서 설명하였으며 최근 출제 빈도가 높은 SI 단위계를 적용한 문제는 단위 변환 단계별로 쉽게 정리하여 이해도를 높였다.

4. 필답형 실기시험을 분석하여 단답형은 기출문제를 중심으로 정리하였고 서술형은 핵심 키워드를 사용하여 필요한 내용을 정확하게 설명하였으며 계산 문제는 계산과정을 단계별로 수식을 정리하여 채점 시 감점이 없도록 작성하였습니다.

끝으로 이 책을 통하여 많은 수험생들이 합격의 영광을 누리기를 기원하며 승강기 업무에 종사하는 전문 기술 인력의 참고서적으로 활용되어 승강기 관련 기술 발전 및 안전성 향상에 도움이 되기를 바라며 이 책의 출판에 힘써주신 엔트미디어 임직원 여러분께 감사의 마음을 전합니다.

저자 씀

차 례

1장　승강기 종류 및 계획 / 11

1. 승강기 정의 ·· 11
   1.1 승강기 정의 ·· 11
   1.2 유지관리 및 관리주체 ·· 11
2. 엘리베이터의 분류 ··· 12
3. 엘리베이터의 신기술 ··· 15
4. 수송능력 산출 및 계획 ·· 16
   4.1 설비 계획상의 요건 ··· 16
   4.2 대수 선정의 기본요소 ··· 16
   4.3 설치 대수 산정 ·· 17
   4.4 승강기의 기본 시방 ··· 18
   4.5 건축법에 다른 엘리베이터 대수 ·· 18
5. 교통량 계산 및 위치선정 ··· 19
   5.1 교통량 분석 방법 ··· 19
   5.2 위치선정의 기본사항 ··· 21
   5.3 엘리베이터의 집단화(군관리) ·· 22
   5.4 서비스 층과 통과 층 ··· 22
   5.5 설치 대수에 따른 배열 ·· 22
6. 고층 건물의 연돌현상(Stack Effect)과 피스톤 효과(Piston Effect) ········ 23
   6.1 연돌 현상(Stack Effect) ·· 23
   6.2 피스톤 효과(Piston Effect) ·· 24
7. 승강기 설치 및 점검 ··· 25
   7.1 엘리베이터 설치공법 ··· 25
   7.2 기계실 배선 결선작업 ··· 27
   7.3 에스컬레이터 및 무빙워크 설치 시 확인 사항 ····························· 30
   7.4 승강기 정밀안전검사 기준 ··· 31
   7.5 승강기 안전 인증 부품 ·· 32
   7.6 엘리베이터 점검사항 ··· 32

7.7 에스컬레이터 점검 및 관리 ······································ 33
7.8 승강기 검사 및 고장의 종류 ···································· 34

2장 엘리베이터 설계·제작 및 검사 / 37

1. 카의 구성요소와 규격 ·· 37
1.1 카 틀의 구성요소 및 강도계산 ································ 37
1.2 카의 벽 및 지붕 ·· 43
1.3 카 바닥 ·· 45
1.4 조명 및 전기 ·· 46

2. 권상기 ·· 47
2.1 감속기의 종류 및 특성 ·· 47
2.2 무기어 방식 ·· 48
2.3 웜기어, 헬리컬기어, 무기어 방식의 특성비교 ········ 48
2.4 엘리베이터 구동용 전동기 ···································· 49
2.5 권상기 브레이크 ·· 49
2.6 권상기 도르래와 마찰력 ·· 53
2.7 권상기의 안전성 시험 ·· 58
2.8 기계대(권상기대) ·· 62

3. 제어 및 전기설비 ·· 64
3.1 교류 엘리베이터의 제어방식 ·································· 64
3.2 직류 엘리베이터의 속도제어 ·································· 70
3.3 엘리베이터 제어반 ·· 72
3.4 논리 시퀀스 회로 ·· 74
3.5 논리 대수 및 드 모르간의 정리 ····························· 76
3.6 자동제어 ·· 78
3.7 승강기 기본 회로 ·· 79
3.8 전기설비 설계 ·· 84
3.9 저항과 콘덴서의 접속 ·· 90
3.10 전류계와 전압계 ·· 91

4. 속도와 토크 및 트랙션 비 계산 ································ 92
4.1 엘리베이터의 속도와 토크 계산 ···························· 92
4.2 트랙션 비(Traction ratio) ·· 93

5. 기계실, 승강로, 피트 ·· 96
5.1 기계실 ··· 96
5.2 승강로 ··· 99
5.3 피트 ··· 100
5.4 피트 바닥의 수직력 ·· 101

6. 주요 안전장치 ··· 102
6.1 과속조절기(조속기) ·· 102
6.2 추락방지안전장치 ·· 104
6.3 완충기 ··· 105
6.4 상승과속 방지장치 ··· 108
6.5 개문출방방지 장치(UCMP : Unintended Car Movement Protection) ····· 108
6.6 리미트 스위치 및 파이널리미트 스위치 ··· 109
6.7 종단 층 강제감속 장치 ··· 111
6.8 튀어오름방지 장치(로크다운 비상정지) ··· 111
6.9 권동식로프 이완장치 ··· 111
6.10 과부하 검출장치 ··· 112

7. 도어 시스템 ··· 112
7.1 승강장문 및 카문 ··· 112
7.2 문턱 및 문의 현수 ··· 113
7.3 도어 머신 ·· 113
7.4 도어의 안전장치 ·· 113
7.5 승강장문 및 카문 잠금장치의 시험방법 ··· 116

8. 주요 부품 및 부속장치 ··· 117
8.1 주행 안내레일 ·· 117
8.2 로프 및 벨트 ·· 126
8.3 균형추 ··· 130
8.4 위치표시기의 용도 및 종류 ·· 130
8.5 통화장치의 용도 및 종류 ··· 130
8.6 비상전원장치 ·· 132
8.7 정전 시 구출운전장치 ··· 132

9. 유압식 엘리베이터의 구조 및 원리 ··· 133
9.1 직접식 및 간접식 유압 엘리베이터의 특징 ······································· 133
9.2 유압 엘리베이터의 속도제어 방식 ·· 134
9.3 유압회로 ·· 135

9.4 엘리베이터용 유압회로 ……………………………………………………… 136
9.5 펌프 ……………………………………………………………………………… 138
9.6 밸브 및 안전장치 ……………………………………………………………… 138
9.7 실린더와 가요성 호스 ………………………………………………………… 139
9.8 유압실린더의 추력 및 유량 속도 …………………………………………… 140
9.9 실린더 내벽의 두께와 안전율 ……………………………………………… 140

10. 엘리베이터 안전기준 ……………………………………………………………… 141
   10.1 적용범위 ……………………………………………………………………… 141
   10.2 용어의 정의 ………………………………………………………………… 141
   10.3 승강로, 기계실·기계류 공간 및 풀리실 ………………………………… 143

3장 에스컬레이터 설계·제작 및 설치·검사 / 213

1. 에스컬레이터의 개요 ……………………………………………………………… 213
   1.1 에스컬레이터의 분류 ………………………………………………………… 213
   1.2 에스컬레이터의 특징 ………………………………………………………… 213
   1.3 에스컬레이터의 배치 시 고려사항 ………………………………………… 214
   1.4 에스컬레이터의 배열 ………………………………………………………… 214
   1.5 옥외용 에스컬레이터 및 무빙워크 추가요건 …………………………… 215

2. 에스컬레이터 구성요소의 규격 및 용량 ……………………………………… 215
   2.1 수송 능력 ……………………………………………………………………… 215
   2.2 속도 및 경사각과 수직 높이 ……………………………………………… 215
   2.3 구동장치 ………………………………………………………………………… 216
   2.4 디딤판(스텝)과 난간 ………………………………………………………… 219

3. 에스컬레이터 안전장치 …………………………………………………………… 220
   3.1 안전장치 ………………………………………………………………………… 220
   3.2 건축물과 공유영역 안전장치 ……………………………………………… 222
   3.3 보조 브레이크 ………………………………………………………………… 222
   3.4 에스컬레이터와 무빙워크의 안전기준 …………………………………… 223

4. 에스컬레이터 및 무빙워크 안전기준 …………………………………………… 224
   4.1 용어의 정의 …………………………………………………………………… 224
   4.2 골조 구조물(트러스) 및 보호벽 …………………………………………… 226
   4.3 디딤판 ………………………………………………………………………… 227
   4.4 구동장치 ………………………………………………………………………… 232

4.5 난간 ·· 235
4.6 손잡이 시스템 ··· 235
4.7 승강장 ·· 236
4.8 기계류 공간 및 구동·순환 장소 ······································ 237
4.9 전기설비 및 전기기구 ··· 238
4.10 전기 제어 시스템 ·· 238
4.11 과속역행방지장치(보조 브레이크) ································ 244
4.12 표시 및 경고장치 ·· 245
4.13 옥외용 에스컬레이터 및 무빙워크 추가요건 ················ 245
4.14 건축물과의 공유영역 ··· 246

4장 특수엘리베이터 및 기계식 주차설비 / 250

1. 경사형 엘리베이터 [별표 23] ··· 250
   1.1 적용범위 ··· 250
   1.2 기계실 ·· 250
   1.3 승강로 ·· 251
   1.4 승강로 상부공간 및 피트 ·· 253
   1.5 추락방지안전장치 및 개문출발 방지장치 ····················· 254

2. 소형화물용 엘리베이터 [별표 25] ······································ 256
   2.1 적용범위 ··· 256
   2.2 기계실과 승강로 ·· 256
   2.3 카 ··· 256
   2.4 로프, 추락방지안전장치 ·· 257

3. 수직형 휠체어리프트 [별표 26] ·· 258
   3.1 적용범위 ··· 258
   3.2 정격속도 및 정격하중 ··· 258
   3.3 카 ··· 259
   3.4 추락방지안전장치 ·· 259
   3.5 구동피니언 ··· 260
   3.6 구동 방식 ··· 260
   3.7 로프와 체인 ··· 260

4. 경사형 휠체어리프트 [별표 27] ·· 261
   4.1 적용범위 ··· 261
   4.2 정격속도 및 정격하중 ··· 261

4.3 추락방지안전장치 ··· 261
4.4 구동피니언 ·· 263
4.5 로프와 체인 ·· 263

5. 기계식 주차장치 및 유희 설비 ··· 263
5.1 기계식 주차장치의 종류 ·· 263
5.2 기계식 주차장치의 특징 ·· 265
5.3 기계식 주차장치의 안전장치 ·· 266
5.4 유희시설 및 건설용 리프트 ·· 266
5.5 건설용 리프트 ·· 267

승강기기사·산업기사 실기 예상문제 및 기출문제 / 269

▶ 승강기기사·산업기사 실기 예상문제 ··· 270
▶ 승강기기사·산업기사 실기 출제문제 ··· 349
  2020년 승강기기사 실기(필답형) ··· 349
  2021년 승강기기사 실기(필답형) ··· 368
  2022년 승강기기사 실기(필답형) ··· 386
  2023년 승강기기사 실기 ·· 406
  2024년 승강기기사·산업기사 실기 ··· 431
  2025년 승강기기사·산업기사 실기 ··· 469

부록 승강기기사·산업기사 필수 암기사항 / 507

1장 승강기 종류 및 계획

1. 승강기 정의

1.1 승강기 정의

(1) "승강기"란 건축물이나 고정된 시설물에 설치되어 일정한 경로에 따라 사람이나 화물을 승강장으로 옮기는 데에 사용되는 시설로서 엘리베이터, 에스컬레이터, 휠체어리프트 등 대통령령으로 정하는 것을 말한다.
(2) "승강기 유지관리용 부품"이란 승강기를 유지관리 하는 데에 필요한 주요 부품으로서 행정안전부령으로 정하는 것을 말한다.

1.2 유지관리 및 관리주체

(1) "유지관리"란 승강기가 갖추어야 하는 기능 및 안전성을 유지할 수 있도록 주기적인 점검을 실시하고 부품의 교체 및 수리 등 승강기를 보수하는 것을 말한다.
(2) "승강기 관리주체"란 다음 각 목의 어느 하나에 해당하는 자를 말한다.
　① 승강기 소유자로서 관리책임이 있는 자
　② 다른 법령에 따라 승강기 관리자로 규정되어 승강기를 관리할 책임과 권한을 가진 자
　③ 승강기 소유자나 다른 법령에 따라 승강기 관리자로 규정된 자와의 계약에 따라 승강기를 관리할 책임과 권한을 부여받은 자
(3) 승강기 안전관리자의 일상점검 확인 사항
　① 기계실 출입문의 잠금상태
　② 기계실 온도 및 환기장치의 작동상태
　③ 엘리베이터·휠체어리프트 호출버튼 및 등록버튼의 작동상태
　④ 표준부착물의 부착상태
　⑤ 엘리베이터 비상통화장치의 작동상태
　⑥ 기계실 출입문 및 승강장문 등 비상열쇠의 관리상태
　⑦ 그 밖에 관리주체가 승강기 안전 운행에 필요하다고 정하는 사항

(4) 승강기 안전관리자는 일상점검을 실시하고 안전 운행에 지장이 있다고 판단되는 경우에는 즉시 해당 승강기의 운행을 중지시키고 관리주체에 보고해야 한다.

(5) 승강기 안전관리자는 비상열쇠를 다른 사람으로 하여금 사용하게 하거나 관리하게 해서는 안된다. 다만, 승강기의 유지관리 및 안전검사 등에 필요하다고 인정되는 경우에는 안전관리 기술자 또는 119구조대원으로 하여금 사용하게 할 수 있다.

2. 엘리베이터의 분류

(1) 용도에 의한 분류

　1) 승객용
　　① 승객용 : 사람의 수송을 목적으로 제작한 엘리베이터
　　② 소방구조용 : 화재 시 소화 활동 및 구조를 목적으로 제작한 엘리베이터
　　③ 피난용 : 화재 및 재난 발생 시 거주자의 피난 활동을 목적으로 제작한 엘리베이터로 평상시에는 승객용으로 사용한다.
　　④ 셔틀 엘리베이터 : 초고층 빌딩에서 중간의 승계 층까지 직행 왕복 운전하여 대량 수송을 목적으로 하는 엘리베이터

　2) 인하용 : 승객용과 화물용 겸용으로 인승용 엘리베이터의 안전기준에 준한다.

　3) 화물용
　　① 화물용 : 화물의 수송을 목적으로 제작한 엘리베이터
　　② 자동차용 : 자동차 운반을 목적으로 제작한 엘리베이터
　　③ 소형화물용 : 적재하중 300 kg 이하, 속도 1 m/s 이하의 엘리베이터

(2) 속도에 의한 분류
　① 저속 : 분속 45 m/min. 이하의 엘리베이터
　② 중·저속 : 분속 60 m/min. ~ 105 m/min. 엘리베이터
　③ 고속 : 분속 120 m/min. 이상의 엘리베이터.

　　※ 우리나라 승강기 안전관리법의 유지관리업 등록기준에 의한 속도분류
　　　중저속 엘리베이터 : 4 m/s 이하
　　　고속 엘리베이터 : 4 m/s 초과

　④ 초고속 : 분속 300 m/min. 초과하는 엘리베이터

(3) 조작 방식에 의한 분류

① 단식 자동식 : 먼저 등록된 하나의 호출에 대한 운전이 종료 될 때까지는 다른 호출이 등록되지 않는다. (승강장 버튼은 호출용 1개 : 화물용)

② 키 스위치 방식 : 카의 운전이 모두 운전자의 의지에 따라 키 스위치 조작에 의해서만 된다.

③ 신호방식 : 카의 문 개폐만이 운전자의 레버나 누름버튼 조작에 의하여 이루어지고 진행 방향의 결정이나 정지층의 결정은 미리 등록된 카 내 행선층 버튼 또는 승강장 버튼에 의해 이루어지는 조작 방식

④ 하강 승합 전자동식 : 2층 이상의 층에는 하강용 버튼만 있는 방식으로 상승은 1층에서만 가능하며 방범 목적으로 사용된다.

⑤ 승합 전자동식 : 주로 1대의 엘리베이터를 운행할 경우 적용되는 방식으로 승강장 누름 버튼은 상승용, 하강용의 양쪽 모두 동작이 가능한 방식이며 상승 또는 하강으로의 진행 방향에 승객이 합승을 원할 경우 합승 호출에 응답하면서 운전하는 방식

⑥ 2-CAR 병렬운전 : 2대의 엘리베이터의 승강장 버튼의 호출을 통합하여 병렬로 운행하는 방식

⑦ 군승합 자동운전 : 2~3대의 엘리베이터가 한 팀으로 연동되어 셀렉티브, 콜렉티브 운전을 하여 호출에 응답하고 먼저 응답을 끝낸 카는 기준층으로 복귀하고 나머지 카는 최종 서비스 층에서 대기하는 방식

⑧ 군관리 방식 : 3대~8대의 엘리베이터를 그룹으로 통합하여 관리하는 방식으로 시간에 따라 변하는 승객수, 호출 등록수 및 통과 층수 등을 연산하여 대기 시간이 짧고 수송효율이 높은 방식으로 최근에는 AI(인공지능) 및 학습제어 및 행선층예약 시스템이 적용되고 있다.

※ 각 층 강제 정지 운전
① 야간에 카 안의 범죄활동을 방지하기 위하여 승용 엘리베이터에 적용하는 방범 운전을 목적으로 한다.
② 스위치를 수동으로 ON 시키거나 제어반에 시간을 설정하여 자동으로 각 층마다 강제 정지하면서 목적 층까지 운행하는 방식이다.

(4) 감속기 구조에 의한 분류

① 기어드 방식 : 감속용 기어를 사용하는 방식으로 웜기어와 헬리컬기어가 사용된다.
② 기어 리스 방식 : 감속 기어가 없는 방식으로 고속엘리베이터에 사용되며 효율이 높다.

(5) 기계실 위치에 의한 분류

① 상부 : 승강로 상부에 기계실이 있다.

② 하부 : 승강로 하부에 기계실이 있다.

③ MRL : 기계실 없는 엘리베이터로 건물의 용적률을 높일 수 있고 도시 경관이 미려한 장점이 있어 약 15층 이하의 건물에 적용하고 있다.

(6) 구동 방식에 의한 분류

1) 로프식(전기식)

① 권상식 (트랙션 방식) : 권상식으로 균형추가 있어 속도와 승강 행정의 제한이 없다.

② 권동식(포지티브 방식) : 균형추가 없어 승강로 소요 면적이 작다는 장점이 있어 소형화물용과 주택용에 사용하며 소요 동력이 크고 과 주행의 위험이 있으며 고양정에 사용하기 어려운 단점이 있다.

2) 유압식 : 직접식과 간접식이 있으며 기계실의 위치가 자유롭고 균형추가 없다.

3) 랙·피니언 방식 : 공사 현장에서 화물 운반용으로 사용

(7) 제어 방식에 의한 분류

1) 직류 엘리베이터

① 워드레오나드 방식 : 모터-발전기(M-G)를 이용하여 전기자전압을 제어하는 방식으로 중·저속 엘리베이터에 사용한다.

② 정지레오나드 방식 : 모터-발전기 대신에 전력용 반도체 소자를 사용한 전압제어 방식으로 고속 엘리베이터에 사용한다.

2) 교류 엘리베이터

① 교류 1단 속도제어 : 분속 30 m/min 이하의 저속 엘리베이터에 사용한다.

② 교류 2단 속도제어 : 유도 전동기의 극수 변환방식으로 중·저속 엘리베이터에 적용한다.

③ 교류 귀환 전압제어 : 카의 실제 속도와 지령 속도를 비교하여 사이리스터 점호각을 바꿔 유도 전동기의 속도를 제어하는 방식으로 중·저속 엘리베이터에 적용한다.

④ 가변전압 가변주파수 제어 : 인버터를 이용한 방식으로 모든 속도에 사용한다. (VVVF)

※ 동기전동기를 인버터로 제어하는 방식은 현재 승차감 및 효율이 탁월하여 저속에서 초고속 엘리베이터에 사용되며 인버터 제어방식은 에스컬레이터, 유압식 엘리베이터 등 광범위하게 사용된다.

3. 엘리베이터의 신기술

(1) **엘리베이터에 적용되는 사물인터넷 (IoT : Internet of Things)**
 ① 원격보수 : 센서를 연결하여 고장진단 및 보수
 ② 스마트폰 호출 : 스마트폰을 이용한 승강기 호출
 ③ 설치현장 안전사고 예방 : 카메라 및 센서를 통해 안전장구 착용상태 및 현장 안전관리
 ④ 인포메이션 모니터 : 카 안의 승객에게 뉴스 및 정보전달

(2) **목적층(행선층) 예약시스템**
 군관리 방식의 엘리베이터 운행 시 승강장에서 목적 층을 선행 등록하여 같은 층의 승객을 동일 카에 탑승시켜 정지 횟수를 줄여 수송 능력을 높이는 방식으로 카 내부의 조작반에는 층 등록 버튼이 없는 방식으로 흐름은 다음과 같다.
 ① 승강장에서 목적층 버튼 등록
 ② 제어반에서 가장 빨리 수송 가능한 카 지정 (같은 목적층 승객을 같은 카에 지정)
 ③ 탑승할 호기의 카를 승객에게 표시
 ④ 정지 층수가 감소하여 일주시간이 줄고 수송 능력이 향상된다.

(3) **빅데이터를 이용한 학습제어**
 각 층의 호출 등록 데이터를 수집 분석하여 카를 각층의 요구 시간대에 배치하여 수송효율을 높이는 방식

(4) **트윈 엘리베이터(Twin Elevator)**
 ① 한 승강로에 2대의 카가 저층부와 고층부로 분리되어 독립적으로 운행
 ② 권상기와 제어반은 각각 독립하여 설치한다.
 ③ 충돌방지장치가 필요하다.
 ④ 더블데크 엘리베이터보다 수송효율이 높다.

(5) **더블데크 엘리베이터 (Double Deck Elevator)**
 ① 한 승강로에 2대의 카가 2층으로 연결되어 운행
 ② 권상기와 제어반은 공동으로 같이 사용한다.
 ③ 각층의 층고 차이를 조정하기 위해 층고 조절장치가 필요하다.

4. 수송능력 산출 및 계획

4.1 설비 계획상의 요건

(1) 교통량 계산을 하여 그 빌딩의 교통수요에 적합한 충분한 대수일 것
(2) 이용자의 대기시간이 허용치 이하가 되도록 고려할 것
(3) 여러 대를 설치할 경우 가능한 건물 가운데로 배치할 것
(4) 교통수요에 따라 시발 층을 어느 하나의 층으로 할 것
(5) 군관리 운전을 할 경우에는 서비스 층은 최상층과 최하층을 일치시켜야 효율이 높다.
(6) 초고층 빌딩의 경우에는 서비스 층의 분할을 고려할 것

4.2 대수 선정의 기본요소

(1) **교통량 분석의 5요소**
 ① 집중율 : 단위시간에 이동하는 사람 수와 건물에 출입히는 전체 사람 수에 대한 비율
 ② 5분간 수송 능력 : 출발층에서 5분동안 엘리베이터를 탈 수 있는 사람 수
 ③ 일주시간(RTT) : 카가 출발 층에 도착한 시점부터 승객을 싣고 등록된 층에 응답하면서 최상층을 거쳐 다시 출발층으로 돌아오는데 걸리는 시간을 초 단위로 표기
 ④ 평균운전간격 : 일주시간을 동일 승강장에서 운행되는 대수로 나눈 값을 초 단위로 표기
 ⑤ 평균 대기시간 : 승객이 엘리베이터를 호출한 후 엘리베이터를 탈 때까지의 시간
  (평균 운전간격의 약 1/2 정도)

(2) **교통수요**
 ① 교통수요는 빌딩의 용도와 규모에 따른 단위시간의 승객의 집중율로 예측한다.
  (교통수요의 피크시간대 고려)
 ② 건물의 규모 구분을 산정하는 요소

사무실	공동주택	백화점	호 텔	병 원
유효면적	거주인구	매장면적	침실수	침상(bed)수

 ※ 사무실의 경우 하강 방향의 교통수요는 고려하지 않는다.

(3) 건물의 거주인구

① 오피스 빌딩 : 거주인구 = $\dfrac{\text{층별유효면적}[m^2] \times (\text{건물층수} - 2)}{1\text{인당 점유면적}[m^2]}$ [명]

② 공동주택 : 거주인구 = 세대당 거주인구 × 세대수

③ 호텔 : 침실의 베드수 또는 수용가능한 숙박자

④ 병원 : 침상 수

4.3 설치 대수 산정

(1) 양적인 관점

① 교통수요를 과부족 없이 수송 가능한 능력의 대수이다.

② 일주시간과 건물의 피크 시간대의 평균 탑승 승객수로 계산하여 5분간의 수송 능력을 산출한다.

$$5\text{분간 수송 인원 } P' = \dfrac{5 \times 60 \times r}{RTT}$$

여기서, r : 승객 수이며 출근 시 80% 적용

$$\text{전 대수의 5분간 수송 인원 } P = NP' = N \times \dfrac{5 \times 60 \times r}{RTT}$$

여기서, N : 엘리베이터 대수

③ 일주시간 (RTT : One Round Trip Time)
- 엘리베이터가 출발층에서 승객을 싣고 서비스하면서 올라갔다가 다시 출발층으로 되돌아올 때까지 걸리는 시간이다.
- 일주시간 = Σ(주행시간 + 도어개폐시간 + 승객출입시간 + 손실시간)
- 로컬(완행) 구간 내 예상 정지수 $f_L = n\left\{1 - \left(\dfrac{n-1}{n}\right)^r\right\}$

  여기서, n = 건물 층수 - 2, r(승객수) = 엘리베이터 정원 × 탑승률
- 전 예상정지수 $f = f_L + f_E$

  여기서, f_E : express zone(급행구간)으로 통상 1로 한다.
- 손실시간은 통상 (도어개폐시간 + 승객출입시간)의 10%를 적용한다.

④ 양적인 관점의 엘리베이터의 대수 : $N = \dfrac{Q}{P}$

여기서, Q : 5분간 전 교통수요, P : 대당 5분 간 수송인원

(2) 질적인 관점

① 엘리베이터 이용자의 대기시간을 허용치 이하로 서비스할 수 있는 대수이다

② 평균 운전 간격 $= \dfrac{RTT}{N}$

∴ 대수 $N = \dfrac{RTT}{평균운전간격}$

(3) 5분간 집중률 (수송 능력)

건물의 전체 거주인구 중 5분내 운송할 수 있는 승객의 비율로 건물의 운송 효율을 측정하는 기준요소

$$5분간 수송능력(CC) = \dfrac{전대수의\ 5분간\ 수송인원(P)}{건물의\ 거주인구(Q)} \times 100\%$$

4.4 승강기의 기본 시방

승강기 시방의 결정의 흐름은 (1) → (2) → (3) 의 순서로 최종 시방이 결정되며 기본 시방은 속도, 용량, 대수 3가지다.

(1) 기본시방 설정	(2) 정격용량 및 정격속도	(3) 건물의 용도 및 규모
속도	권상기와 전동기의 용량	운전방식
용량	카의 크기	승강장 및 카의 의장
대수	기계실과 승강로 크기	설치 대수
	구동방식	뱅크 수

4.5 건축법에 다른 엘리베이터 대수

(1) 의료, 영업, 문화시설

대수 $N = \dfrac{6층\ 이상\ 면적[\text{m}^2] - 3000}{2000} + 2$

※ 6층 이상의 면적이 3000[m²] 이하 : 2대 이상

(2) 공동주택

대수 $N = \dfrac{6층\ 이상\ 면적[\text{m}^2] - 3000}{2000} + 1$

※ 6층 이상의 면적이 3000[m²] 이하 : 1대 이상

(3) **8인승 이상 15인승 이하** : 1대, 16인승 이상 : 2대로 인정한다.

(4) **10층 이상 공동주택** : 적재하중 900kg 이상의 엘리베이터 설치해야 한다.

5. 교통량 계산 및 위치선정

5.1 교통량 분석 방법

(1) **교통량 계산의 정의**

　엘리베이터 설비능력의 적합여부를 판정하기 위해 교통수요의 피크치를 추정하여 엘리베이터의 수송능력과 비교하는 것이다.

(2) **교통량 계산방법의 종류**

　① 예상 정지층 수에 따른 운전확률에 의한 계산
　　- 설비계획 초기에 유효한 분석 수단이다.
　② 시뮬레이션(Simulation)에 의한 계산
　　- 컴퓨터를 이용하여 실제의 조건으로 가상 재현해 보는 분석 방법으로 피크시 이외의 분석도 가능하다.

(3) **건물 용도별 피크 교통수요**

사무실	호텔	아파트	병원	백화점
아침 출근 시간	오전 체크아웃 시간 (9~11시)	저녁 귀가 시간	오후 면회 시간	휴일 정오 전후

(4) **교통량 계산 요소**

최대 수송능력 계산 요소	최대 교통량 계산 요소
엘리베이터 대수	빌딩의 용도
정격 속도	빌딩의 성질
정격하중(정원)	층별 용도
서비스 층 구분	층별 인구 (총 면적)
뱅크 구분	층고
이동 동선	출발층

(5) 건물의 용도별 5분간 수송능력

건물의 용도		5분간 수송능력(%)	평균 운전 간격
주거시설	급행용(셔틀)	8~10	30초 이하 (수송 능력이 충분한 경우는 40초 정도 까지 허용)
주거시설	구간용(로컬)	5~7	
숙박시설	급행용(셔틀)	12~15	
숙박시설	구간용(로컬)	10~15	
업무시설 (구간용)	전용	13~16	
업무시설 (구간용)	준 전용	13~15]	
업무시설 (구간용)	소규모 임대	12~14	
업무시설	급행용(셔틀)	15~20	

예제 지상 10층, 정원 15인승의 승객용 엘리베이터 2대가 다음과 같은 조건으로 운행할 때 물음에 답하시오.

- 용도 : 일사전용사무실
- 승객출입시간 : 2.5초/인
- 탑승율 : 80%
- 1인당 점유면적 : 8[m²]
- 도어개폐시간 : 2.7/층
- 주행시간 : 37초
- 각 층 유효 면적 : 650[m²]

(1) 전 예상 정지 층수를 구하시오.

① 로컬 구간내 예상정지수
$$f_L = n\left\{1-\left(\frac{n-1}{n}\right)^r\right\} = 8 \times 1-\left(\frac{8-1}{8}\right)^{12} = 6.39$$
여기서, $n = 10-2 = 8$, $r = 15 \times 0.8 = 12$
② 전 예상정지층수
$f = f_L + f_E = 6.39 + 1 = 7.39$ (급행존내 정지층 수 $f_E = 1$)

(2) 일주시간을 구하시오.

RTT = ∑(주행시간 + 도어개폐시간 + 승객출입시간 + 손실시간)
　　= 37 + 19.95 + 30 + 5 = 91.95[초]
① 주행시간 $T_r = 37$[초]
② 도어 개폐시간 = $T_d = t_r \times f = 2.7 \times 7.39 = 19.95$[초]
③ 승객출입시간 = $T_P = t_p \times r = 2.5 \times 12 = 30$[초]
④ 손실시간 = $T_e = 0.1 \times (T_d + T_P) = 0.1 \times (19.95 + 30) = 4.995 = 5$[초]

(3) 거주인구를 구하시오.

거주인구 : $Q = \dfrac{\text{각층 유효면적} \times 3층\text{ 이상의 층수}}{1\text{인당 점유면적}} = 650 \times \dfrac{(10-2)}{8} = 650$

(4) 5분간 집중률을 구하시오.

> 풀이
>
> 집중률 = $\dfrac{5분간\ 전대수의\ 수송능력}{거주인구} = \dfrac{78.32}{650} \times 100 = 12.05[\%]$
>
> 1대당 5분간 수송능력 $P' = 300 \times \dfrac{r}{RTT} = 300 \times \dfrac{12}{91.94} = 39.16$
>
> 전 대수의 5분간 수송능력 $P = P' \times n = 39.16 \times 2 = 78.32$

> **예제** 중간층에 정지하지 않고 전속주행 시 편도 소비전력이 1 m당 1 kWh, 가감속 시 각각 9 kWh의 에너지를 소비하는 1:1 로핑의 전기식 엘리베이터의 전속 주행 거리가 33 m일 때 일주에너지(kWh)를 구하시오.

> 풀이
>
> $P = 2 \times (9 + 1 \times 33 + 9) = 102[\text{kWh}]$
>
> 답 : 102[kWh]

> **예제** 10층, 층고 4.2 m, 각 층의 유효면적 700 m²인 일반사무실 전용빌딩의 상주인구를 구하시오. (단, 1인당 점유면적은 7 m²로 한다.)

> 풀이
>
> 상주인구 = $\dfrac{각층\ 유효면적 \times (층수 - 2)}{1인당\ 점유면적} = \dfrac{700 \times (10 - 2)}{7} = 800$ 명

5.2 위치선정의 기본사항

(1) 엘리베이터의 배치
① 교통량 계산의 결과 해당 건물의 교통수요에 적합한 충분한 대수를 설치한다.
② 승객이 접근하기 쉬운 곳에 위치해야 하며, 가능하면 건물 중앙에 위치하는 것이 효율적이다.
③ 엘리베이터를 기다리는 공간은 복도의 통로가 아닌 별도의 공간으로 구성한다.
④ 초고층의 경우 서비스층을 분할 하는 것을 검토한다.
⑤ 여러 대를 설치할 경우 집중 배치해야 효율이 높다.

(2) 에스컬레이터의 배치
① 에스컬레이터의 바닥점유면적을 되도록 적게 배치한다.
② 건물의 지지보·기둥위치를 고려하여 하중을 균등하게 분산시킨다.
③ 승객의 보행거리를 줄일 수 있도록 배열을 계획한다.
④ 건물의 정면 출입구와 엘리베이터의 중간에 설치한다.
⑤ 사람의 움직임이 많은 곳에 설치한다.

5.3 엘리베이터의 집단화(군관리)

(1) 한 건물에서 한 대 이상의 승객용 엘리베이터가 필요하면 모든 승객용 엘리베이터는 집단화하면 수송 능력이 증가한다.

(2) 한 건물 내에 여러 곳에 따로 놓여 있는 개별 승객용 엘리베이터의 단점
① 승객의 대기시간 증가
② 보수점검 시의 불편
③ 이사 등 전용 운전 시 일반승객의 이용 불편

5.4 서비스 층과 통과 층

(1) 한 그룹으로 된 엘리베이터는 같은 층들을 서비스해야 운전 효율을 높일 수 있다.

(2) 통과층
① 운행효율을 높이고 엘리베이터의 정지 횟수를 줄고 소비전력이 감소한다
② 격층운행, 3개 층 격층 운행, 홀·짝수 층 분리 운행 등이 있다.

(3) 서비스 층 분할
① 초고층 건물은 저층부, 중층부, 고층부로 서비스 층을 분할하여 호기를 배치하면 정지 회수가 줄어 일주시간이 줄고 수송 능력이 증가된다.
② 서비층 분할 구간은 변경이 가능하다.

5.5 설치 대수에 따른 배열

(1) 복수의 엘리베이터를 설치하는 경우, 집단화는 필수적이며 적합한 위치에 그룹화된 엘리베이터를 배치한다.

(2) 승객의 출입 동선, 이용자의 성향 등을 고려하여 보행거리를 최소화하도록 배열하여야 한다.

(3) 배열이 적정치 않으면 정지 층에서 승객의 이동에 따른 대기시간의 증가로 효율이 떨어진다.

(4) 효율적인 배열은 다음과 같다.

엘리베이터 배치의 예

엘리베이터 바람직한 배치 예	나쁜 배치 예
1뱅크 4대 이하의 직선배치	1뱅크 5대 이상 배치는 보행거리가 길어 3대 2내의 대면 배치가 적합
1뱅크 4~6대 배치의 대면 거리는 3.5~4.5[m]로 한다. (3.5~4.5m)	대면 거리 6[m] 이상으로 대면 배치한다. ※ 1뱅크의 대면 거리는 3.5~4.5m가 적합 (6m 이상)
1뱅크 4~8대의 대면 배치의 대면 거리는 3.5~4.5[m]로 한다. (3.5~4.5m)	뱅크의 분기점이 분명하지 않으므로 승차 시 혼잡하다. 대면 거리 6[m] 이상으로 대면 배치한다. ※ 4대 이상은 대면 배치가 적합 (저층용 고층용)
다른 뱅크의 경우는 각 뱅크의 간격을 6[m] 이상으로 한다. (저층용 고층용, 6m 이상)	

6. 고층 건물의 연돌현상(Stack Effect)과 피스톤 효과(Piston Effect)

6.1 연돌 현상(Stack Effect)

(1) 건물의 내부와 외부 온도 차이 및 건물의 높이에 의해 발생하는 상·하부의 압력 차이에 의한 공기의 상승 현상이 엘리베이터의 승강로를 통해 이동하며 발생하는 현상

(2) 연돌현상의 문제점
① 승강장 도어가 자동으로 완전히 닫히지 않음
② 상층부 도어 오픈 시 승강로 내부의 공기가 승강장으로 이동
③ 문틀(Jamb)과 문짝의 틈새를 통과하는 공기의 유동 소음 발생
④ 승강로 내부 상승기류와 기기의 공진현상이 발생하면 주행 소음 및 진동 발생

(3) 연돌현상 방지 대책
① 승강로 기계실에 공조시스템 설치
② 중앙개폐식 도어 적용 (측면 개폐식에 비해 틈새가 작다.)
③ 건물에 이중문 설치
④ 건물에 자동문 설치
⑤ 건물에 회전문 설치

6.2 피스톤 효과(Piston Effect)

(1) 주로 한 승강로에 1-CAR 및 2-CAR로 운행하는 속도 4 m/s 이상에서 건물 상부와 하부의 압력 차로 발생하는 빠른 공기의 흐름 현상

(2) 문제점
① 카 및 승강장 도어의 진동
② 바람으로 인한 소음 발생(풍절음)

(3) 건물 측 대책
① 승강로 확장 시공
② 승강로에 공기흐름을 위한 Air Hole 시공
③ 승강로 벽면 평탄화

(4) 엘리베이터 측 대책
① 카의 상부와 하부에 유선형 커버(Air Cap) 설치
② 카문과 승강장 문을 2중 패널로 제작
③ 카 및 승강장 문턱과 패널 사이를 밀폐시킨다.

7. 승강기 설치 및 점검

7.1 엘리베이터 설치공법

(1) 비계 공법(족장공법)
① 동력원(전원)이 필요 없이 비계(족장)을 1개층 마다 설치하면서 작업
② 기계실 없는 엘리베이터(MRL)에 주로 적용한다.

(2) 본체 공법(무족장 공법)
① 가장 안전하게 작업할 수 있는 일반적인 공법
② 기계실에 본 공사용 권상기와 승강로에 케이지를 설치하여 상하로 움직이며 작업한다.
③ 본체 공법으로 설치하기 위한 건축 선행조건
    가) 기계실 골조 완료(출입문 포함)
    나) 승강로 3면 골조 및 벽체 완료
    다) 승강로 내부 돌출물 제거 및 피트 청소 완료
    라) 출입구 안전난간 및 차폐판 설치
④ 본 공사용 권상기, 베어반, 케이지(카), 균형추, 로프 등을 사용하여 설치 작업을 한다.

(3) 임시 카 공법 (Winch 공법)
① 본 설치 자재 준비 전에 레일과 완충기를 시공하여 안전성을 확보하고 공사 기간 단축
② 승강로 상부에 윈치(Winch)를 설치하고 임시 카를 상하로 움직이며 작업한다.
③ 본체 공법으로 설치하기 위한 건축 선행조건
    가) 기계실 골조 완료(출입문 포함)
    나) 승강로 3면 골조 및 벽체 완료
    다) 승강로 내부 돌출물 제거 및 피트 청소 완료
    라) 출입구 안전난간 및 차폐판 설치
④ 본 공사용 권상기, 베어반, 케이지(카), 균형추, 로프 등을 사용하여 설치 작업을 한다.

(4) 분절 공법
① 초고층 건물의 골조 완료 이전에 레일과 카를 설치하여 단계별로 중간에 기계실을 설치하고 상층으로 이동하면서 하는 공법으로 최단 시간 내 엘리베이터를 가동시킬 수 있다.
② 중간 기계실에 본 공사용 권상기와 승강로에 케이지와 레일을 설치하여 상하로 움직이며 작업한다.

③ 본체 공법으로 설치하기 위한 건축 선행조건
    가) 기계실 골조 완료(출입문 포함)
    나) 승강로 3면 골조 및 벽체 완료
    다) 승강로 내부 돌출물 제거 및 피트 청소 완료
    라) 출입구 안전난간 및 차폐판 설치

(5) 스텝업(Step up)공법
① 초고층 건물의 골조 완료 이전에 해당 구간만 골조가 완료 되면 카를 타워크레인을 사용하여 상하로 이동시켜 공사용으로 사용 가능하다.
② 중간 기계실에 본 공사용 권상기와 승강로에 케이지와 레일을 설치하여 상하로 움직이며 작업한다.

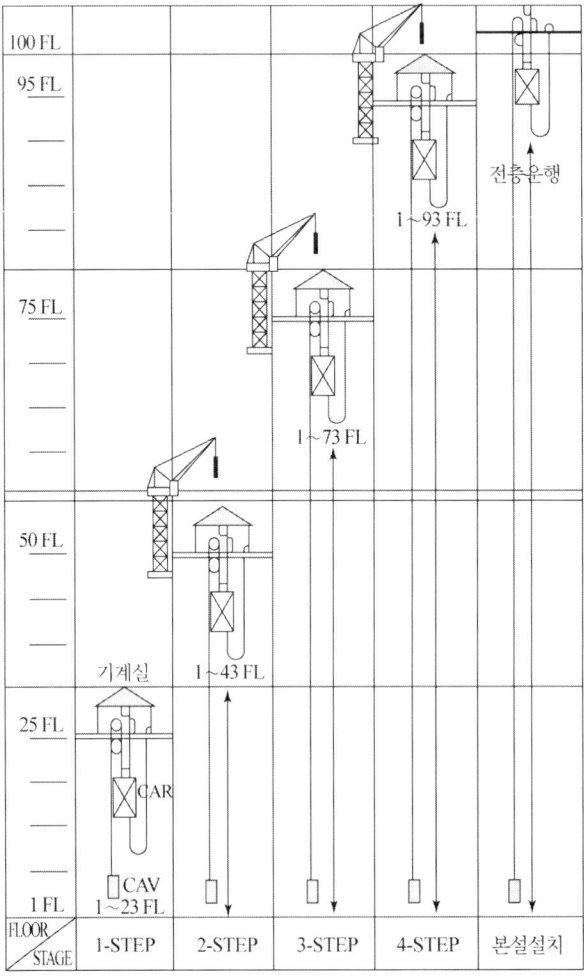

Step-up 공법 순서도

③ 본체 공법으로 설치하기 위한 건축 선행조건
　　가) 기계실 형성(출입문 포함)
　　나) 승강로 3면 골조 및 벽체 완료
　　다) 승강로 내부 돌출물 제거 및 피트 청소 완료
　　라) 출입구 안전난간 및 차폐판 설치

7.2 기계실 배선 결선작업

(1) 기계실에 사용되는 전기의 종류

1) 단상 전기

① 단상 2선식 배전

단상 2선식은 단상 교류 전력을 2가닥의 전선으로 배전하는 방식이다.

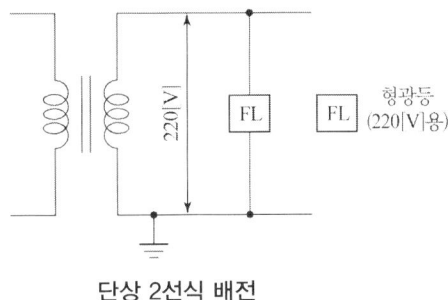

단상 2선식 배전

② 단상 3선식 배전

단상 3선식은 단상 교류 전력을 2가닥의 전선과 중성선 1가닥으로 배전하는 방식이다. 전압선과 중성선 사이에는 110[V], 두 전압선 사이에는 220[V]의 전기가 흐른다.

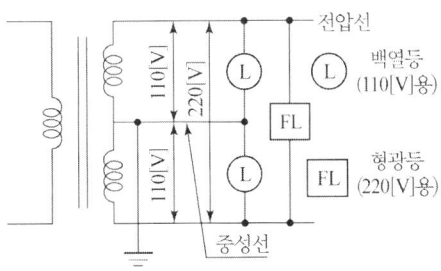

단상 3선식 배전

2) 3상 전기

① 3상 3선식 배전

3상 3선식은 삼상(3상) 220[V] 교류 전력을 3가닥의 전압선으로 배전하는 방식이다.

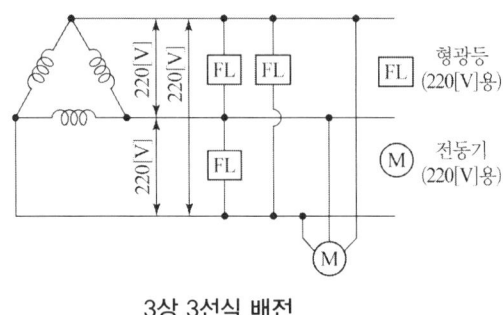

3상 3선식 배전

② 3상 4선식 배전

3상 4선식은 삼상(3상) 교류 전력을 3가닥의 전압선과 1가닥의 중성선으로 배전하는 방식이다. 전압선 사이의 전압은 380[V]이며, 전압선과 중성선 사이는 단상 220[V]의 전기가 흐른다.

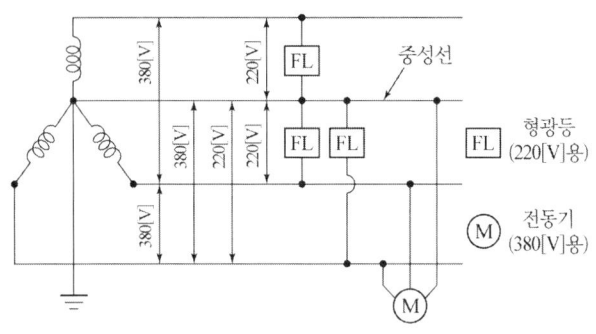

3상 4선식 배전

(2) 기계실 배전 설비

1) 기계실 분전반의 구성

① 계실의 분전반은 엘리베이터 제어반 호기별로 독립하여 설치하여야 한다.

② 3상 4선식 배선용 차단기와 승강로 조명용 단상 2선식 차단기로 구성되어 있다.

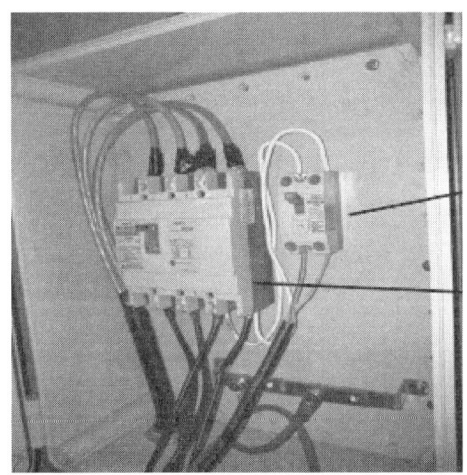

분전반 형상도

2) 기계실 분전반의 배선

기계실의 분전반은 대부분 조명 전원을 사용해야 하므로 3상 4선식의 송전에 유리한 배전 방법을 채용하고 있다.

(3) 기계실 분전반의 배선용 차단기

1) 배선용 차단기의 정의

배선용 차단기(MCCB)에 대한 국내 KS 규격은 KS C 8321에 '개폐 기구, 트립 장치 등을 절연물의 용기 내에 일체로 조립한 것이며, 통상 사용 상태의 전로를 수동 또는 절연물 용기 외부의 전기 조작 장치 등에 의하여 개폐할 수 가있고, 또 과부하 및 단락 등일 경우, 자동적으로 전로를 차단하는 기구를 말한다.'라고 정의되어 있다. 공식 명칭은 배선용 차단기, 영문으로는 MCCB(Molded Case Circuit Breaker)로 명명한다.

2) 기계실 분전반의 배선용 차단기의 역할

MCCB는 회로에 이상이 생겼을 때 재빨리 전로를 차단함으로써 배선, 접속기기 파괴나 화재 발생을 방지하는 기기로서 과부하 차단 및 단락 전류와 같은 사고를 차단한다. 단락 같은 큰 사고 전류가 흐를 때에는 순간적으로 전로를 차단한다.

3) 배선용 차단기 용량 산정 방법

① 엘리베이터 배선용 차단기는 설치 매뉴얼 및 전기 도면에 제시된 용량과 동일한 용량으로 선정되어야 하며 기계실 분전반의 배선용 차단기 확인 시 반드시 확인해야 하는 항목이다.

② 배선용 차단기의 용량을 선정하는 방법은 우선 부하 전류를 확인하고 이에 따른 전선의 허용 전류를 계산한 후 적합한 배선용 차단기를 선정한다.
　㉠ 전동기 이외의 부하 전류의 합이 전동기 부하보다 큰 경우 모든 부하 전류의 합을 계산하여 동일하거나 큰 허용전류를 보유한 전선을 산정한다.
　㉡ 전동기를 제외한 부하전류의 합이 전동기 부하전류의 합보다 작고 전동기 부하전류의 합이 50[A] 이하인 경우 전선의 허용 전류는 전동기 부하전류의 합 × 1.25 + 전동기 제외한 부하 전류의 합으로 산정한다.
　(50A 초과 시는 전동기 부하전류의 합×1.1)

7.3 에스컬레이터 및 무빙워크 설치 시 확인 사항

(1) 설치 각도를 확인한다. (30° 이하)
(2) 난간의 높이를 확인한다. (0.9m 이상 1.1m 이하)
(3) 난간 외부로 추락을 예방하는 장치를 확인한다.
(4) 핸드레일 인입구 치수를 확인한다.
(5) 구공기 기계실 공간 치수와 조명 및 콘센트를 확인한다.
(6) 이용자를 위한 자유공간을 확인한다.
(7) 옥외용의 경우 다음 설치 상태를 확인한다.
　① 강수에 대한 보호가 되어야 한다.
　② 미끄럼 방지가 되어야 한다.
　③ 야간 조명 장치가 되어야 한다.

7.4 승강기 정밀안전검사 기준

(1) 정밀 검사장비를 사용하여 검사하여야 하는 검사항목은 다음과 같다.

구분	검사항목
엘리베이터	1) 제어반(열화상태) 2) 구동기(권상능력) 3) 전동기(운전 및 절연상태) 4) 유압유니트(운전상태) 5) 브레이크(제동력 및 감속도) 6) 비상정지장치(제동력 및 감속도) 7) 럽처밸브(제동력 및 감속도) 8) 상승과속방지장치(제동력 및 감속도) 9) 개문출발방지장치(제동력 및 감속도) 10) 릴리프밸브(압력) 11) 카문 및 승강장문(문닫힘 속도 및 운동에너지)
경사형 엘리베이터	1) 제어반(열화상태) 2) 구동기(권상능력) 3) 전동기(운전 및 절연상태) 4) 유압유니트(운전상태) 5) 브레이크(제동력 및 감속도) 6) 비상정지장치(제동력 및 감속도) 7) 럽처밸브(제동력 및 감속도) 8) 상승과속방지장치(제동력 및 감속도) 9) 개문출발방지장치(제동력 및 감속도) 10) 릴리프밸브(압력) 11) 카문 및 승강장문(문닫힘 속도 및 운동에너지)
에스컬레이터	1) 제어반(열화상태) 2) 전동기(운전 및 절연상태) 3) 브레이크(제동력 및 감속도) 4) 보조브레이크(제동력 및 감속도) 5) 핸드레일(디딤판과의 공차속도 및 장력상태)
소형화물용 엘리베이터	1) 제어반(열화상태) 2) 구동기(권상능력) 3) 전동기(운전 및 절연상태) 4) 브레이크(제동력 및 감속도) 5) 비상정지장치(제동력 및 감속도) 6) 럽처밸브(제동력 및 감속도) 7) 릴리프밸브(압력)
수직형 휠체어리프트	1) 제어반(열화상태) 2) 전동기(운전 및 절연상태) 3) 유압유니트(운전상태) 4) 브레이크(제동력 및 감속도) 5) 럽처밸브(제동력 및 감속도)
경사형 휠체어리프트	1) 제어반(열화상태) 2) 전동기(운전 및 절연상태) 3) 브레이크(제동력 및 감속도)

(2) 승강기를 구성하는 모든 승강기부품은 심한 마모 또는 부식이 없는지 확인하고, 그 승강기부품의 설치상태 및 작동상태가 양호한지 확인한다.

(3) 승강기에 대한 자체점검이 실시되고 있는지 확인한다.

7.5 승강기 안전 인증 부품

구 분	승강기 안전 부품
엘리베이터 또는 휠체어리프트	1. 문열림출발방지장치(unintended car movement protection means) 2. 과속조절기(Overspeed governors) 3. 구동기(전동기 및 전자기계 브레이크를 포함한다) 4. 럽처밸브(rupture valve: 압력배관 파손 시 기름의 누설에 의한 승강기의 하강을 제지하는 장치를 말한다) 5. 비상통화장치 6. 상승과속방지장치(Ascending car overspeed protection means) 7. 완충기 8. 유량제한기(One-way restrictor) 9. 이동케이블 10. 제어반 11. 추락방지안전장치(Safety gear) 12. 출입문 잠금장치 13. 출입문 조립체 14. 매다는 장치(Suspension means)
에스컬레이터	1. 과속역행방지장치 2. 구동기(전동기 및 전자기계 브레이크를 포함한다) 3. 구동 체인 4. 디딤판 5. 디딤판 체인 6. 제어반

7.6 엘리베이터 점검사항

(1) 도어레일의 점검항목
  ① 도어레일 표면에 녹이 발생했는가?
  ② 도어레일 표면에 손상되었는가?
  ③ 도어레일 고정용 볼트는 견고한가?
  ④ 도어레일 위의 이물질, 특히 레일 양끝단의 이물질 유무 확인

(2) 행거롤러의 점검항목
① 행거롤러가 원활하게 회전하는가?
② 행거롤러 축의 코킹 부위가 회전하지 않는가?
③ 행거롤러의 베어링부에서 비정상적인 소음이 발생하는가?
④ 행거롤러의 표면에 크랙이나 홈 등이 있는가?

(3) 도어 인터록장치의 점검항목
① 승장 도어장치가 잠김 상태에서 도어가 열리지 않는지 두 세 번에 걸쳐 손으로 열림 확인.
② 각 부의 볼트가 견고히 체결되었는지를 확인한다.
③ 접점부 스위치가 견고히 고정되었는지를 확인한다.
④ 개방 롤러를 손으로 위로 올린 후 놓아 스프링에 의해 인터록 S/W를 접촉시킨 후 인터록 장치가 원활하게 작동하는지를 확인한다.
⑤ 승장도어가 출입구 어느 위치에서나 자동으로 닫히는지를 반드시 확인한다.
⑥ 인터록 장치의 접점이 마모되거나 비정상적인 상태인지 점검한다.
⑦ 도어 연동로프와 웨이트 고정로프의 고정 볼트가 견고히 체결되었는지를 확인한다.
⑧ 도어 연동로프와 웨이트 고정로프의 마모, 손상, 파손 정도를 점검한다.

(4) 제동장치의 점검항목
① 플런저 조정치가 원활한 작동을 하고 있는가?
② 정상 운행 시 브레이크 패드와 드럼의 간격은 적절한가?
    이 때 패드가 드럼에 접촉하는지 그 틈새가 패드 면을 따라 균일한지를 확인한다.
③ 플런저 스트로크와 브레이크 개방확인 스위치의 접촉 간극이 정상인가?
④ 2개의 브레이크 레버가 플런저 로드와 동시에 접촉하는가?
⑤ 기동 시 또는 정지 시 비정상적인 소음이 발생하는가?

7.7 에스컬레이터 점검 및 관리

(1) 스텝이상 검출장치의 점검항목
① 검출 스위치의 동작은 양호한가?
② 장치 각 부의 취부상태는 양호한가?
③ 배선의 취부 및 단자의 체결상태는 양호한가?
④ 레버와 검출 스위치는 올바른 치수로 조정되어 있는가?

(2) 구동체인 안전장치의 점검항목
① 검출 스위치의 동작은 양호한가?
② 암, 레버 등 장치의 취부상태는 양호한가? 또한 먼지 등이 쌓여 각 구동부의 기능을 손상시키지 않았는가?
③ 배선의 취부 및 단자의 체결상태는 양호한가?

(3) 스텝체인 절단 검출장치의 점검항목
① 검출 스위치의 동작은 양호한가?
② 검출 스위치 및 캠의 취부상태는 양호한가?
③ 배선의 취부 및 단자의 체결상태는 양호한가?
④ 종동장치 텐션 스프링은 올바른 치수로 셋팅되어 있는가?

(4) 스커트가드 안전장치의 점검항목
① 검출 스위치의 동작은 양호한가?
② 스커트가드 판넬 안전장치의 취부상태는 양호한가?
③ 배선의 취부 및 단자의 체결상태는 양호한가?

(5) 핸드레일 인입구 안전장치의 점검항목
① 인레트 고무에 변형 및 먼저 등이 붙어 있지는 않는가?
② 에스컬레이터가 주행 중 손잡이 밸트와 인레크 고무는 접촉하지 않는가?
③ 인레트 안전장치의 동작은 양호한가?
④ 인레트 안전장치의 취부상태는 양호한가?
⑤ 배선의 취부 및 단자의 체결 상태는 양호한가?

7.8 승강기 검사 및 고장의 종류

(1) 승강기 검사의 종류

1) 설치검사
① 설치신고한 날부터 다음날까지 설치검사 신청
② 설치검사를 받은 날부터 승강기 사고배상책임보험 가입

2) 정기검사 (기본주기 : 2년 이내)
① 중대한 사고, 고장 발생 후 2년이 지나지 않은 승강기 : 6개월
② 설치검사를 받은 날부터 25년이 경과 한 승강기 : 6개월

③ 화물용, 자동차용, 소형화물용, 주택용 엘리베이터 : 2년
④ 화물용, 자동차용, 소형화물용, 주택용 이외의 엘리베이터 : 1년

3) 수시검사
① 승강기 종류, 제어방식, 정격속도, 정격용량 또는 왕복 운행 거리를 변경한 경우
② 승강기 사고가 발생하여 수리한 경우
③ 승강기 제어반 또는 구동기를 교체한 경우
④ 관리주체가 요청한 경우

4) 정밀안전검사
① 검사 결과 원인이 불명확하여 사고 예방과 안전성 확보를 위하여 필요하다고 인정된 경우
② 설치검사 후 15년이 지난 승강기 : 정밀안전검사를 받은 날부터 3년 마다
③ 승강기 결함으로 중대한 사고 또는 중대한 고장이 발생한 승강기
④ 그 밖에 안전 침해 우려로 행정안전부장관이 인정한 경우

5) 자체검사 (기본주기 : 1개월)
① 적합한 경우 판정 : 양호 (A)
② 경미 한 부적합 시 판정 : 주의관찰(B)
③ 긴급수리 또는 교체 필요 시 판정 : 긴급수리 (C)

6) 관리주체가 행하는 엘리베이터 자체검사 항목
① 주개폐기의 설치 및 작동상태
② 안전표지
③ 비상운전 및 작동시험을 위한 장치의 기능 및 작동상태
④ 비상통화장치 설치 및 작동상태
⑤ 누수 및 청결 상태
⑥ 감속기의 이상 소음 및 진동상태
⑦ 피트 및 기계류 공간의 접근 수단

7) 관리주체가 행하는 에스컬레이터의 자체검검 항목
① 조명 절연저항
② 디딤판 틈새
③ 손잡이 틈새
④ 유지점검/보수용 정지스위치 작동상태
⑤ 속도, 전류 및 정지거리
⑥ 전기 안전장치의 감지상태

⑦ 안전표지

(2) 중대한 고장의 종류

1) 엘리베이터, 휠체어리프트
   ① 출입문이 열린 상태로 움직인 경우
   ② 출입문이 이탈되거나 파손되어 운행되지 않은 경우
   ③ 최상, 최하 층을 지나 계속 움직인 경우
   ④ 운행하려는 층으로 운행하지 않은 경우
   ⑤ 운행 중 승객이 운반기구에 갇힌 경우

2) 에스컬레이터
   ① 손잡이와 디딤판의 속도 차이가 기준을 초과한 경우
   ② 하강운행 시 기준을 초과하는 과속이 발생한 경우
   ③ 과속 또는 역주행 방지 장치가 정상적으로 작동하지 않은 경우
   ④ 디딤판이 파손되거나 이탈되어 운행되지 않은 경우

2장 엘리베이터 설계·제작 및 검사

1. 카의 구성요소와 규격

1.1 카 틀의 구성요소 및 강도계산

(1) 카 틀의 구조

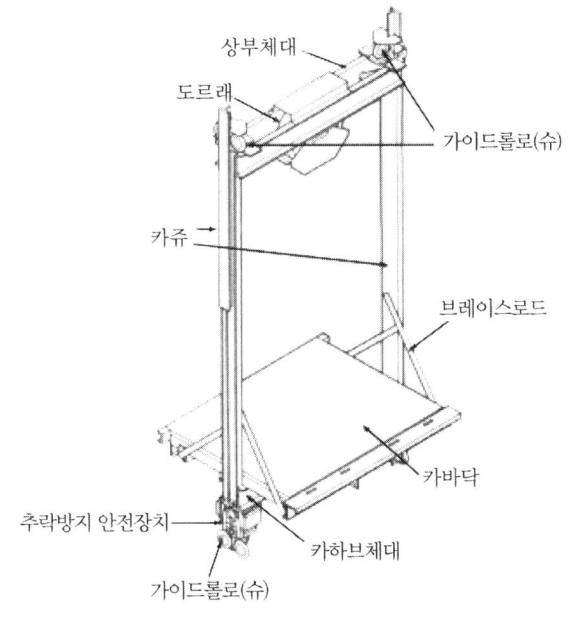

카의 구조

① 상부 체대 : 카 상부 프레임으로 로프를 고정하는 부재다.
② 카수 : 카의 수직 프레임으로 카 바닥과 상부체대를 연결 연결하는 부재다.
③ 하부체대 : 카 하부의 프레임으로 카 바닥과 적재하중을 지행하는 부재다.
④ 브레이스로드(경사봉) : 카 바닥의 균형유지 카 바닥에 걸리는 하중의 $\frac{3}{8}$을 지탱한다.

※ 카틀의 구성요소 : 상부체대, 카주, 하부체대, 브레이스 로드(경사봉)

⑤ 가이드슈(롤러) : 카가 레일에서 이탈되지 않도록 안내하고 고속 엘리베이터에는 진동을 흡수력이 우수한 가이드 롤러를 사용한다.

(2) 부재의 안전율 및 적합성

① 엘리베이터 카 및 카 틀의 안전율은 7.5 이상이어야 한다.
② 부재 선정의 적합 조건 : 부재의 허용응력 ≥ 사용응력
③ 응력 $\sigma = \dfrac{M_{\max}(최대굽힘모멘트)}{Z(단면계수)}$ [kg/cm²]
④ 최대 처짐 $\delta_{\max} = \dfrac{W_T \times L^3}{48EI}$ [cm]
⑤ 안전율 $S = \dfrac{\text{부재의 파단강도}}{\text{응력}} = \dfrac{f}{\sigma} \geq 7.5$
⑥ 응력 $\sigma = \dfrac{M_{\max}}{Z}$ [kg/cm²]

여기서, W_T : 카 측 총 중량[kg] W : 적재하중[kg]
W_C : 카 자중[kg] L : 상부 체대 길이[cm]
E : 재료의 영률 계수[kg/cm²] Z : 부재의 단면계수[cm³]
I : 단면 2차 모멘트[cm⁴] f : 부재의 파단강도[kg/cm²]

※ kg과 N의 단위 및 길이의 단위는 통일하여 문제를 풀어야 한다. (1 kg = 9.81 N)
  Pa = N/m²

(3) 상부 체대의 강도계산

※ 상부 체대의 최대처짐 : 상부 체대 길이의 1/960 이하

① 1 : 1 로핑 및 현수 도르래 1개의 2 : 1 로핑의 경우의 최대굽힘모멘트

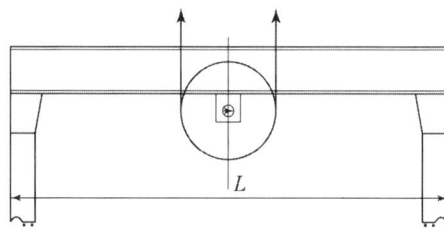

최대굽힘모멘트 $M_{\max} = \dfrac{(W+W_c) \cdot L}{4}$ [kg·cm]

응력 $\sigma = \dfrac{M_{\max}}{Z}$ [kg/cm^2]

안전율 $S = \dfrac{\text{부재의 파단강도}}{\text{응력}} = \dfrac{f}{\sigma}$

② 현수 도르래 2개의 2 : 1 로핑의 경우의 최대굽힘모멘트

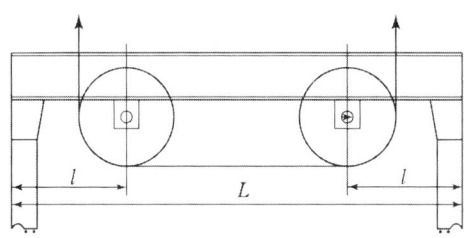

최대굽힘모멘트 $M_{\max} = \dfrac{(W+W_c) \cdot l}{2}$ [kg·cm]

W : 적재하중[kg]

W_c : 카 자중[kg]

l : 상부 체대 끝단에서 현수 도르래 중심까지의 거리[cm]

예제 1:1 로핑의 전기식 엘리베이터의 상부체대 부재의 길이가 170 cm, 단면계수 194.01 cm^3, 중심에 작용하는 힘이 23249.7 N이고 부재의 허용응력이 95 MPa일 때 상부체대의 적합성을 판단하시오.

풀이 최대굽힘모멘트 $M_{\max} = \dfrac{23249.7 \times 170}{4} = 988112.25$ [N·cm]

응력 $\sigma = \dfrac{988112.25}{194.01} = 5093.1$ [N/cm^2]

※ 5093.1[N/cm^2] = $\dfrac{5093.1[\text{N}]}{(10^{-2})^2}$ = $5093.1 \times 10^4 \times 10^{-6}$ = 50.93[MPa]

※ Pa = N/m^2

허용응력(95 MPa) ≥ 사용응력(50.93 MPa) 적합다.

(허용응력 95[MPa] = 95×10^6[N/m^2] = $\dfrac{95 \times 10^6}{(10^2)^2}$ = 9500[N/cm^2]

9500[N/cm^2] ≥ 5093.1[N/cm^2] 적합하다.)

(4) 하부 체대의 강도 계산

1) 카 바닥을 통하여 하부 체대에 걸리는 하중은 분포 하중으로 볼 수 있다.

   (단, 하중의 $\frac{3}{8}$은 브레이스 로드에서 분담)

   최대 굽힘 모멘트 $M_{\max} = \dfrac{5(W+W_c) \cdot L}{64}$ [kg·cm]

2) 하부 로핑 방식의 경우(밀어 올리기식)

   최대 굽힘 모멘트 $M_{\max} = \dfrac{(W+W_c) \cdot l}{2}$ [kg·cm]

W : 적재하중[kg], L : 하부 체대 길이, W_c : 카자중

l : 하부 체대 끝단에서 현수 도르래 중심까지의 거리[cm]

> **예제** 엘리베이터 적재중량이 3500 kg이고 카 및 관련 부품들의 중량이 2000 kg일 때 하부체대에 발생하는 최대굽힘응력은 약 몇 MPa 인가? (단, 하부체대길이 3 m, 하부체대 총 단면계수는 498000 mm³이다.)

풀이 최대굽힘모멘트 $M_{\max} = \dfrac{5 \times (3500+2000) \times 3 \times 9.81}{64} = 12645.70$ [N·m]

최대굽힘응력 $\sigma = \dfrac{12645.7}{498000 \times (10^{-3})^3} \times 10^{-6} = 25.39$ [MPa]

※ 1[kg] = 9.81[N], 1[Pa] = [N/m²], 1[MPa] = 10⁶[Pa] 이다.

(5) 브레이스 로드

1) 브레이스 로드의 작용 하중은 $\dfrac{W}{4}$ 가 작용하므로

   P : 작용 하중 $\dfrac{W}{4}$ [kg]

2) 브레이스로드 1개의 장력

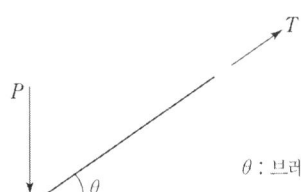

$$T = \dfrac{W(\text{kg}) \times 9.81}{4 \times \sin\theta}[\text{N}]$$

θ : 브레이스 로드의 경사각

3) 브레이스로드 1개에 작용하는 응력 $\sigma = \dfrac{T(\text{N})}{A(\text{m}^2)}[\text{Pa}]$

4) 늘어난 길이 $\delta = \dfrac{T(\text{장력}) \times L(\text{길이})}{A(\text{단면적}) \times E(\text{영률})}$

예제 적재하중 750 kg, 카실 및 바닥 무게 260 kg인 엘리베이터의 카에 직경 12 mm의 브레이스로드 4개를 60° 각도로 설치한 경우 다음 물음에 답하시오.
(1) 브레이스로드 1개에 가해지는 인장하중(N)을 구하시오.
(2) 브레이스로드 1개에 가해지는 인장응력(MPa)를 구하시오.

풀이 (1) $T = \dfrac{\dfrac{P}{4}}{\sin\theta} = \dfrac{750 + 260}{4 \times \sin 60} \times 9.81 = 2860.222[\text{N}]$ 답 : 2860.22[N]

(2) 응력 $\sigma = \dfrac{P}{A} = \dfrac{2860.22}{\pi \times (\dfrac{12}{2} \times 10^{-3})^2} \times 10^{-6} = 25.289[\text{MPa}]$ 답 : 25.29[MPa]

예제 현수 도르래 1개를 사용한 2:1 로핑 엘리베이터 카의 구조도에서 다음과 같은 조건으로 운행 시 물음에 답하시오.

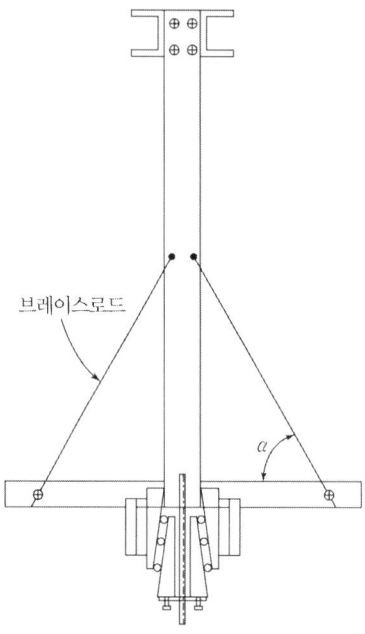

카 무게 1600 kg, 적재하중 1000 kg, 카실 및 카바닥 무게 300 kg
브레이스 로드 직경 12 mm 4본, 브레이스 로드 길이 100 cm,
브레이스 로드 경사각 60°, 브레이스 로드 파단강도 4100 kg/cm^2
브레이스 로드 영률 $E = 2.1 \times 10^6$ kg/cm^2]

(1) 브레이스 로드 1본의 장력(kg)을 구하시오.
(2) 브레이스 로드 1본의 응력(kg/cm^2)을 구하시오.
(3) 브레이스 로드의 안전율을 구하시오.
(4) 브레이스 로드 1본의 늘어난 길이(cm)를 구하시오.

풀이

(1) $T = \dfrac{\dfrac{P}{4}}{\sin\theta} = \dfrac{300 + 1000}{4 \times \sin 60} = 375.28 [\text{kg}]$

(2) 응력 $\sigma = \dfrac{P}{A} = \dfrac{375.28}{\pi \times (\dfrac{1.2}{2})^2} = 331.82 [\text{kg/cm}^2]$

(3) $S = \dfrac{4100}{331.82} = 12.36$

(4) $S = \dfrac{T \times L}{A \times E} = \dfrac{375.28 \times 100}{\pi \times 0.6^2 \times 2.1 \times 10^6} = 0.016 [\text{cm}]$

1.2 카의 벽 및 지붕

(1) 카의 허용 가능한 개구부

1) 출입구 : 2 m 이상 (주택용 : 1.8m 이상)

2) 비상구출구

일반용(지붕)	소방구조용(지붕)	카 벽
0.4 m × 0.5 m 이상	0.5 m × 0.7 m 이상	폭 0.4m × H1.8 m 이상

3) 환기구

바닥 면적의 1 % 이상이어야 하고 직경 10 mm의 강철봉이 통과할 수 없는 구조이어야 한다. (틈새는 50 %까지 구멍 면적 계산 시 고려)

(2) 카의 재료

① 카 바닥, 벽, 천장, 문의 본체는 불연재료이어야 한다.(난연재료 불가)
② 마감 페인트, 벽면에 최대 3 mm의 코팅(합판), 조작반, 조명, 표시기는 불연재가 아니어도 된다.

(3) 카 벽의 강도

① 5 cm² 면적의 원형 또는 정사각형 모양의 어느 지점마다 수직으로 300 N의 힘을 균등하게 분산하여 가할 때 기계적인 강도는 다음과 같아야 한다.
 - 1 mm를 초과하는 영구적인 변형이 없어야 한다.
 - 15 mm를 초과하는 탄성변형이 없어야 한다.
② 100 cm² 면적의 원형 또는 정사각형 모양의 어느 지점마다 수직으로 1,000 N의 힘을 균등하게 분산하여 카 내부에서 외부로 가할 때 1 mm를 초과하는 영구적인 변형이 없어야 한다.

(4) 카 벽에 사용되는 평판유리의 종류 및 두께

※ 카 벽에 사용되는 유리는 접합유리이어야 한다.

유리 형식	내접원 지름	
	최대 1 m	최대 2 m
	최소 두께 (mm)	최소 두께 (mm)
강화 접합유리	8 (4 + 4 + 0.76)	10 (5 + 5 + 0.76)
접합유리	10 (5 + 5 + 0.76)	12 (6 + 6 + 0.76)

(5) 카 문턱에는 에이프런이 설치되어야 한다.
   ① 하단의 모서리 부분은 수평면에 대해 승강로 방향으로 60°이상 구부러져야 하며, 구부러진 곳의 수평면에 대한 투영 길이는 20 mm 이상이어야 한다.
   ② 에이프런의 수직 부분 높이는 0.75 m 이상이어야 한다. 주택용 엘리베이터의 경우에는 0.54 m 이상이어야 한다.

(6) 카 지붕의 비상구출문은 외부 방향으로, 카 벽의 비상구출문은 내부 방향으로 열려야 한다.

(7) 승강로에 2대 이상의 엘리베이터가 있는 경우, 카 벽에 비상구출문을 설치할 수 있고 카 간의 수평거리는 1m를 초과할 수 없다. (폭 0.4 m × 높이 1.8 m 이상)

(8) 카 벽의 비상구출문은 카 외부에서 열쇠 없이 열려야 하고, 카 내부에서는 삼각 열쇠로 열려야 한다. (외부 방향으로 열리지 않아야 한다.)

(9) 카 지붕
   ① 카 지붕의 강도는 0.3 m×0.3 m 면적의 어느 지점에서나 최소 2000 N의 힘을 영구 변형 없이 견딜 수 있어야 한다.
   ② 카 지붕의 표면은 사람이 미끄러지지 않도록 되어야 한다.

(10) 카 지붕의 보호수단
   ① 카 지붕의 바깥쪽 가장자리와 보호난간이 있는 경우에는 카 지붕의 바깥쪽 가장자리와 보호난간 사이에는 높이 0.1m 이상의 발보호판이 있어야 한다.
   ② 카지붕의 바깥쪽 가장자리에서 승강로 벽까지의 수평거리가 0.3 m를 초과하는 경우에는 보호난간이 있어야 한다.

(11) 카 지붕 보호난간의 규격
   ① 보호난간은 손잡이와 보호난간의 1/2 높이에 있는 중간 봉으로 구성되어야 한다.
   ② 보호난간의 높이
     – 벽과 수평거리 0.5 m 이하인 경우 : 0.7 m 이상
     – 벽과 수평거리 0.5 m 초과한 경우 : 1.1 m 이상
   ③ 보호난간은 카 지붕의 가장자리로부터 0.15 m 이내에 위치되어야 한다.
   ④ 보호난간의 손잡이 바깥쪽 가장자리와 승강로의 부품(균형추 또는 평형추, 스위치, 레일, 브래킷 등) 사이의 수평거리는 0.1 m 이상이어야 한다.
   ⑤ 보호난간 상부의 어느 지점마다 수직으로 1,000 N의 힘을 수평으로 가할 때, 50 mm를 초과하는 탄성변형 없이 견딜 수 있어야 한다.

1.3 카 바닥

(1) 카의 유효면적은 과부하를 방지하기 위해 제한되어야 한다.

(2) 카 면적은 바닥면 위로 1m 높이의 카 벽에서 카 벽까지의 치수로 측정한다.

(3) 정원

$$정원 = \frac{정격하중}{75}$$

(4) 자동차용 엘리베이터의 유효면적은 $1\ m^2$당 150 kg 이상이어야 한다.

(5) 주택용 엘리베이터의 경우 카의 유효 면적은 $1.4\ m^2$ 이하이어야 하고, 다음과 같이 계산되어야 한다.
   ① 유효 면적이 $1.1\ m^2$ 이하인 것 : $1\ m^2$ 당 195 kg으로 계산한 수치, 최소 159 kg
   ② 유효 면적이 $1.1\ m^2$ 초과인 것 : $1\ m^2$ 당 305 kg으로 계산한 수치

(6) 보간법에 의한 정격하중 및 최대 카 유효면적 계산

정격하중, 무게 (kg)	최대 카 유효 면적 (m^2)	정격 하중, 무게 (kg)	최대 카 유효 면적 (m^2)
800	2.00	1,600	3.56
X	2.022	2,000	4.20
825	2.05	2,500^{다)}	5.00

최대 카 유효 면적이 $2.022\ m^2$인 경우 정격하중을 보간법으로 구하면

$$(X-800) : (825-800) = (2.022-2.00) : (2.05-2.00)$$
$$25 \times 0.022 = (X-800) \times 0.05$$
$$0.05X = 40.55 \quad \therefore X = 811\ kg$$
$$인승 = \frac{811\ kg}{75\ kg} = 10.81 \quad \therefore 10인승$$

(7) 운송장치 무게를 별도로 고려하는 화물용 엘리베이터는 다음과 같은 기계적인 하강을 제한하는 장치를 설치해야 한다. (C_2 Loading)
   ① 착상 정확도는 20 mm를 초과하지 않아야 한다.
   ② 기계적인 장치는 문이 열리기 전에 작동되어야 한다.

(8) 화물용 엘리베이터의 정격하중 및 최대 카 유효 면적 계산

정격하중, 무게 (kg)	최대 카 유효 면적 (m²)	정격 하중, 무게 (kg)	최대 카 유효 면적 (m²)
900	3.28	1,500	4.80
		1,600^{가)}	5.04

1) 정격하중이 $1,600^{가)}$ kg을 초과한 경우, 100 kg 추가마다 0.4 m²의 면적을 더한다.
2) 수치 사이의 중간 하중에 대한 면적은 보간법으로 계산한다.
3) 정격하중이 6000 kg이고, 카의 깊이가 5.6 m이고, 폭이 3.4 m 즉, 카 면적이 19.04 m²인 유압식 화물용 엘리베이터의 유효면적 적합성을 계산하면
   ① 1600 kg = 5.04 m²
   ② 6,000 kg − 1,600 kg = 4,400 kg ÷ 100 kg
         = 44 × 0.40 m² = 17.60 m²
   ③ 최대 카 유효 면적 = 5.04 m² + 17.60 m² = 22.64 m²
      설계된 카 면적 19.04 m²은 최대 카 유효면적(22.64 m²)보다 작으므로 6,000 kg을 운송하는 데 적합하다.

1.4 조명 및 전기

(1) 카에는 카 조작반 및 카 벽에서 100 mm 이상 떨어진 카 바닥 위로 1 m 모든 지점에 100 lx 이상으로 비추는 전기조명장치가 영구적으로 설치되어야 한다.
(장애자용 엘리베이터 조명 : 150 lx 이상)

(2) 조명 장치에는 2개 이상의 등(燈)이 병렬로 연결되어야 한다.

(3) 문이 닫힌 채로 승강장에 정지하고 있을 때를 제외하고 계속 조명되어야 한다.

(4) 정상 조명 전원이 차단되면 5 lx 이상의 비상등이 1시간 동안 다음의 장소에 점등되어야 한다.
   ① 카 내부 및 카 지붕에 있는 비상통화장치의 작동 버튼
   ② 카 바닥 위 1 m 지점의 카 중심부
   ③ 카 지붕 바닥 위 1 m 지점의 카 지붕 중심부

(5) 비상전원공급장치의 배터리

① 배터리 용량 : 비상등, 비상통화장치 등을 1시간 동안 작동시킬 수 있는 용량이어야 한다.

② 배터리 사용 시간

$$\text{유지시간} = \frac{\text{배터리 용량[Ah]} \times \text{방전율}}{\text{부하전류[A]}} [\text{시간}]$$

> **예제** 축전지용량 12[V] 3[Ah]의 비상전원장치에 12[V] 700[mA] 전등 2개와 200[mA] 전등 2개를 사용할 경우 비상전원의 유지시간은 몇 시간인가?
> (단, 축전지의 방전률은 60[%]이다.)

풀이 유지시간 $= \dfrac{\text{배터리용량[Ah]} \times \text{방전율}}{\text{부하전류[A]}} = \dfrac{3\,\text{Ah} \times 0.6}{0.7\,\text{A} \times 2 + 0.2\,\text{A} \times 2} = 1[\text{시간}]$

(6) 환기장치

① 카의 환기 구멍의 유효면적은 카 유효면적의 1 % 이상이어야 하고 카문 주위의 틈새는 필요한 유효면적의 50 %까지 환기구멍의 면적 계산에 고려할 수 있다.

② 환기 구멍은 직경 10 mm의 곧은 강철 막대봉이 통과할 수 없어야 한다.
(10 mm 이하)

③ 카 지붕에 온도 조절 및 먼지 배출을 위해 환기팬, 에어컨, 공기청정기 등을 설치한다.

2. 권상기

2.1 감속기의 종류 및 특성

(1) 웜기어 권상기

① 큰 감속비를 얻을 수 있다

② 부하의 힘으로 구동되는 역구동이 어렵다.

③ 속도 105 m/min 이하의 중저속 엘리베이터에 사용.

④ 큰 감속비와 역구동이 어려운 특성이 있어 대용량의 화물용 엘리베이터에 사용된다.

⑤ 감속비 $i = \dfrac{\text{웜의 줄 수(조수)}}{\text{웜 휠의 이수}}$

(2) 헬리컬기어 권상기
① 효율이 좋고 역구동이 쉽다.
② 진동 특성이 우수하여 속도 240 m/min 이하의 고속 엘리베이터에 사용
③ 입력단의 감속 단수가 많아 소음과 진동이 크다.

2.2 무기어 방식

(1) 직류 전동기 권상기
① 직류전동기의 축에 도르래와 제동장치를 연결하여 엘리베이터를 권상하는 방식
② 속도 120 m/min 이상의 고속 엘리베이터에 정지레오나드 방식을 적용하여 사용
③ 최근에는 인버터제어 동기전동기의 기술이 발달 되어 신규 설치는 없다.

(2) 동기전동기 권상기
① 동기전동기의 축에 도르래와 제동장치를 연결하여 엘리베이터를 권상하는 방식
② 인버터제어로 토크 및 속도제어 성능이 우수하여 저속에서 초고속 엘리베이터까지 광범위하게 사용된다.
③ 회전자에 영구자석을 사용하며 내부 회전자형과 외부 회전자형이 있고 효율이 높다.

2.3 웜기어, 헬리컬기어, 무기어 방식의 특성비교

구 분	헬리컬 기어	웜 기어	무기어
효 율	높다	낮다	제일 높다
소 음	크다	작다	제일 작다
역구동	쉽다	어렵다	제일 쉽다
감속비	작다	크다	1
진 동	크다	작다	제일 작다

2.4 엘리베이터 구동용 전동기

(1) 엘리베이터용 전동기의 구비요건
① 기동 토크가 커야 한다.
② 기동전류가 작아야 한다.
③ 회전 부품의 관성모멘트가 작아야 한다.
④ 발열량이 작아야 한다.
⑤ 유지보수가 편리해야 한다.
⑥ 내구성이 커야 한다.

(2) 엘리베이터 전동기 용량

$$P = \frac{L \times V \times (1 - OB)}{6120 \times \eta} \ [\text{kW}]$$

여기서, L : 적재하중[kg] V : 속도[m/min]
OB : 오버밸런스율 η : 총 효율

예제 적재하중 1150[kgf], 정격속도 3.5[m/s], 오버밸런스율 0.45, 전체 효율이 86[%]인 엘리베이터용 모터 용량은 몇 [kW]인가?

풀이 $P = \dfrac{1150 \times 3.5 \times 60 \times (1 - 0.45)}{6120 \times 0.86} = 25.236$ 답 : 25.24[kW]

2.5 권상기 브레이크

(1) 브레이크의 구조 및 명칭

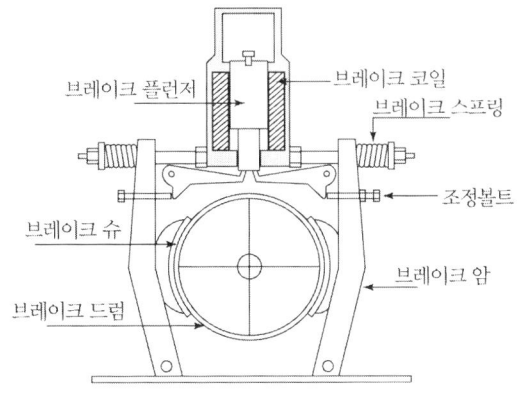

엘리베이터 구동기 브레이크

(2) 브레이크의 부품의 기능 및 작동원리

① 솔레노이드 코일 : 전압이 인가되면 전자석의 힘으로 플런저를 밀어 브레이크를 개방한다.(브레이크 이중화 시 : 1세트)

② 플런저 : 솔레노이드 코일에 전압을 인가하면 플런저가 브레이크 레버암을 밀어 브레이크가 개방된다. (기계적인 부품으로 2세트 이상이어야 한다.)

③ 브레이크 스프링 : 소레노이드 코일의 전원이 차단되면 스프링의 힘으로 브레이크슈에 부착된 라이닝이 드럼에 접촉되어 마찰력으로 브레이크가 작동한다.

④ 브레이크 이중화를 위해 기계 부품은 2세트 이상 전기 부품은 1세트 이상이어야 한다.
　　※ 솔레노이드 코일은 전기부품으로 1세트 이상

⑤ 마찰력을 이용한 전자 – 기계 브레이크여야 하고 밴드 브레이크는 사용되지 않아야 한다.

(3) 브레이크의 제동능력

① 정격하중의 125 %를 적재하고 정격속도로 하강 시 $1g_n$ 이하로 안전하게 구동기를 정지시켜야 한다. (1쪽 브레이크의 제동 시는 정격하중의 100%)

② 무부하 상태로 정격속도 상승 시 $1g_n$ 이하로 안전하게 정지해야 한다.

③ 브레이크 스프링 : 소레노이드 코일의 전원이 차단되면 스프링의 힘으로 브레이크슈에 부착된 라이닝이 드럼에 접촉되어 마찰력으로 브레이크가 작동한다.

④ 브레이크 이중화를 위해 기계 부품은 2세트 이상 전기 부품은 1세트 이상이어야 한다.

(4) 제동거리 및 제동시간

① 제동 거리 : $S = \dfrac{Vt}{2}$ [m]

　여기서, V : 속도[m/s], t : 시간[sec]

② 제동시간 : $t = \dfrac{2S}{V}$ [sec]

③ 감속도 : $a = \dfrac{V}{t}$ [m/s^2] $= \dfrac{V}{t \times 9.81}$ [g_n]

　여기서, $1g_n = 9.81$ [m/s^2]

예제　정격속도 60 m/min인 엘리베이터의 브레이크가 작동하여 제동거리 270 mm에서 정지했다. 이때 제동시간[s]과 감속도[g_n]는 약 얼마인가?

(1) 제동시간 $t = \dfrac{2S}{V} = \dfrac{2 \times 0.27}{1} = 0.54[\text{s}]$

(2) 감속도 $a = \dfrac{V}{t \times 9.81} = \dfrac{1}{0.54 \times 9.81} = 0.19 g_n$

(5) 엘리베이터의 브레이크 자동 동작 조건 (에스컬레이터도 동일)
① 주동력 전원공급이 차단된 경우
② 제어회로 전원공급이 차단된 경우

(6) 제동토크 및 브레이크 반력 계산
① 엘리베이터 구동에 필요한 전부하 토그

$$T = 975 \times \dfrac{P[\text{kW}]}{N} [\text{kg} \cdot \text{m}] \qquad (\text{kg} \cdot \text{m} \times 9.81 = \text{N} \cdot \text{m})$$

$$T = \dfrac{P[\text{W}]}{2\pi \times \dfrac{N}{60}} = \dfrac{60 \times P[\text{W}]}{2\pi N} [\text{N} \cdot \text{m}]$$

여기서, P : 전동기 출력, N : 회전수[rpm]

② 브레이크의 제동토크(T_d)는 전 부하토크(T)와 같고 부하계수가 주어지면 곱한다.

③ $T_d = N \times P_n \times \dfrac{D}{2} \times \mu \qquad \therefore P_n = \dfrac{2 \times T_d}{\mu \times D \times N}$

여기서, μ : 마찰계수, P_n : 브레이크 반력, D : 드럼의 직경, N : 브레이크 수

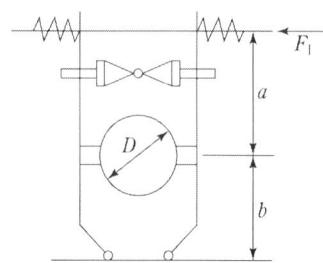

※ 스프링에 작용하는 힘 $F_s = P_n \times \dfrac{b}{a+b} [\text{kg}]$

> **예제** 다음 조건의 엘리베이터 제동기의 한쪽 스프림에 작용하는 힘은 몇 [N]인가?
> 제동토크(T_d) : 160 Nm, 브레이크 드럼직경(D) : 280 mm,
> 브레이크 마찰계수(μ) : 0.35, a : 260 mm, b : 200 mm일 때

풀이
$$P_n = \frac{2T_d}{\mu DN} = \frac{2 \times 160}{0.35 \times 0.28 \times 1} = 3265.31[N] \quad (\text{한쪽스프링} : N=1)$$
$$F_s = \frac{P_n \times b}{a+b} = \frac{3265.31 \times 200}{260+200} = 1419.7[N]$$

(7) 블록 브레이크(Block Brake)의 주요공식

브레이크 레버 끝에 가하는 힘(F)

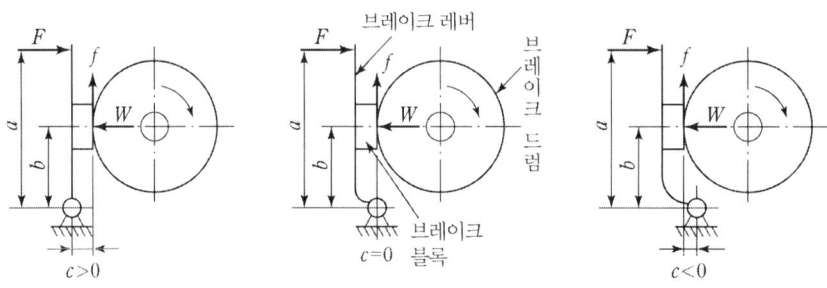

회전방향 \ 형식	내작용선($C>0$)	내작용선($C=0$)	내작용선($C<0$)
우회전	$F = \dfrac{f(b+\mu c)}{\mu a}$	$F = \dfrac{f \cdot b}{\mu a}$	$F = \dfrac{f(b-\mu c)}{\mu a}$
좌회전	$F = \dfrac{f(b-\mu c)}{\mu a}$		$F = \dfrac{f(b+\mu c)}{\mu a}$

f : 블록과 드럼 사이의 제동력[kg] μ : 마찰계수   ∴ $f = \mu W$

※ 1 Ps = 75 kgf · m/s = 75×9.81 N · m/s = 735.75 W = 736W, 1 Hp = 746

> **예제** 다음 그림과 같은 단식 블록브레이크에서 레버 끝에 힘을 $F=50$ kg을 가할 때에 제동력 f 및 제동 토오크 T를 구하시오. (단, 마찰계수는 $\mu=0.2$ 이다.)
>
>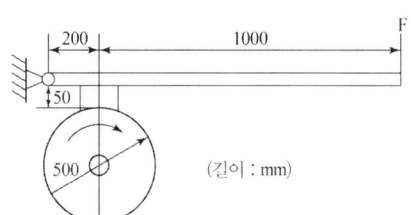

풀이) $C > 0$

제동력 $f = \dfrac{F \times \mu \times a}{b + \mu \times c} = \dfrac{50 \times 0.2 \times (1000 + 200)}{200 + 0.2 \times 50} = 57.142 [\text{kg}]$

제동토크 $T = \dfrac{f \times D}{2} = \dfrac{57.14 \times 500}{2} = 14285.71 [\text{kg} \cdot \text{mm}]$

예제) 다음과 같은 조건의 단식 브레이크에서 브레이크 레버에 가하는 힘 F와 드럼과 블록사이의 제동력 f의 관계식을 쓰시오.

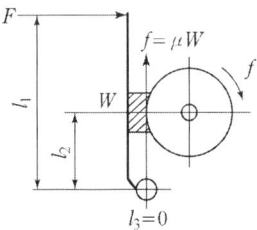

풀이) $l_3 = 0$의 조건에서 $F \times l_1 = W \times l_2$

$F = \dfrac{W \cdot l_2}{l_1}$ 에 $W = \dfrac{f}{\mu}$ 를 대입하면 $F = \dfrac{f \cdot l_2}{\mu \cdot l_1}$

2.6 권상기 도르래와 마찰력

(1) 권상기 도르래의 직경은 로프의 수명 연장 및 손상 방지를 위해 주 로프직경의 40배 이상이어야 한다. (주택용과 과속조절기 도르래는 30배 이상)

(2) 홈의 종류 및 마찰력의 크기

  1) U홈
   로프와의 면압이 작아 로프 수명이 길고 마찰력이 작다. 와이어로프의 권부각을 크게 하여 견인력이 뛰어난 더블랩 방식의 고속용 엘리베이터에 주로 사용한다.

  2) 언더컷홈
   U홈의 바닥에 더 작은 홈을 만들어 U홈 보다 마모는 크지만, 마찰력을 크게 하여 견인력이 뛰어나다. 싱글랩 방식의 중저속용 엘리베이터에 주로 사용한다.

  3) V홈
   쐐기 작용에 의해 마찰력은 크지만 면압이 높아 로프나 도르래가 마모되기 쉽다.

4) 마찰력의 크기 순서
V홈 > 언더컷홈 > U홈

(3) 도르래 홈의 구조

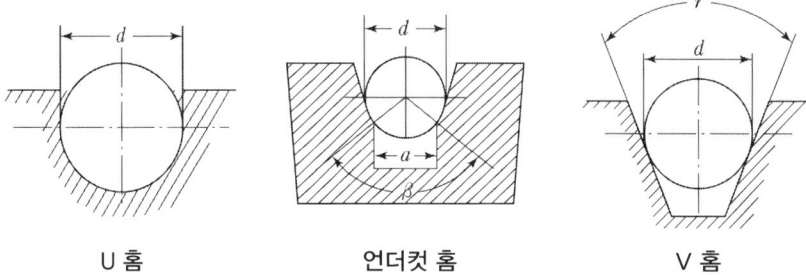

U 홈　　　　　언더컷 홈　　　　　V 홈

(4) 도르래 홈의 선정

① U홈 : 마찰력이 적어 고속엘리베이터에 더블랩 방식으로 감아 적용한다.
② 언더컷홈 : 마찰력이 U홈 보다 커 싱글랩 방식으로 감아 중저속 엘리베이터에 적용한다.

※ 언더컷 홈의 깍인 면 a값 : $\dfrac{a}{2} = \dfrac{d}{2} \times \sin\dfrac{\beta}{2}$

(5) 권상 능력을 높이기 위한 조건

① 도르래와 로프의 마찰력을 크게 한다.　② 트랙션비를 작게 한다.
③ 권부각을 크게 한다　④ 로프를 더블랩으로 감는다.

(6) 로프 감는 방법(래핑)

싱글랩	① 중속이하 E/L 적용 ② 권부각=θ	Single Wrap
더블랩	① 고속 E/L 적용 ② 마찰력 작은 U형 쉬브 사용 ③ 권부각 높여 트랙션 능력 향상 ④ 권부각=$\theta_1 + \theta_2$	Double Wrap

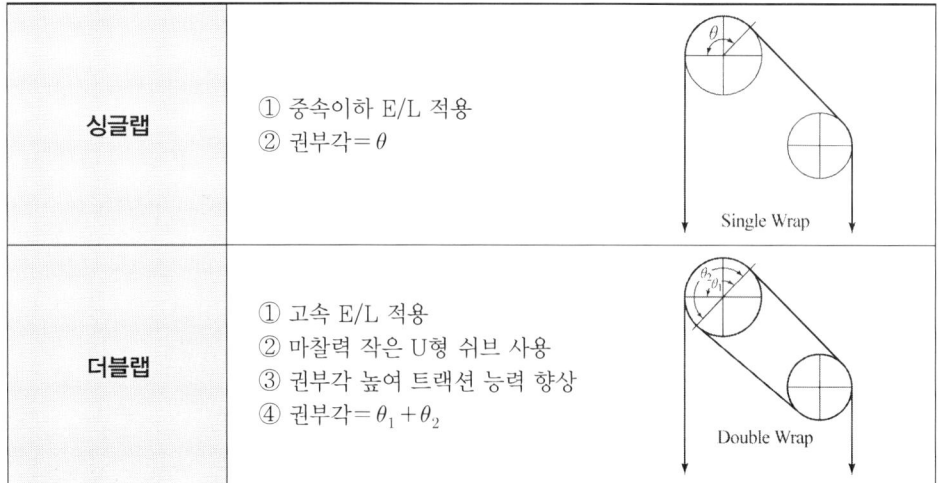

(7) 로프 거는 법

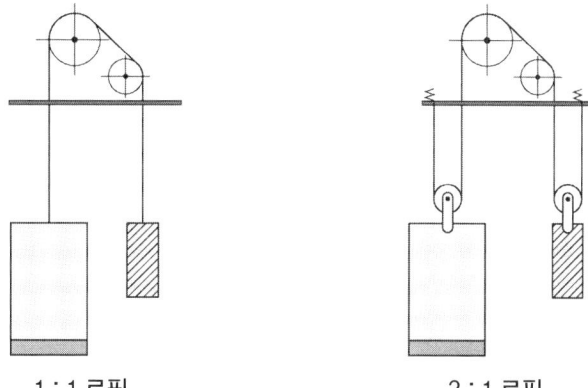

1 : 1 로핑   2 : 1 로핑

① 카 측에 걸린 로프 수 : 권상 도르래에서 내려진 로프수
② 2 : 1 로핑을 하면 로프 장력과 카 속도는 1/2로 감소 한다.
  (※ 도르래 속도와 로프 속도는 변하지 않는다.)

(8) 도르래의 등가번호 N_{equiv}

굽힘의 수 및 각 굽힘의 가혹한 정도가 로프 손상을 일으킨다. 이것은 홈(U 또는 V홈)의 타입 및 굽힘이 거꾸로 되느냐 또는 아니냐에 의해 영향을 받는다.

- 각 굽힘의 가혹한 정도는 단순한 굽힘의 수로 동일하게 할 수 있다.
- 단순한 굽힘은 홈의 반경이 공칭 로프 반경보다 대략 5.3 % 이하인 반원 홈을 넘어가는 것으로 정의된다.
- 단순한 굽힘의 수는 다음으로부터 산출될 수 있는 동등한 도르래의 등가번호 Nequiv와 일치한다.

$$N_{equiv} = N_{equiv(t)} + N_{equiv(p)}$$

여기서, $N_{equiv(t)}$: 권상 도르래의 등가번호
       $N_{equiv(p)}$: 편향 도르래의 등가번호 이다.

1) $N_{equiv(t)}$ 의 평가

$N_{equiv(t)}$ 는 표1에서 얻어질 수 있다.

언더컷이 없는 U-홈에 대해서 : $N_{equiv(t)} = 1$

[표1 - 권상도르래의 등가번호 $N_{equiv(t)}$ 평가]

V-홈	V-각도(γ)	35°	36°	38°	40°	42°	45°	50°
	$N_{equiv(t)}$	18.5	16	12	10	8	6.5	5
U-언더컷 홈	U-각도(β)	75°	80°	85°	90°	95°	100°	105°
	$N_{equiv(t)}$	2.5	3.0	3.8	5.0	6.7	10.0	15.2

2) $N_{equiv(p)}$ 의 평가

역 방향 굽힘은 연속적인 2개의 고정된 도르래 상에 로프가 접촉한 점으로부터의 거리가 로프 직경의 200배를 초과하지 않는 경우에만 고려된다.

$$N_{equiv(p)} = K_p(N_{ps} + 4N_{pr})$$

여기서, N_{ps} : 단순한 굽힘을 가진 도르래의 수

N_{pr} : 역방향 굽힘을 가진 도르래의 수

K_p : 권상 도르래와 도르래 직경사이에 비율의 계수

즉, $K_p = \left(\dfrac{D_t}{D_p}\right)^4$

여기서, D_t : 권상 도르래의 직경

D_p : 권상 도르래를 제외한 모든 도르래의 평균직경

3) 안전율

로프 구동장치의 주어진 설계에 대해 안전율의 최소값은 D_t/d_r의 정확한 비율 및 계산된 N_{equiv}를 고려하여 그림1에서 선택될 수 있다.

그림 1의 곡선은 다음의 공식에 근거한다.

$$S_f = 10^{\left(2.6834 - \dfrac{\log\left(\dfrac{695.85 \times 10^6 N_{equi}}{\left(\dfrac{D_t}{d_r}\right)^{8.567}}\right)}{\log\left(77.09\left(\dfrac{D_t}{d_r}\right)^{-2.894}\right)}\right)}$$

여기서, S_f : 안전율

N_{equiv} : 도르래의 등가번호

D_t : 권상 도르래의 직경

d_r : 로프의 직경

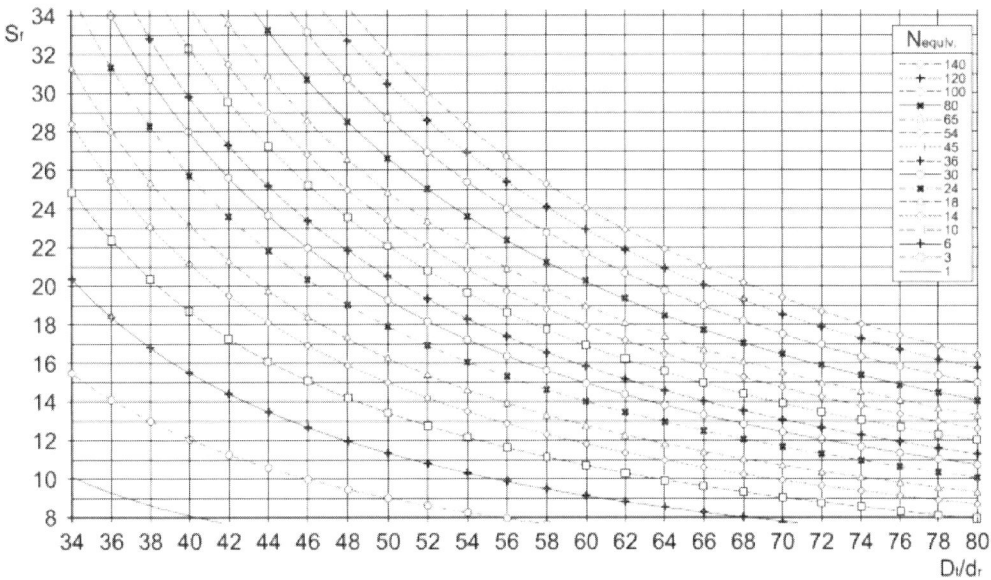

그림 1. 최소 안전율의 평가

4) 예시

도르래의 등가번호 N_{equiv}에 대한 계산의 예시는 그림 2에 주어졌다.

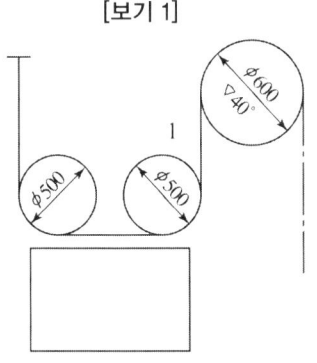

2 : 1 로핑 – V홈

$V_{groove}, \gamma = 40°$

$N_{equiv(t)} = 10$ (표1에 따라)

$K_p = (\dfrac{600}{500})^4 = 2.07$

$N_{equiv(p)} = 2.07 \times (2+0) = 4.14$

$N_{equiv} = 10 + 4.14 = 14.14$

※ 움직이는 도르래이므로 역방향 굽힘 없음

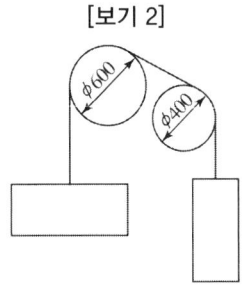

① 카 측

언더컷 V_{groove}, $\gamma = 40°$, $\beta = 90°$

$N_{equiv(t)} = 5$

$K_p = (\dfrac{600}{400})^4 = 5.06$

$N_{equiv(p)} = 5.06 \times (1+0) = 5.06$

$N_{equiv} = 5 + 5.06 = 10.06$

1 : 1로핑 – 언더컷 홈

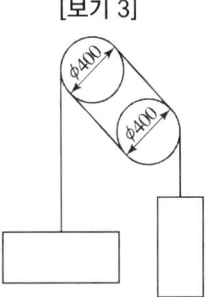

U_{groove}

$N_{equiv(t)} = 1 + 1 (\text{U홈, 더블랩})$

$K_p = (\dfrac{400}{400})^4 = 1$

$N_{equiv(p)} = 1 \times (1+1) = 2$

$N_{equiv} = 2 + 2 = 4$

※ 로프가 권상도르래와 보조 도르래를 2번 통과

1 : 1 로핑(더블랩)-U홈

그림 2. 도르래의 등가번호에 대한 계산의 예시

2.7 권상기의 안전성 시험

(1) 구조

① 구동기의 설치가 견고하고, 지진, 기타 진동에 의한 이동 또는 넘어지지 않는 구조이어야 한다.
② 전동기가 작동 시 각 부가 원활히 작동해야 한다.
③ 브레이크의 설치는 견고하고, 장착이 편리하며, 동력 차단 때 정격하중의 125%에서 카를 안전하게 감속 정지시킬 수 있는 구조이어야 한다.
④ 도르래 또는 와이어드럼은 지진이나 기타의 진동에 의해 주로프가 벗어나지 않는 구조이어야 한다.

(2) 조립 상태 시험

1) 도르래 홈의 run-out 시험

도르래의 진동 시험은 도르래를 회전시키고 측정기로 측정하였을 때 종진동 및 횡진동의 최대 진폭 값이 0.2 mm 이하이어야 한다.

2) 브레이크 드럼의 바깥지름 run-out 시험

  브레이크 드럼을 회전시키고 브레이크 드럼 표면을 다이얼 게이지 등으로 측정하였을 때 최대 진폭 값이 0.05 mm 이하이어야 한다.

3) 브레이크 (디스크)의 바깥지름 run-out 시험

  브레이크 (디스크)를 회전시키고 브레이크 디스크 표면을 다이얼 게이지 등으로 측정하였을 때 최대 진폭 값이 0.1 mm 이하이어야 한다. 다만, 디스크의 직경이 900 mm를 초과하는 경우, 별도의 기준을 적용할 수 있다.

(3) 무부하 시험

1) 성능 시험

  무부하로 2시간 이상 연속적으로 권상기를 정·역회전 작동시켰을 때 이상이 없어야 한다.

2) 오일 누유 상태 성능

  시험 중이거나 성능 시험 후 오일 실(seal) 및 접합부(도르래축, 웜축 베어링부 등)에서 오일이 흘러내려서는 안 된다.

3) 정격 속도

  도르래의 정격 속도는 표시 속도값의 ±3 % 이내에 있어야 한다.

4) 소음 측정

  권상기로부터 1 m의 거리에서 KS C 1502에 규정한 지시 소음계 또는 이것과 동등 이상의 종합 기능을 가진 측정기로 측정하였을 때 70dB(A)이하가 되어야 한다.
  다만, 측정 위치의 암소음이 55dB(A) 이하인 곳에서 측정한다.

  [비고] 구동을 위한 브레이크 작동 소음은 제외한다.

5) 진동 측정

  권상기의 기어측 베어링, 도르래측 베어링, 기어 케이스 위에서 측정기로 진동을 측정하였을 때 최대 진폭값이 0.014 mm 이하이어야 한다.

6) 온도 상승 시험

  무부하로 2시간 이상 연속 운전하였을 측정부의 온도는 표 1의 값 이하이어야 한다. 다만, 온도 상승 한계는 측정 온도와 주위 온도의 차로 계산한다.

표1 – 각 부의 온도상승 상한값

측정부	온도상승기준(℃)
베어링 부위	55
전동기 권선	105
브레이크 코일	70
프레임 부	55

(4) 브레이크 시험

1) 브레이크의 내구성

브레이크는 주동력 또는 제어반 전원이 끊어졌을 경우에도 정상적으로 작동되어야 한다. 정격 전압을 인가한 상태에서 10~30 회/분 이상으로 50만 회 시험 후 작동에 이상이 없어야 한다.

절연저항은 500 V의 절연 저항계로 100 MΩ 이상 이어야 한다.

2) 절연저항 시험

500 V의 절연저항계로 충전부와 비충전부 사이를 측정한 절연저항은 100 MΩ 이상 이어야 한다.

3) 내전압 시험

시험전압을 0V부터 일정한 비율로 표 2의 시험전압까지 상승시켜 1분간 유지한 후 측정한다.

표2 – 시험전압

측정부분	정격전압(V) (교류·직류)	시험전압(V) (교류실효치)
충전부와 비충전부 사이	30초과 60이하	250
	60초과 125이하	500
	125초과 250이하	1,000
	250초과	2E+1,000

[비고] E는 기기의 정격전압을 말한다.

4) 온도 시험

가동철심을 고정철심에 흡착한 위치로 유지하고 정격전압(유지전압) duty 0.6 이상 가해 온도가 일정해졌을 때, 코일의 온도 상승치를 측정해서 절연 종류별 코일의 최고 온도 부분의 온도는 아래 표3의 값을 초과해서는 안 된다.

표3 – 절연종류별 코일의 온도상승한도

절연종류	허용 최고 온도(℃)
E종 절연 코일	120
B종 절연 코일	130
F종 절연 코일	155

5) 개방 전압(또는 전류) 측정 시험

　브레이크의 최저 작동전압은 정격전압의 80 % 이하이어야 하고 최고 여자전압은 정격전압의 55 % 이하이어야 한다.

6) 정마찰 토크 측정 시험

　정마찰 토크는 브레이크를 장착한 권상기에 브레이크가 제동된 상태에서 구동축에 힘을 가하여 브레이크의 제동력을 이기고 움직임이 발생하는 순간의 토크를 3회 측정했을 때 설계값 이상이어야 한다.

　정마찰로 측정이 불가능할 경우, 제조업자 또는 수입업자가 제시한 방법을 검토 후 시행할 수 있다.

7) 동하중 시험

　엘리베이터 카에 정격하중의 125%를 싣고 정격속도로 하강운전 중 전원을 차단하였을 때 카의 정지거리를 3회 측정한다.

　이 조건에서, 카의 감속도는 추락방지안전장치의 작동 또는 카가 완충기에 정지할 때 발생되는 감속도를 초과하지 않아야 한다.

　정격하중을 싣고 정격속도로 하강하는 카를 브레이크 세트 중 하나의 부품을 무효화시킨 상태에서 나머지 세트의 작동에 의해 충분히 감속하고 제동되는 여부를 각각 3회씩 측정한다.

(5) 전동기 시험

1) 절연저항 시험

　500 V의 절연저항계로 충전부와 비충전부 사이를 측정한 절연저항은 100 MΩ 이상이어야 한다.

2) 내전압 시험

　시험전압을 0 V부터 일정한 비율로 표 4의 시험전압까지 상승시켜 1분간 유지한 후 측정한다.

표4 - 시험전압

측정부분	정격전압(V) (교류·직류)	시험전압(V) (교류실효치)
충전부와 비충전부 사이	30초과 60이하	250
	60초과 125이하	500
	125초과 250이하	1,000
	250초과	2E+1,000

[비고] E는 기기의 정격전압을 말한다.

2.8 기계대(권상기대)

(1) 기계대의 안전율

기계대에 사용하는 재료의 허용 응력의 값은 당해 재료의 파단강도의 값을 다음 안전율로 나눈 값으로 한다.

구 분		안 전 율
승 객 용	강재의 것	4
	콘크리트의 것	7

(2) 기계대 강도계산

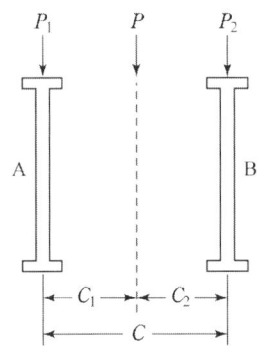 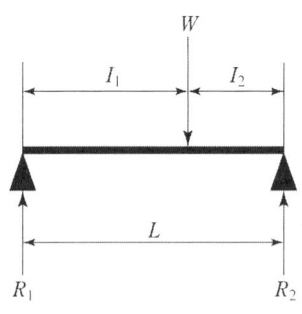

1) 기계대에 걸리는 총 하중(P)

　　P : 기계대에 걸리는 하중[kg]

　　W_M : 권상기, 기타 기계대에 고정 부착된 모든 장치의 중량[kg]

　　W_T : 주로프의 중량 및 주로프에 작용하는 하중[kg]

　　　　(환산동하중 : 카, 균형추자중 × 2)

① 기계대에 걸리는 하중

$$P = W_M + 2W_T$$

② 기계대 지지점 반력

$$P_1 = P \times \frac{C_2}{C}, \ P_2 = P \times \frac{C_1}{C}$$

P_1과 P_2 중에서 큰 값 적용.

③ 기계대에 걸리는 최대굽힘모멘트($P_1 \leq P_2$ 라고 가정하면)

$$M_{\max} = \frac{P_2 \times l_1 \times l_2}{L} [\text{kg} \cdot \text{cm}]$$

④ 기계대의 응력(σ)

$$\sigma = \frac{M_{\max}}{Z} [\text{kg/cm}^2]$$

Z : 부재의 단면계수[cm^3]

⑤ 안전율(S)

$$S = \frac{f}{\sigma}$$

f : 부재의 최대허용응력[kg/cm^2]

예제 다음 그림은 로프식 엘리베이터의 기계대에 걸리는 하중을 표시한 것이다. 아래와 같은 조건일 때 물음에 답하시오.

[조건] ① 카 자중(W_1) : 1600 kg, 적재하중(W_2) : 800 kg, 로프자중(W_r) : 80 kg
② 균형로프(W_X) : 47 kg, 인장차 중량(W_t) : 400 kg,
　　　　권상기 자중(W_M) : 2000 kg
③ 기계대 사용재료 : I $300 \times 150 \times 10(\text{SS}-400)$,
　　단면계수(Z) = 849 cm^3, 파단강도 : 4100 kg/cm^2
　　오버 밸런스율(OB) : 45[%]
　　C_1 : 250 cm, C_2 : 200 cm, l_1 : 1000 mm, l_2 : 800 mm

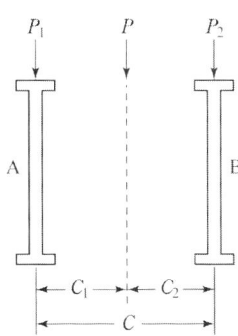
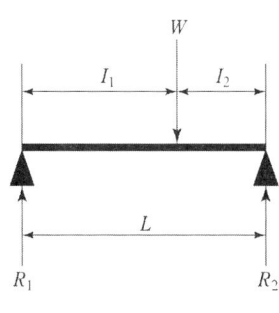

(1) 기계대에 걸리는 총 하중(P)
(2) 기계대 A와 B에 작용하는 하중(P_1, P_2)
(3) 기계대의 안전율(S)을 구하고 판정하시오.

풀이

(1) 기계대에 걸리는 총 하중(P)

균형추 중량 (W_C) = $W_1 + W_2 \times OB = 1600 + 800 \times 0.45 = 1960 [\text{kg}]$

$P = W_M + 2(W_1 + W_2 + W_C + W_r + W_X + W_t)$
$= 2000 + 2(1600 + 800 + 1960 + 80 + 47 + 400)$
$= 11774 [\text{kg}]$

※ 움직이는 부품은 환산동하중으로 정하중에 2를 곱한다.

(2) 기계대 A와 B에 작용하는 하중(P_1, P_2)

$P_1 = \dfrac{P \times C_2}{(C_1 + C_2)} = \dfrac{11774 \times 200}{(250 + 200)} = 5232.88 [\text{kg}]$

$P_2 = \dfrac{P \times C_1}{(C_1 + C_2)} = \dfrac{11774 \times 250}{(250 + 200)} = 6541.11 [\text{kg}]$

(3) 기계대의 안전율(S)을 구하고 판정하시오.

$P_1 < P_2$ 이므로 P_2에 의한 최대 모멘트를 구하면

$M_{\max} = \dfrac{P_2 \times I_1 \times I_2}{L} = \dfrac{6541.11 \times 100 \times 80}{180} = 290716 [\text{kg} \cdot \text{cm}]$

$\sigma = \dfrac{M_{\max}}{Z} = \dfrac{290716}{849} = 342.42 [\text{kg/cm}^2]$

안전율 $S = \dfrac{f}{\sigma} = \dfrac{4100}{342.42} = 11.9 > 4$

∴ 안전하다.

3. 제어 및 전기설비

3.1 교류 엘리베이터의 제어방식

(1) 교류 1단 속도제어

① 가장 간단한 제어 방식으로 3상 단속도 유도 전동기 사용
② 기동과 주행 : 전동기에 전원 공급
③ 감속과 정지 : 전동기 전원을 차단 후 제동기에 의해 감속하고 정지한다.
④ 착상이 부정확하여 30 m/min 이하의 저속엘리베이터에 이용된다.

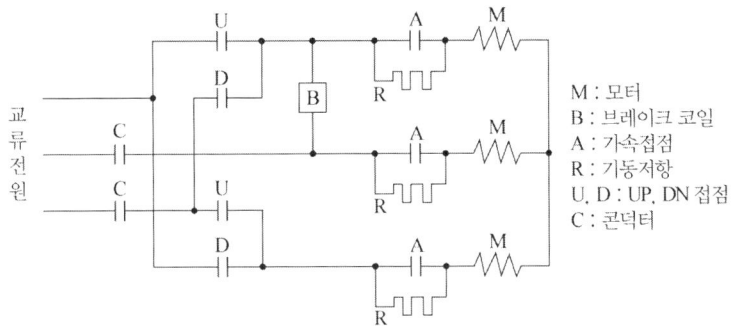

교류 1단속도제어 방식의 회로도

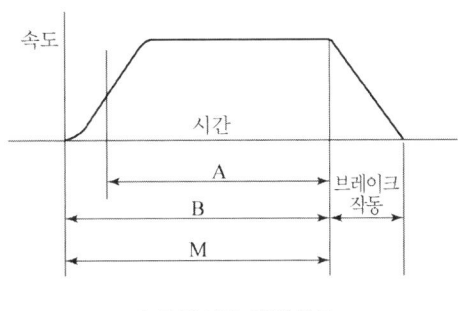

속도곡선과 타임차트

교류 1단속도제어 주회로도와 타임치트

(2) 교류 2단 속도제어

① 2단 속도 극수변환 유도 전동기 사용.
② 기동과 주행 : 고속 권선으로 운전
③ 감속과 착상 : 저속 권선으로 감속 후 전동기 전원 차단하고 제동기로 정지
④ 60 m/min 이하의 엘리베이터에 사용되고 고속과 저속 권선의 극수는 4:1의 비율이 이상적이다.

> **예제** 다음 ( )에 적당한 답을 쓰시오.
> 전동기내에 고속용 권선과 저속용 권선이 감겨져 있는 교류 2단속도 전동기를 사용하여 기동과 주행은 (①)으로 하고, 감속과 착상은 (②)으로 하는 제어방식으로써, 고속과 저속을 (③)의 속도비율로 감속시켜 착상지점에 근접해지면 전동기에 가해지는 모든 연결점을 끊고 동시에 브레이크를 작동시켜 정지시킨다. 교류 2단 전동기의 속도비는 착상오차 이외에 감속도, 감속 시 저어크(감속도의 변화비율), 저속 주행 시간, 전력회생의 균형으로 인하여 4 : 1이 가장 많이 사용된다. 속도 60[m/min]까지 적용 가능하다.

풀이 ① 고속권선　② 저속권선　③ 4 : 1

(3) 교류 귀환제어

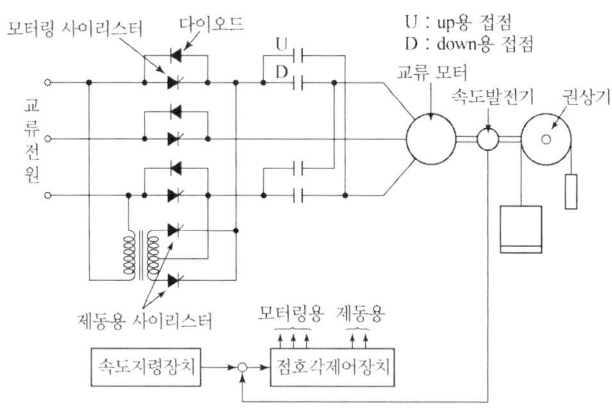

교류 궤환전압제어 방식의 주회로

① 유도전동기 1차측 각 상에 사이리스터와 다이오드를 역병렬로 접속하고 전원을 인가하여 토크를 변화시키는 방식으로 기동 및 주행을 한다.
② 감속 시에는 유도전동기에 직류를 흐르게 하여 제동토크를 발생시킨다.
③ 가속 및 감속시에 카의 감속 시 카의 실제 속도를 속도발전기(TG)에서 검출하여 피드백된 전압 과 비교하여 지령값 보다 카의 속도가 작을 경우는 사이리스터의 점호각을 높여 가속시키고, 반대로 지령값보다 카의 속도가 큰 경우에는 제동용 사이리스터를 점호하여 직류를 흐르게하여 감속시킨다.
④ 속도 105 m/min 이하의 중·저속 엘리베이터에 사용된다.

예제　다음 (　)에 적당한 답을 쓰시오.
유도전동기 1차측 각 상에 (①)와 (②)를 역병렬로 접속하여 전원을 가하여 토크를 변화시키는 방식으로 기동 및 주행을 하고 감속시 에는 유도전동기 (③)를 흐르게 함으로써 제동토크를 발생시킨다. 가속 및 감속시에 카의 실제속도를 (④)에 서 검출하여 그 전압과 비교하여 지령값보다 카의 속도가 작을 경우는 싸이리스터의 (⑤)을 높여 가속시키고, 반대로 지령값보다 카의 속도가 큰 경우에는 제동용 싸이리스터를 점호하여 (⑥)를 흐르게 함으로써 감속 시킨다.
이와 같이 카의 실제속도와 속도 지령 장치의 지령 속도를 비교하여 싸이리스터의 (⑦)을 바꿔 유도전동기의 속도를 제어하는 방식을 교류귀환제어라 하며, 45[m/min] 에서 105[m/min]까지의 엘리베이터에 주로 이용된다.

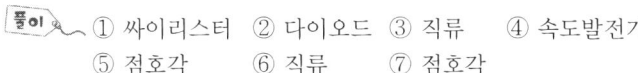
① 싸이리스터 ② 다이오드 ③ 직류   ④ 속도발전기
⑤ 점호각   ⑥ 직류   ⑦ 점호각

(4) 가변전압 가변주파수 제어 (VVVF : Variable voltage variable frequency)

1) 인버터제어 엘리베이터의 제동방식과 주회로도

① 회생제동 방식 : 회생 전력을 상용전원에 환원시킨다.

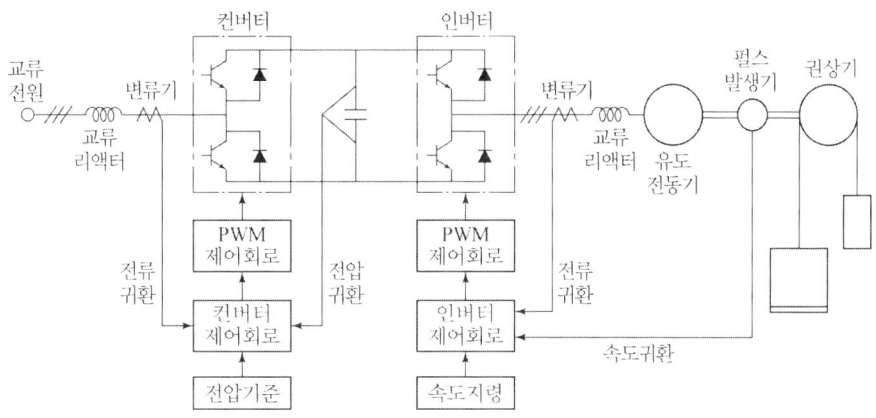

회생제동방식의 주회로도

② 발전제동 방식 : 회생 전력을 제동저항으로 소모 시킨다.

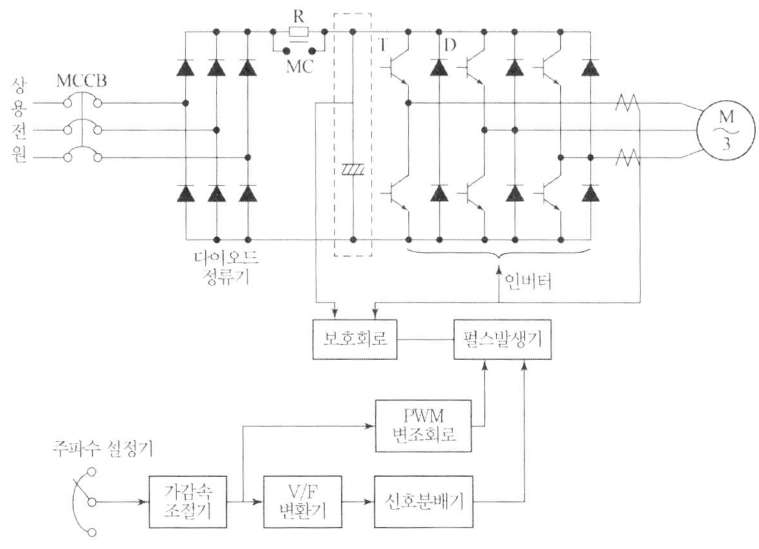

발전제동 방식 주회로도

2) 동작 원리

① 3상 교류를 컨버터가 직류로 변환하고 인버터로 직류를 전동기의 속도에 최적한 가변전압 가변주파수의 3상 교류로 변환하여 전동기에 공급한다.
② 인버터는 PWM 제어로 정현파에 근접된 임의의 전압과 주파수를 출력한다.
③ 회생 전력이 작은 중·저속의 엘리베이터는 제동저항을 이용하여 열로 소모시키는 발전제동을 하고 고속 엘리베이터는 회생전력을 상용전원에 환원시키는 회생제동 방식을 채택한다.
   ※ 전력회생은 부하 50% 미만에서는 상승 시 50% 초과 시는 하강 시 발생한다.
④ 회생제동 방식은 교류 궤환전압제어 방식에 비해 소비전력이 약 50% 감소 되고 승차감이 우수하여 광범위한 속도의 엘리베이터에 적용된다.
⑤ 최근에는 스위칭 주파수가 약 10 kHz 정도인 IGBT 소자를 사용한다.

3) 인버터제어 방식 엘리베이터의 특징

① 소비전력 및 전원 설비용량이 저감 된다.
② 승차감이 우수하다.(저속에서 초고속 영역까지 사용)
③ 발열량이 적다.
④ 최근에는 스위칭 주파수가 약 10 kHz 정도인 IGBT 소자를 사용한다.
⑤ 단점은 고조파가 발생한다.

4) 고조파 대책

① 고조파 필터를 설치한다. (인버터 출력 측)
② 리액터를 설치한다. (인버터 입력 측)
③ 동력선과 제어선(약 전원선)을 이격시키다.
④ 접지단자를 분리한다.

> 예제 다음 ( )에 적당한 답을 쓰시오.
>
> 3상 교류 컨버터로 교류전원을 (①)으로 변환하고 다시 (②)로 재차 가변전압 가변주파수의 3상 교류로 변화되어 전동기에 가해지게 된다. 이때 인버터는 정현파 (③) 에 따라 정현파에 근접된 임의의 전압과 주파수를 출력한다.
>
> 상기와 같이 회생전력이 비교적 작은 속도 105[m/min]이하의 중저속 엘리베이터에는 컨버터로서 전력용 다이오드 모듈을 사용하고 있으며, 엘리베이터 부하측으로부터 되돌려진 회생 전력은 전원에 반환 되지 않고 일반적으로 직류회로에 접속된 (④)로 보내져 열로써 소모된다.
>
> 부하토크가 큰 경우나 급속한 제동을 걸 필요가 없는 경우는 전동기 및 인버터에서 의 열손실만으로 제동, 정지하는 것이 가능하고(이 때 전동기 및 인버터의 열손실은 15~20[%]의 제동토크에 상당함), 급속제동을 할 경우에는 인버터의 중간회로에 에너지가 회생되어 중간회로의 콘덴서를 충전하여 전압을 상승시킨다. 이것을 방전하기 위하여 (⑤) 및 (⑥)가 적용된다.
>
> 이러한 가변전압 가변주파수 제어방식은 승차감 성능을 크게 향상시킴과 동시에 저속 영역에서 의 손실을 줄여 종래의 교류제어방식 에 비하여 (⑦)을 약 반으로 줄으며 승차감 향상도 및 유도전동기를 적용함으로 인한 보수의 용이성 때문에 고속 엘리베이터 에서도 직류전동기 대신 가변전압 가변주파수 제어방식을 확대 사용하고 있다 .

 ① 직류전원   ② 인버터
③ PWM(펄스폭 변조)제어   ④ 저항기 (제동저항)
⑤ 제동저항   ⑥ 제동용 트랜지스터
⑦ 소비전력

(5) 유도 전동기 특성곡선

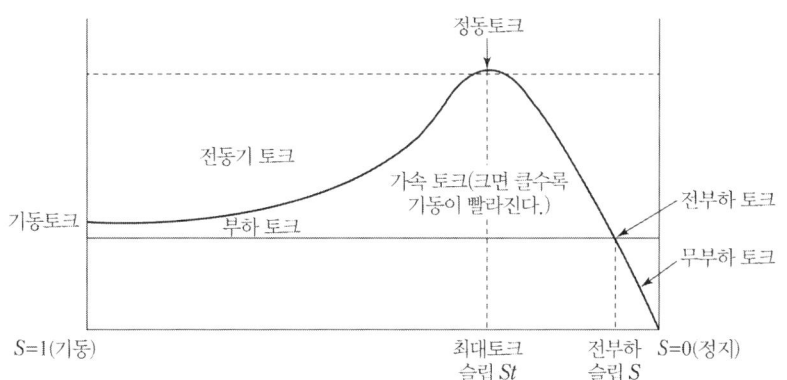

① 기동토크 : 슬립이 1인 정지 상태에서 기동하므로 기동토크는 부하토크보다 커야한다.
② 전부하 토크 : 전동기 토크와 부하 토크가 만나는 점
③ 정동토크(최대토크) : 부하토크가 최대토크 이상이 될 때 토크로 전동기는 정지한다.

3.2 직류 엘리베이터의 속도제어

(1) 워드레오나드 방식

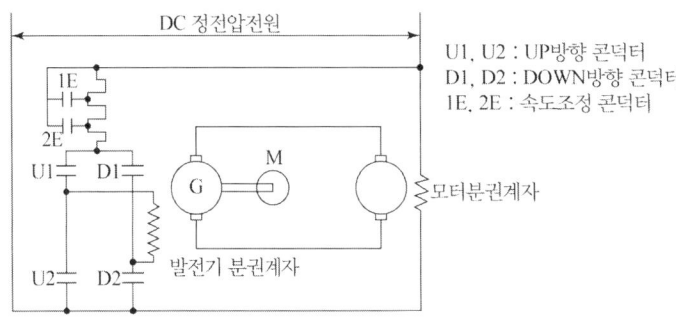

워드레오나드 방식의 주회로

① 직류전동기의 회전수 : $N = K \dfrac{E_a - I_a(R_a + r_a)}{I_f}$

여기서, E_a : 전기자 전압, I_a : 전기자전류, K : 전동기정수,
r_a : 전기자저항, I_f : 계자전류

② 직류전동기는 계자전류가 일정하면 회전수는 전기자 전압에 비례한다.
③ 유도 전동기로 직류발전기를 일정 속도로 회전시키고 직류발전기의 계자전류(I_f)를 조정하여 전동기의 회전수에 대응하는 직류전압을 연속적으로 변화시키는 방식이다.
④ 모터-발전기(M · G : motor-generator)를 사용하는 방식으로 속도 105 m/min 이하의 중·저속 엘리베이터에 사용된다.

(2) 정지레오나드 방식

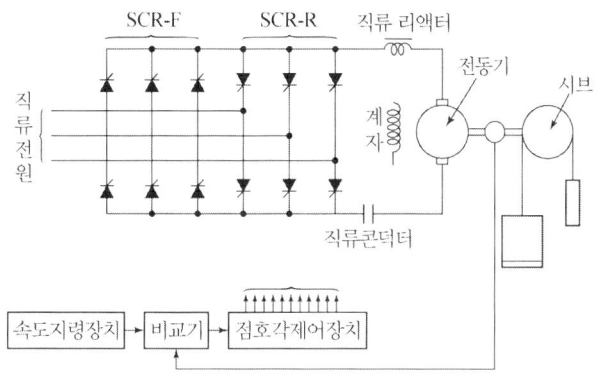

정지레오나드 방식의 주회로도

① 모터-발전기 대신에 전력용 반도체인 사이리스터의 점호각을 제어하여 교류를 전동기의 속도에 대응하는 교류를 직류로 변환시키는 방식이다.
② 주로 속도 120 m/min 이상의 고속 엘리베이터에 사용한다.

> **예제** 다음 (   )에 적당한 답을 쓰시오.
> 워드레오나드 방식은 직류전동기는 계자전류가 일정하면 전기자에 주어진 (①)에 비례하여 회전수가 변화하게 된다. 전동기에 직류전압을 공급하기 위하여(②)로 직류발전기(M-G : motor-generator)를 회전시켜 여기에서 나오는 직류를 직접 직류전동기(③)에 연결시키고 직류발전기의 (④)를 강하게 하거나 약하게 하여 발전기에서 발생되는 (⑤)임의로 연속적으로 변화시켜 직류전동기의 속도를 연속으로 광범위하게 제어한다. 발전기의 계자에 소요량을 연결하여 대전력을 제어할 수 있기 때문에 손실이 작은 것이 특징이다.
> 정지레오나드 방식은(⑥)를 사용하여 교류를 직류로 변화하여 전동기에 공급하고 싸이리스터의 (⑦)을 바꿈으로써 직류전압을 바꿔 직류전동기의 (⑧)를 변경하는 방식으로써 변화시의 손실이 워드레오나드 방식에 비하여 적고, 보수가 쉽다는 장점이 있다. 속도제어는 엘리베이터의 실제 속도를 속도지령값으로부터의 신호와 비교하여 그 값의 차이가 있으면 싸이리스터의(⑨)을 바꿔 속도를 바꾼다.

풀이 ① 전압 ② 교류전동기 ③ 전기자 ④ 계자전류 ⑤ 전압
⑥ 싸이리스터 ⑦ 점호각 ⑧ 회전수 ⑨ 점호각

(3) 직류전동기의 속도 제어방식

$$회전수\ N = \frac{E_a - I_a R_a}{I_f}$$

1) 전압제어

전기자에 가해지는 단자전압(E_a)을 변화하여 속도를 제어한다.
(워드레오나드 방식, 정지레오나드 방식, 일그너 방식)

2) 계자제어

계자전류(I_f)를 조정하여 자속을 변화시켜 속도를 제어하는 정출력제어 방식이다

3) 저항제어

전기자 회로에 직렬로 가변저항(R_a)을 넣어 속도를 제어하는 방식으로 효율이 낮다.

3.3 엘리베이터 제어반

(1) 기계실 있는 엘리베이터의 제어반(MR)

① 엘리베이터의 제어반은 철제 자립형으로 기계실에 설치한다.
② 제어반에는 메인 차단기와 노이즈 필터(noise filter), 전력 변환장치인 인버터 모듈과 기동 및 운전용 컨텍터(contactor)부로 구성되어 있다.
③ 전기적 비상 운전에 대한 표준 회로가 내장되어 안전장치의 결함이 발생했을 경우 0.3 m/sec 이하의 속도로 운전하여 비상구출 운전을 실시할 수 있는 구조여야 한다.
④ 동력 전원의 상이 바뀌거나 결상이 되는 경우 감지하여 전동기 전원을 차단하는 역결 상검출장치가 있어야 한다. (역결상계전기)

(2) 기계실 없는 엘리베이터 제어반의 요건 (MRL)

① 승강장에 설치하는 타입 : 제어반의 기능을 승강장 문 옆에 길게 세로로 배열하여 설치한 구조로 기계실 있는 엘리베이터 제어반과 유사하다.
② 승강로 내부에 설치하는 타입 : 승강장에서 전원을 제어하는 MCCB가 내장된 점검 운전용 운전반이 별도로 설치되고 승강장에서 비상 구출운전이 가능한 구조의 제어 시스템이 구비되어 있어야 한다.

(3) 기계실 없는 엘리베이터의 장점
① 건물의 용적률을 높일 수 있다.
② 도시 경관이 미려하다.
③ 기계실의 위치가 자유롭다.

> ※ 기계실 없는 엘리베이터의 단점
> ① 설치가 어렵다.
> ② 점검 및 유지관리가 어렵다.

(4) 엘리베이터 기계실 유지보수 시 제어반 관련 유지보수 부품
① 주 접촉기
② 릴레이 접촉기
③ 인버터
④ PCB 기판
⑤ 퓨즈
⑥ 점검/정상 운전 스위치와 각종 스위치류
⑦ 온도 센서(기계실 팬 작동)
⑧ 트랜스포머
⑨ 제동저항

(5) 엘리베이터 및 휠체어 리프트의 제어반 온도시험
① 온도시험은 KS C IEC 60068-2-14에 준하여 실시하며 작동하는 주위 온도 한계는 0℃~+65℃이다.
② 시험조건:
 - 인쇄회로기판은 작동 상태이어야 한다.
 - 인쇄회로기판은 정격 작동 전압이 공급되어야 한다.
 - 안전장치가 시험 중 및 후 작동되어야 한다.
 - 인쇄회로기판에 안전 회로 외의 부품이 포함되어 있는 경우, 그 부품들도 시험 중 작동되어야 한다.(이 부품들의 고장은 고려되지 않는다)
③ 시험은 최소온도 0℃ 및 최대 온도 +65℃에서 실시해야 한다.
④ 시험은 최소 4시간 동안 계속해야 한다.

(6) 제어시스템에는 유지관리 업무 수행을 위한 보호 수단으로 엘리베이터의 결함 등을 확인하는 패널이 수행해야 할 기능

① 고장분석 및 전기안전장치의 결함확인 기능
② 결함 초기화 및 정상 운행 복귀 기능
③ 유지관리를 위한 조정 및 설정기능
④ 점검 및 검사를 위한 조정 기능
⑤ 월간 기동횟수 및 운행시간 적산 기록·표시 기능

3.4 논리 시퀀스 회로

시퀀스란「현상이 일어나는 순서」를 말하며, 또한 시퀀스 제어란「미리 정해 놓은 순서 또는 일정한 논리에 의하여 정해진 순서에 따라 제어의 각 단계를 순서적으로 진행하는 제어로 되어 있다.

시퀀스제어의 간단한 예로서는 전기 세탁기, 자동 판매기, 엘리베이터, 교통 신호기, 또한 트랜스퍼 머시인, 무인 발전소 등에 활용되고 있다.

(1) 논리 적회로(AND gate)

2개의 입력 A 와 B 가 모두 "1"일 때만 출력이 "1"이 되는 회로로서 AND 회로의 논리식은 $X = A \cdot B$로 표시한다.

(2) 논리합회로(OR gate)

입력 A 또는 B의 어느 한쪽이든가, 양자가 "1"인 때 출력이 "1"이 되는 회로로서 OR 회로의 논리식은 $X = A + B$로 표시한다.

(3) 논리 부정 회로(NOT gate)

입력이 "0"일 때 출력은 "1", 입력이 "1"일 때 출력은 "0"이 되는 회로로 입력 신호에 대해서 부정(NOT)의 출력이 나오는 것이다. NOT 회로의 논리식은 $X = \overline{A}$로 표시한다.

(4) NAND 회로 (NAND gate)

AND 회로에 NOT 회로를 접속한 AND-NOT 회로로서 논리식은 $X = \overline{A \cdot B}$가 된다.

(5) NOR 회로(NOT gate)

OR 회로에 NOT 회로를 접속한 OR-NOT 회로로서 논리식은 $X = \overline{A + B}$가 된다.

(6) 배타적 논리 합회로(exclusive-OR gate) :

입력 A, B가 서로 같지 않을 때만 출력이 "1"이 되는 회로인데, A, B가 모두 "1" 이어서는 안 된다는 의미가 있다. 논리식은 $X = \overline{A} \cdot B + A \cdot \overline{B} = A \oplus B$로 표시된다.

회로	유접점	무접점	논리회로	진리표
AND 회로		$X = A \cdot B$		A B X 0 0 0 0 1 0 1 0 0 1 1 1
OR 회로		$X = A + B$		A B X 0 0 0 0 1 1 1 0 1 1 1 1
NOT 회로		$X = \overline{A}$		A X 0 1 1 0
NAND 회로		$X = \overline{A \cdot B}$		A B X 0 0 1 0 1 1 1 0 1 1 1 0
NOR 회로		$X = \overline{A + B}$		A B X 0 0 1 0 1 0 1 0 0 1 1 0
Exclusive -OR 회로 ※ 배타적 논리합		$X = \overline{A} \cdot B + A \cdot \overline{B}$ $X = A \oplus B$		A B X 0 0 0 0 1 1 1 0 1 1 1 0

3.5 논리 대수 및 드 모르간의 정리

(1) 논리 대수

논리 대수에서 취급하는 변수로는 2진법의 "0"과 "1"만으로 된다. 논리 회로의 해석, 설계 및 응용 등에 이용되고 있다.

논리 대수 정리 및 스위치 회로 표시

정 리	스위치 회로
T1 : 교환의 법칙 (a) $A+B=B+A$ (b) $A \cdot B = B \cdot A$	
T2 : 결합의 법칙 (a) $(A+B)+C = A+(B+C)$ (b) $(A \cdot B) \cdot C = A \cdot (B \cdot C)$	
T3 : 분배의 법칙 (a) $A \cdot (B+C) = A \cdot B + A \cdot C$ (b) $A+(B \cdot C) = (A+B) \cdot (A+C)$	
T4 : 동일의 법칙 (a) $A+A=A$ (b) $A \cdot A = A$	
T5 : 부정의 법칙 (a) $(A) = \overline{A}$ (b) $(\overline{A}) = A$	

정 리	스위치 회로
T6 : 흡수의 법칙 (a) $A + A \cdot B = A$ (b) $A \cdot (A + B) = A$	
T7 : 공리 (a) $0 + A = A$ (b) $1 \cdot A = A$ (c) $1 + A = 1$ (d) $0 \cdot A = 0$	

(2) 논리 변환과 논리 연산

1) 분배 법칙

① $A + (B \cdot C) = (A + B) \cdot (A + C)$

② $A \cdot (B + C) = (A \cdot B) + (A \cdot C)$

2) 2진수(0과 1)에서

① $A + 0 = A$, $A \cdot 1 = A$

② $A + A = A$, $A \cdot A = A$

③ $A + 1 = 1$, $A + \overline{A} = 1$

④ $A \cdot 0 = 0$, $A \cdot \overline{A} = 0$

⑤ $0 + 0 = 0$, $0 + 1 = 1$, $\overline{0} = 1$, $0 \cdot 1 = 0$, $1 \cdot 1 = 1$, $\overline{1} = 0$

3) De Morgan의 정리

① $\overline{A + B} = \overline{A} \cdot \overline{B}$, $\overline{AB} = \overline{A} + \overline{B}$

② $\overline{A \cdot B} = \overline{A} + \overline{B}$, $AB = \overline{\overline{A} + \overline{B}}$

4) 동일 법칙

① $A \cdot A = A$, $\overline{A} \cdot A = 0$

② $\overline{A} \cdot \overline{A} = \overline{A}$, $A \cdot \overline{A} = 0$

3.6 자동제어

(1) 자동제어의 종류

1) 개루프 제어계
   피드백 시키지 않는 오픈루프 제어

2) 폐루프 제어계
   출력의 일부를 입력방향으로 피드백시켜 목표값과 비교되도록 폐루프를 형성하는 제어계로서 피드백 제어계라고도 한다.

(2) 피드백제어의 특징
① 정확성의 증가
② 계의 특성 변화에 대한 입력 대 출력비의 감도 감소
③ 비선형성과 왜형에 대한 효과의 감소
④ 감대폭의 증가
⑤ 발진을 일으키고 불안정한 상태로 되어가는 경향성

(3) 피드백제어계의 구성

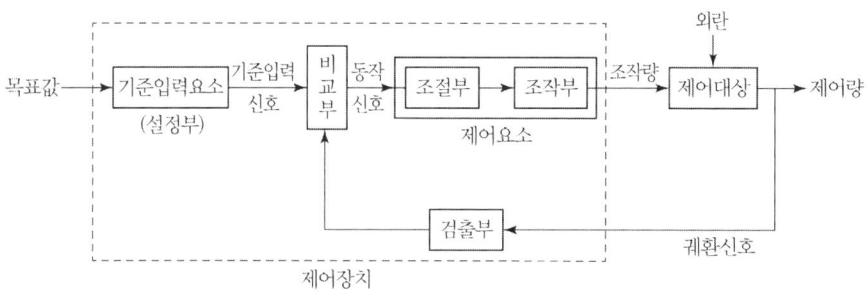

※ 제어요소 : 조절부와 조작부
   제어의 대상 : 조작량, 제어량 : 출력(예: 회전수)
   프로그램 제어 : 미리 정해진 시간적 변화에 따라 정해진 순서대로 제어한다.
      (엘리베이터)

3.7 승강기 기본 회로

(1) 자기 유지 회로

자기 유지 회로란 푸시 버튼 스위치를 사용해서 전자 릴레이의 코일에 전류를 흘러 동작 시켰을 때 버튼을 누른 손을 떼면 전자 릴레이는 복귀하므로 전자 릴레이 자신의 a접점으로 다른 여자 회로를 만들어 연속적으로 동작하게 만든 회로를 말한다.

[동작 설명]

① PB_1을 눌러 전원을 공급하였을 때 코일 X는 동작하고 X-a 접점도 닫힌다. 따라서 코일 X에 전류가 흐른다. ⇨ 자기 유지 회로

② 입력 PB_1을 OFF하여도 회로는 급하였을 때 코일 X는 동작하고 X-a 접점을 통하여 회로는 계속 전류가 흐르므로 코일은 동작을 계속한다.
(자기 유지 접점 X-a 접점을 통하여 회로의 동작이 계속 유지되는 회로를 자기 유지 회로라 한다.)

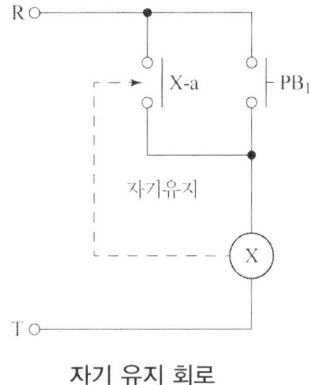

자기 유지 회로

(2) 인터록 회로

인터록 회로란 주로 기기의 보호와 조작자의 안전을 목적으로 한 것인데 기기의 동작 상태를 나타내는 접점을 사용해서 서로 관련되는 기기의 동작을 구속하는 회로를 말하며 선행 동작 우선 회로라고도 한다.

[동작 설명]

① PB_1을 누르면 릴레이 코일 X_1이 동작하고 릴레이 X_1의 b접점은 떨어진다.
이 때 PB_2을 눌러도 X_2는 동작하지 않는다.

② X_1이 동작하지 않을 때 PB_2를 누르면 릴레이 코일 X_2가 동작한다.
릴레이 코일 X_2가 동작하면 릴레이 X_2의 b접점은 떨어진다.

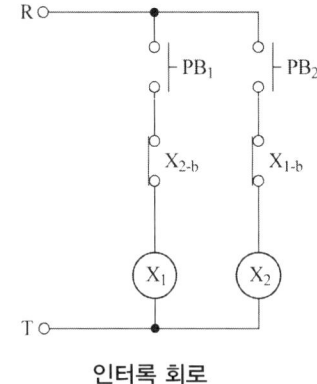

인터록 회로

(3) 타이머 회로(지연 동작 회로)

타이머회로(지연동작회로)란 타이머의 출력 측에서 동작 중의 부하를 입력 신호가 일정 시간 (타이머의 설정 시간) 후에 폐로 혹은 개로하는 회로를 말한다.

[동작 설명]

① PB_1을 눌렀을 때 타이머 코일 T가 여자된다. 타이머 코일 T가 동작되면 타이머의 순시 a접점 T가 닫혀서 자기 유지된다.

② 입력인 누름 버튼 스위치 PB_1을 OFF 하여도 자기유지회로가 되어 타이머의 작동은 계속된다.

③ 설정시간 후 타이머 한시동작 순시복귀접점이 동작하여 RL이 점등되고 GL은 소등 한다.

④ 입력인 누름 버튼 스위치 PB_2를 눌렀을 때 타이머에 전원이 차단되며 즉시 타이머 한시동작 순시 복귀 접점이 원래의 상태로 복귀하여 RL이 소등되고 GL은 점등된다.

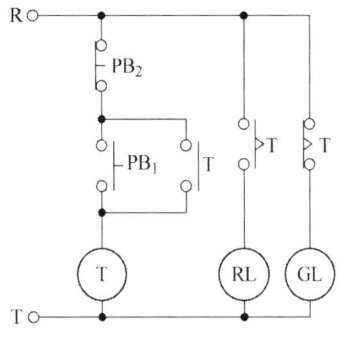

타이머 회로(지연 동작 회로)

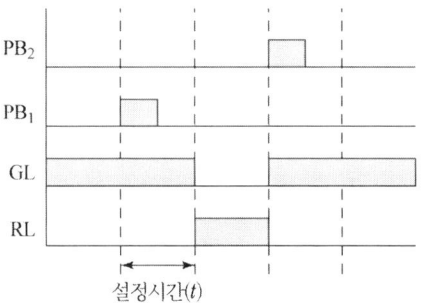

타임차트

[참고] ① 한시 동작 : 시간의 차이를 두고 개폐되는 동작
② 순시 동작 : 시간의 차이 없이 순간적으로 개폐되는 동작
③ 한시 복귀 : 시간의 차이를 두고 복귀되는 동작
④ 순시 복귀 : 시간의 차이 없이 순간적으로 복귀되는 동작

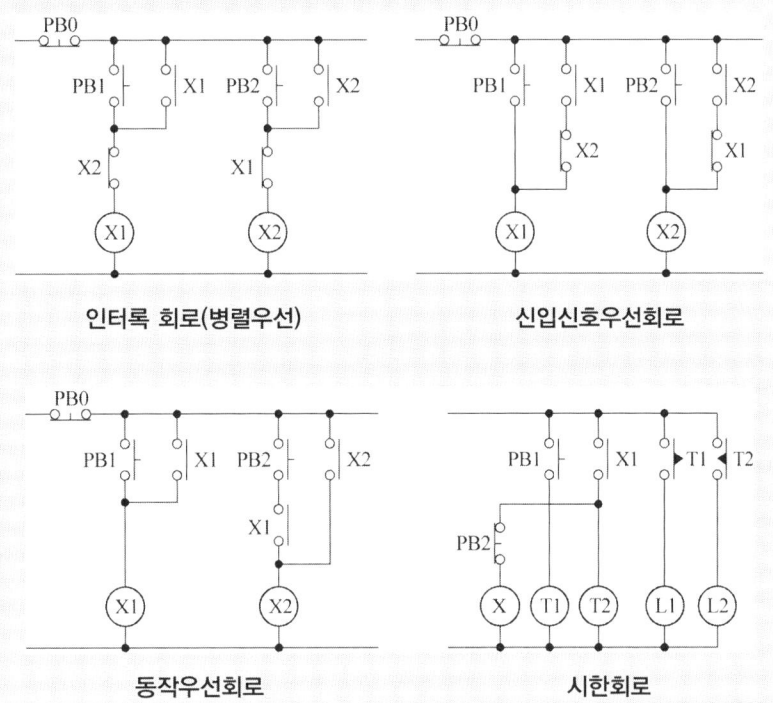

예제 다음 유접점회로의 논리식을 쓰시오.

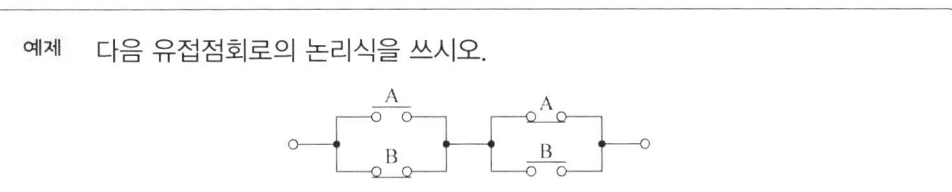

풀이 $(A+\overline{B}) \cdot (\overline{A}+B)$

(4) 유도전동기 정역회전 회로도

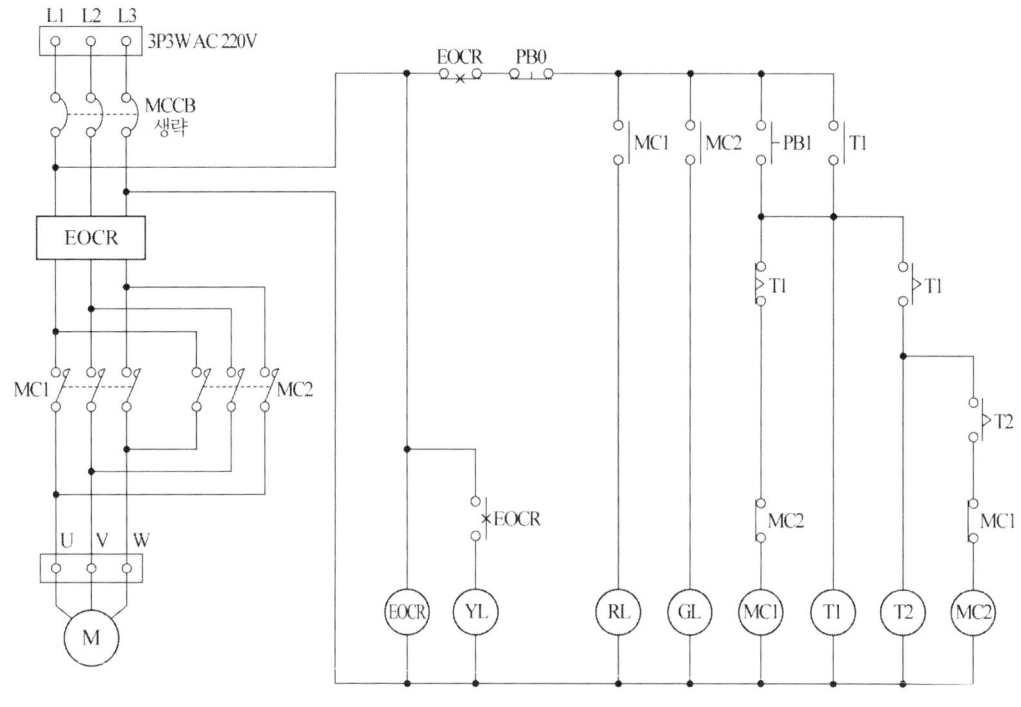

유도전동기 정역회전 회로도

① PB1을 눌렀다 놓으면 전자접촉기 MC1과 타이머 T1이 여자되고 전동기는 정회전하며 RL 램프가 점등된다. (타이머 T1의 순시 접점으로 자기유지)
② 타이머 T1의 설정시간이 지나면 MC1이 OFF 되고 타이머 T2가 여자되고 T2의 설정시간이 지나면 전자접촉기 MC2가 여자되어 전동기는 역회전하고 이때 RL 램프는 소등되고 GL 램프가 점등된다.
③ 전자접촉기 MC1과 전자접촉기 MC2는 서로 인터록이 되어 있다.
④ 유도전동기의 회전 방향은 전원선 3가닥 중 2가닥의 결선을 변환시키면 역회전한다.
⑤ 엘리베이터의 구동 전동기의 상승, 하강 회로와 카 문의 열림과 닫힘 회로에 적용된다.

(5) 유도전동기 Y-△ 기동 회로

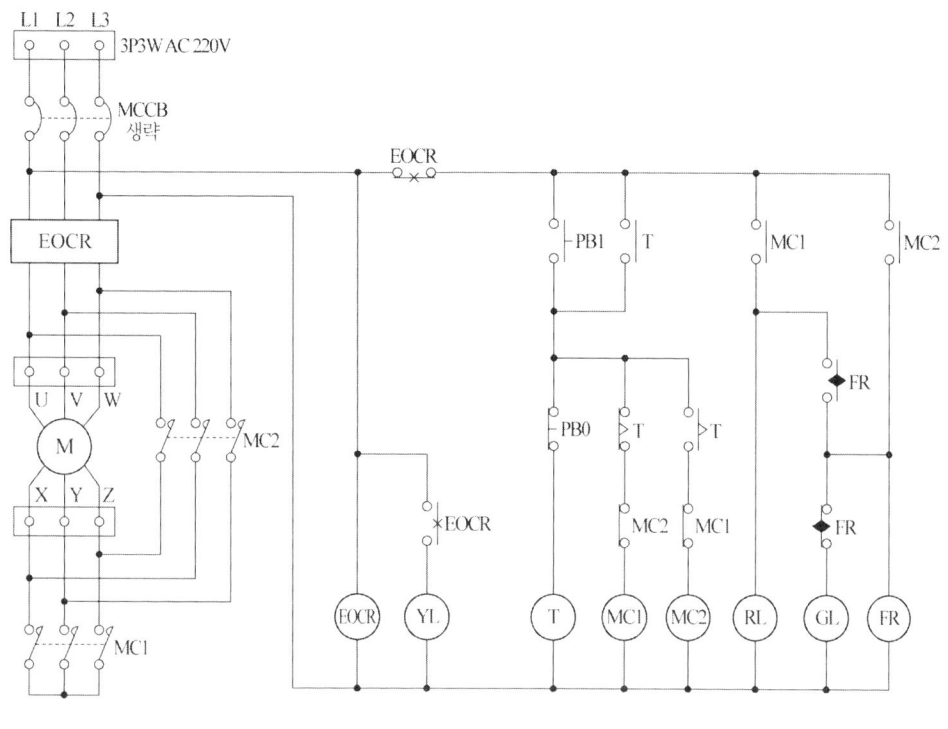

Y-△ 기동 회로도

① PB1을 눌렀다 놓으면 전자접촉기 MC1과 타이머 T가 여자되고 전동기는 Y결선으로 기동하고 RL 램프가 점등되며 타이머 T의 순시 접점으로 자기 유지된다.
② 타이머 T의 설정시간이 지나면 MC1이 OFF 되고 전자접촉기 MC2가 여자되어 전동기 △로 운전되고 이때 RL 램프는 소등되며 플리커 릴레이 FR이 여자되어 GL 램프는 점멸을 반복한다.
③ 전자식 과전류차단기 EOCR이 작동되면 전동기의 회전은 정지되고 YL 램프가 점등된다.
④ 전동기 운전 중에 PB0를 눌렀다 놓으면 자기유지회로가 끊겨 운전이 중지된다.
⑤ Y결선으로 기동하면 기동전류가 △기동에 비해 1/3로 낮아진다.
⑥ 워드레오나드 방식의 전동발전기 기동 회로와 유압식 엘리베이터와 에스컬레이터의 기동 회로에 적용된다.

(6) 변압기의 결선

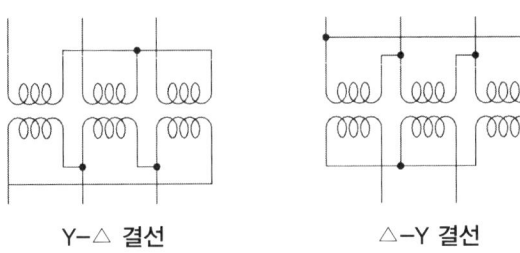

Y–△ 결선 　　　　　△–Y 결선

3.8 전기설비 설계

(1) 변압기의 용량

$$P_T \geq \sqrt{3} \times E \times I \times N \times \frac{1}{Y} \times 10^{-3} + (P_c \times N)[\text{kVA}]$$

여기서, E : 정격전압　　　　I : 정격전류
　　　　N : 엘리베이터 대수　Y : 부등율
　　　　P_c : 제어용 전력[kVA]

> ※ 승강기용 동력 전원설비 산정 시 필요한 요소 3
> ① 전압강하　② 전압강하 계수　③ 주위온도　④ 부등률　⑤ 가속 전류

> **예제** 어느 건물 내에 엘리베이터의 사양이 아래와 같을 때 적절한 변압기 용량을 구하시오.
> - 엘리베이터의 종류 및 설치대수(N) : 교류엘리베이터 8인 승, 2대
> - 정격속도 : 60[m/min]
> - 정격 전압(E) : AC 380[V]
> - 한 대당 제어용 전력(P_c) : 1[kVA]
> - 한 대당 가속 전류 : 51[A]
> - 한 대당 정격 전류(I) : 13.5[A]

풀이 변압기 용량[kVA]은

$$P_T \geq \sqrt{3} \times E \times I \times N \times \frac{1}{Y} \times 10^{-3} + (P_C \times 10^{-3} \times N)[\text{kVA}]$$

여기서, E : 정격전압　　　　I : 정격전류
　　　　N : 엘리베이터 대수　Y : 부등율
　　　　P_c : 제어용 전력

$$P_T \geq \sqrt{3} \times 380 \times (13.5 \times 2) \times 1.25 \times 1 \times 10^{-3} + (1 \times 2) = 24.21 \quad \therefore \ 25[\text{kVA}]$$

여기서 2대의 전동기 정격전류 합은 $13.5 \times 2 = 27$ A로 50 A 이하로 1.25를 곱한다.

> **예제** 정격속도 1 m/s, 정격전압 380V, 제어용전력 1.2 kVA/대, 정격전류 31 A, 수용률 0.91인 2대의 엘리베이터용 변압기의 최소용량은 몇 kVA 인가?

풀이 $P = \sqrt{3} \times 380 \times (31 \times 2) \times 1.1 \times 0.91 \times 10^{-3} + (1.2 \times 2) = 43.247$

답 : 43.25[kVA]

※ 변압기 용량 $P = \dfrac{\text{부하설비용량[kW]} \times \text{수용률}}{\text{역률} \times \text{부등률}} \times \text{여유계수[kVA]}$

수용률 $= \dfrac{\text{최대수용전력[kW]}}{\text{부하설비 용량의 총계[kW]}} \times 100[\%]$

(2) 배전선의 굵기

$$A = \frac{17.8 k \times L \times I}{1000 \times e} [\text{mm}^2]$$

여기서, I : 전류[A] L : 전선길이[m]

A : 전선의 단면적 e : 전압강하[V]

k :

직류 2선식, 교류 2선식	2	$17.8 \times 2 = 35.6$
3상 4선식, 단상 3선식	1	$17.8 \times 1 = 17.8$
3상 3선식	$\sqrt{3}$	$17.8 \times \sqrt{3} = 30.8$

(3) 간선의 허용전류(I_a)

1) 전동기 전류의 합이 전동기 이외의 부하전류 합보다 큰 경우 : $\sum I_M > \sum I_H$

   ① 전동기 부하전류의 합이 50 A 이하인 경우 : $I_a \geq \sum I_M \times 1.25 + \sum I_H$

   ② 전동기 부하전류의 합이 50 A 초과인 경우 : $I_a \geq \sum I_M \times 1.1 + \sum I_H$

2) 전동기 전류의 합이 전동기 이외의 부하전류 합 이하인 경우 : $\sum I_M \leq \sum I_H$

   $I_a \geq \sum I_M + \sum I_H$

(4) 간선 보호용 과전류차단기 정격전류(I_n)

전동기 정격전류(I_M), 전열 및 조명등 제어전류(전동기를 제외한 부아전류 : I_H), 간선의 허용전류(I_a), 과전류 차단기의 정격전류(I_n) 이라고 하면

① $I_n \leq 3 \times \sum I_M + \sum I_H$

② $I_n \leq 2.5 \times I_a$

①과 ② 중에서 적은 값을 기준으로 선정한다.

(5) 전동기 분기 회로용 과전류차단기의 정격전류(I_n)

① 전동기 부하전류가 50 A 이하인 경우 : $I_n \leq 3 \times I_M$

② 전동기 부하전류가 50 A 초과인 경우 : $I_n \leq 2.75 \times I_M$

③ $I_n \leq 2.5 \times I_a$(간선의 허용전류)

①, ②, ③ 중에서 적은 값을 기준으로 선정한다.

(6) 전압변동률(%) = $\dfrac{송전단전압 - 수전단전압}{수전단전압} \times 100[\%]$

(7) 전기설비의 절연저항

절연저항은 각각의 전기가 통하는 도체와 접지 사이에서 측정되어야 한다.
절연저항 값은 다음 표2에 적합하여야 한다.

표2

공칭 회로전압[V]	시험전압(직류)[V]	절연 저항[MΩ]
SELV 및 PELV > 100 VA	250	0.5 이상
≤ 500 FELV 포함	500	1.0 이상
> 500	1,000	1.0 이상

(8) 전기 기기의 절연 등급

절연물의 허용온도

종류	Y종	A종	E종	B종	F종	H종	C종
온도℃	90	105	120	130	155	180	180초과

(9) 절연저항 측정

$$R_M = \dfrac{전압계\ 1\,V\ 당\,[M\Omega] \times 측정범위\,[V]}{10^6} \times \left(\dfrac{조작전압(e)}{지시전압(e_0)} - 1\right)[M\Omega]$$

> **예제** 절연저항 측정 시 사용한 전압계는 1[V] 당 저항이 10,000[MΩ], 측정범위(E)가 500[V], 측정회로의 조작전압(e)이 125[V], 당해 측정 개소에서의 전압계 지시전압(e_0)이 100[V]일 경우 절연저항은 몇 [MΩ]인가?

풀이 $R_0 = \dfrac{10{,}000 \times 500}{10^6} \times \left(\dfrac{125}{100} - 1\right) = 1.25 [\text{M}\Omega]$

(10) 전선의 색상

L1	L2	L3	중성선(N)
갈색	흑색	회색	청색

※ 접지선 : 녹색과 노란색
 - 중성선과 접지선은 항상 분리되어야 한다.
※ 저압 : 직류 1.5 kV , 교류 1 kV 이하
 고압 : 직류, 교류 저압 초과 7 kV 이하
 특별고압 : 직류, 교류 7 kV 초과

(11) 전력

단위 시간에 전기가 한 일로 단위는 [W]로 나타낸다.

$$P = \dfrac{W}{t} = \dfrac{QV}{t} = VI \, [\text{W}]$$

$V = IR[\text{V}]$이므로 $P = VI = I^2R = \dfrac{V^2}{R}[\text{W}]$

1 HP = 550 ft-lbf/sec = 550 × 0.3048 × 0.4536 × 9.81 N·m/s
 = 746 W (745.97)
1 Ps = 75 kgf·m/s = 75 × 9.81 N·m/s = 736 W (735.75)
※ 1 W = 1 N·m = 1 J/sec

(12) 전력량

일정 시간 동안의 전기에너지 총량

전기가 한 일 $W = Pt = VIt = I^2Rt = \dfrac{V^2}{R}t \, [\text{W·sec}]$

※ 단위 [J] = [C]·[V] = [W]·[sec] = [VA]·[sec]
※ 전력량과 전력은 다르다.
$$W = Pt = VIt = I^2 Rt = \frac{V^2}{R} t [W \cdot sec], [Wh], [kWh]$$

(13) 전류의 발열작용

저항 $R[\Omega]$에 $I[A]$의 전류를 $t[sec]$ 동안에 흘릴 때 열을 줄열 또는 저항열이라고 한다. 일은 줄의 법칙이라 한다.

$$H = 0.24 Pt = 0.24 I^2 Rt = 0.24 \frac{V^2}{R} t [cal]$$

$$1[J] = 0.24[cal], \quad 1[cal] = \frac{1}{0.24} = 4.2[J]$$

(14) 교류전력과 역률

① 피상전력(Apparent Power) : P_a

$$P_a = VI = \frac{V^2}{Z} = \sqrt{P^2 + P_r^2} \ [VA]$$

② 유효전력(Actvie Power) : P

$$P = VI \cos\theta = \frac{V^2}{R} [W]$$

③ 무효전력 (Reactive Power) : P_r

$$P_r = VI \sin\theta = \frac{V^2}{X} = P \tan\theta$$

④ 역률 $(\cos\theta) = \frac{P}{Pa} = \frac{R}{\sqrt{R^2 + XL^2}} = \frac{R}{Z}$

⑤ 무효율$(\sin\theta) = \frac{P_r}{P_a}$

⑥ 역률 개선용 콘덴서 용량[kVA]

$$Q = P[kW] \times (\tan\theta_1 - \tan\theta_2)$$
$$= P[kW] \times \left(\frac{\sqrt{(1-\cos\theta_1^2)}}{\cos\theta_1} - \frac{\sqrt{(1-\cos\theta_2^2)}}{\cos\theta_2} \right)$$

※ $\sin\theta^2 + \cos\theta^2 = 1$, $\tan\theta = \frac{\sin\theta}{\cos\theta}$

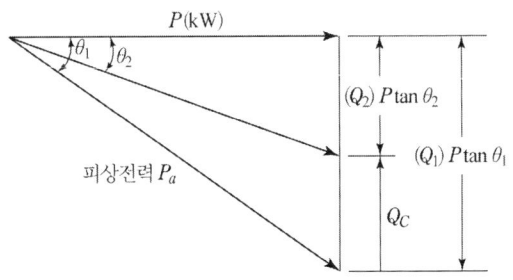

예제 교류 3상 부하가 25 kW이고 역률이 60 % 이다. 이것을 역률 90 %로 개선하기 위해 필요한 전력용 콘덴서의 용량을 구하시오.

풀이 $Q = 25 \times (\dfrac{\sqrt{1-0.6^2}}{0.6} - \dfrac{\sqrt{1-0.9^2}}{0.9}) = 21.23[\text{kVA}]$

무효전력 $P_r = P \times \tan\theta = 25 \times \dfrac{0.8}{0.6} = 33.33[\text{kVar}]$

※ 개선 후 역률 검증

$(\cos\theta) = \dfrac{P}{\sqrt{P^2 + (P_r - Q)^2}} = \dfrac{25}{\sqrt{25^2 + (33.33 - 21.23)^2}} \times 100 = 90.01\%$

※ 역률 개선 효과
① 전력손실 감소
② 설비용량의 여유 증가
③ 전압강하 감소
④ 전기요금 절약(역률 90% 미달 시 전력 요금 할증)

예제 다음 회로에서 전동기의 역률을 구하시오.
전압계, 전력량계, 전류계의 눈금은 다음과 같다.
$V = 220[\text{V}]$, $I = 26[\text{A}]$, $W_1 = 5.6[\text{kW}]$, $W_2 = 2.8[\text{kW}]$

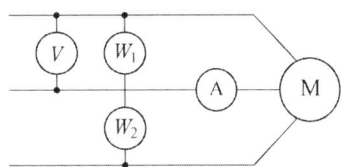

풀이 $P = \sqrt{3}\, VI\cos\theta$ 에서 $\cos\theta = \dfrac{(5.6 + 2.8) \times 1000}{\sqrt{3} \times 220 \times 26} = 0.847$

답 : 0.85

※ 2 전력계법을 이용한 풀이

역률 $= \dfrac{\text{유효전력}}{\text{피상전력}} = \dfrac{5.6 + 2.8}{2\sqrt{5.6^2 + 2.8^2 - 5.6 \times 2.8}} = 0.866$

답 : 0.87

피상전력 $P_a = 2\sqrt{W_1^2 + W_2^2 - W_1 W_2}$

3.9 저항과 콘덴서의 접속

(1) 저항의 접속

1) 직렬 접속

합성저항 $R = R_1 + R_2 + R_3 [\Omega]$

2) 병렬접속

합성저항 $\dfrac{1}{R} = \dfrac{1}{R_1} + \dfrac{1}{R_2} + \dfrac{1}{R_3} = \dfrac{R_2R_3 + R_3R_1 + R_1R_2}{R_1R_2R_3}$ ※ $R = \dfrac{R_1R_2}{R_1 + R_2}$

$\therefore R = \dfrac{R_1R_2R_3}{R_1R_2 + R_2R_3 + R_3R_1} [\Omega]$

예제   다음 회로에 10[Ω]과 R[Ω]의 저항을 병렬 연결하고 50[V]의 전압을 인가했을 때 소비전력이 860[W]였다. 저항 R은 몇 [Ω]인가?

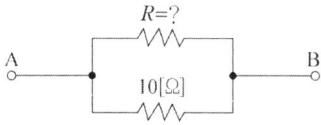

풀이 $P = \dfrac{V^2}{R}$ 에서 합성저항 $R_t = \dfrac{50^2}{860} = 2.91$

$2.91 = \dfrac{R \times 10}{R + 10}$ $R = 4.1 [\Omega]$

예제   20 Ω, 50 Ω, 100 Ω의 저항이 병렬로 연결되고 입력전압이 200 V일 때 회로에 전체전류는 몇 A인가?

풀이 $\dfrac{1}{R} = \dfrac{1}{20} + \dfrac{1}{50} + \dfrac{1}{100} = \dfrac{8}{100}$, $R = \dfrac{100}{8}$

$I = \dfrac{V}{R} = \dfrac{200}{12.5} = 16 A$

(2) 콘덴서의 접속

1) 직렬 접속

합성용량 $\dfrac{1}{C} = \dfrac{1}{C_1} + \dfrac{1}{C_2} + \dfrac{1}{C_3} = \dfrac{C_2C_3 + C_3C_1 + C_1C_2}{C_1C_2C_3}$ ※ $C = \dfrac{C_1C_2}{C_1 + C_2}$

∴ $C = \dfrac{C_1C_2C_3}{C_1C_2 + C_2C_3 + C_3C_1} [\mu F]$

2) 병렬 접속

합성용량 $C = C_1 + C_2 + C_3 [\mu F]$

예제 다음 콘덴서 회로의 합성 정전 용량은 몇 [μF]인지 계산하시오.

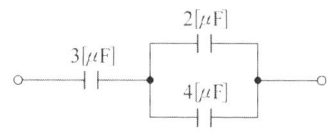

풀이 $Q = \dfrac{3 \times 6}{3 + 6} = 2 [\mu F]$

3.10 전류계와 전압계

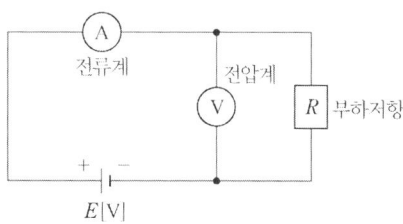

(1) 전류계 (부하와 직렬연결)

분류기 저항 $R_s = \dfrac{R_0}{(m-1)}$ ※ 전류계와 병렬접속

배율 $m = \dfrac{R_A}{R_s} + 1$

(2) 전압계 (부하와 병렬연결)

배율기 저항 $R_m = (m-1)R_0$ ※ 전압계와 직렬접속

배율 $m = \dfrac{R_m}{R_V} + 1$

4. 속도와 토크 및 트랙션 비 계산

4.1 엘리베이터의 속도와 토크 계산

(1) 전동기의 회전수

　1) 교류전동기 회전수

$$N = \frac{120f \times (1-s)}{P} [\text{rpm}]$$

여기서, f : 주파수, s : 슬립, P : 전동기 극수

슬립 $s = \dfrac{N_s - N}{N_s} \times 100 [\%]$　　$N_s = \dfrac{120f}{P}$ (동기속도)

　2) 직류전동기의 회전수

$$N = \frac{E - I_a R_a}{I_f}$$

여기서, I_a : 전기자전류, R_a : 전기자 저항, I_f : 계자 전류

※ 직류전동기의 회전수는 전기자 전압에 비례하고 계자전류에 반비례한다.

(2) 엘리베이터의 속도와 도르래 직경

　1) 카 속도

$$V = \frac{\pi \times D \times N}{k \times 1000} \times i [\text{m/min}]$$

여기서, D : 도르래 직경[mm]
　　　　N : 전동기 회전수[rpm]
　　　　k : 로핑계수
　　　　i : 감속비

> ※ 도르래 속도, 로프 속도는 로핑 계수와 관계없이 같으며 카 속도는 도르래(또는 로프) 속도를 로핑 계수로 나눈 값이다. (1:1은 동일)

2) 도르래 직경

$$D = \frac{1000 \times k \times V}{\pi \times N \times i} \, [\text{mm}]$$

(3) 엘리베이터 구동에 필요한 전 부하 토그

① $T = 975 \times \dfrac{P[\text{kW}]}{N} [\text{kg·m}]$ (kg·m × 9.81 = N·m)

② $T = \dfrac{P}{\omega} = \dfrac{P[\text{W}]}{2\pi \times \dfrac{N}{60}} = \dfrac{60 \times P[\text{W}]}{2\pi N} [\text{N·m}]$

여기서, P : 전동기 출력, N : 회전수[rpm]

※ 1 N·m = 1 W = 1 J/s

4.2 트랙션 비(Traction ratio)

(1) 카 측 로프의 장력과 균형추 측 로프의 장력 비율로 1보다 크다.

(2) 중량 중 큰 값을 분자로 하며, 무부하와 전부하 상태 모두 계산
(트랙션비는 1 이상)

(3) 트랙션비가 작을수록 전동기의 소요출력이 작기 때문에, 가장 악조건인 상태에서 트랙션비가 최소가 되도록 오버밸런스율(50%)을 설정한다.

(4) 트랙션비를 개선하기 위해 보상체인과 로프를 사용하며 속도 3 m/s 초과 시는 보상로프를 사용해야 한다. (3 m/s 이하는 보상 체인과 로프 모두 사용 가능)

(5) 보상 수단(보상로프/보상체인) 설치도

카가 승강로 최상층에 있을 때	하중 고려사항	하중 고려사항	카가 승강로 최하층에 있을 때
	[카측] 1. 카 자중 2. 적재용량 3. $\dfrac{\text{주행케이블}}{2}$ [4)] 4. 콤펜로프(체인) 5. $\dfrac{\text{콤펜시브}}{2}$	[균형추측] 1. 균형추 자중 2. 콤펜로프(체인) 3. $\dfrac{\text{콤펜시브}}{2}$	
	[균형추측] 1. 균형추 자중 2. 메인로프 3. $\dfrac{\text{콤펜시브}}{2}$	[카측] 1. 카 자중 2. 적재용량 3. 메인로프 3. $\dfrac{\text{콤펜시브}}{2}$	

(6) 트랙션비의 계산

1) 100% 부하(전부하)를 적재하고 최하층에서 상승 시

$$\text{트랙션비 } T_1 = \frac{\text{카 무게} + \text{적재하중} + \text{로프무게}}{\text{균형추 무게} + \text{보상체인 무게}}$$

※ 이동케이블 무게는 승강로 상부에 고정되므로 무시한다.

2) 0% 부하(무부하)로 최상층에서 하강 시

$$\text{트랙션비 } T_2 = \frac{\text{균형추 무게} + \text{로프 무게}}{\text{카 무게} + \text{보상체인 무게} + (\text{이동케이블 무게} \div 2)}$$

※ 이동케이블 조건이 없으면 고려하지 않고 카가 최상층에 있는 경우는 1/2만 적용한다.

> **예제** 적재하중 1600 kg, 카 자중 2500 kg, 승강행정 50 m, 로프 무게 1 kg/m, 로프 6가닥을 사용한 엘리베이터가 다음과 같은 조건으로 운행 시 트랙션 비를 계산하시오. (단, 오버밸런스율은 45%임)
> (1) 빈 카가 최상 층에서 하강 시 견인비는?
> (2) 100 % 부하인 카가 최하층에서 상승 시 견인비는?

풀이 (1) $T = \dfrac{2500 + 1600 \times 0.45 + 50 \times 6}{2500} = 1.41$

(2) $T = \dfrac{2500 + 1600 + 50 \times 6}{2500 + 1600 \times 0.45} = 1.37$

※ 균형추 무게 : $2500 + 1600 \times 0.45 = 3220$ kg
(카 무게 + 적재하중 × 오버밸런스율)
로프 무게 : $50 \times 1 \times 6 = 300$ kg

(7) 트랙션 비 개선 방법
① 보상체인 혹은 보상 로프를 설치한다.

보상 수단	적용 속도 및 기준
보상체인	속도 3 m/s 이하에 적용
보상로프	속도 속도 3 m/s 초과 시 적용.(모든 속도 적용가능
안내봉	속도 1.75 m/s 초과 시 인장 장치가 없는 보상 수단의 순환하는 부근에 설치

② 로프 가닥 수를 줄인다.(무게를 줄인다.)
③ 이동케이블의 본수를 줄인다.
④ 카 자중을 줄인다.

(8) 마찰계수와 권부각을 적용한 권상계산
다음의 공식이 적용되어야 한다.

$$\dfrac{T_1}{T_2} \leq e^{fa}$$

카에 부하 및 비상제동 조건에 대하여

$$\dfrac{T_1}{T_2} \geq e^{fa}$$

권상을 제한하여 카 또는 균형추를 들어올리는 것에 대한 보호가 제공되는 카/균형추가 정지된 조건에 대하여(완충기 위에 정지하고 있는 카/균형추 및 "하강/상승" 방향으로 회

전하는 구동기)

여기서, f : 마찰계수, a : 권상도르래에서 로프의 감긴각
T_1, T_2 : 권상도르래 양쪽 로프에 걸리는 힘

5. 기계실, 승강로, 피트

5.1 기계실

(1) 기계실의 구조 및 재료
① 건축물의 다른 부분과 내화구조 또는 방화구조로 구획하고, 내장은 준불연재료 이상으로 마감되어야 한다.
② 관련 법령에 따른 건축물 구조상 내화구조 또는 방화구조로 구획할 필요가 없는 경우에는 불연재료를 사용하여 구획할 수 있다.
③ 바닥 및 천장은 먼지가 발생되지 않고 내구성이 있는 재질(콘크리트, 벽돌 또는 블록 등)로 구획되어야 한다.

(2) 기계실의 구비요건 (MR:기계실 있는 엘리베이터)
① 출입문 크기 : 폭 0.7 m, 높이 : 1.8 m 이상
② 기계실 작업구역 높이 : 2.1 m 이상
③ 바닥에 0.5 m 이상의 단차가 있는 경우 난간이 있는 사다리 설치
④ 보호 커버가 없는 회전하는 부품의 천장까지 수직거리 : 0.3 m 이상
⑤ 제어반 전면의 유효 수평면적
 – 깊이 : 0.7 m 이상
 – 폭 : 제어반 폭이 0.5 m 미만인 경우 0.5 m, 제어반 폭이 0.5 m 이상인 경우는 제어반 폭 이상이어야 한다.
⑥ 조도
 – 작업공간 : 200 lx 이상 (작업하는 장소의 조도는 모두 200 lx 이상이다.)
 – 이동통로 : 50 lx 이상
⑦ 작업구역마다 1개 이상의 콘센트를 설치해야 한다.

(3) 기계류 공간의 구비요건(MRL : 기계실없는 엘리베이터에 적용)
① 기계실 없는 엘리베이터의 권상기, 과속조절기 등의 설치 공간

② 접이식플랫폼을 설치해야 한다.
③ 카의 움직임을 플랫폼 위로 2 m 이상 제한하는 이동식 멈춤 쐐기가 있어야 한다.
※ 이외의 조건은 기계실과 동일

(4) 기계실는 엘리베이터의 장점과 단점

1) 장점
① 건물의 용적률을 높일 수 있다.
② 도시 경관이 미려하다.

2) 단점
① 설치 및 유지보수가 어렵다.
② 승강 행정에 제한이 있다.

(5) 기계실의 발열량

1) 전기식 엘리베이터의 발열량

$$Q = k(발열계수) \cdot W[\text{kg}] \cdot V[\text{m/min}] \cdot n(대) \ [\text{kcal/h}]$$

> **예제** 카자중 1600 kg, 적재하중 1000 kg, 속도 90 m/min, 발열계수 1/16.5인 교류 엘리베이터 2대가 병렬운전 시 기계실 발열량을 구하시오.

풀이 $Q = \dfrac{1}{16.5} \times 1000 \times 90 \times 2 = 10909.090 [\text{kcal/h}]$

2) 유압식 엘리베이터의 발열량

$$Q = 860 \times P \times T \times \dfrac{N}{3,600} [\text{kcal/h}]$$

여기서, P : 사용 전동기의 출력[kW]
  T : 1주행당 전동기 구동시간[sec]
  N : 1시간당 구동 회수[회]

※ 계수 860은 1 J/s = N·m = W = 0.24 이므로 0.24×3600초 = 864를 860으로 정한 것으로 1 W의 전력을 1시간 동안 사용한 경우 발열량 860 cal를 의미한다.

(6) 필요 환기량 $G[\text{m}^3/\text{h}]$

$$G = \frac{Q}{C_P(t_2 - t_1)} [\text{m}^3/\text{h}]$$

여기서, G : 필요 환기량$[\text{m}^3/\text{h}]$

Q : 기계실내의 발열량$[\text{kcal/h}]$

t_1 : 기계실 온도$[\text{℃}]$

t_2 : 외기 온도$[\text{℃}]$

C_P : 공기의 체적비열$(0.29 \text{ kcal/m}^3 \cdot \text{℃})$

※ 공기비열 = 0.24 kcal/kg·℃, 밀도 = 1.2 kg/m³ 에서
체적비열 = 0.24×1.2 = 0.29 kcal/m³·℃

예제 유압식 엘리베이터 전동기 용량 10 kW, 기계실 온도 40 ℃, 외기 온도 30 ℃의 조건에서 1행정 당 구동시간 15초, 시간당 구동횟수 60회일 때 발열량과 환기량을 구하시오. (단, 공기비열 = 0.24 kcal/kg·℃, 공기밀도 = 1.2 kg/m³)

풀이 (1) 발열량

$$Q = \frac{860 \times 10 \times 15 \times 60}{3600} = 2150 [\text{kcal/h}]$$

(2) 환기량

공기의 체적비열 $= 0.24 \times 1.2 = 0.29 \text{ kcal/m}^3 \cdot \text{℃}$

$$G = \frac{2150}{0.29 \times (40-30)} = 741.38 [\text{m}^3/\text{h}]$$

예제 엘리베이터 전동기 용량 15kw, 기계실 온도 38℃, 외기온도 24℃의 조건에서 1행정 당 구동시간 22초, 시간당 구동횟수 42회일 때 다음 물음에 답하시오. (단, 공기비열 1.007[kJ/kg·℃], 공기밀도 1.2[kg/m³])
(1) 기계실의 발열 에너지는 몇 (kJ/h) 인가?
(2) 기계실 환기량(m³/h)을 구하시오.

풀이 (1) 발열 에너지 $P = 15 \times 22 \times 42 = 13860 [\text{kJ/h}]$ 답 : 13860

(2) 환기량 $G = \dfrac{13860}{1.007 \times 1.2 \times (38-24)} = 819.265 [\text{m}^3/\text{h}]$ 답 : 819.27

※ 무게 비열을 체적 비열로 변환하기 위해 밀도를 곱한다.
$1.007 \times 1.2 = 1.208 [\text{kJ/m}^3 \cdot \text{℃}] \times 0.24 = 0.289 [\text{kcal/m}^3 \cdot \text{℃}] ≒ 0.29 [\text{kcal/m}^3 \cdot \text{℃}]$

5.2 승강로

(1) 승강로의 구조 및 여유 공간
① 불연재료 또는 내화구조의 벽, 바닥 및 천장으로 완전히 둘러싸인 구조이어야 한다.
② 엘리베이터의 운행에 충분한 공간이 있어야 한다.
③ 작업구역의 유효 높이 : 2.1 m 이상
④ 승강로 내부 이동통로 높이 : 1.8 m 이상

(2) 밀폐식 승강로의 허용되는 개구부
① 승강장 문을 설치하기 위한 개구부
② 비상문 및 점검문을 설치하기 위한 개구부
③ 화재 시 가스 및 연기의 배출을 위한 통풍구
④ 환기구
⑤ 기계실 또는 풀리실과 승강로 사이의 개구부

(3) 반밀폐식 승강로의 벽의 높이(H)
① 승강장문 측 : 3.5 m 이상
② 다른 측면 및 움직이는 부품까지의 수평거리가 0.5 m 이하인 곳 : 2.5 m 이상
③ 움직이는 부품까지의 거리가 0.5 m를 초과하는 경우에는 2.5 m의 값을 순차적으로 줄일 수 있으며, 2 m의 거리에서는 최소 1.1 m까지 줄일 수 있다.

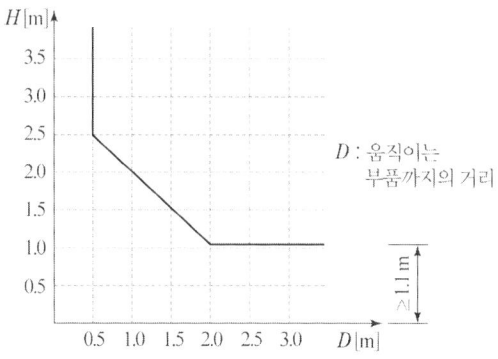

반밀폐식 승강로의 벽의 높이와 거리

> **예제** 엘리베이터의 균형추가 완전히 압축된 완충기 위에 있을 때 최상층 승강장 문턱에서 카 문턱 까지의 거리거리가 0.5 m, 카 문턱에서 상부체대 끝단 까지의 거리가 3 m일 때, 오버헤드(Over Head)는 약 몇 m 이상이어야 하는가?

> **풀이** 오버헤드 : 최상층 승강장 바닥에서 승강로 천장까지 거리
> 카의 최고위치 : $0.5 + 0.035 \times 1^2 = 0.535$
> 상부 틈새 : $0.535 + 1 = 1.535$
> ∴ 오버헤드 $= 1.535 + 3 = 4.535$

5.3 피트

(1) 정지 스위치
① 피트 깊이가 경우 1.6 m 미만 경우 : 1개의 정지스위치
 – 최하층 승강장 바닥에서 수직 위로 0.4 m 이내 및 피트 바닥에서 수직 위로 2 m 이내
 – 승강장문 안쪽 문틀에서 수평으로 0.75 m 이내
② 피트 깊이가 1.6 m 이상인 경우 : 2개의 정지스위치
 – 상부 정지스위치 : 최하층 승강장 바닥에서 수직 위로 1 m 이내 및 승강장문 안쪽 문틀에서 수평으로 0.75 m 이내
 – 하부 정지스위치 : 피트 바닥에서 수직 위로 1.2 m 이내 및 피난 공간에서 조작이 가능한 위치
③ 승강장문을 제외한 피트 출입문이 있는 경우에는 정지스위치가 그 출입문 안쪽 문틀에서 수평으로 0.75 m 이내 및 피트 바닥에서 수직 위로 1.2 m 이내에 있어야 한다.

(2) 점점운전 조작반
피트의 피난 공간에서 0.3 m 떨어진 범위 이내에 설치

(3) 승강로 조명 점멸수단
피트 출입문 안쪽 문틀에서 수평으로 0.75 m 이내 및 피트 출입층 바닥 위로 1 m 이내에 설치

(4) 피트 출입문 (폭 0.7 m × 높이 1.8 m 이상)
① 깊이가 2.5 m를 초과하는 경우 : 피트 출입문
② 피트 깊이가 2.5 m 이하인 경우 : 피트 출입문 또는 사다리

(5)
여러 대의 엘리베이터가 있는 승강로에는 서로 다른 엘리베이터의 움직이는 부품들 사이에 피트 바닥에서 0.3 m 이내부터 최하층 승강장 바닥에서 위로 2.5 m 이상까지 칸막이가 설치되어야 한다.

(6) 피트의 일반사항

1) 피트 직하부에 사람이 상주하는 공간 또는 상시 출입하는 통로로 사용될 경우
   ① 피트의 기초는 5,000 N/m² 이상이어야 한다.
   ② 균형추 또는 평형추에 추락방지안전장치가 설치되어야 한다.

2) 균형추 또는 평형추의 주행 구간은 칸막이로 보호되어야 한다.
   ① 칸막이의 가장 낮은 부분은 피트 바닥에서 위로 0.3 m 이하 2 m 이하이어야 한다.
   ② 칸막이의 폭은 균형추 또는 평형추의 폭 이상이어야 한다.

5.4 피트 바닥의 수직력

(1) 카 측

피트 바닥은 전 부하 상태의 카가 완충기에 작용하였을 때 카 완충기 지지대 아래에 부과되는 정하중의 4배를 지지할 수 있어야 한다.

$$F = 4 \cdot g_n \cdot (P + Q)$$

여기서, F : 전체 수직력(N)
  g_n : 중력 가속도(9.81 m/s²)
  P : 카 자중과 이동케이블, 보상 로프/체인 등 카에 의해 지지되는 부품의 중량(kg)
  Q : 정격하중(kg)

(2) 균형추 측

피트 바닥은 균형추가 완충기에 작용하였을 때 균형추 완충기 지지대 아래에 부과되는 정하중의 4배를 지지할 수 있어야 한다.

$$F = 4 \cdot g_n \cdot (P + q \cdot Q)$$

여기서, F : 전체 수직력(N)
  g_n : 중력 가속도(9.81 m/s²)
  P : 카 자중 및 이동케이블, 보상 로프/체인 등 카에 의해 지지되는 부품의 중량(kg)
  Q : 정격하중(kg)
  q : 균형추에 의해 보상되는 밸런스율

(3) 유압식 엘리베이터

1) 에너지 축적형 완충기가 적용된 멈춤 쇠 장치

$$F = \frac{3 \cdot g_n \cdot (P+Q)}{n} \text{ [N]}$$

2) 에너지 분산형 완충기가 적용된 멈춤 쇠 장치

$$F = \frac{2 \cdot g_n \cdot (P+Q)}{n} \text{ [N]}$$

여기서, F : 멈춤 쇠 장치가 작동하는 동안에 고정 정지위치에 작용하는 전체 수직력(N)
g_n : 중력가속도(9.81 m/s^2)
n : 멈춤쇠 장치 수
P : 카 자중 및 이동케이블, 보상 로프/체인 등 카에 의해 지지되는 부품의 중량(kg)
Q : 정격하중(kg)

6. 주요 안전장치

6.1 과속조절기(조속기)

(1) 과속조절기의 종류 및 구조

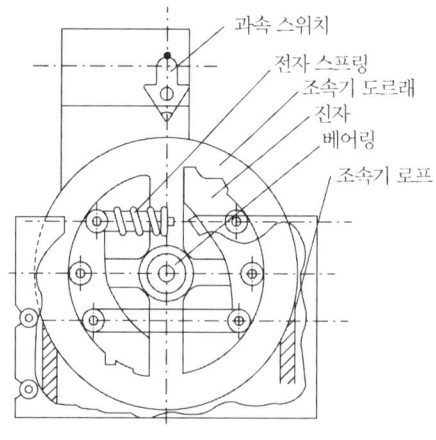

마찰정지형

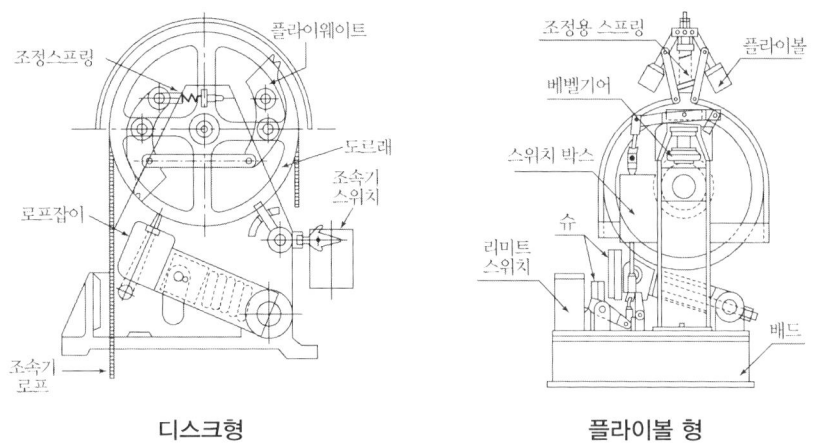

디스크형   플라이볼 형

(2) 과속조절기의 작동원리

1) 마찰정지(Traction type)형
엘리베이터가 과속된 경우, 과속스위치가 이를 검출하여 동력 전원 회로를 차단하고, 전자 브레이크를 작동시켜서 과속조절기 도르래의 회전을 정지시켜 과속조절기 도르래 홈과 로프 사이의 마찰력으로 비상정지시키는 과속조절기

2) 디스크(disk)형
엘리베이터가 설정된 속도에 달하면 원심력에 의해 진자(振子)가 움직이고 가속 스위치를 동시켜서 정지시키는 과속조절기로서 디스크형 과속조절기에는 추(錘, weight)형 캐치에 의해 로프를 붙잡아 추락방지안전장치를 작동시키는 추형 방식과 도르래 홈과 슈(shoe) 사이에 로프를 붙잡아 추락방지안전장치를 작동시키는 슈형 방식이 있다.

3) 플라이볼(fly ball)형
과속조절기 도르래의 회전을 베벨기어에 의해 수직축의 회전으로 변환하고, 이 축의 상부에서부터 링크 기구에 의해 매달린 구형(球形)의 진자에 작용하는 원심력으로 추락방지안전장치를 작동시키는 과속조절기 (고속엘리베이터에 적용)

4) 양방향 과속조절기
과속조절기의 캣치가 양방향(상·하) 추락방지안전장치를 작동시킬 수 있는 구조를 갖는 과속조절기

(3) 과속조절기 작동속도

1) 과속조절기는 카와 같은 속도로 움직이는 과속조절기 로프에 의해서 회전하여, 카의 속도를 검출하여 규정된 속도 초과 시 1차로 권상기 브레이크, 2차로 추락방지안전장치를 작동시켜 카를 정지시키는 장치이다.

2) 추락방지안전장치의 작동을 위한 과속조절기는 정격속도의 115 % 이상의 속도 그리고 다음과 같은 속도 미만에서 작동되어야 한다.
  ① 고정된 롤러 형식을 제외한 즉시 작동형 추락방지안전장치 : 0.8[m/s]
  ② 고정된 롤러 형식의 추락방지안전장치 : 1[m/s] 미만
  ③ 완충효과가 있는 즉시 작동형 추락방지안전장치 및 정격속도가 1[m/s] 이하에 사용되는 점차 작동형 추락방지안전장치 : 1.5[m/s] 미만
  ④ 정격속도가 1[m/s]를 초과하는 엘리베이터에 사용되는 점차작동형 추락방지안전장치 : $1.25V + \frac{0.25}{V}$[m/sec] 미만

6.2 추락방지안전장치

(1) 즉시 작동형
  ① 카의 정격속도가 115 % 이상에서 주행안내 레일에서 즉시 작동하여 제동하는 안전장치
  ② 정격속도 0.63 m/s 이하의 카 측 및 1 m/s 이하의 균형추 측에 적용한다.

(2) 점차 작동형 추락방지장치
  ① 플랙시블 가이드 클램프(FGC:Flexible Guide Clamp)
    - 카가 정지할 때까지 레일을 죄는 힘이 동작 초기부터 정지될 때까지 일정하다.
    - 구조가 간단하고 복구가 쉽다.
  ② 플랙시블 웨지 클램프(FWC : Flexible Wedge Clamp)
    - 레일을 조이는 힘이 하강함에 따라 점점 강해지다가 일정 치에 도달하여 정지한다.
  ③ 카의 추락방지안전장치는 점차 작동형이 사용되어야 한다. 다만 정격속도가 0.63 m/s 이하인 경우에는 즉시 작동형이 사용될 수 있다.
    (※ 점차 작동형은 모든 속도 사용 가능)

(3) 정지력과 거리관계

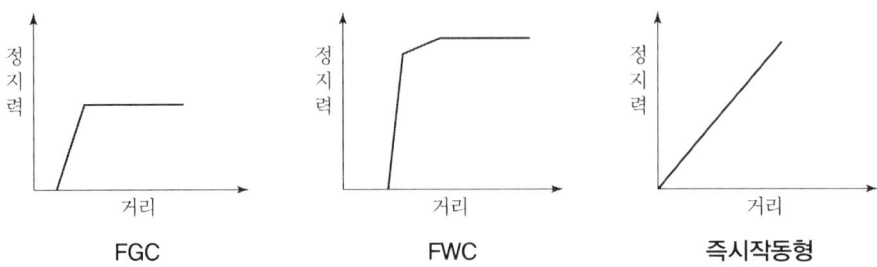

FGC   FWC   즉시작동형

(4) 추락방지안전장치 작동조건
① 감속도 : $0.2\,g_n$ 이상 $1\,g_n$ 이하
② 추락방지안전장치작동 시 카 바닥 기울기 : 5% 이하

(5) 균형추 측 추락방지안전장치
① 피트 하부가 사람의 거주 공간 혹은 통로로 사용될 경우 설치해야 한다.
② 카 측 추락방지안전장치 보다 먼저 작동하지 않아야 한다.

(6) 슬랙 로프 세이프티(Slack Rope Satety)
① 순간식 비상 정지 장치의 일종으로 소형과 저속의 엘리베이터에 적용하며 로프에 걸리는 장력이 없어져 로프의 처짐 현상이 생길 때 비상장치를 작동시키는 장치다.
② 조속기가 필요 없는 방식으로 주로 유압식 엘리베이터에 사용한다.

6.3 완충기

(1) 에너지 축적형 완충기(1 m/s 이하에 사용)

1) 선형 특성 완충기(스프링 완충기)
① 총 행정 : $0.135\,V^2$ 이상 (정격속도 115 %에 상응하는 중력 정지거리의 2배)
② 행정은 65 mm 이상
③ 카 또는 균형추의 복귀속도 : 1 m/s 이하
④ 완충기는 카 자중과 정격하중을 더한 값(또는 균형추 무게)의 2.5배와 4배 사이의 정하중으로 설계되어야 한다.

2) 비선형 특성 완충기(우레탄 완충기)
① 감속도 : $1\,g_n$ 이하
② $2.5\,g_n$을 초과하는 감속도는 0.04초 이하
③ 카 또는 균형추의 복귀속도 : 1 m/s 이하
④ 최대 피크 감속도 : $6\,g_n$ 이하
⑤ 완전히 압축된 완충기 : 완충기 높이의 90 % 압축
⑥ 카의 자중과 정격하중을 더한 값 또는 균형추의 무게로 설계

(2) 에너지 분산형 완충기 : 유입완충기(모든 속도의 엘리베이터에 사용)
① 총 행정 : $0.0674\,V^2$ 이상 (정격속도의 115%에 상응하는 중력 정지거리)

② 평균 감속도 : 정격하중, 정격속도의 115%로 자유 낙하하여 충돌 시 $1g_n$ 이하

③ $2.5\,g_n$을 초과하는 감속도는 0.04초 이하

④ 2.5 m/s 이상의 경우 충돌 속도는 정격속도 115% 대신 카의 충돌속도를 적용할 수 있고 이 경우 행정은 0.42 m 이상이어야 한다.

⑤ 완충기의 반경(R)과 길이(L)의 비 : $L \leq 80R$

(3) 완충기의 설계

1) 감속도 계산 공식

$$감속도\ a = \frac{V}{t \times 9.81}\ [g_n]$$

여기서, V : 충돌속도[m/s]

t : 제동시간[S]

g_n : 중력가속도($9.81\ m/s^2$)

2) 적용하중

① 최소 적용하중[kgf] : 카 자중 +75

② 최대 적용하중[kgf] : 카 자중 + 정격하중

3) 스프링 완충기의 전단응력과 처짐

① 스프링의 전단응력 $\tau = \dfrac{8PD}{\pi d^3} = \dfrac{8C \cdot P}{\pi d^2} = \dfrac{8C^3 \cdot P}{\pi D^2}[kg/mm^2]$

여기서, P : 스프링에 가해지는 최대 압축력[kg]

D : 스프링 직경[mm]

d : 스프링 소선 지름[mm]

※ 스프링 지수 $C = \dfrac{D}{d}$

※ 스프링 지수가 작아지면 전단응력도 제작 시 파손 우려가 있어 일반적으로 4 이상으로 한다.

② 처짐(변위)

$$\delta = \frac{8nPD^3}{Gd^4}$$

여기서, G : 전단탄성계수[N/mm^2], n : 코일유효권수

예제 카 자중 1000 kgf, 적재하중 1000 kgf일 때 완충기 스프링의 전단응력(kg/cm²)을 구하시오. (단, 스프링지름은 $D=150$ mm, 소선 지름 $d=30$ mm)

풀이) $\tau = \dfrac{8PD}{\pi d^3} = \dfrac{8 \times 2(1000+1000) \times 15}{\pi 3^3} = 5658.842$

($\tau = \dfrac{8C^3}{\pi D^2} \times P$, 스프링지수 $C = \dfrac{D}{d}$)

답 : 5658.84 kg/cm²

(4) 피트의 충격하중

1) 충격 에너지

$$P = 2W \times (\dfrac{v^2}{2g_n \cdot S} + 1)$$

여기서, W : 총 중량, v : 충돌속도, S : 최소행정, g_n : 중력가속도

2) 최소 행정거리

① 에너지 축적형 : $S = 0.135v^2$ [m]

② 에너지 분산형 : $S = 0.0674v^2$ [m]

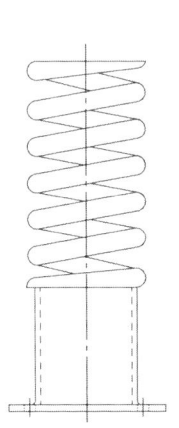

에너지 축적형 스프링 완충기

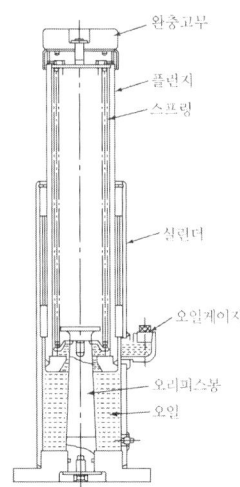

에너지 분산형 유입완충기

> **예제** 정격속도 90 m/min, 카 측 총중량 2000 kg인 엘리베이터의 완충기 시험 시 피트에 작용하는 충격하중을 구하시오. (단, 완충기 행정은 필요 최소행정으로 한다.)

풀이 완충기 최소행정 $S = 0.0674 \times 1.5^2 = 0.15 [m]$ (에너지 분상형)

$$P = 2W \times (\frac{v^2}{2g_n \times S} + 1) = 2 \times 2000 \times \frac{(1.15 \times 1.5)^2}{2 \times 9.8 \times 0.15} + 1 = 8048.47 [kg]$$

6.4 상승과속 방지장치

(1) 상승과속방지장치의 종류

① 로프 제동형 : 로프브레이크
② 주행안내 레일 제동형 : 양방향 추락방지안전장치
③ 이중화 브레이크 : 브레이크의 기계적인 요소를 이중화하여 한쪽 브레이크로 제동력이 확보되는 구조로 디스크식과 드럼식이 있다. (솔레노이드 코일은 1세트)
④ 권상기 도르래 제동형 : 권상기 도르래를 직접제동 하는 구조 (도르래 브레이크)

6.5 개문출발방지 장치(UCMP : Unintended Car Movement Protection)

(1) 개문출발

카의 의도 되지않은 움직임으로 카 문의 잠금 해제구간을 벗어나 문을 열고 출발하는 중대고장 (잠금해제구간 : 승강장 문턱에서 ±0.2 m 이내)

(2) 개문출발 방지장치 작동 시 감속도

① 빈 카의 상승방향 개문 출발 : $1g_n$ 이하
② 하강방향 개문 출발 : $0.2g_n$ 이상 $1g_n$ 이하 (추락방지안전장치에 대하여 허용된 값)

(3) 개문출발방지장치의 정지거리

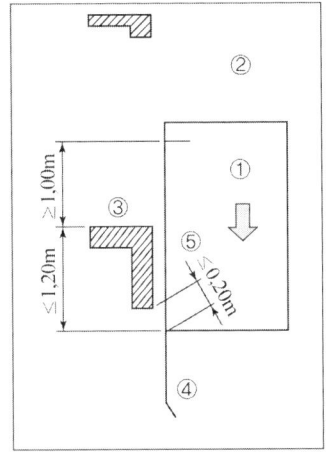
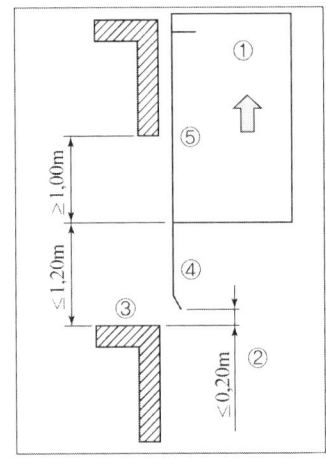

[기호설명] ① 카 ② 승강로 ③ 승강장 ④ 카 에이프런 ⑤ 카 출입구

하강 방향 개문 출발   상승 방향 개문 출발

1) 빈 카의 상승방향 개문 출발
  ① 개문출발이 감지되는 경우 승강장으로부터 1.2 m 이하(카 이동거리 1.2 m 이하)
  ② 승강장 문턱과 카 에이프런의 가장 낮은 부분과 수직거리 200 mm 이하(추락 방지)
  ③ 카 문턱에서 승강장문 상부 인방까지의 수직거리 1 m 이상(틈새 1 m 이상)

2) 100% 무하 하강방향 개문 출발
  ① 개문출발이 감지되는 경우 승강장으로부터 1.2 m 이하 (카 이동거리 1.2 m 이하)
  ② 승강장 문턱과 카 에이프런의 가장 낮은 부분과 수직거리 200 mm 이하(추락 방지)
  ③ 승강장문 문턱에서 카문 상부 인방까지의 수직거리 1 m 이상 (틈새 1 m 이상)
  ※ 무부하에서 100 % 부하까지에 대하여 상기 조건은 모두 유효해야 한다.

6.6 리미트 스위치 및 파이널리미트 스위치

(1) 리미트 스위치는 주행로의 최상부에 상승리미트와 최하부에 하강 리미트 스위치가 설치되어 상승과 하강 운전을 제한하고 다음에 파이널 리미트 스위치가 작동한다.

(2) 파이널 리미트 스위치의 요건
  ① 권상 및 포지티브 구동식 엘리베이터의 경우, 주행로의 최상부 및 최하부에서 작동하도록 설치되어야 한다.

② 유압식 엘리베이터는 주행로의 최상부에서만 작동하도록 설치되어야 한다.
③ 카(또는 균형추)가 완충기 또는 유압식의 램이 완충장치에 충돌하기 전에 작동되어야 한다.
④ 완충기가 압축되어 있거나, 램이 완충장치에 접촉되어있는 동안 지속적으로 유지되어야 한다.
⑤ 종단 층 정지장치와 독립적으로 작동되어야 한다.

(3) 포지티브 구동식 엘리베이터의 파이널 리미트 스위치 작동요건
다음 중 한가지의 방식으로 작동해야 한다.
① 구동기의 움직임에 연결된 장치에 의해 작동
② 평형추가 있는 경우, 승강로 상부에서 카 및 평형추에 의해 작동
③ 평형추가 없는 경우, 승강로 상부 및 하부에서 카에 작동

(4) 권상 구동식 엘리베이터의 파이널 리미트 스위치 작동요건
다음 중 한가지의 방식으로 작동해야 한다.
① 승강로 상부 및 하부에서 직접 카에 의해 작동
② 카에 간접적으로 연결된 장치(로프, 벨트 또는 체인 등)에 의해 작동

(5) 직접 유압식 엘리베이터의 파이널 리미트 스위치 작동요건
다음 중 한가지의 방식으로 작동해야 한다.
① 카 또는 램에 의해 작동
② 카에 간접적으로 연결된 장치(로프, 벨트 또는 체인 등)에 의해 작동

(6) 간접 유압식 엘리베이터의 파이널 리미트 스위치 작동 요건
다음 중 한가지의 방식으로 작동해야 한다.
① 램에 의해 직접작동
② 램에 간접적으로 연결된 장치(로프, 벨트 또는 체인 등)에 의해 작동

(7) 파이널 리미트 스위치의 작동 후 조건
① 전동기 및 브레이크에 공급되는 회로의 확실한 기계적 분리를 통해 직접 회로를 개방하거나 전기안전장치를 개방해야 한다.
② 엘리베이터의 적상 운행은 전문가(유지관리업자)의 점검 후 가능하다

6.7 종단 층 강제감속 장치

(1) 승강로 상부와 하부에 설치하여 정상적인 감속에 실패하였을 경우 리미트 스위치를 작동시켜 제어반에 감속 지령을 입력하는 장치
(2) 승강로 상하부의 리미트 스위치 작동은 종단층 강제 감속 스위치, 상승 또는 하강 리미트 스위치, 화이널리미트 스위치 순서로 작동한다.
   ※ 승강로 최상층의 파이널리미트 스위치, 상승리미트 스위치, 강제감속 스위치

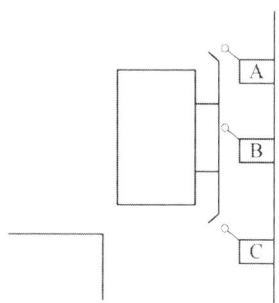

A(상부 파이널리미트 스위치) : 리미트 스위치가 작동하면 안전회로를 개방하여 운행을 중지시키고 전문가 점검 후 운행가능
B(상승리미트 스위치) : 리미트 스위치가 작동하면 카가 더 이상 상승하는 것을 방지한다.
C(강제감속 스위치) : 리미트 스위치가 작동하면 전동기에 강제로 감속지령을 내린다.

6.8 튀어오름방지 장치(로크다운 비상정지)

(1) 카의 추락방지안전장치가 작동 시 균형추나 보상로프가 관성에 의해서 튀어오르는 것을 방지하는 장치
(2) 정격속도가 3.5 m/s 초과 시에 설치해야 한다.

6.9 권동식로프 이완장치

(1) 권동식 권상기의 경우 로프가 늘어나 카가 최하층을 지나쳐 완충기에 충돌하는 것을 방지하는 장치
(2) 와이어로프 이완 시 장력을 검출하여 동력을 차단하여 엘리베이터를 정지시킨다.

6.10 과부하 검출장치

(1) 과부하는 정격하중의 10 %(최소 75 kg)를 초과하기 전에 검출되어야 한다.
(2) 과부하 검출장치의 설치장소
    ① 카 바닥   ② 카 상부체대   ③ 기계실

7. 도어 시스템

7.1 승강장문 및 카문

(1) 일반사항
    ① 2개 이상의 카문이 있는 경우, 어떠한 경우라도 2개의 문이 동시에 열리지 않아야 한다.
    ② 승강장문 및 카문에는 구멍이 없어야 한다.
    ③ 문짝 간 틈새나 문짝과 문틀(측면) 또는 문턱 사이의 틈새는 6 mm 이하이어야 하며, 관련 부품이 마모된 경우에는 10 mm까지 허용될 수 있다. (수평개폐식)
    ④ 수직 개폐식 승강장문 및 카문의 경우에는 상기 틈새를 10 mm까지 허용될 수 있으며, 관련부품이 마모된 경우에는 14 mm까지 허용될 수 있다.
    ⑤ 유리가 있는 문/문틀은 KS L 2004에 따른 접합유리가 사용되어야 한다.

(2) 출입문의 높이
    ① 승강장문 및 카문의 출입구 유효 높이: 2 m 이상
    ② 주택용 엘리베이터 : 1.8 m 이상자 (자동차용 엘리베이터의 경우에는 제외)

(3) 출입문의 폭
    ① 승강장문의 출입구 유효 폭은 카 출입구 폭 이상이어야 한다.
    ② 승강장문의 출입구 유효 폭은 카 출입구 폭보다 50 mm를 초과하지 않아야 한다.

(4) 어린이의 손이 틈새에 끼이거나 말려 들어가는 위험을 방지수단
    ① 문턱 위로 최소 1.6 m까지의 문짝 간 틈새 또는 문짝과 문틀 사이의 틈새는 5 mm 관련 부품이 마모된 경우에는 6 mm 이하이어야 한다.
    ② 유리문은 4 mm 이하이어야 하고 관련 부품이 마모된 경우에는 5 mm까지 허용한다.
    ③ 문턱 위로 최소 1.6 m까지의 구간에 손가락이 있는 것을 감지하고 열림 방향의 문 움직임을 정지시키는 손가락감지수단이 있는 경우는 틈새 조건은 제외한다.

7.2 문턱 및 문의 현수

(1) 카문의 문턱과 승강장문의 문턱 사이의 수평 거리는 35 mm 이하이어야 한다.
 (장애자용 : 30 mm)
(2) 현수 로프·체인 및 벨트의 안전율은 8 이상으로 설계되어야 한다.
(3) 현수 로프 풀리의 피치 직경은 로프 직경의 25배 이상이어야 한다.

7.3 도어 머신

(1) 도어 머신의 구비조건
  ① 소형 경량이어야 한다.
  ② 개폐 빈도가 높아 내구성이 커야 한다.
  ③ 소음이 작아야 한다.
  ④ 유지보수가 용이해야 한다.
  ⑤ 가격이 싸야 한다.

(2) 도어머신의 주요 구성요소
  1) 도어 모터
    ① 직류 모터 : 속도제어 및 응답 특성 좋고 효율이 높다.
    ② 교류 모터 : 인버터 방식 채택으로 유지보수가 쉽고 제어성능이 직류 모터와 동등하여 현재 대부분의 엘리베이터에 적용하고 있다.
  2) 승강기 도어 머신의 감속장치
    ① 벨트(Belt) 사용방식
    ② 체인(Chain) 사용방식
    ③ 웜(Worm) 감속기 방식

7.4 도어의 안전장치

(1) 문닫힘 안전장치의 동작
  ① 문닫힘 안전장치는 문이 닫히는 마지막 20 mm 구간에서 무효화 될 수 있다.
  ② 카문 문턱 위로 최소 25 mm와 1600 mm 사이의 전 구간에 걸쳐 감지할 수 있어야 한다.(멀티빔)
  ③ 최소 50 mm의 물체를 감지할 수 있어야 한다.

④ 고장나거나 무효화된 경우, 엘리베이터를 운행하려면 음향신호장치는 문이 닫힐 때마다 작동되고, 문의 운동에너지는 4 J 이하이어야 한다.
⑤ 카문 또는 승강장문에 각각 있을 수 있고, 어느 하나에만 있을 수 있으며, 이 장치가 작동되면 승강장문과 카문이 동시에 열려야 한다.
⑥ 문이 닫히는 것을 막는데 필요한 힘은 문이 닫히기 시작하는 1/3 구간을 제외하고 150 N을 초과하지 않아야 한다.

(2) 문닫힘 안전장치의 종류 (※ 카 도어에 설치)

1) 세이프티 슈
   접촉식으로 문에 사람이나 물질이 접촉되면 도어를 열어 카의 출발을 막는 장치 (소방 및 피난운전 시 유효)

2) 광전장치
   비접촉식으로 문에 사람이나 물질이 광선을 차단하면 도어를 열어 카의 출발을 막는 장치 (소방 및 피난 운전 시 무효화 될 수 있다.)

3) 초음파 장치
   초음파 이용하여 승강장 문 근처의 영역에 사람이나 물질이 감지되면 문을 열어 카의 출발을 막는 비접촉식 안전장치. (소방 및 피난 운전 시 무효화 될 수 있다.)
   ※ 휠체어, 유모차, 시각장애인 지팡이 등을 승강장문 근처에서 사전에 감지

4) 멀티 빔 장치
   카 문턱 위로 최소 25 mm와 1600 mm 사이의 전 구간에서 직경 50 mm의 물체를 감지할 수 있는 비접촉식 안전장치. (소방 및 피난 운전 시 무효화 될 수 있다.)

(3) 승강장 문 잠금장치

1) 기계적인 잠금장치(인터록)
   카가 잠금 해제구간 밖에 있는 경우 전용 열쇠로만 승강장 문을 열 수 있도록 하는 기계적인 잠금장치(인터록)

2) 전기 안전장치(스위치 : 전기 접점)
   접점이 달히지 않으면 카의 운행을 정지시키는 전기 안전 스위치로 접점으로 구성되어 있다.

3) 문이 닫힐 때(카가 출발 시)
   기계적인 잠금장치가 7 mm 이상 완전히 걸린 후 스위치의 접점이 닫혀야 한다.

4) 문이 열릴 때(카가 승강장 도착 시)

   전기적인 스위치의 접점이 열린 후 기계적인 잠금장치가 해제되어야 한다.

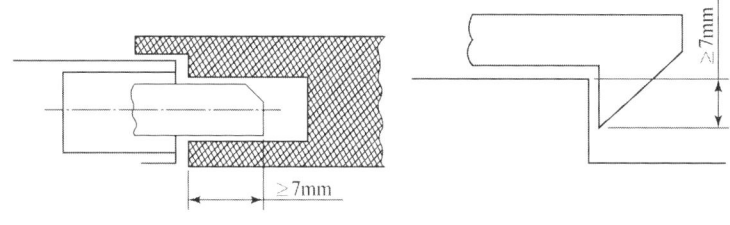

승강장문 잠금장치

5) 잠금 작용은 중력, 영구자석 또는 스프링에 의해 이루어지고 유지되어야 한다.
6) 잠금 부품의 결합은 문이 열리는 방향으로 300 N의 힘을 가할 때 잠금 효과를 감소시키지 않는 방식으로 이루어져야 한다.
7) 승강장문 잠금장치는 잠겨있는 승강장에서 문이 열리는 방향으로 다음과 같은 힘을 가할 때 악영향을 미칠 수 있는 영구적인 변형이나 파손 없이 견뎌야 한다.
   - 개폐식 문 : 1000 N
   - 경첩이 달린 문(잠금 편) : 3000 N
8) 인터록장치(승강장문 잠금장치)의 구조 및 명칭

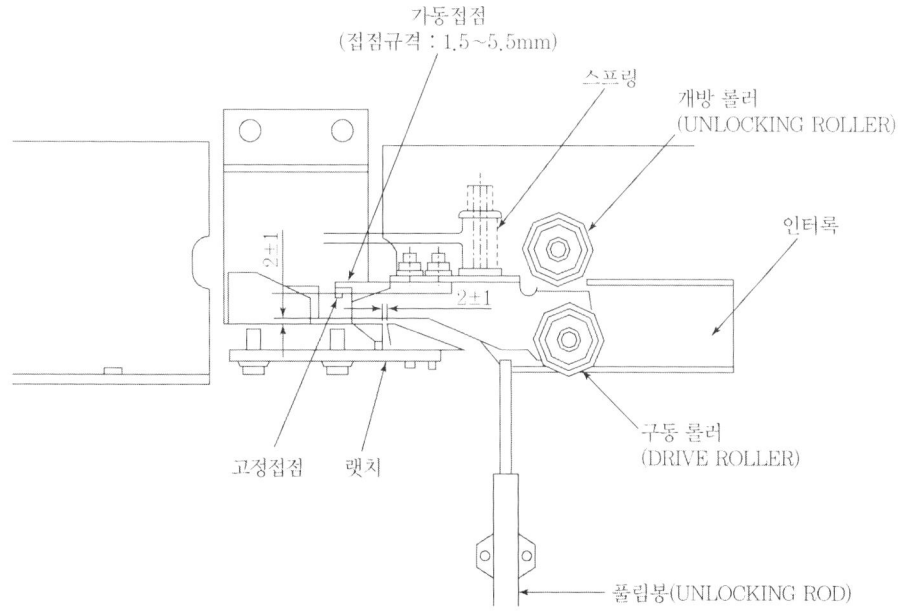

인터록장치의 구조 및 명칭

(4) 카 문 잠금장치

1) 전기 안전장치
   ① 카 문의 닫힘을 입증하는 안전장치로 전기적인 접점이 닫히지 않으면 카의 운행을 정지시키는 안전장치.
   ② 기계적인 카문 잠금장치를 설치하는 목적(※ 의무 사항이 아니다.)
   승강로 전 구간에서 승강로 내측과 카 문틀 또는 카 문의 닫히는 모서리 사이의 거리는 0.15 m 이하여야 하지만 기계적인 카문 잠금장치를 설치하면 제한하지 않는다. (승강로 에이프런 혹은 기계적인 카 문 잠금장치 설치)

(5) 도어 클로저
카가 잠금해제구간 밖에 있을 때 승강장문의 닫힘 및 잠김을 보장하는 장치
① 중력식(웨이트식) : 주로 중저속에 사용
② 스프링식 : 고속엘리베이터에 사용

(6) 카가 잠금해제구간에 있는 경우 승강장문 및 카문을 손으로 열 수 있는 힘은 300 N을 초과하지 않아야 한다.

(7) 카가 운행 중일 때, 카 내부에 있는 사람에 의한 카문의 개방은 50 N 이상의 힘이 요구되어야 한다.

(8) 잠금해제구간 밖에 있을 때, 카문은 1000 N의 힘으로 50 mm 이상 열리지 않아야 하며, 자동 동력 작동 상태에서도 문은 열리지 않아야 한다.

(9) 카문 잠금장치가 있는 엘리베이터의 경우, 카 내부에서 카문의 개방은 카가 잠금제구간에 있을 때만 가능해야 한다.

(10) 수직 개폐식문의 문짝의 평균 닫힘 속도는 0.3 m/s 이하이어야 한다.

7.5 승강장문 및 카문 잠금장치의 시험방법

(1) 정적 시험
경첩이 달린 출입문에 사용되는 승강장문 잠금장치 또는 카문 잠금장치에 대해, 점차적으로 3,000 N의 값까지 증가하는 정적인 힘으로 300 s의 전체 기간에 대한 시험이 이루어져야 한다.

이 힘은 출입문의 열림 방향 및 가능한 한 사용자가 출입문을 열려고 할 때 적용되는 위치에 작용되어야 한다.

수평으로 닫히는 출입문에 사용할 승강장문 잠금장치 또는 카문 잠금장치에 적용되는 힘은 1,000 N 이어야 한다.

(2) 동적 시험

잠금 위치에 있는 승강장문 잠금장치 또는 카문 잠금장치는 출입문의 열림 방향에서 충격시험을 받아야 한다.

충격은 0.50 m 높이에서 4 kg의 견고한 물질이 자유낙하할 때의 충격에 상응해야 한다.

8. 주요 부품 및 부속장치

8.1 주행 안내레일

(1) 레일의 규격 및 치수
① 레일의 호칭은 마무리 가공 전 소재의 1 m 당 중량을 kg으로 표시한다.
② 보통 T형 레일을 사용하는데, 공칭은 8 K, 13 K, 18 K, 24 K, 30 K이나, 대용량 엘리베이터에서는 37 K, 50 K 등도 사용된다.
("K"의 의미 : 가공 전 레일 소재 1 m의 중량을 kg으로 나타낸 것)
③ 레일의 표준길이는 5m 이다.
④ 카 측 레일이 균형추 측 레일의 규격보다 크며 추락방지안전장치를 사용하는 경우 철판을 접어서 만든 성형 레일을 사용해서는 안된다.

(2) 사용 목적(레일의 역할)
① 카와 균형추의 승강로 평면 내의 위치 규제
② 카의 자중이나 편심하중에 의한 카의 균형유지
③ 추락방지안전장치 작동 시 수직하중 유지

(3) 주행 안내레일의 크기를 결정하는 요소
① 추락방지안전장치 작동 시의 좌굴하중
② 지진 발생 시의 수평 진동력
③ 불균형한 큰 하중 적재 시의 회전모멘트

(4) 레일의 응력 계산

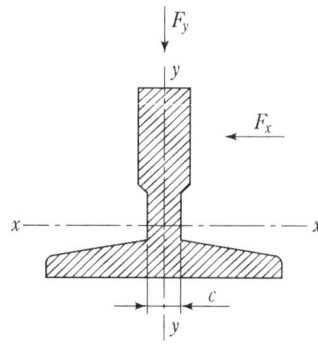

주행안내 레일의 축

① 주행안내 레일은 길이 l 의 거리에서 유연한 고정점을 갖는 연속적인 보이다
② 굽힘응력을 일으키는 힘의 합력은 인접한 고정점 사이의 중간에 작용한다.
③ 굽힘모멘트는 주행안내 레일 종단면의 중립축 상에 작용한다.
④ 종단면 축에 직각으로 작용하는 수평력에 의한 굽힘응력 σ_m 은

$$\sigma_m = \frac{M_m}{W} \quad \text{및} \quad M_m = \frac{3F_h l}{16}$$

여기서, σ_m : 굽힘응력, N/mm^2
M_m : 굽힘모멘트, $N \cdot mm$
W : 단면계수, mm^3
F_h : 가이드슈에 의해 주행안내 레일에 작용하는 힘, N
l : 가이드 브래킷 사이의 최대 거리, mm

예제 서로 다른 부하 조건에서 가이드슈에 의해 엘리베이터의 주행안내 레일에 작용하는 힘 5500 N, 레일의 단면계수 14300 mm^3, 레일 브라켓 간격이 2500 mm일 때 레일의 굽힘응력은 몇 $[N/mm^2]$인가?

풀이
$M_m = \dfrac{3 \times 5500 \times 2500}{16} = 2578125 [N \cdot mm]$

$\sigma_m = \dfrac{2578125}{14300} = 180.288$

답 : $180.29 [N/mm^2]$

(5) 레일의 허용응력

1) 허용응력 계산식

$$\sigma_{perm} = \frac{R_m}{S_t}$$

여기서, R_m : 인장강도[N/mm^2]

σ_{perm} : 허용 응력[N/mm^2]

S_t : 안전율

2) 주행안내 레일의 안전율

하중 조건	연신율 (A5)	안전율
정상 운행, 적재 및 하역	A5 >12%	2.25
	8% ≤ A5 ≤ 12%	3.75
안전 장치 작동	A5 >12%	1.8
	8% ≤ A5 ≤ 12%	3.0

(6) 가이드 레일의 처짐 계산 공식

1) Y-축의 처짐(mm)

$$\delta_y = 0.7 \frac{F_y l^3}{48 E I_x} + \delta_{str-y} \leq \delta_{perm}$$

2) X-축의 처짐(mm)

$$\delta_x = 0.7 \frac{F_x l^3}{48 E I_y} + \delta_{str-x} \leq \delta_{perm}$$

여기서, δ_{perm} : 최대 허용 처짐, mm

δ_x : X-축의 처짐, mm

δ_y : Y-축의 처짐, mm

F_x : X-축의 지지력, N

F_y : Y-축의 지지력, N

l : 가이드 브래킷 사이의 최대거리, mm

E : 탄성계수, N/mm^2

I_x : X-축의 단면 2차모멘트, mm^4

I_y : Y-축의 단면 2차모멘트, mm^4

δ_{str-x} : X-축에서의 건물구조 처짐, mm

δ_{str-y} : Y-축에서의 건물구조 처짐, mm

(7) 레일의 허용 처침

① 추락방지안전장치가 작동하는 카, 균형추 주행안내 레일 : 양방향으로 5 mm 이하

② 추락방지안전장치가 없는 카, 균형추 주행안내 레일 : 양방향으로 10 mm 이하

> **예제** 가이드레일에서 x방향 수평하중(F_x)이 12 kN 작용할 때 x방향의 처짐량은 몇 mm인가? (단, 가이드 레일 브래킷 사이 최대거리는 250 cm, y축 단면2차 모멘트는 26.48 cm^4, 재료의 세로탄성계수는 210 GPa이다. 건물처짐량은 무시하고 공식은 엘리베이터 안전기준에 따른다.)

풀이
$$\delta_x = 0.7 \times \frac{12 \times 10^3 \times (2.5 \times 10^{-2})^3}{48 \times 210 \times 10^9 \times 26.48 \times (10^{-2})^4} \times 10^3 = 49.17[mm]$$

※ $210 GP_a = 210 \times 10^9 [N/m^2]$ 이므로 단위를 m로 통일하여 적용하고 mm로 변환하기 위해 10^3을 곱한다.

(8) 가이드 레일 브래킷의 간격은 허용응력과 허용 처침을 고려하여 계산한다.
(보통 2500 mm)

(9) 가이드슈 또는 가이드롤러는 카나 균형추가 주행안내 레일에서 이탈되지 않도록 하고 주행 시 발생하는 진동을 저감 시키며 중저속에는 가이드슈, 고속엘리베이터에는 가이드롤러가 사용된다.

(10) 카 또는 균형추가 최고의 위치에 있을 때 레일은 가이드슈 또는 가이드롤러위로 0.1 m 이상 연장되어야 한다.

(11) 좌굴

좌굴응력을 결정하는 "오메가(omega)" 방법은 다음 공식과 함께 사용되어야 한다.

$$\sigma_k = \frac{(F_v + k_3 M_{aux})w}{A}$$

여기서, σ_k : 좌굴응력, N/mm^2

F_v : 카, 균형추 또는 평형추 주행안내 레일에 작용하는 수직하중, N

k_3 : 충격계수

M_{aux} : 보조 설비에 의해 주행안내 레일에 작용하는 힘, N

A : 주행안내 레일의 단면적, mm^2

ω : 오메가 값

"오메가"-값은 다음 다항식을 사용하여 구할 수 있다.

$$\lambda = \frac{l_k}{i} \quad 및 \quad l_k = l$$

여기서, λ : 세장비

l_k : 좌굴 길이, mm

i : 최소 회전 반경, mm

l : 가이드 브래킷 사이의 최대 거리, mm

인장강도 R_m = 370 N/mm²인 철강재에 대해,

$$20 \leq \lambda \leq 60 \ : \ \omega = 0.00012920 \times \lambda^{1.89} + 1$$

$$60 < \lambda \leq 85 \ : \ \omega = 0.00004627 \times \lambda^{2.14} + 1$$

$$85 < \lambda \leq 115 \ : \ \omega = 0.00001711 \times \lambda^{2.35} + 1.04$$

$$115 < \lambda \leq 250 \ : \ \omega = 0.00016887 \times \lambda^{2.00}$$

인장강도 R_m = 520 N/mm²인 철강재에 대하여

$$20 \leq \lambda \leq 50 \ : \ \omega = 0.00008240 \times \lambda^{2.06} + 1.021$$

$$50 < \lambda \leq 70 \ : \ \omega = 0.00001895 \times \lambda^{2.41} + 1.05$$

$$70 < \lambda \leq 89 \ : \ \omega = 0.00002447 \times \lambda^{2.36} + 1.03$$

$$89 < \lambda \leq 250 \ : \ \omega = 0.00025330 \times \lambda^{2.00}$$

370 N/mm²과 520 N/mm² 사이에 인장강도 R_m을 갖는 철강재의 "오메가"- 값은 다음 공식을 사용하여 구한다.

$$\omega_R = \left[\frac{w_{520} - w_{370}}{520 - 370} \times (R_m - 370) \right] + \omega_{370}$$

예제 가다음 엘리베이터 주행안내 레일의 사양을 보고 선형보간법을 이용하여 인장강도(R_{402}) 402[N/mm²]인 주행안내 레일의 오메가(ω) 값을 계산하시오.

항 목	단 위	규 격
주행안내 레일의 단면적(A)	mm²	1550
X-축 단면2차 모멘트(I_x)	mm⁴	599000
Y-축 단면2차 모멘트(I_y)	mm⁴	532000
레일브래킷 사이의 최대거리(l)	mm	2500

풀이 계산과정 : $\lambda(\text{세장비}) = \dfrac{l(\text{레일브래킷 사이의 최대거리 mm})}{i(\text{최소 회전반경 mm})}$

$= \dfrac{l}{\sqrt{\dfrac{I_y(Y\text{축 단면2차모멘트})}{A(\text{레일단면적})}}} = \dfrac{2500}{\sqrt{\dfrac{532000}{1550}}} = 134.942$

$\omega(\text{오메가값}) = \left[\dfrac{\omega_{520} - \omega_{370}}{520 - 370} \times (R_m - 370)\right] + \omega_{370}$ 에서 $\lambda(\text{세장비})$ 가 134.942 이므로

$\omega_{520} = 0.00025330 \times \lambda^2 = 0.00025330 \times 134.942^2 = 4.612$

$\omega_{370} = 0.00016887 \times 134.942^2 = 3.075$

$\therefore \omega_{402} = \left[\dfrac{\omega_{520} - \omega_{370}}{520 - 370} \times (R_{402} - 370)\right] + \omega_{370}$

$= \left[\dfrac{4.612 - 3.075}{520 - 370} \times (402 - 370)\right] + 3.075$

$= 3.4028$

정답 : 3.40

(12) 굽힘응력과 압축/인장 또는 좌굴응력의 조합

굽힘응력과 압축/인장 또는 좌굴응력의 조합은 다음의 공식을 사용하여 구한다.

$$\text{굽힘응력 } \sigma = \sigma_m = \sigma_x + \sigma_y \leq \sigma_{perm}$$

$$\text{굽힘응력과 압축/인장응력의 조합 } \sigma = \sigma_m + \dfrac{F_v + k_3 M_{aux}}{A} \leq \sigma_{perm}$$

$$\text{굽힘응력과 좌굴응력의 조합 } \sigma = \sigma_k + 0.9\sigma_m \leq \sigma_{perm}$$

여기서, σ_m : 굽힘응력, N/mm^2

σ_x : X-축의 굽힘응력, N/mm^2

σ_y : Y-축의 굽힘응력, N/mm^2

σ_{perm} : 허용 굽힘응력, N/mm^2

σ_k : 좌굴응력, N/mm^2

F_v : 카, 균형추 또는 평형추 주행안내 레일에 작용하는 수직하중, N

k_3 : 충격계수

M_{aux} : 보조 설비에 의해 주행안내 레일에 작용하는 힘, N

A : 주행안내 레일의 단면적, mm^2

(13) 플랜지 굽힘

플랜지의 굽힘은 고려되어야 한다. T-형의 주행안내 레일에는 다음의 공식을 사용하여야 한다.

가이드 롤러 적용 시 $\sigma_F = \dfrac{1.85 F_x}{c^2} \leq \sigma_{perm}$

가이드 슈 적용 시 $\sigma_F = \dfrac{6 F_x (h_1 - b - f)}{c^2 (l + 2(h_1 - f))} \leq \sigma_{perm}$

여기서, σ_{perm} : 허용응력, N/mm^2

σ_F : 국부적인 플랜지의 굽힘응력, N/mm^2

F_x : 가이드 롤러/슈에서 플랜지로 가해지는 힘, N

c : 다리와 날의 연결 부분의 폭, mm

h_1 : 주행안내 레일의 높이, mm

b : 가이드 슈 라이닝 폭의 1/2, mm

f : 날과 연결된 다리 부분의 깊이, mm

l : 가이드 슈 라이닝의 길이, mm

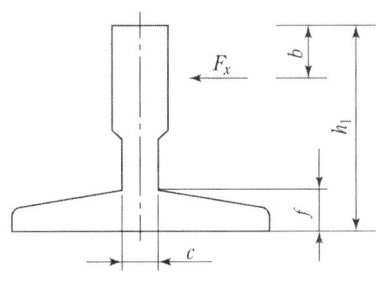

플랜지 굽힘 계산의 치수

(14) 주행안내 레일 계산 예시

다음의 예시는 주행안내 레일의 계산을 설명하는데 쓰인다.

엘리베이터 치수에 대한 다음 기호는 가능한 모든 기하학적 유형에 대해 직교 좌표계와 함께 사용된다.

C : 카 중심

D_x : X-방향의 카 치수, 카 깊이

D_y : Y-방향의 카 치수, 카 너비

δ_{str-x} : X-축에서의 건물구조 처짐, mm

δ_{str-y} : Y-축에서의 건물구조 처짐, mm

h : 카 가이드 롤러/슈 사이 거리

l : 가이드 브래킷 사이의 거리

P : 빈 카 및 카를 지지하는 구성요소(이동케이블의 일부, 보상 로프/체인 등) 의 질량, kg

Q : 정격 하중, kg

S : 카 현수

x_C, y_C : 주행안내 레일 평면 좌표와 관련된 카 중심(C)의 위치

x_i, y_i : 카문의 위치, i = 1, 2, 3 또는 4

x_P, y_P : 주행안내 레일 평면 좌표와 관련된 카 질량(P)의 위치

x_Q, y_Q : 주행안내 레일 평면 좌표와 관련된 정격하중(Q)의 위치

x_S, y_S : 주행안내 레일 평면 좌표와 관련된 현수(S)의 위치

x_{cp}, y_{cp} : 카 중심(C)와 관련된 중력(P)의 질량 중심의 위치

1,2,3,4 : 카문 1,2,3 또는 4의 중심

→ : 적재 방향

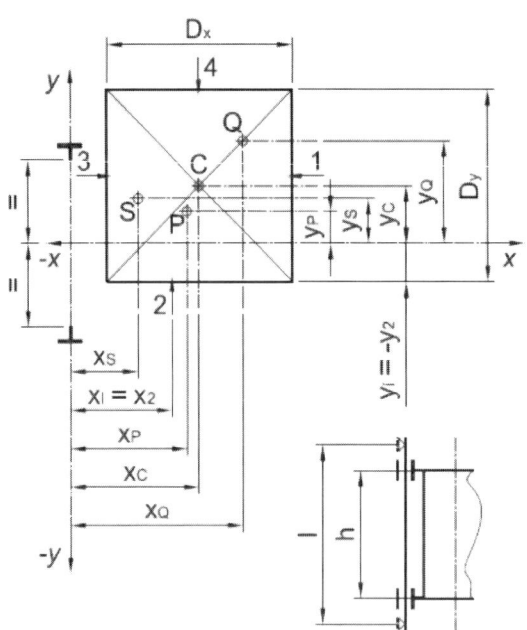

엘리베이터 카의 하중 분포 - 일반적인 경우

공식에 사용되는 기호는 다음과 같다.

A : 주행안내 레일의 단면적, mm^2

c : 다리와 날의 연결 부분의 폭, mm

δ_{perm} : 최대 허용 처짐, mm

δ_x : X-축의 처짐, mm

[추락방지안전장치가 있는 엘리베이터의 일반 구성]

① 추락방지안전장치 작동 시 굽힘응력

- 안내하는 힘에 의한 주행안내 레일의 Y-축에 관한 굽힘응력

$$F_x = \frac{k_1 \times g_n \times (Q \times x_Q + P \times x_P)}{n \times h}, \quad M_y = \frac{3 \times F_x \times l}{16}, \quad \sigma_y = \frac{M_y}{W_y}$$

- 안내하는 힘에 의한 가이드 레일의 X-축에 관한 굽힘응력

$$F_y = \frac{k_1 \times g_n \times (Q \times y_Q + P \times y_P)}{\frac{n}{2} \times h}, \quad M_x = \frac{3 \times F_y \times l}{16}, \quad \sigma_x = \frac{M_x}{W_x}$$

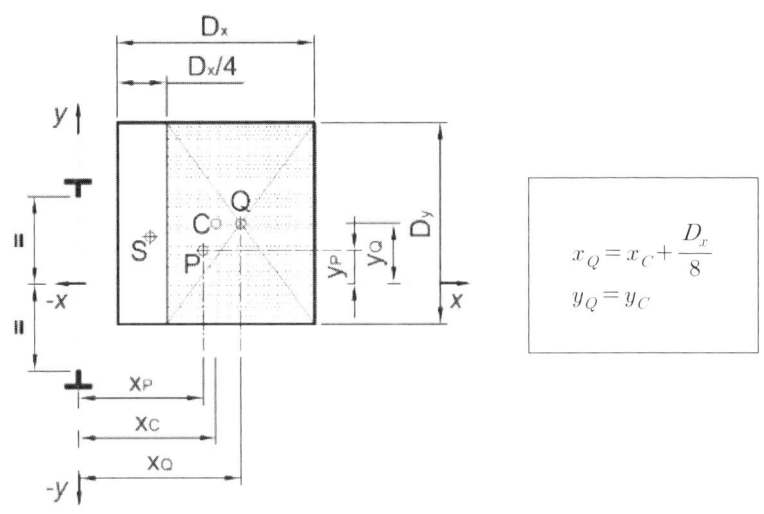

추락방지안전장치 작동 - 엘리베이터 카의 하중 분포(X-축에 대해)

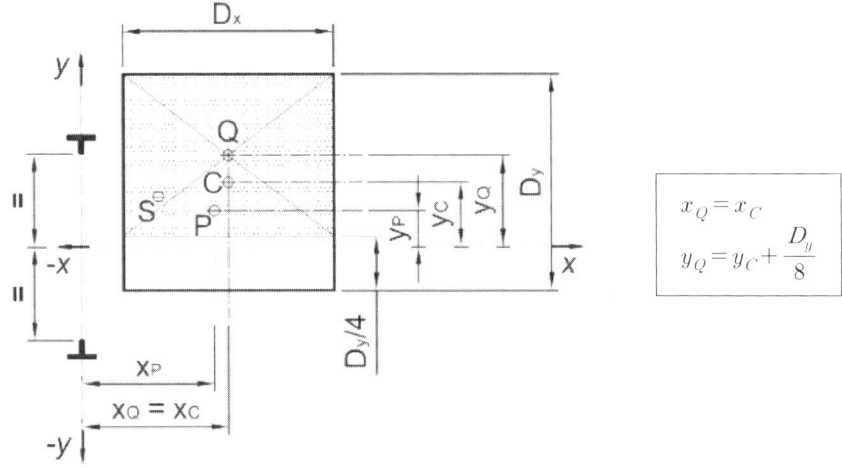

추락방지안전장치 작동 - 엘리베이터 카의 하중 분포(Y-축에 대해)

② 추락방지안전장치 작동 시 좌굴

$$F_v = \frac{k_1 \times g_n \times (P+Q)}{n} + M_g \times g_n + F_P$$

$$\sigma_k = \frac{(F_v + k_3 \times M_{aux}) \times \omega}{A}$$

③ 추락방지안전장치 작동 시 결합된 응력

$$\sigma = \sigma_m = \sigma_x + \sigma_y \qquad \leq \sigma_{perm}$$
$$\sigma = \sigma_m + \frac{F_v + k_3 \times M_{aux}}{A} \qquad \leq \sigma_{perm}$$
$$\sigma = \sigma_k + 0.9 \times \sigma_m \qquad \leq \sigma_{perm}$$

[비고] 이 수식들은 하중 분포 유형(X-축, Y-축) 양쪽에 적용한다.
$\sigma_{perm} < \sigma_m$ 이면, 수식은 최소 가이드 레일 치수를 위해서 사용될 것이다.

④ 추락방지안전장치 작동 시 플랜지 굽힘

$$\sigma_F = \frac{1.85 \times F_x}{c^2} \leq \sigma_{perm} \quad 또는$$

$$\sigma_F = \frac{6 \times F_x \times (h_1 - b - f)}{c^2 \times (l + 2 \times (h_1 - f))} \leq \sigma_{perm}$$

[비고] 이 수식들은 하중 분포 유형(X-축, Y-축) 양쪽에 적용한다.

⑤ 추락방지안전장치 작동 시 처짐

$$\delta_x = 0.7 \times \frac{F_x \times l^3}{48 \times E \times I_y} + \delta_{str-x} \leq \delta_{perm}$$

$$\delta_y = 0.7 \times \frac{F_y \times l^3}{48 \times E \times I_x} + \delta_{str-y} \leq \delta_{perm}$$

[비고] 이 수식들은 하중 분포 유형(X-축, Y-축) 양쪽에 적용한다.

8.2 로프 및 벨트

(1) 로프의 직경은 8 mm 이상, 2가닥 이상이어야 한다.

(2) 정격속도 1.75 m/s 이하의 경우 행정안전부장관의 안전성 확인을 받은 경우 직경 6mm 의 로프 사용 가능하고 3가닥 이상이어야 한다.

(3) 로프의 안전율 (벨트)

1) 직경 8 mm 이상
   ① 2가닥 : 안전율 16 이상
   ② 3가닥 이상 : 안전율 12 이상

2) 직경 6 mm 로프
   3가닥 이상, 안전율 16 이상 이상이어야 한다.

3) 드럼 구동 및 유압식 엘리베이터 : 12 이상

4) 체인에 의해 구동되는 엘리베이터 : 10 이상

5) 과속조절기 로프 : 6 mm 이상, 안전율 8 이상

(4) 로프의 안전율 계산

$$\text{로프의 안전율 } S = \frac{K \cdot N \cdot P}{W + W_c + W_r}$$

여기서, K : 로핑 계수 N : 로프 본수
P : 로프 1본당 절단하중 W : 적재용량 W_c : 카자중
W_r : 로프 자중(균형로프를 사용하는 경우 균형도르래 자중의 $\frac{1}{2}$을 더함)

예제 다음 로프 안전율을 구하시오.
로핑 방식 2:1, 로프 본수 5, 로프 파단하중 5990 kg, 카 하중 1000 kg, 적재하중 2800 kg, 로프하중 205 kg, 균형 도르래 중량 430 kg

---

풀이 $S = \dfrac{2 \times 5 \times 5990}{1000 + 2800 + 205 + \dfrac{430}{2}} = 14.194$ 답 : 14.19

(5) 로프의 연신율 계산

$$\text{탄성에 의한 연신율 } \delta = \frac{P \cdot H}{N \cdot A \cdot E}$$

여기서, P : 로프에 걸리는 하중 H : 로프의 길이
N : 로프 본 수 E : 로프의 종탄성 계수
A : 로프의 단면적

> **예제** 다음의 조건일 때 로프의 늘어난 길이를 구하시오.
> ① 로프 길이(ℓ) 80[m](ψ12Ω4본, 단위 중량 0.494[kg/m])
>   종탄성계수(E) 7,000[kg/mm²], 로프의 단면적(A) 113.10[mm²]
> ② 적재하중(W_1) 1,150[kg]
> ③ 카자중(W_2) 1,800[kg]

풀이 ① 로프자중
W_r = 로프길이 × 단위중량 × 가닥수 = 80 × 0.494 × 4 = 158.08[kg]
② 로프에 걸리는 하중 P
P = 적재하중 + 카자중 + 로프자중 = 1,150 + 1,800 + 158.08 = 3,108.08[kg]
③ 늘어난 길이 δ
$$\delta = \frac{P \times \ell}{NAE} = \frac{3,108.08 \times 80 \times 10^3}{4 \times 113.10 \times (7 \times 10^3)} = 78.52[\text{mm}]$$

(6) 로프 구조

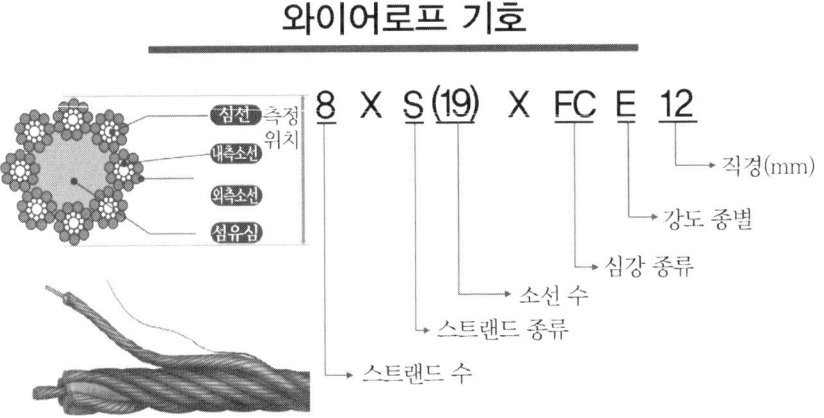

① 소선 : 스트랜드를 구성하는 각각의 강선
② 스트랜드 : 다수의 소선을 꼬아 구성
③ 심강 : 소선의 방청과 소선 간의 윤활작용

(7) 스트랜드의 종류

① 실형(S) : 외층의 소선이 굵어 마모에 강해 8 꼬임으로 엘리베이터에 주로 사용.
② 필러형(F) : 유영성과 내피로성이 양호하여 고층 엘리베이터에 사용
③ 워링톤형(W) : 선경의 균형이 양호

(8) 와이어로프의 강도에 의한 분류

① E종 : 파단강도 1320[N/mm^2] 비도금 및 도금, 엘리베이터용으로 제조되었다. 강도는 다소 낮지만 유연성을 좋아 도르래의 마모가 작다. (135 kg/mm^2)

② G종 : 파단강도 1470[N/mm^2] 소선 표면에 아연도금을 하여 녹이 나지 않아 습기가 많은 장소에 적합하다. (150 kg/mm^2)

③ A종 : 파단강도 1620[N/mm^2] 비도금 및 도금 E종 보다 경도가 높아 도르래의 마모에 대한 대책이 필요하며 주로 MRL 기종에 사용. (165 kg/mm^2)

④ B종 : 파단강도 1770[N/mm^2] 비도금 및 도금 강도와 경도가 A종 보다 높아 엘리베이터에 사용안함. (180 kg/mm^2)

⑤ C종 : 파단강도 1960[N/mm^2] 비도금 (200 kg/mm^2)

⑥ D종 : 파단강도 2160[N/mm^2] 비도금 (220 kg/mm^2)

(9) 로프의 꼬임

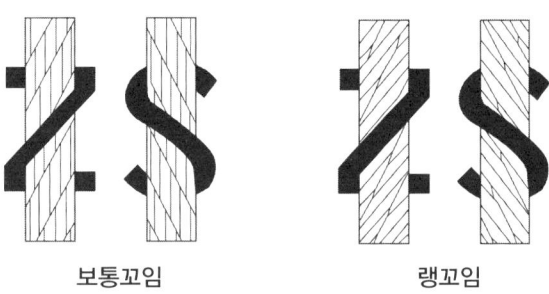

보통꼬임   랭꼬임

1) 보통꼬임

① 로프의 꼬임방향과 스트랜드의 꼬임방향을 반대로 한 것
② 랭꼬임에 비해 킹크 발생이 적다.
③ 국부적인 마모가 발생하여 수명이 짧다

※ 엘리베이터에는 보통 Z 꼬임, 8×S(19) E종을 주로 사용한다.

2) 랭꼬임

① 로프의 꼬임방향과 스트랜드의 꼬임방향을 동일하게 한 것
② 랭 꼬임은 보통 꼬임에 비하여 킹크(kink)가 잘 발생하고 풀리기 쉽다.
③ 유연성과 내마모성 우수

※ 권상식 엘리베이터 로프의 수명과 관련이 있는 인자
① 도르래의 직경   ② 도르래 홈의 형상
③ 도르래의 재질   ④ 로핑 계수
⑤ 로프 간의 장력 불균형 (※ 장력이 큰 쪽의 마모가 크다.)

8.3 균형추

(1) 균형추의 재질은 콘크리트, 주철, 강판 등으로 제작한다.

(2) 균형추는 빈 카무게와 적재하중에 오버밸런스율을 곱한값을 더해 권상능력을 증가시키고 전동기 용량을 감소시킨다.

(3) 균형추 중량계산

균형추 무게 = 카 자중 + 정격 적재하중 x 오버밸런스율(35~50%)

8.4 위치표시기의 용도 및 종류

(1) 용도
① 승강장 및 카 내부의 승객을 위한 카의 현재 위치 및 운행상황 전달
② 점검 문전 및 구출 운전을 위한 관리실, 원격감시반, 비상운전 패널 등에 카의 현재 위치 및 운행상황 전달

(2) 위치표시기의 종류
① 배열 방식에 따른 분류 : - 수직형, 수평형
② 표현 방식에 따른 분류 : - 아나로그 식(램프 방식, 시계바늘 방식)
                                    - 디지털식(도트매트릭스 방식, LCD 방식 등)
③ 설치 위치에 따른 분류 : 승강장 위치표시기, 카 위치표시기
④ 버튼과 조합 방식에 따른 분류
    - 위치표시만 표시 하는 방식 : 카 표시기(CPI), 승강장 표시기(HPI)
    - 버튼과 한 판넬에 조합한 방식 : 승강장 표시기 버튼(HIB), 카에는 조작반에 설치

(3) 홀랜턴
군관리 방식 엘리베이터의 승강장에 설치하여 호출 할당 카의 예측과 도착을 알려주는 장치

8.5 통화장치의 용도 및 종류

(1) 용도
① 정전 및 화재와 재난 시 구출 운전을 하기 위한 통화 장치

② 고장 시 점검 및 수리를 위한 통화 장치
③ 카 및 승강로에 사람이 갇힌 경우 외부와 통화 장치

(2) 종류
비상통화장치와 양방향 음성통화 가능한 내부통화시스템(인터폰)이 있다.

(3) 비상통화장치 통화방식
① 유선전화 방식 : 유선전화의 국선과 연결
② 무선전화 방식 : 무선전화용 이동통신사의 모뎀과 연결

(4) 비상통화장치 설치장소
① 건축물(3곳) : 경비실, 전기실, 중앙관리실
② 외부(2곳) : 유지관리업체, 자체점검자

(5) 비상통화장치의 작동 조건
① 버튼을 한번만 눌러도 작동되어야 한다.
② 버튼을 누르면 음향 또는 통신신호가 작동되고 노란색 표시등 점등
③ 연결되면 녹색표시등 점등

(6) 비상통화장치의 구비조건
① 카 내 비상통화장치 스피커의 출력 : 0.25 W 이상
② 음량 : 35 dB 이상 65 dB 이하
③ 절연 저항
  ㉮ 스위치 또는 회로를 off하고, 전원을 떼어낸 상태에서 전원입력 단자 사이의 절연 저항을 측정하여 2 MΩ 이상
  ㉯ 내습절연 시험 : 0.3 MΩ 이상
④ 명료도 : 삼자간 이상 통화는 가능하되 MOS값 3.0 이상으로 유지되어야 한다.
⑤ 통화거리 : MOS값 3.0 이상을 유지하는 통화거리는 최소 1km 이상이어야 한다.
⑥ 사용 온도 : -10 ~ +50℃
⑦ 전압변동률 : ± 10% 이내

(7) 내부통화시스템
① 소방관 접근 지정층 및 카 : 마이크로폰과 스피커폰 내장
② 기계실 : 마이크로폰(버튼을 눌러야 작동)
③ 소방운전 및 피난운전할 때와 비상운전 및 작동시험 운전장치와 카, 기계실 등 사이의 양방향 통화시스템 이다.

8.6 비상전원장치

(1) 비상전원장치의 구비조건
① 정전 시 60초 이내에 엘리베이터 운행에 필요한 전력량을 자동으로 발생시키고 수동으로 전원을 작동시킬 수 있어야 한다.
② 2시간 이상 운행시킬 수 있어야 한다.

(2) 비상전원의 공급방법
① 소방구조용 엘리베이터의 전 대수를 동시에 운행시킬 수 있는 용량의 자가발전기에 의해 공급해야 한다.
② 2곳 이상의 변전소로부터 전원을 공급받는 경우 1곳의 공급이 중단 경우 자동으로 다른 변전소의 전원으로 공급받을 수 있는 경우는 자가발전기를 설치하지 않아도 된다.

(3) 공동주택용 비상전원의 요건
① 단지 내 소방구조용 엘리베이터 전 대수를 동시에 운행시킬수 있는 충분한 용량이어야 한다.
② 상기 ①의 조건이 어려운경우는 각동의 소방구조용 엘리베이터 전 대수를 동시에 운행 시킬 수 있는 충분한 용량을 별도로 확보해야 하고 각 동마다 개별급전용 절환장치가 설치되어야 한다.

8.7 정전 시 구출운전장치

(1) 정전 시 구출 방법

1) 기계적인 수단
① 탈착 가능한 바퀴살이 없는 수동핸들을 기계실(기계류 공간)에 배치한다.
② 수동핸들을 이용해 카를 승강장으로 이동시키기 위해 요구되는 인력은 150 N을 초과하지 않아야 한다.

2) 전기적 수단
① 전원 공급은 정전이 발생한 후 1시간 이내에는 정격하중의 카를 인접한 승강장으로 이동시킬 수 있는 충분한 용량을 가져야 한다.
② 속도는 0.3 m/s 이하이어야 한다.

3) 정격하중의 카를 상승 방향으로 움직이는데 요구되는 인력이 400 N 초과하거나 기계적인 구출 수단이 없는 경우 전기적 비상운전 수단이 있어야 한다.

(2) 전기적 비상운전 수단(자동)
① 비상운전을 작동하기 위한 장치는 기계실, 기계류공간, 비상운전 및 작동시험을 위한 장치 중 한 곳에 설치해야 한다.
② 정전 또는 고장으로 인해 정상 운행 중인 엘리베이터가 정지되면 자동으로 카를 가장 가까운 승강장으로 운행시키는 수단이 있어야 한다. (안전장치가 작동한 경우 제외)
③ 카가 승강장에 도착하면 승강장문 및 카문이 자동으로 열려야 한다.
④ 승객이 안전하게 빠져나가면(10초 이상) 승강장문 및 카문은 자동으로 닫히고 정지상태가 유지되어야 하며 승강장 호출 버튼의 작동은 무효화 되어야 한다.
⑤ 정전으로 인한 정지는 정상 전원이 복구된 경우는 엘리베이터는 자동으로 복귀되지만 고장으로 구출 운전이 작동한 경우는 전문가의 확인 후 복귀되어야 한다.
⑥ 배터리를 사용하는 경우에는 잔여용량을 확인할 수 있는 장치가 있어야 한다.
⑦ 수직 개폐식 문이 설치된 엘리베이터 또는 유압식 엘리베이터의 경우에는 제외한다.

9. 유압식 엘리베이터의 구조 및 원리

9.1 직접식 및 간접식 유압 엘리베이터의 특징

(1) 유압식 엘리베이터의 특징
① 기계실의 위치가 자유롭다.
② 건물의 꼭대기 부분에 하중이 걸리지 않는다.
③ 꼭대기 틈새가 작아도 좋다.
④ 행정 거리와 속도에 한계가 있다. (1 m/s 이하)
⑤ 전동기의 소요동력이 커지고 소비전력이 크다.

(2) 직접식과 간접식 유압 엘리베이터의 특징

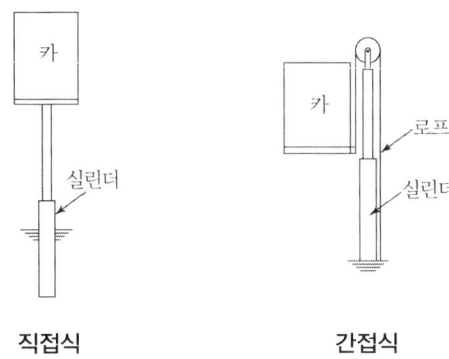

항 목	직접식	간접식
승강로 평면 소요면적	작고 간단하다.	크다.
카 바닥 빠짐 및 응력	작다.	크다.
추락방지안전장치 및 완충기	필요없다	필요하다.
설치조건	어렵다(실린더 보호관)	쉽다.
점검 및 보수	어렵다(실린더 보호관)	쉽다.
구 조	램(피스톤)에 직접 카 설치	주로 1:2 로핑

※ 팬더그래프식은 직접식 유압엘리베이터로 간단한 방식으로 화물용에 쓰인다.

9.2 유압 엘리베이터의 속도제어 방식

(1) 유량 제어밸브에 의한 속도제어
① 유량제어밸브에 의한 방식은 회전수가 일정한 유도 전동기를 부착한 펌프는 일정량의 작동유를 토출한다.
② 작동유를 유량제어 밸브로 소정의 상승 속도에 해당하도록 유량을 제어하는 방식이다.

(2) 가변전압 가변주파수(VVVF : 인버터제어)제어에 의한 속도제어
① 전동기의 회전수를 VVVF 방식으로 제어하여 소정의 상승속도에 적합한 펌프의 회전수가 되도록 제어하여 펌프에서 토출되는 작동유의 양을 제어하는 방식이다.
② 유량 제어밸브 방식보다 효율이 높다.

9.3 유압회로

(1) 미터인 회로의 구조 및 특징

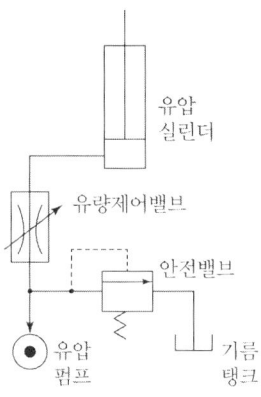

미터인 회로도

① 펌프에서 토출된 작동유를 실린더에 보낼 때 주회로 파이프에 유량제어밸브를 삽입하여 유량을 제어하는 회로
② 정확한 속도제어 가능하다.
③ 기동 시 쇼크 발생

(2) 블리드오프 회로의 구조 및 특징

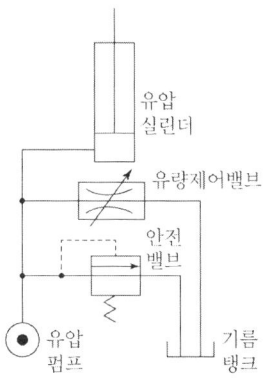

블리드오프 회로도

① 펌프에서 토출된 작동유를 실린더에 보낼 때 유량제어밸브를 분기된 바이패스(By pass) 회로에 삽입하여 유량을 제어하는 회로
② 효율과 착상정도가 높다.
③ 기동쇼크가 적다.
④ 정확한 속도제어가 어렵다.

9.4 엘리베이터용 유압회로

(1) 유압 회로도

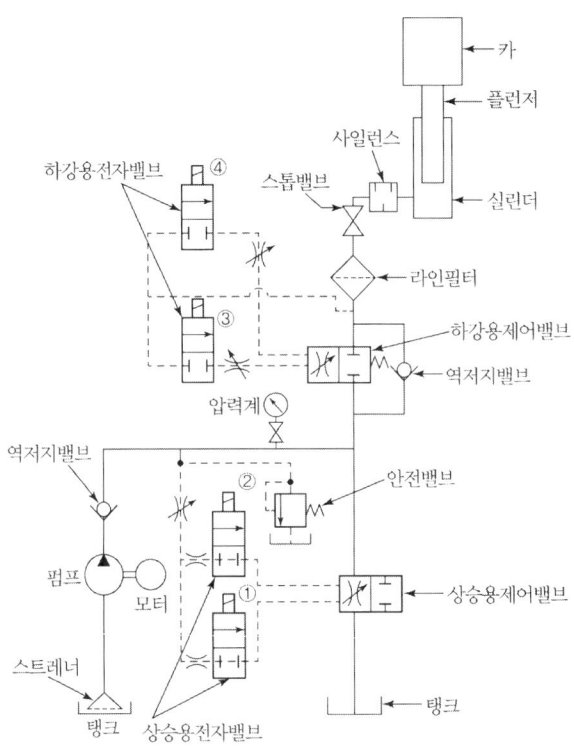

엘리베이터용 유압회로도

① 실선 : 유압 주회로
② 점선 : 파이롯트(pilot) 회로

(2) 상승 운전 시 속도 및 동작특성

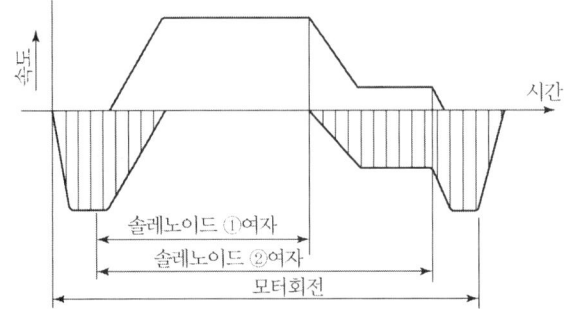

① 제어반에서 상승 명령을 받으면 전동기가 회전하여 펌프를 작동시킨다.
② 펌프가 회전하면 스트레이너(필터)를 통하여 오일을 빨아 올리기 시작하고 초기에는 상승 유량제어 밸브가 다 열려있어 오일은 역저지 밸브(체크밸브)와 유량제어 밸브를 통하여 전량 탱크로 돌 온다.(빗금친 부분은 탱크로 환류되는 오일의 양)
③ 상승용 전자밸브의 솔레노이드 ①, ②가 여자되어 상승용 유량제어 밸브가 닫히고 탱크에서 토출되는 압력이 실린더의 압력보다 높아져 역저저지 밸브를 개방시켜 작동유가 실린더에 유입되어 카가 서서히 상승한다.
④ 상승 유량제어 밸브가 완전히 닫히면 엘리베이터는 정격속도로 상승한다.
⑤ 카가 정지할 층의 감속 지점에 도달하면 상승용 전자밸브 ①이 OFF되어 상승용 유량제어 밸브가 열리기 시작하여 감속되어 착상 속도로 운행한다.
※ 착상속도는 정격속도의 10~20 %
⑥ 카가 착상 지점에 근접하면 상승용 전자밸브 ②가 OFF되어 상승용 유량제어 밸브가 다 열려 펌프에서 토출되는 오일은 모두 탱크에 되돌아오고 카가 정지한 직후 모터가 정지한다.

(3) 하강 운전 시 속도 및 동작 특성

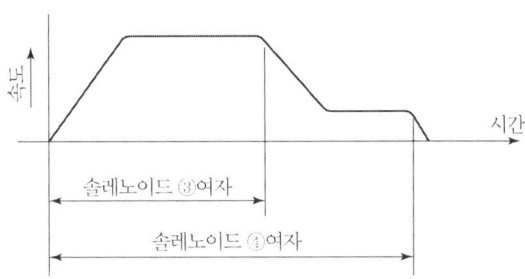

① 하강 운전시는 모터와 펌프는 작동하지 않고 하강 유량제어 밸브를 제어하여 운행한다.
② 제어반에서 하강명령을 받으면 하강용 전자밸브의 솔레노이드 ③, ④가 여자되어 하강용 유량제어 밸브가 열리기 시작하여 카가 하강하고 완전히 열리면 정격속도로 하강한다.
③ 감속시는 하강용 전자밸브 ③이 OFF되어 카가 착상 속도까지 감속되고 정지할 층에 근접하면 하강용 전자밸브 ④가 OFF되어 하강용 유량제어밸브가 완전히 닫히고 정지한다.

※ 유압엘리베이터는 하강시 위치에너지가 열로 변환되어 오일의 온도가 상승되어 기동 빈도가 높거나 대용량의 경우는 냉각장치가 필요하다.
(오일 온도 : 5℃ 이상 60℃ 이하)

9.5 펌프

(1) 유압식 엘리베이터에는 작동유의 맥동에 의한 소음과 진동이 적은 스크류 펌프가 사용된다.

(2) 펌프의 소요 동력

$$P = 송출압력[\text{N/m}^2] \times 유량[\text{m}^3/\text{sec}] \times 10^{-3}[\text{kW}]$$

> **예제** 회전수 1350 rpm으로 회전하는 용적형 펌프의 송출량 32 l/min, 송출압력이 40 kg/cm²이다. 이 때 소비동력이 3 kW라면 이 펌프의 전 효율은?

풀이 송출압력 $= 40 \times 9.81 \times \dfrac{1}{10^{-4}} = 3924000[\text{N/m}^2]$

유량 $= 32 \times 10^{-3} \times \dfrac{1}{60} = 5.33 \times 10^{-4}[\text{m}^3/\text{sec}]$

$P = 3924000 \times 5.33 \times 10^{-4} \times 10^{-4} \times 10^{-3} = 2.09[\text{kW}]$

$\therefore \eta = \dfrac{2.09}{3} \times 100 = 69.67[\%]$

9.6 밸브 및 안전장치

(1) 안전밸브(릴리프밸브)
① 설정 압력의 140 %까지 제한한다.
② 펌프와 체크밸브 사이의 회로에 설치

(2) 체크밸브(역저지밸브)
① 한 방향으로만 유체를 흐르게 하는 밸브
② 펌프와 차단밸브 사이에 설치

(3) 차단밸브(스톱밸브)
① 유압장치의 보수, 점검, 수리 시 사용되는 밸브
② 유압 파워유니트에서 실린더로 통하는 배관 도중에 설치하여 밸브를 닫으면 유압유가 하강하는 것을 방지하는 밸브이다.
③ 실린더에 체크밸브와 하강밸브를 연결하는 회로에 설치한다.

(4) 럽쳐밸브
① 압력배관 등의 파손으로 압력이 급격히 떨어질 때 작동하여 카의 하강을 막는 밸브
② 정격 하강 속도에 0.3 m/s를 더한 값을 초과하지 않도록 설정해야 한다.

(5) 유량제어밸브
① 속도에 맞게 작동유의 양을 조절하는 밸브
② 상승용 유량제어 밸브는 닫히면 상승하고 하강용 유량제어 밸브가 열리면 하강한다.

(6) 플런저 이탈 방지장치와 리미트 스위치
① 간접식 유압엘리베이터의 로프 혹은 체인이 늘어 플런저가 실린더에서 이탈하는 것을 방지하는 플런저 이탈 방지장치인 기계적인 스톱퍼를 설치한다.
② 플런저가 스톱퍼에 충돌하기 전에 승강로에 설치한 리미트 스위치가 작동하여 펌프의 동력를 차단하여 카를 정지시킨다.

(7) 작동유 온도검출 스위치
① 작동유의 온도를 검출하여 과열 시 전동기를 정지시키는 장치
② 오일의 적정 온도 : 5℃ 이상 60℃ 이하

(8) 사이렌서
유압장치 작동유의 압력맥동을 흡수하여 소음과 진동을 감소시키는 장치

(9) 스트레이너
유압식 엘리베이터의 펌프 흡입 측에 부착되어 이물질의 유입을 막는 필터

(10) 전동기 구동시간 제한장치
전동기 구동시간 제한장치는 다음 값 중 짧은 시간을 초과하지 않아야 한다.
① 45초
② 정격하중으로 전체 주행로를 운행하는 데 걸리는 시간에 10초를 더한 시간. 다만, 전체 운행 시간이 10초보다 작은 값일 경우 최소 20초

9.7 실린더와 가요성 호스

(1) 실린더와 체크밸브 또는 하강밸브 사이의 가요성 호스는 전 부하 압력 및 파열 압력과 관련하여 안전율이 8 이상이어야 한다.

(2) 가요성 호스 및 실린더와 체크밸브 또는 하강밸브 사이의 가요성 호스 연결장치는 전 부하 압력의 5배의 압력을 손상 없이 견뎌야 한다.

9.8 유압실린더의 추력 및 유량 속도

(1) **추력** $F[\text{kgf}] = A[\text{cm}^2] \times P[\text{kg/cm}^2]$

여기서, P : 유압실린더 압력, A : 실린더 단면적

(2) **실린더 유량** $Q[\text{cm}^3/\text{s}] = A[\text{cm}^2] \times V[\text{cm/s}]$

(3) **실린더 속도** $V[\text{cm/s}] = \dfrac{Q[\text{cm}^3/\text{s}]}{A[\text{cm}^2]}$

> **예제** 지름이 100 mm인 유압실린더의 이론 송출량이 830 cm³/s 추력이 3 kgf일 때 이 유압실린더의 속도(cm/s)는 얼마인가? (단, 펌프의 용적효율은 90% 이다.)
>
> **풀이** $V = \dfrac{Q}{A} = \dfrac{830 \times 0.9}{\pi \times 5^2} = 9.51[\text{cm/s}]$

9.9 실린더 내벽의 두께와 안전율

(1) **내벽의 안전율**

$$\text{안전율}(S) = \frac{2 \times \text{재료의 파괴강도}(f) \times \text{실린더 벽 두께}(t)}{\text{상용압력}(P_w) \times \text{실린더 내경}(d)}$$

(2) **실린더 내벽의 두께**

$$\text{실린더벽 두께}(t) = \frac{\text{안전율}(S) \times \text{상용압력}(P_w) \times \text{실린더 내경}(d)}{2 \times \text{재료의 파괴강도}(f)}$$

> **예제** 다음 유압식 엘리베이터의 실린더 내벽의 안전율을 구하시오.
>
> 재료의 파괴강도(f) : 3800 kgf/cm²,   상용압력(P_w) : 50 kgf/cm²
> 실린더 내경(d) : 20 cm,   실린더 두께(t) : 0.65 cm

풀이 안전율 = $\dfrac{2 \times \text{재료의 파괴강도}(f) \times \text{실린더 두께}(t)}{\text{상용압력}(P_w) \times \text{실린더 내경}(d)}$

실린더 안전율 $S = \dfrac{2 \times f \times t}{Pw \times d} = \dfrac{2 \times 3800 \times 0.65}{50 \times 20} = 4.94$

10. 엘리베이터 안전기준

10.1 적용범위

수직에 대해 15°이하의 경사진 주행안내 레일을 따라 사람이나 화물을 운송하기 위한 카를 미리 정해진 승강장으로 운행시키는 엘리베이터에 적용한다. 다만, 다음 중 어느 하나에 해당하는 엘리베이터는 제외한다.
(1) 정격속도가 0.15 m/s 이하의 엘리베이터
(2) 정격속도가 1 m/s를 초과하는 유압식 엘리베이터
(3) 릴리프 밸브 설정 압력이 50 MPa을 초과하는 유압식 엘리베이터

10.2 용어의 정의

(1) 럽처밸브(rupture valve)
    미리 설정된 방향으로 설정치를 초과한 상태로 과도하게 유체 흐름이 증가하여 밸브를 통과하는 압력이 떨어지는 경우 자동으로 차단하도록 설계된 밸브

(2) 릴리프 밸브(pressure relief valve)
    유체를 배출함으로써 미리 설정된 값(정격의 140 %) 이하로 압력을 제한하는 밸브

(3) 체크밸브(non-return valve)
    한 방향으로만 유체를 흐르게 하는 밸브

(4) 멈춤쇠 장치(pawl device)
    카의 의도되지 않은 하강 시 기계적으로 카를 정지시키고 지속적으로 정지 상태를 유지시키는 기계장치

(5) 에이프런(apron)
    카 또는 승강장 출입구 문턱부터 아래로 평탄하게 내려진 수직 부분의 앞 보호판

※ 수직 부분의 높이 : 0.75 m 이상 (주택용 : 0.54 m 이상)

(6) 잠금해제구간(unlocking zone)
카가 해당 정지층의 승강장 문이 잠기지 않게 할 수 있는 상·하 한계 구간
※ 문이 열린상태로 운행 가능한 구간으로 승강장 바닥에서 ±200 mm

(7) 재-착상(re-levelling)
엘리베이터가 승강장에 정지된 후, 하중을 싣거나 내리는 동안 정지위치를 보정하기 위해 허용되는 운전으로 정확도는 ±10 mm 이하

(8) 주택용 엘리베이터
정격속도 0.25 m/s 이하, 승강행정 12 m 이하인 단독주택에 설치되는 엘리베이터 (화물용 엘리베이터를 포함하지 않는다.)

(9) 카 유효면적(available car area)
승객의 탑승 및 화물의 적재가 가능한 카 바닥에서 위로 1 m 높이에서 측정된 카의 면적

(10) 통제자(Supervisor)
피난용 엘리베이터의 운전 및 운행에 대한 제어 권한을 갖고 있는 사람

(11) 권상 구동 엘리베이터(traction drive lift)
로프 등 매다는 장치가 구동기의 권상 도르래 홈 등에서 마찰에 의해 구동되는 엘리베이터

(12) 포지티브 구동 엘리베이터(positive drive lift) : 권동식 엘리베이터
드럼과 로프 또는 스프로킷과 체인에 의해 직접 구동(마찰과 관계없이)되는 엘리베이터

(13) 피난안전구역(Fire safety zone or level)
건축물에 화재 등 재난 발생 시 화염, 연기 및 유해 가스와 같은 위험요소로부터 건축물의 거주자 및 이용자를 보호하기 위해 지정된 안전한 대피 공간

(14) 피난용 엘리베이터(Evacuation lift)
화재 등 재난발생 시 피난 층 또는 피난안전구역으로 대피하기 위한 엘리베이터로서 피난 활동에 필요한 추가적인 보호기능, 제어장치 및 신호를 갖춘 엘리베이터
※ 소방활동은 하지 못함.

(15) 피난 층[Evacuation level(s)]

직접 지상으로 통하는 출입구가 있는 층·지형 등에 따라 하나의 건축물에도 여러 개의 피난 층이 있을 수 있다.

10.3 승강로, 기계실·기계류 공간 및 풀리실

(1) 일반사항

1) 기계실·기계류 공간 및 풀리실, 승강로는 엘리베이터 전용으로 사용되어야 한다.

2) 승강로, 기계실·기계류 공간 및 풀리실은 엘리베이터 이외 용도의 환기실로 사용되지 않아야 한다.

3) 승강로에는 모든 출입문이 닫혔을 때 승강로 전 구간에 걸쳐 영구적으로 설치된 다음의 구분에 따른 조도 이상을 밝히는 전기조명이 있어야 한다.
   ① 카 지붕에서 수직 위로 1 m 떨어진 곳: 50 lx
   ② 피트 바닥에서 수직 위로 1 m 떨어진 곳: 50 lx
   ③ 이외의 장소 : 20 lx

4) 기계실·기계류 공간 및 풀리실에는 다음의 구분에 따른 조도 이상을 밝히는 영구으로 설치된 전기조명이 있어야 한다.
   ① 작업공간의 바닥 면: 200 lx
   ② 작업공간 간 이동 공간의 바닥 면: 50 lx

5) 피트, 기계실·기계류 공간 및 풀리실의 전기설비
   ① 피트 깊이가 경우 1.6 m 미만인 경우 정지 스위치 :
      – 최하층 승강장 바닥에서 수직 위로 0.4 m 이내 및 피트 바닥에서 수직 위로 2 m 이내
      – 승강장문 안쪽 문틀에서 수평으로 0.75 m 이내
   ② 피트 깊이가 1.6 m 이상인 경우 정지스위치 : 2개의 정지스위치는 다음 구분에 따른 위치에 각각 있어야 한다.
      – 상부 정지스위치 : 최하층 승강장 바닥에서 수직 위로 1 m 이내 및 승강장문 안쪽 문틀에서 수평으로 0.75 m 이내
      – 하부 정지스위치: 피트 바닥에서 수직 위로 1.2 m 이내 및 피난 공간에서 조작이 가능한 위치
   ③ 승강장문을 제외한 피트 출입문이 있는 경우에는 정지스위치가 그 출입문 안쪽 문

틀에서 수평으로 0.75 m 이내 및 피트 바닥에서 수직 위로 1.2 m 이내에 있어야 한다.

④ 피트에 출입할 수 있는 승강장문이 같은 층에 2개가 있는 경우, 하나의 승강장문이 피트 출입문으로 지정되어야 하고, 출입을 위한 설비가 설치되어야 한다.
(정지스위치는 점검운전 조작반에 설치될 수 있다.)

⑤ 피난 공간에서 0.3 m 떨어진 범위 이내에서 조작할 수 있는 영구적으로 설치된 점검운전 조작반

⑥ 작업구역마다 1개 이상의 콘센트(2P+PE, 250V)

⑦ 피트 출입문 안쪽 문틀에서 수평으로 0.75 m 이내 및 피트 출입층 바닥 위로 1 m 이내에 설치된 승강로 조명의 점멸수단

⑧ 승강로에 갇힌 사람이 빠져나올 방법이 없는 경우, 이러한 위험이 존재하는 장소(피트, 승강로 내부 작업구역, 카 상부 등)에는 피난공간에서 조작할 수 있는 비상통화장치가 설치되어야 한다.

6) 벽, 바닥 및 천장의 강도

① 승강로 벽은 0.3 m×0.3 m 면적의 원형이나 사각의 단면에 1,000 N의 힘을 균등하게 분산하여 벽의 어느 지점에 가할 때 다음과 같은 기계적 강도를 가져야 한다.
㉮ 1 mm를 초과하는 영구적인 변형이 없어야 한다.
㉯ 15 mm를 초과하는 탄성 변형이 없어야 한다.

② 평면·성형 유리판은 KS L 2004에 적합한 접합유리로 만들어져야 한다.
유리판 및 그 고정설비는 0.3 m×0.3 m 면적의 원형이나 사각의 단면에 벽내부 및 외부의 어느 지점마다 정적인 힘 1,000 N에 대하여 영구 변형 없이 견딜 수 있어야 한다.

7) 전기식 엘리베이터 피트 바닥의 수직력

① 피트 바닥은 전 부하 상태의 카가 완충기에 작용하였을 때 카 완충기 지지대 아래에 부과되는 정하중의 4배를 지지할 수 있어야 한다.

$$F = 4 \cdot g_n \cdot (P + Q)$$

여기서, F : 전체 수직력(N)
g_n : 중력 가속도(9.81 m/s^2)
P : 카 자중과 이동케이블, 보상 로프/체인 등 카에 의해 지지되는 부품의 중량(kg)
Q : 정격하중(kg)

② 피트 바닥은 균형추가 완충기에 작용하였을 때 균형추 완충기 지지대 아래에 부과

되는 정하중의 4배를 지지할 수 있어야 한다.

$$F = 4 \cdot g_n \cdot (P + q \cdot Q)$$

여기서, F : 전체 수직력(N)
g_n : 중력 가속도(9.81 m/s²)
P : 카 자중 및 이동케이블, 보상 로프/체인 등 카에 의해 지지되는 부품의 중량(kg)
Q : 정격하중(kg)
q : 균형추에 의해 보상되는 밸런스율

8) 유압식 엘리베이터 피트 바닥의 수직력
① 에너지 축적형 완충기가 적용된 멈춤 쇠 장치

$$F = \frac{3 \cdot g_n \cdot (P + Q)}{n}$$

② 에너지 분산형 완충기가 적용된 멈춤 쇠 장치

$$F = \frac{2 \cdot g_n \cdot (P + Q)}{n}$$

여기서, F : 멈춤 쇠 장치가 작동하는 동안에 고정 정지위치에 작용하는 전체 수직력(N)
g_n : 중력 가속도(9.81 m/s²)
n : 멈춤 쇠 장치 수
P : 카 자중 및 이동케이블, 보상 로프/체인 등 카에 의해 지지되는 부품의 중량(kg)
Q : 정격하중(kg)

9) 벽, 바닥 및 천장의 재질
① 기계실은 당해 건축물의 다른 부분과 내화구조 또는 방화구조로 구획하고, 기계실의 내장은 준불연재료 이상으로 마감되어야 한다.
② 다만, 기계실 벽면이 외기에 직접 접하는 등 「건축법」 등 관련 법령에 따른 건축물 구조상 내화구조 또는 방화구조로 구획할 필요가 없는 경우에는 불연재료를 사용하여 구획할 수 있다.

(2) 승강로, 기계실·기계류 공간 및 풀리실 접근 및 출입

1) 승강로, 기계실·기계류 공간, 풀리실의 출입문에 인접한 접근 통로는 50 lx 이상의 조도

를 갖는 영구적으로 설치된 전기 조명에 의해 비춰야 한다.

2) 피트 출입수단은 다음 구분에 따른 수단으로 구성되어야 한다.
① 피트 깊이가 2.5 m를 초과하는 경우: 피트 출입문
② 피트 깊이가 2.5 m 이하인 경우 : 피트 출입문 또는 승강장문에서 쉽게 접근할 수 있는 승강로 내부의 사다리

3) 피트 사다리의 일반사항
① 피트사다리의 강도 : 1500 N 이상
② 발판의 유효폭 : 280 mm 이상

(3) 출입문 및 비상문 - 점검문

1) 연속되는 상·하 승강장문의 문턱간 거리가 11 m를 초과한 경우에는 다음 중 어느 하나의 조건에 적합해야 한다.
① 중간에 비상문이 있어야 한다.
② 하나의 승강로에 2개 이상의 엘리베이터가 있는경우 비상구출문이 각각 있어야 한다.(카 간 수평거리 1 m 이내)

2) 출입문, 비상문 및 점검문의 치수는 다음과 같아야 한다. 다만, 라)의 경우에는 문을 통해 필요한 유지관리 업무를 수행하는데 충분한 크기이어야 한다.
① 기계실, 승강로 및 피트 출입문: 높이 1.8 m 이상, 폭 0.7 m 이상
다만, 주택용 엘리베이터의 경우 기계실 출입문은 폭 0.6 m 이상, 높이 0.6 m 이상으로 할 수 있다.
② 풀리실 출입문: 높이 1.4 m 이상, 폭 0.6 m 이상
③ 비상문: 높이 1.8 m 이상, 폭 0.5 m 이상
④ 점검문: 높이 0.5 m 이하, 폭 0.5 m 이하

3) 출입문, 비상문 및 점검문은 다음과 같아야 한다.
① 승강로, 기계실·기계류 공간 또는 풀리실 내부로 열리지 않아야 한다.
② 열쇠로 조작되는 잠금장치가 있어야 하며, 그 잠금장치는 열쇠 없이 다시 닫히고 잠길 수 있어야 한다.
③ 기계실·기계류 공간 또는 풀리실 내부에서는 문이 잠겨 있더라도 열쇠를 사용하지 않고 열릴 수 있어야 한다.
④ 문 닫힘을 확인하는 전기안전장치가 있어야 한다. 다만, 기계실 출입문, 풀리실 출입문 및 피트 출입문(위험이 없는 경우에 한정)의 경우에는 전기안전장치가 요구되지 않는다.

위험이 없는 경우라 함은 정상운행 중인 엘리베이터의 가이드 슈/롤러, 에이프런 등을 포함한 카, 균형추 또는 평형추의 최하부와 피트 바닥 사이의 수직거리가 2 m 이상인 경우를 말한다.

이동케이블, 보상 로프/체인과 그 관련 설비, 과속조절기 인장 풀리 및 이와 유사한 설비는 위험하지 않은 것으로 본다.

⑤ 구멍이 없어야 하고, 관련 법령에 따라 방화등급이 요구되는 경우에는 그 기준에 적합해야 한다.

⑥ 수직면의 기계적 강도는 0.3 m×0.3 m 면적의 원형이나 사각의 단면에 1,000 N 의 힘을 균등하게 분산하여 어느 지점에 수직으로 가할 때 15 mm를 초과하는 탄성 변형이 없어야 한다.

(4) 승강로

1) 일반사항

   ① 승강로에는 1대 이상의 엘리베이터 카가 있을 수 있다.
   ② 엘리베이터의 균형추 또는 평형추는 카와 동일한 승강로에 있어야 한다.
   ③ 승강로 내에 설치되는 돌출물은 안전상 지장이 없어야 한다.
   ④ 승강로 내에는 각 층을 나타내는 표기가 있어야 한다.
   ⑤ 승강로는 누수가 없고 청결상태가 유지되는 구조이어야 한다.
   ⑥ 유압식 엘리베이터의 잭은 카와 동일한 승강로 내에 있어야 하며, 지면 또는 다른 장소로 연장될 수 있다.

2) 엘리베이터 승강로의 구획은 엘리베이터는 다음 구분 중 어느 하나에 의해 주위와 구분되어야 한다.

   ① 불연재료 또는 내화구조의 벽, 바닥 및 천장
   ② 충분한 공간

3) 밀폐식 승강로는 구멍이 없는 벽, 바닥 및 천장으로 완전히 둘러싸인 구조이어야 한다. 다만, 다음과 같은 개구부는 허용된다.

   ① 승강장문을 설치하기 위한 개구부
   ② 승강로의 비상문 및 점검문을 설치하기 위한 개구부
   ③ 화재 시 가스 및 연기의 배출을 위한 통풍구
   ④ 환기구
   ⑤ 엘리베이터 운행을 위해 필요한 기계실 또는 풀리실과 승강로 사이의 개구부

4) 반-밀폐식 승강로는 내화구조 또는 방화구조가 요구되지 않는 승강로(갤러리, 중앙 홀, 타워 등에 설치된 엘리베이터의 승강로 또는 외기에 접하는 승강로 등)는 다음과 같아야 한다.

① 사람이 일반적으로 접근할 수 있는 곳의 승강로 벽은 아래와 같은 상황에 처한 사람이 충분히 보호될 수 있는 높이이어야 한다.

② 높이는 그림 1 및 그림 2에 적합하고, 다음과 같아야 한다.

㉮ 승강장문 측: 3.5 m 이상

㉯ 다른 측면 및 움직이는 부품까지의 수평거리가 0.5 m 이하인 장소: 2.5 m 이상
움직이는 부품까지의 거리가 0.5 m를 초과하는 경우에는 2.5 m의 값을 순차적으로 줄일 수 있으며, 2 m의 거리에서는 최소 1.1 m까지 줄일 수 있다.

③ 승강로 벽은 구멍이 없어야 한다.

④ 승강로 벽은 복도, 계단 또는 플랫폼의 가장자리로부터 최대 0.15 m 이내(그림 1 참조)에 있어야 한다.

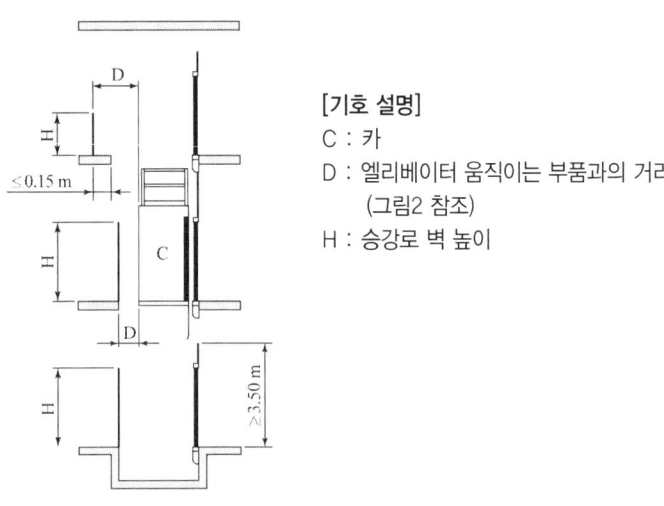

그림 1. 반-밀폐식 승강로

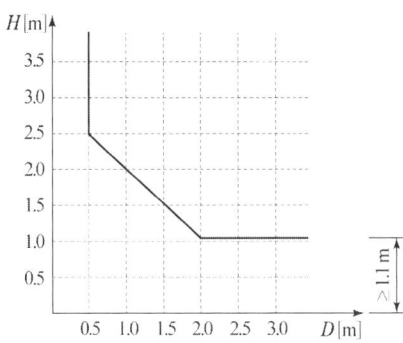

그림 2. 반 밀폐식 승강로-거리

5) 카 출입구와 마주하는 승강로 벽 및 승강장문의 구조
  ① 승강로 내측과 카 문턱, 카 문틀 또는 카문의 닫히는 모서리 사이의 수평거리는 승강로 전체 높이에 걸쳐 0.15 m 이하이어야 한다.(그림 3 참조)
  ② 0.15 m 이하의 수평거리는 각각의 조건에 따라 다음과 같이 적용될 수 있다.
    ㉮ 함몰부분의 수직높이가 0.5 m 이하인 경우 수평거리는 0.20 m까지 연장될 수 있다. 이러한 함몰부분은 연속된 두 개의 승강장문 사이에 1개를 초과할 수 없다.
    ㉯ 수직 개폐식 승강장문인 엘리베이터(화물용 엘리베이터, 자동차용 엘리베이터 등)의 경우에는 전체 주행로에 걸쳐 수평거리가 0.20 m 까지 연장될 수 있다.
    ㉰ 잠금해제구간에서만 열리는 기계적 잠금장치가 카문에 있는 경우에는 수평거리를 제한하지 않는다.(카문 잠금장치)
  ③ 각 승강장문의 문턱 아랫부분은 다음과 같아야 한다.
    ㉮ 수직면은 승강장문의 문턱에 직접 연결되어야 하며, 수직면의 폭은 카 출입구 폭에다 양쪽 모두 25 mm를 더한 값 이상이어야 하고, 수직면의 높이는 잠금해제구간의 1/2에 50 mm를 더한 값 이상이어야 한다.
    ㉯ 수직면의 표면은 연속적이며 매끈하고 견고한 재질(금속판 등)이어야 한다. 또한, 수직면의 기계적 강도는 5 cm^2 면적의 원형 또는 정사각형 모양의 어느 지점마다 수직으로 300 N의 힘을 균등하게 분산하여 가할 때 다음과 같아야 한다.
      – 영구적인 변형이 없어야 한다.
      – 15 mm를 초과하는 탄성변형이 없어야 한다.
    ㉰ 5 mm를 초과하는 돌출물은 없어야 하며, 2 mm를 초과하는 돌출물은 수평면에 대해 75° 이상으로 모따기가 되어야 한다.

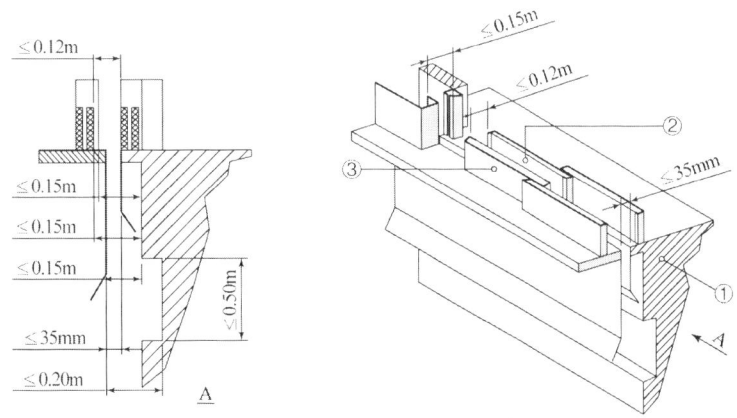

그림 3. 카와 카 출입구를 마주하는 벽 사이의 틈새

㉔ 추가로, 다음 중 어느 하나에 적합해야 한다.
- 수직면은 연속되는 다음 문의 상인방에 연결되어야 한다.
- 수평면에 60° 이상으로 견고하고 매끄럽게 모따기 된 수직면을 사용하여 아랫 방향으로 연장되어야 하며, 수평면에 대한 모따기의 투영은 20 mm 이상이어야 한다.

6) 승강로 하부에 위치한 공간의 보호

승강로 하부에 접근할 수 있는 공간이 있는 경우, 피트의 기초는 5,000 N/m² 이상의 부하가 걸리는 것으로 설계되어야 하고, 균형추 또는 평형추에 추락방지안전장치가 설치되어야 한다.

7) 승강로 내에서 보호

① 균형추 또는 평형추의 주행구간은 다음 사항에 적합한 칸막이로 보호되어야 한다.
 ㉮ 칸막이는 완전히 압축된 완충기 위에 있는 균형추 또는 가장 낮은 지점에 있는 평형추의 끝단에서부터 위로 연장되어야 하며, 그 연장 높이는 피트바닥으로부터 2 m 이상이어야 한다.
 ㉯ 칸막이의 가장 낮은 부분은 피트 바닥에서 위로 0.3 m 이하(보상 로프·체인 간섭 등 부득이한 경우에는 완충기의 최저 이동높이 이하)이어야 한다.
 ㉰ 칸막이의 폭은 균형추 또는 평형추의 폭 이상이어야 한다.
 ㉱ 균형추/평형추 주행안내 레일과 승강로 벽 사이의 틈새가 0.3 m를 초과하는 경우에는 ㉮ 및 ㉯에 따라 보호되어야 한다.
 ㉲ 칸막이의 기계적 강도는 5 cm² 면적의 원형 또는 정사각형 모양의 어느 지점마다 수직으로 300 N의 힘을 균등하게 분산하여 가할 때 균형추 또는 평형추에 충돌되지 않아야 한다.
 ㉳ 카 및 카의 관련 부품은 균형추/평형추 및 이와 관련한 부품으로부터 50 mm 이상 떨어진 거리에 있어야 한다.

② 여러 대의 엘리베이터가 있는 승강로에는 서로 다른 엘리베이터의 움직이는 부품들 사이에 칸막이가 있어야 한다.

③ 칸막이는 피트 바닥에서 0.3 m 이내부터 최하층 승강장 바닥에서 위로 2.5 m 이상까지 설치되어야 한다.

④ 칸막이는 보호난간의 내측 모서리와 인접한 엘리베이터의 움직이는 부품(카, 균형추 또는 평형추) 사이의 수평거리가 0.5 m 미만인 경우에는 승강로 전체 높이까지 연장되어야 한다.

⑤ 칸막이의 폭은 움직이는 부품의 폭에 양쪽 모두 각각 0.1 m를 더한 값 이상이어야 한다.

8) 카, 균형추 및 평형추의 주행구간

① 카, 균형추 및 평형추의 끝단 위치

표 1. 카, 균형추 및 평형추의 끝단 위치

위치	권상 구동	포지티브 구동	유압식 구동
카의 최고 위치	균형추가 완전히 압축된 완충기에 있을 때 $+0.035 \cdot v^2$	카가 완전히 압축된 상부 완충기에 있을 때	램이 행정 제한 수단을 통해 최종 위치에 있을 때 $+0.035 \cdot v^2$
카의 최저 위치	카가 완전히 압축된 완충기에 있을 때	카가 완전히 압축된 하부 완충기에 있을 때	카가 완전히 압축된 완충기에 있을 때
균형추/평형추의 최고 위치	카가 완전히 압축된 완충기에 있을 때 $+0.035 \cdot v^2$	카가 완전히 압축된 하부 완충기에 있을 때	카가 완전히 압축된 완충기에 있을 때 $+0.035 \cdot v^2$
균형추/평형추의 최저 위치	균형추가 완전히 압축된 완충기에 있을 때	카가 완전히 압축된 상부 완충기에 있을 때	램이 행정 제한 수단을 통해 최종 위치에 있을 때 $+0.035 \cdot v^2$

[비고] $0.035 \cdot v^2$는 정격 속도의 115 %에 상응하는 중력 정지거리의 절반을 나타낸다.
$\frac{1}{2} \cdot \frac{(1.15 \cdot v)^2}{2 \cdot g_n} = 0.0337 \cdot v^2 \rightarrow 0.035 \cdot v^2$으로 반올림한다.

② 권상 구동 엘리베이터의 주행안내 레일 길이

주행안내 레일 길이는 카 또는 균형추가 최고 위치에 있을 때 가이드 슈/롤러 위로 각각 0.1 m 이상 연장되어야 한다.

③ 포지티브 구동 엘리베이터의 주행안내 레일 길이

㉮ 카가 상승방향으로 상부 완충기에 충돌하기 전까지 안내되는 카의 주행거리는 최상층 승강장 바닥에서부터 위로 0.5 m 이상이어야 하며, 카는 완충기 행정의 한계까지 주행되어야 한다.

주택용 엘리베이터의 경우에는 0.25 m 이상으로 완화 적용할 수 있다.

㉯ 평형추가 있는 경우, 평형추 주행안내 레일의 길이는 평형가 최고 위치에 있을 때 그 가이드 슈/롤러 위로 0.3 m 이상 안내되어야 한다.

다만, 주택용 엘리베이터의 경우에는 0.15 m 이상으로 완화 적용할 수 있다.

④ 유압식 엘리베이터의 주행안내 레일 길이는 카가 최고 위치에 있을 때 가이드 슈/롤러 위로 0.1 m 이상 안내되어야 한다.

9) 카 지붕의 피난공간 및 틈새

① 카가 최고 위치에 있을 때 표 2에 따른 피난공간을 수용할 수 있는 유효 구역이 1개 이상 카 지붕에 있어야 한다.

② 점검 등 유지관리 업무 수행을 위해 두 명 이상의 사람이 카 지붕 위에 있어야 하는 경우, 피난공간은 추가되는 사람마다 각각 제공되어야 한다.
③ 피난공간이 두 개 이상인 경우, 각 피난공간들은 같은 유형이어야 하고, 서로 간섭되지 않아야 한다.
④ 카 지붕의 피난공간 유형

표 2. 상부공간의 피난공간 크기

유형	자세	그림	피난공간 크기	
			수평 거리(m×m)	높이(m)
1	서 있는 자세		0.4 × 0.5	2
2	웅크린 자세		0.5 × 0.7	1

[기호 설명] ① 검은색 ② 노란색 ③ 검은색

10) 카가 최고 위치에 있을 때, 승강로 천장의 가장 낮은 부분(천장 아래에 있는 빔 및 부품을 포함)과 다음 구분에 따른 카 지붕의 설비 사이의 유효 거리는 다음과 같아야 한다.
① 카의 투영부분 중 다음 ②와 ③을 제외한 카 지붕에 고정된 설비 중 가장 높은 부분 : 0.5 m 이상(수직거리, 경사거리 포함)
② 카의 투영부분에서 수평거리 0.4 m 이내의 가이드 슈/롤러, 로프 단말처리부 및 수직 개폐식 문의 헤더 또는 부품의 가장 높은 부분 : 0.1 m 이상(수직거리)
③ 난간의 가장 높은 부분
  - 카의 투영 부분에서 수평거리 0.4 m 이내와 난간 외부 수평거리 0.1 m 이내 부분 : 0.3 m 이상(수직거리)
  - 카의 투영부분에서 수평거리 0.4 m 바깥 부분 : 0.5 m 이상(경사거리)

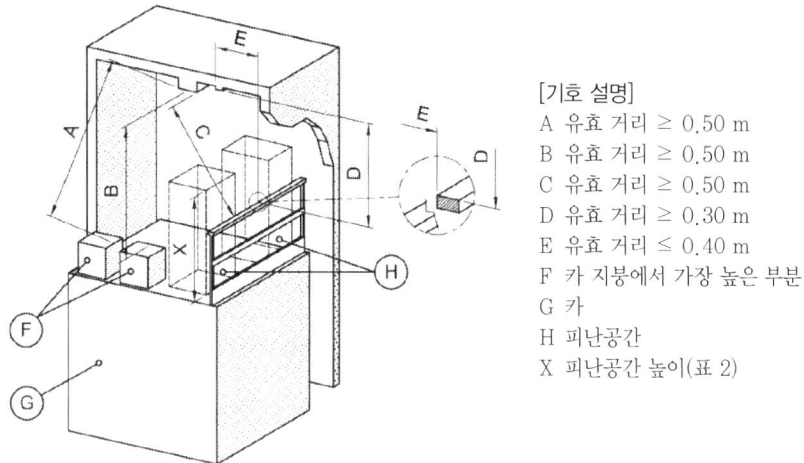

[기호 설명]
A 유효 거리 ≥ 0.50 m
B 유효 거리 ≥ 0.50 m
C 유효 거리 ≥ 0.50 m
D 유효 거리 ≥ 0.30 m
E 유효 거리 ≤ 0.40 m
F 카 지붕에서 가장 높은 부분
G 카
H 피난공간
X 피난공간 높이(표 2)

그림 4. 카 지붕에 고정된 부품과 승강로 천장에 고정된 가장 낮은 부품 사이의 최소 거리

④ 유압식 엘리베이터의 경우, 승강로 천장의 가장 낮은 부분과 상승방향으로 주행하는 램-헤드 조립체의 가장 높은 부분 사이의 유효 수직거리는 0.1 m 이상이어야 한다.

11) 피트의 피난공간 및 틈새

① 피트에는 카가 최저 위치에 있을 때, 표 3에 따른 어느 하나에 해당하는 피난공간이 1개 이상 있어야 한다.

② 다만, 주택용 엘리베이터의 경우에는 움직이는 수단에 의해 카가 이 수단에 정지하고 있을 때 피트 바닥과 카 하부의 가장 낮은 부품 사이에 0.2 m×0.2 m의 면적 및 1.8 m의 수직거리가 확보되어야 하고, 이러한 목적을 위한 장치가 승강로 내부에 영구적으로 설치되어야 하며, 이 수단이 작동 작동위치에 있을 경우 전기안전장치에 의해 카의 모든 움직임은 보호되어야 한다.

③ 점검 등 유지관리 업무를 수행하기 위해 두 명 이상의 사람이 피트에 있어야 하는 경우, 피난공간은 추가되는 사람마다 각각 제공되어야 한다.

④ 피난 공간이 두 개 이상인 경우, 그 피난공간들은 같은 유형이어야 하고, 서로 간섭되지 않아야 한다.

⑤ 피난공간의 허용 가능 인원 및 자세 유형(표 3)이 명확하게 표시된 표지가 피트에 있어야 하고, 그 표지는 피트 출입구에서 읽을 수 있는 위치에 있어야 한다.

표 3. 피트의 피난공간 크기

유형	자세	그림	피난공간 크기	
			수평 거리(m×m)	높이(m)
1	서 있는 자세		0.4 × 0.5	2
2	웅크린 자세		0.5 × 0.7	1
3	누운 자세		0.7 × 1	0.5

[기호 설명] ① 검은색 ② 노란색 ③ 검은색

12) 카가 최저 위치에 있을 때, 다음과 같아야 한다.
  ① 피트 바닥과 카의 가장 낮은 부분 사이의 유효 수직거리는 0.5 m 이상이어야 한다. 다만, 다음과 같은 경우에는 유효 수직거리를 해당 수치까지 줄일 수 있다.
    ㉮ 인접한 벽에서 수평거리 0.15 m 이내에 에이프런 또는 수직 개폐식 문의 어느 부분이 있는 경우: 0.1 m까지
    ㉯ 주행안내 레일에서 그림 6 및 그림 7에 따른 최대 수평거리 이내에 카 프레임 부분, 추락방지안전장치, 가이드 슈/롤러, 멈춤 쇠 장치가 있는 경우: 그림 5 및 그림 6에 따른 최소 유효 수직거리까지
  ② 피트에 고정된 가장 높은 부분(보상 로프 인장장치의 가장 높은 부분, 잭 지지대·파이프 및 그 부속품 등)과 카의 가장 낮은 부분사이의 유효 수직거리는 0.3 m 이상이어야 한다.
  ③ 유압식엘리베이터의 경우, 피트 바닥 또는 피트 바닥에 설치된 설비의 가장 높은 부분과 역방향 잭의 하강방향으로 주행하는 램-헤드 조립체의 가장 낮은 부분 사이의 유효 수직거리는 0.5 m 이상이어야 한다. 다만, 6.5.5.1에 따른 칸막이 등에 의해 램-헤드 조립체 아래에 접근이 불가능한 경우, 이 수직거리는 0.5 m에서 0.1 m까지 감소될 수 있다.
  ④ 피트 바닥과 직접 유압식 엘리베이터의 카 아래에 있는 다단 잭의 가장 낮은 가이드 이음쇠 사이의 유효 수직거리는 0.5 m 이상이어야 한다.

⑤ 주택용 엘리베이터의 경우 카가 완전히 압축된 완충기 위에 있을 때 피트 바닥과 카의 가장 낮은 부품(에이프런 등) 사이의 수직거리는 0.05 m 이상이어야 한다.

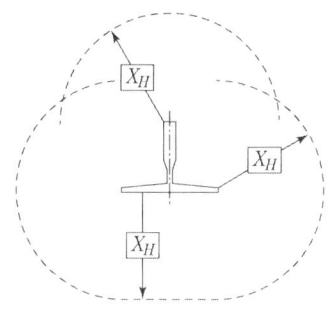

그림 5. 주행안내 레일 주변의 수평 거리 X_H

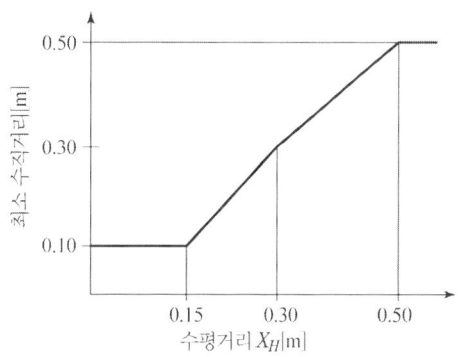

그림 6. 카 프레임 부분, 추락방지안전장치, 가이드 슈/롤러, 멈춤 쇠 장치의 최소 수직 거리

(5) 기계실·기계류 공간 및 풀리실

1) 기계실
   ① 작업구역의 유효 높이는 2.1 m 이상이어야 한다.
   ② 제어반 및 캐비닛 전면의 유효 수평면적은 다음과 같아야 한다.
      ㉮ 깊이는 외함 표면에서 측정하여 0.7 m 이상이어야 한다.
      ㉯ 폭은 다음 구분에 따른 수치 이상이어야 한다.
         - 제어반 폭이 0.5 m 미만인 경우: 0.5 m
         - 제어반 폭이 0.5 m 이상인 경우: 제어반 폭
   ③ 움직이는 부품의 점검 및 유지관리 업무 수행이 필요한 곳에 0.5 m × 0.6 m 이상의 작업구역이 있어야 한다.
   ④ 작업구역간 이동통로의 유효 높이(바닥에서 천장의 가장 낮은 충돌점 사이)는 1.8 m 이상 이어야 한다.

⑤ 작업구역 간 이동통로의 유효 폭은 0.5 m 이상이어야 한다. 다만, 움직이는 부품이나 고온의 표면이 없는 경우에는 0.4 m까지 감소될 수 있다.

⑥ 보호되지 않은 회전부품 위로 0.3 m 이상의 유효 수직거리가 있어야 한다.

⑦ 기계실 바닥에 0.5 m를 초과하는 단차가 있는 경우, 6.2.5에 따른 고정된 사다리 또는 보호난간이 있는 계단이나 발판이 있어야 한다.

2) 승강로 내부의 기계류 공간(MRL)

① 승강로 내부의 작업구역 간 이동 통로의 유효 높이는 1.8 m 이상이어야 한다.

② 작업구역의 유효 높이는 2.1 m 이상이어야 한다.

③ 제어반 및 캐비닛 전면의 유효 수평공간은 다음과 같아야 한다.

㉮ 깊이는 외함 표면에서 측정하여 0.7 m 이상이어야 한다.

㉯ 폭은 다음 구분에 따른 수치 이상이어야 한다.
  - 제어반 폭이 0.5 m 미만인 경우 : 0.5 m
  - 제어반 폭이 0.5 m 이상인 경우 : 제어반 폭

④ 움직이는 부품의 점검 및 유지관리 업무 수행이 필요한 곳에 0.5 m×0.6 m 이상의 작업구역이 있어야 한다.

⑤ 보호되지 않은 회전부품 위로 0.3 m 이상의 유효 수직거리가 있어야 한다.

3) 승강로 외부의 기계류 공간

① 엘리베이터의 기계류는 엘리베이터 전용 공간 내부에 위치되어야 한다. 이 공간에는 엘리베이터 용도 이외의 덕트, 전선 또는 장치 등이 포함되지 않아야 한다.

② 기계류 공간은 구멍이 없는 벽, 바닥, 지붕 및 문으로 구성되어야 한다. 다음과 같은 개구부는 허용된다.

㉮ 환기구

㉯ 엘리베이터 운행을 위해 필요한 승강로와 기계류 공간 사이의 개구부

㉰ 화재 시 가스 및 연기의 배출을 위한 통풍구

4) 비상운전 및 작동시험을 위한 장치

① 비상운전 및 작동시험에 필요한 장치는 엘리베이터의 모든 비상운전 및 작동시험(권상능력, 추락방지안전장치, 완충기, 상승과속방지수단, 개문출발방지수단, 럽처밸브, 유량제한기, 멈춤쇠 장치, 완충형 정지수단 및 압력장치)을 승강로 외부에서 수행하기에 적합한 패널에 제공되어야 한다.

② 비상운전 및 작동시험을 위한 장치가 기계류 공간 내에 보호되지 않는 경우 다음과 같은 적절한 덮개로 둘러쌓아야 한다.

㉮ 승강로 내부 방향으로 열리지 않아야 한다.

㉯ 열쇠로 조작되는 잠금장치가 있어야 하며, 그 잠금장치는 열쇠 없이 다시 닫히고 잠길 수 있어야 한다.
　③ 패널에는 다음과 같은 장치 또는 설비가 있어야 한다.
　　　㉮ 비상통화장치와 함께 비상운전을 위한 작동장치
　　　㉯ 작동시험을 수행하기 위한 제어 설비
　　　㉰ 다음과 같은 내용을 표시하는 구동기의 방향 감시장치 또는 표시장치
　　　　　− 카 움직임의 방향
　　　　　− 잠금해제구간의 도착
　　　　　− 카의 속도
　④ 패널에 있는 장치에서 측정하여 조도 200 lx 이상으로 비추는 전기조명이 영구적으로 설치되어야 한다.

5) 풀리실의 구조 및
　① 움직일 수 있는 유효 높이는 1.5 m 이상이어야 한다.
　② 움직이는 부품의 점검 및 유지관리 업무 수행이 필요한 곳에 0.5 m × 0.6 m 이상의 유효 수평 면적이 있어야 한다. 이 수평 유효 면적에 접근하는 통로의 유효 폭은 0.5 m 이상이어야 한다.
　③ 보호되지 않은 회전부품 위에서 0.3 m 이상의 유효 수직거리가 있어야 한다.

(6) 승강장문 및 카문

1) 일반사항
　① 카에 정상적으로 출입할 수 있는 승강로 개구부에는 승강장문이 제공되어야 하고, 카에 출입은 카문을 통해야 한다.
　② 2개 이상의 카문이 있는 경우, 어떠한 경우라도 2개의 문이 동시에 열리지 않아야 한다.
　③ 승강장문 및 카문에는 구멍이 없어야 한다.
　④ 승강장문 및 카문이 닫혀 있을 때, 문짝 간 틈새나 문짝과 문틀(측면) 또는 문턱 사이의 틈새는 6 mm 이하이어야 하며, 관련 부품이 마모된 경우에는 10 mm까지 허용될 수 있다. 유리로 만든 문은 제외한다.
　⑤ 수직 개폐식 승강장문 및 카문의 경우에는 상기 틈새를 10 mm까지 허용될 수 있으며, 관련부품이 마모된 경우에는 14 mm까지 허용될 수 있다.

2) 출입문의 높이 및 폭
　① 승강장문 및 카문의 출입구 유효 높이는 2 m 이상이어야 한다. 주택용 엘리베이터의 경우에는 1.8 m 이상으로 할 수 있으며, 자동차용 엘리베이터의 경우에는 제외

한다.
② 승강장문의 출입구 유효 폭은 카 출입구 폭 이상으로 하되, 카 출입구 폭보다 50 mm를 초과하지 않아야 한다.

3) 수직 개폐식 승강장문
① 수직 개폐식 승강장문 및 카문의 문짝은 2개의 독립된 현수 부품에 의해 고정되어야 한다.
② 현수 로프·체인 및 벨트의 안전율은 8 이상으로 설계되어야 한다.
③ 현수 로프 풀리의 피치 직경은 로프 직경의 25배 이상이어야 한다.

4) 카문의 문턱과 승강장문의 문턱 사이의 수평 거리는 35 mm 이하이어야 한다.
   ※ 장애인용은 30 mm 이하

5) 승강장문과 카문 전체가 정상 작동하는 동안, 카문의 앞 부분과 승강장문 사이의 수평 거리는 0.12 m 이하이어야 한다.

6) 승강장문 및 카문의 강도
① 잠금장치가 있는 승강장문 및 카문은 승강장문이 잠긴 상태 및 카문이 닫힌 상태에서 다음과 같은 기계적 강도를 가져야 한다.
   ㉮ 문짝/문틀에 대해 5 cm^2 면적의 원형 또는 정사각형 모양의 어느 지점마다 수직으로 300 N의 정적인 힘을 균등하게 분산하여 가할 때 다음과 같아야 하며, 시험 후에는 문의 안전성 및 성능에 영향을 받지 않아야 한다.
     - 1 mm를 초과하는 영구적인 변형이 없어야 한다.
     - 15 mm를 초과하는 탄성변형이 없어야 한다.
   ㉯ 승강장문의 문짝/문틀(승강장 측) 및 카문의 문짝/문틀(카 내부 측)에 대해 100 cm^2 면적의 원형 또는 정사각형 모양의 어느 지점마다 수직으로 1,000 N의 정적인 힘을 균등하게 분산하여 가할 때 안전성 및 성능에 영향을 주는 중대한 영구변형이 없어야 한다.
② 수평 개폐식 문 및 접이식 문의 선행 문짝을 열리는 방향으로 가장 취약한 지점에 장비를 사용하지 않고 손으로 150 N의 힘을 가할 때, 틈새 6 mm를 초과할 수 있으나 다음 구분에 따른 틈새를 초과할 수 없다.
   ㉮ 측면 개폐식 문 : 30 mm
   ㉯ 중앙 개폐식 문 : 45 mm
③ 유리가 있는 문/문틀은 KS L 2004에 따른 접합유리가 사용되어야 한다.

7) 수평 개폐 자동 동력 작동식 문 작동에 관한 보호
① 승강장문 또는 카문과 문에 견고하게 연결된 기계적인 부품들의 운동에너지는 평균

닫힘 속도로 계산되거나 측정했을 때 10 J 이하이어야 한다.

※ 수평 개폐식 문의 평균 닫힘 속도는 다음 구분에 따른 구간을 제외하고 문의 전체 작동구간에 걸쳐 계산된다.

㉮ 중앙 개폐식 문: 각 작동구간의 끝에서 25 mm

㉯ 측면 개폐식 문: 각 작동구간의 끝에서 50 mm

② 문이 닫히는 중에 사람이 출입구를 통과하는 경우 자동으로 문이 열리는 장치가 있어야 한다.(문닫힘 안전장치)

③ 문닫힘 안전장치는 문이 닫히는 마지막 20 mm 구간에서 무효화 될 수 있다.

④ 문닫힘 안전장치(멀티빔 등)는 카문 문턱 위로 최소 25 mm와 1,600 mm 사이의 구간에 걸쳐 감지할 수 있어야 한다.

⑤ 문닫힘 안전장치는 최소 50 mm의 물체를 감지할 수 있어야 한다.

⑥ 문닫힘 안전장치는 문 닫힘을 지속적으로 방해받는 것을 방지하기 위해 미리 설정된 시간이 지나면 무효화될 수 있다.

⑦ 문닫힘 안전장치는 고장나거나 무효화된 경우, 엘리베이터를 운행하려면 음향신호장치는 문이 닫힐 때마다 작동되고, 문의 운동에너지는 4 J 이하이어야 한다.

비고) 이 장치는 카문 또는 승강장문에 각각 있을 수 있고, 어느 하나에만 있을 수 있으며, 이 장치가 작동되면 승강장문과 카문이 동시에 열려야 한다.

⑧ 문이 닫히는 것을 막는데 필요한 힘은 문이 닫히기 시작하는 1/3 구간을 제외하고 150 N을 초과하지 않아야 한다.

⑨ 접이식 문이 열리는 것을 막는데 필요한 힘은 150 N을 초과하지 않아야 한다. 이 측정은 접힌 문짝의 인접한 외측 모서리나 동등한 곳(문틀 등)이 100 mm의 거리에 있도록 문을 접은 상태에서 이루어져야 한다.

⑩ 어린이의 손이 틈새에 끼이거나 말려 들어가는 위험을 방지하기 위해 다음 중 어느 하나 이상을 적용해야 한다.

㉮ 문턱 위로 최소 1.6 m까지의 문짝 간 틈새 또는 문짝과 문틀 사이의 틈새는 5 mm(유리문 4 mm) 이하이어야 한다. 또한 관련 부품이 마모된 경우에는 6 mm (유리문 5 mm)까지 허용한다.

㉯ 문턱 위로 최소 1.6 m까지의 구간에 손가락이 있는 것을 감지하고 열림 방향의 문 움직임을 정지시키는 손가락감지수단

8) 수평 개폐 반자동 동력 작동식 문 작동에 관한 보호

버튼을 지속적으로 누르고 있거나 이와 유사한 방법(hold-to-run control)으로 이용자의 지속적인 관리 아래에서 문이 닫히는 경우, 측정된 운동에너지가 10J을 초과할 때 가장 빠른 문짝의 평균 닫힘 속도는 0.3 m/s로 제한되어야 한다.

9) 수직 개폐 동력 작동식 문 작동에 관한 보호
   ① 수직 개폐식 문은 화물용 엘리베이터와 자동차용 엘리베이터에만 사용되어야 한다.
   ② 문짝의 평균 닫힘 속도는 0.3 m/s 이하이어야 한다.
10) 승강장문 근처의 승강장에 있는 자연조명 또는 인공조명은 카 조명이 꺼지더라도 이용자가 엘리베이터에 탑승하기 위해 승강장문이 열릴 때 미리 앞을 볼 수 있도록 바닥에서 50 lx 이상이어야 한다.
11) 닫히고 잠긴 승강장문의 확인
   ① 엘리베이터의 정상 운행 중, 카가 문의 잠금해제구간에 정지하고 있지 않거나 정지 시점이 아닌 경우 승강장문(또는 여러 문짝이 있는 경우 어떤 문짝이라도)의 개방은 가능하지 않아야 한다.
   ② 잠금해제구간은 승강장 바닥의 위·아래로 각각 0.2 m를 초과하여 연장되지 않아야 한다. 다만, 기계적으로 작동되는 승강장문과 카문이 동시에 작동되는 경우에는 잠금해제구간을 승강장 바닥의 위·아래로 각각 0.35 m까지 연장할 수 있다.
12) 승강장문 잠금장치
   ① 전기안전장치는 잠금 부품이 7 mm 이상 물리지 않으면 작동되지 않아야 한다. (그림 7 참조)

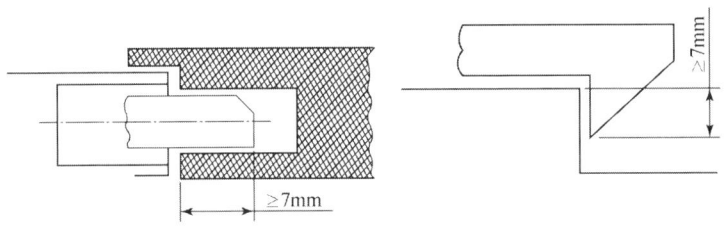

그림 7. 잠금 부품의 예시

   ② 잠금 부품의 결합은 문이 열리는 방향으로 300 N의 힘을 가할 때 잠금 효과를 감소시키지 않는 방식으로 이루어져야 한다.
   ③ 승강장문 잠금장치는 잠겨있는 승강장에서 문이 열리는 방향으로 다음과 같은 힘을 가할 때 안전에 악영향을 미칠 수 있는 영구적인 변형이나 파손 없이 견뎌야 한다.
      ㉮ 개폐식 문: 1,000 N
      ㉯ 경첩이 달린 문(잠금 핀): 3,000 N

④ 잠금 작용은 중력, 영구자석 또는 스프링에 의해 이루어지고 유지되어야 한다.

13) 승강장문 잠금장치

① 각 승강장문은 그림 8에 따른 구멍에 적합한 비상잠금해제 삼각열쇠를 사용하여 외부에서 잠금 해제될 수 있어야 한다.

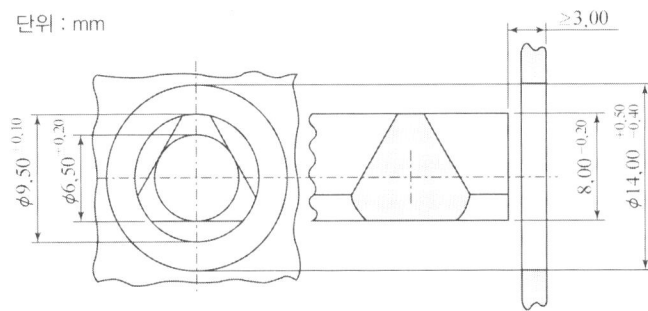

그림 8. 비상잠금해제를 위한 삼각열쇠 구멍

② 비상잠금해제 삼각열쇠 구멍은 승강장문의 문짝 또는 문틀에 있어야 하고, 문짝 및 문틀의 수직면에 있는 경우 승강장 바닥 위로 높이 2 m 이하에 위치되어야 한다.

③ 잠금해제 삼각열쇠 구멍이 문틀에 있고 수평면에 대해 아랫방향으로 향하는 경우, 그 구멍의 최대 높이는 승강장 바닥에서 2.7 m 이하이어야 하고 비상잠금해제 삼각 열쇠의 길이는 해당 승강장문의 높이에서 2 m를 뺀 수치 이상이어야 한다.

④ 비상해제 삼각열쇠의 길이가 0.2 m를 초과한 경우에는 특수 도구로 간주되며, 그 비상해제 삼각열쇠는 해당 엘리베이터가 설치된 장소에 비치되어 자격자가 즉시 이용할 수 있게 해야 한다.

⑤ 비상잠금해제 후, 승강장문 잠금장치는 승강장문이 닫혀있는 상태에서는 잠금해제 위치를 유지할 수 없어야 한다.

⑥ 승강장문이 카문에 의해 작동되는 경우, 카가 잠금해제구간 밖에 있을 때 어떤 이유로 승강장문이 열리더라도 승강장문의 닫힘 및 잠김을 보장하는 장치(무게추 또는 스프링 등)가 있어야 한다.(도어 클로저)

⑦ 승강장문을 통해서만 피트에 출입할 수 있는 경우, 승강장문 잠금장치는 6.2.4에 따른 사다리로부터 높이 1.8 m 이내 및 수평거리 0.8 m 이내에서 안전하게 닿을 수 있어야 하거나, 피트에 있는 사람이 승강장문의 잠금을 해제할 수 있는 장치가 영구적으로 설치되어 있어야 한다.

14) 카 문의 개방

① 엘리베이터가 어떤 이유로 인해 잠금해제구간에서 정지한다면, 다음과 같은 위치에서 손으로 승강장문 및 카문을 열 수 있어야 하고, 그 힘은 300 N을 초과하지 않아야 한다.
  ㉮ 승강장문이 비상잠금해제 삼각열쇠에 의해 잠금이 해제되었거나 카문에 의해 해제된 이후의 승강장
  ㉯ 카 내부

② 카 내부에 있는 사람에 의한 카문의 개방을 제한하기 위하여 다음과 같은 수단이 제공되어야 한다.
  ㉮ 카가 운행 중 일때, 카문의 개방은 50N 이상의 힘이 요구되어야 한다.
  ㉯ 카가 7.8.1에 따른 잠금해제구간 밖에 있을 때, 카문은 1,000 N의 힘으로 50 mm 이상 열리지 않아야 하며, 자동 동력 작동 상태에서도 문은 열리지 않아야 한다.

③ 카 문 잠금장치가 있는 엘리베이터의 경우, 카 내부에서 카문의 개방은 카가 잠금해제구간에 있을 때에만 가능해야 한다.

(7) 카

1) 카의 높이

① 카 내부의 유효 높이는 2 m 이상이어야 한다. 다만,
② 주택용 엘리베이터의 경우에는 1.8 m 이상으로 할 수 있으며, 자동차용 엘리베이터의 경우에는 제외한다.

2) 카의 유효 면적, 정격하중 및 정원

① 카의 유효면적은 과부하를 방지하기 위해 제한되어야 한다.
   표 4는 정격하중과 최대 유효 면적 사이의 관계를 나타낸다.
② 자동차용 엘리베이터의 경우 카의 유효면적은 1 ㎡ 당 150 kg으로 계산한 값 이상이어야 한다.
③ 주택용 엘리베이터의 경우 카의 유효 면적은 1.4 ㎡ 이하이어야 하고, 다음과 같이 계산되어야 한다.
  ㉮ 유효 면적이 1.1 m² 이하인 것 : 1 m² 당 195 kg으로 계산한 수치, 최소 159 kg
  ㉯ 유효 면적이 1.1 m² 초과인 것 : 1 m² 당 305 kg으로 계산한 수치

표 4. 정격하중 및 최대 카 유효 면적

정격하중, 무게 (kg)	최대 카 유효 면적 (m²)	정격 하중, 무게 (kg)	최대 카 유효 면적 (m²)
100[가]	0.37	900	2.20
180[나]	0.58	975	2.35
225	0.70	1,000	2.40
300	0.90	1,050	2.50
375	1.10	1,125	2.65
400	1.17	1,200	2.80
450	1.30	1,250	2.90
525	1.45	1,275	2.95
600	1.60	1,350	3.10
630	1.66	1,425	3.25
675	1.75	1,500	3.40
750	1.90	1,600	3.56
800	2.00	2,000	4.20
825	2.05	2,500[다]	5.00

[비고] 1. 정격하중 100[가] kg은 1인승 엘리베이터의 최소 무게
2. 정격하중 180[나] kg은 2인승 엘리베이터의 최소 무게
3. 정격하중이 2,500[다] kg을 초과한 경우, 100 kg 추가 마다 0.16 m²의 면적을 더한다.
4. 수치 사이의 중간 하중에 대한 면적은 보간법으로 계산한다.

3) 화물용 엘리베이터(자동차용 엘리베이터를 포함한다. 이하 같다)
① 화물용 엘리베이터의는 다음 조건 중 하나에 적용되어야 한다.
㉮ 운송장치의 무게를 정격하중에 포함시키는 경우
㉯ 운송장치의 무게가 다음과 같은 조건에서 정격하중과 별도로 고려되는 경우
- 카에 적재 및 하역을 할 때에만 운송 장치가 사용되고, 운송 장치가 적재된 상태로는 카가 운행되지 않아야 한다.
- 권상 및 포지티브 구동 엘리베이터의 경우 카, 카 슬링, 카 추락방지안전장치, 주행안내 레일, 브레이크, 권상 및 개문출발방지장치의 설계는 정격하중에 운송 장치의 무게를 더한 총 하중을 기반으로 해야 한다.
② 카에 하역으로 인해 카의 행정이 최대 착상 정확도를 초과한 경우, 기계적인 장치는 다음과 같이 카의 하강 움직임을 제한할 수 있어야 한다.
㉮ 착상 정확도는 20 mm를 초과하지 않아야 한다.
㉯ 기계적인 장치는 문이 열리기 전에 작동되어야 한다.

③ 화물용 엘리베이터(자동차용 엘리베이터는 제외한다)의 경우, 카 유효면적은 표 4에 따른 수치보다 클 수 있으나, 해당 정격하중은 표 5에 따른 수치를 초과할 수 없다.

표 5. 화물용 엘리베이터의 정격하중 및 최대 카 유효 면적

정격하중, 무게 (kg)	최대 카 유효 면적 (m^2)	정격 하중, 무게 (kg)	최대 카 유효 면적 (m^2)
400	1.68	975	3.52
450	1.84	1,000	3.60
525	2.08	1,050	3.72
600	2.32	1,125	3.90
630	2.42	1,200	4.08
675	2.56	1,250	4.20
750	2.80	1,275	4.26
800	2.96	1,350	4.44
825	3.04	1,425	4.62
900	3.28	1,500	4.80
		1,600[가]	5.04

[비고] 1. 정격하중이 1,600[가] kg을 초과한 경우, 100 kg 추가 마다 0.4 m^2의 면적을 더한다.
2. 수치 사이의 중간 하중에 대한 면적은 보간법으로 계산한다.
3. 계산 예시
정격하중이 6,000 kg이고, 카의 깊이가 5.6 m이고, 폭이 3.4 m 즉, 카 면적이 19.04 m^2인 유압식 화물용 엘리베이터
ⅰ) 1,600 kg = 5.04 m^2
ⅱ) 비고 1에 따라,
6,000 kg − 1,600 kg = 4,400 kg ÷ 100 kg = 44×0.40 m^2 = 17.60 m^2
ⅲ) 최대 카 유효 면적 = 5.04 m^2 + 17.60 m^2 = 22.64 m^2
⇒ 따라서, 설계된 카 면적 19.04 m^2은 최대 카 유효 면적(22.64 m^2)보다 작으므로 6,000 kg을 운송하는 데 적합하다.

4) 정원

① 정원(카에 탑승할 수 있는 승객의 최대 인원수를 말한다)은 다음 중 작은 값에서 얻어야 한다. 주택용 엘리베이터의 경우 가)에 따라 얻는다.

㉮ 다음식에서 계산된 값을 가장 가까운 정수로 버림 한 값

$$정원 = \frac{정격하중}{75}$$

⑭ 표 6에 따른 값

표 6. 엘리베이터의 정원 및 최소 카 유효 면적

정원 (인승)	최소 카 유효 면적 (m²)	정원 (인승)	최소 카 유효 면적 (m²)
1	0.28	11	1.87
2	0.49	12	2.01
3	0.60	13	2.15
4	0.79	14	2.29
5	0.98	15	2.43
6	1.17	16	2.57
7	1.31	17	2.71
8	1.45	18	2.85
9	1.59	19	2.99
10	1.73	20	3.13

[비고] 20인승을 초과한 경우, 추가 승객 1명마다 0.115 m²의 면적을 더한다.

② 카 내부에는 다음과 같은 내용이 표기되어야 한다.

⑰ 제조·수입업자의 명(법인인 경우에는 법인의 명칭을 말한다)

⑭ 승강기번호

⑮ 승강기안전인증 번호 및 표시

㉒ 정격하중(kg) 및 정원(인승)

정원은 ,"……kg / ..인승" 또는 다음과 같이 그림으로 표기되어야 한다.

예시) 정원 :　　　　　　정격하중:

③ 카 내부에 표기되는 글자 크기의 높이는 다음 구분에 따른다.

⑰ 한글, 영문 대문자 및 숫자: 10 mm 이상

⑭ 영문 소문자: 7 mm 이상

5) 카의 벽, 바닥 및 지붕

① 카는 다음과 같이 허용 가능한 개구부를 제외하고 벽, 바닥 및 지붕으로 완전히 둘러싸여야 한다.

⑰ 이용자의 정상적인 출입을 위한 출입구

⑭ 비상구출구

⑮ 환기구

② 카 추락방지안전장치가 작동될 때, 무부하 상태의 카 바닥 또는 정격하중이 균일하게 분포된 부하 상태의 카 바닥은 정상적인 위치에서 5 %를 초과하여 기울어지지 않아야 한다.

③ 카의 각 벽은 다음 구분과 같은 기계적 강도를 가져야 한다.
  ㉮ 5 cm^2 면적의 원형 또는 정사각형 모양의 어느 지점마다 수직으로 300 N의 힘을 균등하게 분산하여 카 내부에서 외부로 가할 때 다음과 같아야 한다.
    - 1 mm를 초과하는 영구적인 변형이 없어야 한다.
    - 15 mm를 초과하는 탄성변형이 없어야 한다.
  ㉯ 100 cm^2 면적의 원형 또는 정사각형 모양의 어느 지점마다 수직으로 1,000 N의 힘을 균등하게 분산하여 카 내부에서 외부로 가할 때 1 mm를 초과하는 영구적인 변형이 없어야 한다.

④ 카 벽 전체 또는 일부에 사용되는 유리는 KS L 2004에 적합한 접합유리이어야 한다.

⑤ 표 7과 같은 평면 유리로 된 카 벽의 부품들이 모든 면에서 틀에 끼여져 있는 경우, 충격시험은 필요하지 않다.

표 7. 카 벽에 사용되는 평면 유리판

유리 형식	내접원 지름	
	최대 1 m	최대 2 m
	최소 두께 (mm)	최소 두께 (mm)
강화 접합유리	8 (4 + 4 + 0.76)	10 (5 + 5 + 0.76)
접합유리	10 (5 + 5 + 0.76)	12 (6 + 6 + 0.76)

⑥ 카 바닥·벽·천장 및 카문으로 구성된 본체는 불연재료로 만들어져야 한다. 다만, 페인트 마감, 벽면에 최대 0.3 mm의 코팅(합판) 및 고정장치(조작반, 조명표시기)는 제외된다.

6) 에이프런
  ① 카 문턱에는 에이프런이 설치되어야 한다.
  ② 에이프런의 폭은 마주하는 승강장 유효 출입구의 전체 폭 이상이어야 한다.
  ③ 에이프런의 수직면은 아랫방향으로 연장되어야 하고, 하단의 모서리 부분은 수평면에 대해 승강로 방향으로 60° 이상 구부러져야 하며, 구부러진 곳의 수평면에 대한 투영 길이는 20 mm 이상이어야 한다.

④ 에이프런 표면의 돌출부(나사 등 고정 장치)는 5 mm를 초과하지 않아야 하며, 2 mm를 초과하는 돌출부는 수평면에 대해 75° 이상으로 모따기 되어야 한다.

⑤ 에이프런의 수직 부분 높이는 0.75 m 이상이어야 한다.
다만, 주택용 엘리베이터의 경우에는 0.54 m 이상이어야 한다.

⑥ 에이프런 하단의 모서리에 대해 5 cm^2 면적의 원형 또는 정사각형 모양의 어느 지점마다 수직으로 300 N의 힘을 균등하게 분산하여 승강장 측에서 가할 때 다음과 같아야 한다.
  ㉮ 1 mm를 초과하는 영구적인 변형이 없어야 한다.
  ㉯ 35 mm를 초과하는 탄성변형이 없어야 한다.

7) 비상구출문

① 카 천장에 비상구출문이 설치된 경우, 유효 개구부의 크기는 0.4 m×0.5 m 이상이어야 한다.
[비고] 공간이 허용된다면, 유효 개구부의 크기는 0.5×0.7 m가 바람직하다.

② 하나의 승강로에 2대 이상의 엘리베이터가 있는 경우, 카 벽에 비상구출문(6.3을 설치할 수 있다. 다만, 카 간의 수평거리는 1 m를 초과할 수 없다.

③ 카 벽에 설치된 비상구출문의 크기는 폭 0.4 m 이상, 높이 1.8 m 이상이어야 한다.

④ 비상구출문에는 손으로 조작할 수 있는 잠금장치가 있어야 한다.

⑤ 카 천장의 비상구출문은 카 외부에서 열쇠 없이 열려야 하고, 카 내부에서는 비상잠금해제 삼각열쇠로 열려야 한다.

⑥ 카 천장의 비상구출문은 카 내부 방향으로 열리지 않아야 한다.

⑦ 카 벽의 비상구출문은 카 외부에서 열쇠 없이 열려야 하고, 카 내부에서는 비상잠금해제 삼각열쇠로 열려야 한다.

⑧ 카 벽의 비상구출문은 카 외부방향으로 열리지 않아야 한다.

8) 카 지붕

① 카 지붕은 허용 가능 인원을 지탱할 수 있는 충분한 강도를 가져야 하고, 0.3 m×0.3 m 면적의 어느 지점에서나 최소 2,000 N의 힘을 영구 변형 없이 견딜 수 있어야 한다.

② 카 지붕의 보호난간은 다음과 같아야 한다.
  ㉮ 보호난간은 손잡이와 보호난간의 1/2 높이에 있는 중간 봉으로 구성되어야 한다.
  ㉯ 보호난간의 높이는 보호난간의 손잡이 안쪽 가장자리와 승강로 벽(그림 9 참조) 사이의 수평거리를 고려하여 다음 구분에 따른 수치 이상이어야 한다.

- 수평거리가 0.5 m 이하인 경우: 0.7 m
- 수평거리가 0.5 m를 초과한 경우: 1.1 m
- 보호난간은 카 지붕의 가장자리로부터 0.15 m 이내에 위치되어야 한다.
- 보호난간의 손잡이 바깥쪽 가장자리와 승강로의 부품(균형추 또는 평형추, 스위치, 레일, 브래킷 등) 사이의 수평거리는 0.1 m 이상이어야 한다.
- 보호난간 상부의 어느 지점마다 수직으로 1,000 N의 힘을 수평으로 가할 때, 50 mm를 초과하는 탄성 변형 없이 견딜 수 있어야 한다.

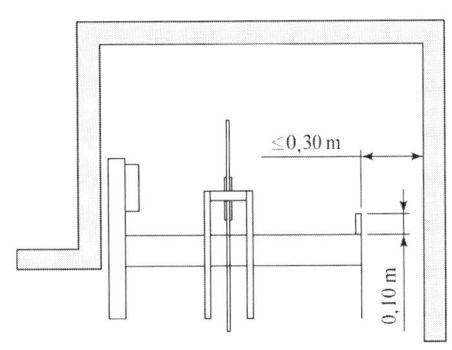
보호난간 불필요, 발보호판 높이 0.1 m 이상

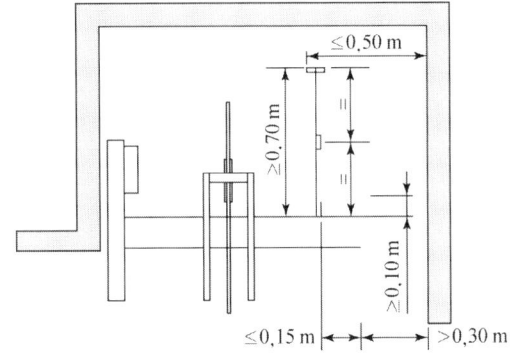
0.7 m 이상의 보호난간 필요, 발보호판 높이 0.1 m 이상

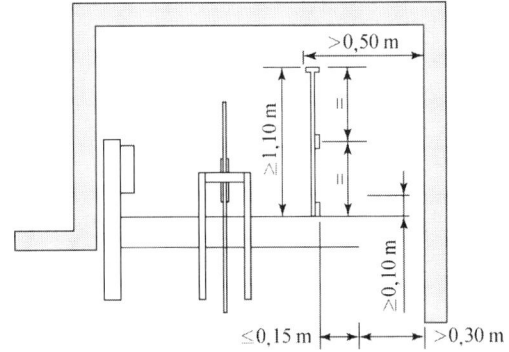
1.1 m 이상의 보호난간 필요, 발보호판 높이 0.1 m 이상

그림 9. 카 지붕 보호난간 – 높이

③ 카 지붕에 사용된 유리는 KS L 2004에 적합한 접합유리이어야 한다.

9) 카 상부의 설비
① 피난 공간에서 수평거리 0.3 m 이내의 위치에서 조작이 가능한 점검운전 조작반
② 점검 등 유지관리 업무를 수행하는 사람이 쉽게 접근할 수 있고, 출입구에서 1 m

이내에 있는 정지장치

(출입구에서 1 m 이내에 있는 이 장치는 점검운전 조작반에 위치될 수 있다.)

③ 콘센트

10) 환기

① 카에는 카의 아랫부분과 윗부분에 환기 구멍이 있어야 한다.

② 카의 아랫부분과 윗부분에 있는 환기 구멍의 유효 면적은 각각 카 유효 면적의 1 % 이상이어야 하고, 카문 주위의 틈새는 필요한 유효 면적의 50 %까지 환기 구멍의 면적 계산에 고려될 수 있다.

③ 환기 구멍은 직경 10 mm의 곧은 강철 막대 봉이 카 내부에서 카 벽을 통해 통과될 수 없는 구조이어야 한다.

11) 조명

① 카에는 카 조작반 및 카 벽에서 100 mm 이상 떨어진 카 바닥 위로 1 m 모든 지점에 100 lx 이상으로 비추는 전기조명장치가 영구적으로 설치되어야 한다.

※ 장애인용 엘리베이터 카 조명 : 150 lx 이상

② 조명장치에는 2개 이상의 등(燈)이 병렬로 연결되어야 한다.

③ 카는 문이 닫힌 채로 승강장에 정지하고 있을 때를 제외하고 계속 조명되어야 한다.

④ 카에는 자동으로 재충전되는 비상전원공급장치에 의해 5 lx 이상의 조도로 1시간 동안 전원이 공급되는 비상등이 있어야 한다.

⑤ 비상등은 다음과 같은 장소에 조명되어야 하고, 정상 조명전원이 차단되면 즉시 자동으로 점등되어야 한다.

㉮ 카 내부 및 카 지붕에 있는 비상통화장치의 작동 버튼

㉯ 카 바닥 위 1 m 지점의 카 중심부

㉰ 카 지붕 바닥 위 1 m 지점의 카 지붕 중심부

(8) 매다는 장치(현수), 보상수단 및 관련 보호수단

1) 카와 균형추 또는 평형추는 매다는 장치에 의해 매달려야 한다. 다만, 직접 유압식 엘리베이터의 경우에는 그렇지 않다.

2) 매다는 장치는 다음의 구분에 따라 적합해야 한다.

① 로프 : 공칭 직경이 8 mm 이상이어야 한다. 다만, 구동기가 승강로에 위치하고, 정격속도가 1.75 m/s 이하인 경우로서 행정안전부장관이 안전성을 확인한 경우에 한정하여 공칭 직경 6 mm의 로프가 허용된다.

② 로프 또는 체인 등의 가닥수는 2가닥 이상이어야 한다.

간접 유압식 엘리베이터의 경우에는 간접 작동 잭 당 2가닥 이상이어야 하고, 카와 평형추 사의 연결 부분에 2가닥 이상이어야 한다.

③ 매다는 장치는 독립적이어야 한다.

3) 권상 도르래 · 풀리 또는 드럼의 피치직경과 로프(벨트)의 공칭 직경 사이의 비율은 로프(벨트)의 가닥수와 관계없이 40 이상이어야 한다.

다만, 주택용 엘리베이터의 경우 30 이상이어야 한다.

※ 로프 수명과 관련

4) 매다는장치의 안전율은 다음 구분에 따른 수치 이상이어야 한다.

① 3가닥 이상의 로프(벨트)에 의해 구동되는 권상 구동 엘리베이터의 경우: 12
② 3가닥 이상의 6 mm 이상 8 mm 미만의 로프에 의해 구동되는 권상 구동 엘리베이터의 경우: 16
③ 2가닥 이상의 로프(벨트)에 의해 구동되는 권상 구동 엘리베이터의 경우: 16
④ 로프가 있는 드럼 구동 및 유압식 엘리베이터의 경우: 12
⑤ 체인에 의해 구동되는 엘리베이터의 경우: 10

5) 매다는 장치와 매다는 장치 끝부분 사이의 연결은 매다는 장치의 최소 파단하중의 80 % 이상을 견딜 수 있어야 한다.

① 매다는 장치 끝부분은 자체조임 쐐기형 소켓, 압착링 매듭법(ferrule secured eyes), 주물 단말처리(swage terminals)에 의해 카, 균형추/평형추 또는 구멍에 꿰어 맨 매다는 장치 마감 부분(dead parts)의 지지대에 고정되어야 한다.
② 드럼에 있는 로프는 쐐기로 막는 시스템 사용 또는 2개 이상의 클램프 사용에 의해 고정되어야 한다.
③ 체인과 체인 끝부분 사이의 연결은 체인의 최소 파단하중의 80% 이상을 견딜 수 있어야 한다.

5) 로프(벨트)의 권상은 다음 3가지 사항에 적합해야 한다.

① 카는 정격하중의 125 %로 적재될 때 승강장 바닥 높이에서 미끄러짐 없이 정지상태가 유지되어야 한다.
② 빈 카 또는 정격하중의 카가 비상 제동될 때, 카는 행정거리가 줄어든 완충기를 포함하여 완충기의 설계된 속도 이하로 확실하게 감속되어야 한다.
③ 카 또는 균형추가 완충기를 누르고 있는 위험한 위치에 정지해 있는 경우, 빈 카 또는 균형추를 들어 올리는 것이 가능하지 않아야 한다.

또한, 다음 중 어느 하나와 같아야 한다.

㉮ 로프(벨트)가 권상도르래에서 미끄러져야 한다.
㉯ 구동기는 전기안전장치에 의해 정지되어야 한다.

6) 포지티브 구동 엘리베이터의 로프 감김
① 드럼은 나선형으로 홈이 있어야 하고, 그 홈은 사용되는 로프에 적합해야 한다.
② 카가 완전히 압축된 완충기 위에 정지하고 있을 때, 드럼의 홈에는 한바퀴 반의 로프가 남아 있어야 한다.
③ 로프는 드럼에 한 겹으로만 감겨야 된다.
④ 홈에 대한 로프의 편향각(후미각)은 4°를 초과하지 않아야 한다.

7) 보상 수단
① 적절한 권상능력 또는 전동기의 동력을 확보하기 위해 매다는 로프의 무게에 대한 보상 수단은 다음과 같은 조건에 따라야 한다.
㉮ 정격속도가 3 m/s 이하인 경우에는 체인, 로프 또는 벨트와 같은 수단이 설치될 수 있다.
㉯ 정격속도가 3 m/s를 초과한 경우에는 보상 로프가 설치되어야 한다.
㉰ 정격속도가 3.5 m/s를 초과한 경우에는 추가로 튀어오름방지장치가 있어야 한다. 튀어오름방지장치가 작동되면 15.2에 따른 전기안전장치에 의해 구동기의 정지가 시작되어야 한다.
㉱ 정격속도가 1.75 m/s를 초과한 경우, 인장장치가 없는 보상수단은 순환하는 부근에서 안내봉 등에 의해 안내되어야 한다.
② 보상 로프가 사용된 경우에는 다음 사항이 적용되어야 한다.
㉮ 인장 풀리가 사용되어야 한다.
㉯ 인장 풀리의 피치 직경과 보상 로프의 공칭 직경 사이의 비율은 30 이상이어야 한다.
㉰ 중력에 의해 인장되어야 한다.
㉱ 인장은 전기안전장치에 의해 확인되어야 한다.
③ 보상 수단(로프, 체인, 벨트 및 그 단말부)은 안전율 5로 보상 수단에 가해지는 모든 정적인 힘에 견딜 수 있어야 한다.
④ 주행구간의 꼭대기에 카 또는 균형추가 있을 때 갖는 보상 수단의 최대 매달린 무게와 전체 인장 도르래 조립체(있는 경우에 한정한다) 무게의 1/2이 포함되어야 한다.

8) 고르래 풀리 및 스프로킷의 보호 수단
① 도르래, 풀리, 스프로킷, 과속조절기, 인장추 풀리에 대해, 다음과 같은 위험을 방지하기 위한 수단이 설치되어야 한다.

㉮ 인체 부상

㉯ 로프(벨트)/체인이 느슨해질 경우, 로프/체인이 풀리/스프로킷에서 벗어남

㉰ 로프(벨트)/체인과 풀리/스프로킷 사이에 물체 유입

② 사용된 보호 수단은 회전 부품이 보이는 구조이어야 하고, 작동시험 및 점검 등 유지관리 업무 수행에 방해되지 않아야 한다.

이 보호 수단에 구멍이 있는 경우에는 KS B ISO 13857, 표 4에 따라야 한다.

다음과 같이 필요한 경우에만 떼어낼 수 있어야 한다.

㉮ 로프(벨트)/체인의 교체

㉯ 도르래/풀리/스프로킷의 교체

㉰ 홈의 재-가공

도르래나 풀리에서 로프의 이탈을 막는 장치는 로프가 도르래에 들어가고 나오는 지점 근처에 하나의 고정장치를 포함해야 한다.

도르래/풀리의 수평축 아래에 60°이상의 감김 각도로 감겨 있고, 총 감김 각도가 120°이상인 경우에는 하나 이상의 중간 고정장치를 추가로 포함해야 한다. (그림 10 참조)

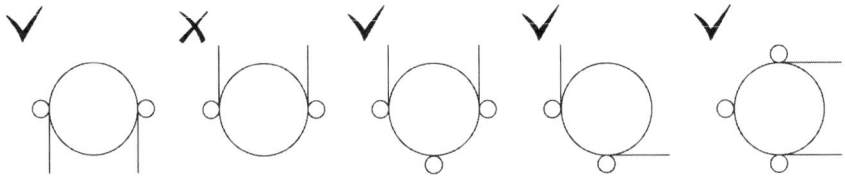

그림 10. 로프 고정장치(retainer)의 배치 예시

(9) 자유낙하·과속·개문출발 및 크리핑에 대한 예방조치

1) 일반사항

① 장치 또는 장치의 조합 및 작동은 카가 다음과 같은 상황이 되는 것을 막을 수 있어야 한다.

㉮ 자유낙하

㉯ 하강방향 과속(권상 구동 엘리베이터의 경우 상승과속 및 하강과속)

㉰ 개문출발

㉱ 승강장 바닥으로부터 크리핑(유압식 엘리베이터의 경우에 한정한다)

② 권상 구동 및 포지티브 구동 엘리베이터의 경우에는 표 8에 따른 보호수단이 있어야 한다.

표 8. 권상 구동 및 포지티브 구동 엘리베이터의 보호수단

위험 상황	보호수단	작동수단
카의 자유낙하 및 하강과속	추락방지안전장치	과속조절기
균형추 또는 평형추의 자유낙하	추락방지안전장치	- 과속조절기 또는 - 정격속도가 1 m/s 이하인 경우, 매다는 장치의 파손에 의한 작동 또는 안전로프에 의한 작동
상승과속(권상 구동 엘리베이터에 한정)	상승과속방지장치	카, 균형추, 로프시스템, 권상도르래, 두 지점에서만 정적으로 지지되는 권상도르래와 동일한 축
개문출발	개문출발방지장치	카, 균형추, 로프시스템, 권상도르래, 두 지점에서만 정적으로 지지되는 권상도르래와 동일한 축

2) 추락방지안전장치

① 추락방지안전장치는 하강방향으로 작동할 수 있어야 하며, 과속조절기의 작동속도 또는 매다는 장치가 파손될 경우 주행안내 레일을 잡아 그곳에 카, 균형추 또는 평형추를 세워놓는 방법으로 정격하중을 적재한 카, 균형추 또는 평형추를 정지시킬 수 있어야 한다.

② 상승방향으로 작동하는 기능이 추가된 추락방지안전장치가 사용될 수 있다.
(상승과속방지장치)

③ 카의 추락방지안전장치는 점차 작동형이 사용되어야 한다. 다만, 정격속도가 0.63 m/s 이하인 경우에는 즉시 작동형이 사용될 수 있다.

④ 유압식 엘리베이터의 경우, 과속조절기에 의해 작동되지 않는 캡티브 롤러(captive roller)형 이외의 즉시 작동형 추락방지안전장치는 럽쳐밸브의 작동속도 또는 유량제한기(또는 단방향 유량제한기)의 최대속도가 0.8 m/s 이하인 경우에만 사용되어야 한다.

⑤ 카, 균형추 또는 평형추에 여러 개의 추락방지안전장치가 있는 경우, 그 추락방지안전장치들은 점차 작동형이어야 한다.

⑥ 정격속도가 1 m/s를 초과한 경우, 균형추 또는 평형추의 추락방지안전장치는 점차 작동형이어야 한다. 정격속도가 1 m/s 이하인 경우에는 즉시 작동형일 수 있다.

⑦ 정격하중을 적재한 카 또는 균형추/평형추가 자유 낙하할 때 점차 작동형 추락방지안전장치의 평균 감속도는 $0.2g_n$에서 $1g_n$ 사이에 있어야 한다.

⑧ 카, 균형추 또는 평형추의 추락방지안전장치의 해제 및 자동 재설정은 카, 균형 추 또는 평형추를 들어 올리는 방법에 의해서만 가능해야 한다.

⑨ 추락방지안전장치의 해제 후, 엘리베이터가 정상 운행으로 복귀하기 위해서는 자격을 갖춘 점검자의 개입이 요구되어야 한다.

⑩ 카 추락방지안전장치가 작동될 때, 카에 설치된 15.2에 따른 전기안전장치는 추락방지안전장치가 작동되기 전 또는 작동되는 순간에 구동기의 정지가 시작되어야 한다. (전원차단)

3) 추락방지안전장치 작동 수단

① 과속조절기에 의한 작동

㉮ 추락방지안전장치의 작동을 위한 과속조절기는 정격속도의 115 % 이상의 속도 및 다음 구분에 따른 어느 하나에 해당하는 속도 미만에서 작동되어야 한다.
- 캡티브 롤러 형을 제외한 즉시 작동형 추락방지안전장치: 0.8 m/s
- 캡티브 롤러 형의 추락방지안전장치: 1 m/s
- 정격속도 1 m/s 이하에 사용되는 점차 작동형 추락방지안전장치: 1.5 m/s
- 정격속도 1 m/s 초과에 사용되는 점차 작동형 추락방지안전장치 :

$$1.25 \cdot V + \frac{0.25}{V} \text{ m/s}$$

정격속도가 1 m/s를 초과하는 엘리베이터에 대해, 4)에서 요구된 값에 가능한 가까운 작동속도의 선택이 추천된다.

낮은 정격속도의 엘리베이터에 대해, 가)에서 요구된 값에 가능한 낮은 작동속도의 선택이 추천된다.

㉯ 과속조절기가 작동될 때, 과속조절기에 의해 발생되는 과속조절기 로프의 인장력은 다음 두 값 중 큰 값 이상이어야 한다.
- 추락방지안전장치가 작동되는데 필요한 힘의 2배
- 300 N

㉰ 위험 속도에 도달하기 전에 과속조절기가 확실히 작동하기 위해, 과속조절기의 작동 지점들 사이의 최대 거리는 과속조절기 로프의 움직임과 관련하여 250 mm를 초과하지 않아야 한다.

㉱ 과속조절기 로프의 최소 파단 하중은 권상 형식 과속조절기의 마찰 계수 μmax 0.2를 고려하여 과속조절기가 작동될 때 로프에 발생하는 인장력에 8 이상의 안전율을 가져야 한다.

㉲ 과속조절기의 도르래 피치 직경과 과속조절기 로프의 공칭 직경 사이의 비는 30 이상이어야 한다.   ※ 마모방지 및 수명

㉳ 과속조절기 로프는 인장 풀리에 의해 인장되어야 한다. 이 풀리(또는 인장추)는 안내되어야 한다. 과속조절기의 작동 값이 인장 장치의 움직임에 영향을 받지

⑷ 과속조절기 로프 및 관련 부속부품은 추락방지안전장치가 작동하는 동안 제동거리가 정상적일 때보다 더 길더라도 손상되지 않아야 한다.

⑻ 과속조절기 로프는 추락방지안전장치로부터 쉽게 분리될 수 있어야 한다.

⑼ 과속조절기 로프의 마모 및 파손상태는 부속서 Ⅳ에 따른다.

⑽ 과속조절기가 승강로에 위치한 경우, 승강로 밖에서 접근 가능하고 닿을 수 있어야 한다. ※MRL

② 매다는 장치의 파손에 의한 작동

추락방지안전장치가 매다는 장치에 의해 작동하는 경우, 다음 사항에 적합해야 한다.

⑴ 추락방지안전장치의 작동을 위해 가해지는 인장력은 적어도 다음의 두 값 중 큰 값 이상이어야 한다.

    - 추락방지안전장치가 작동되는데 필요한 힘의 2배

③ 안전로프에 의한 작동

추락방지안전장치가 안전로프에 의해 작동될 경우, 다음 사항에 적합해야 한다.

⑴ 안전로프에 의해 발생되는 인장력은 다음 두 값 중 큰 값 이상이어야 한다.

    - 추락방지안전장치가 작동되는데 필요한 힘의 2배

    - 300 N

④ 카의 하강 움직임으로 인한 작동

⑴ 로프에 의한 작동

⑵ 레버에 의한 작동

4) 럽처밸브

① 럽처밸브는 하강하는 정격하중의 카를 정지시키고, 카의 정지 상태를 유지할 수 있어야 한다.

② 럽처밸브는 늦어도 하강속도가 정격속도에 0.3 m/s를 더한 속도에 도달하기 전 작동되어야 한다.

③ 럽처밸브는 평균 감속도(a)가 $0.2g_n$과 $1g_n$ 사이가 되도록 선택되어야 한다.

④ $2.5g_n$ 이상의 감속도는 0.04초 이상 지속되지 않아야 한다.

⑤ 평균 감속도(a)는 다음 식에 의해 구해질 수 있다.

$$a = \frac{Q_{\max} \cdot r}{6 \cdot A \cdot n \cdot t_d}$$

여기서, A : 압력 작동 잭의 면적(cm^2)
　　　　n : 1개 럽처밸브가 있는 병렬작동 잭의 수
　　Q_{max} : 분당 최대 유량(L/min)
　　　　r : 로핑 계수
　　　t_d : 제동시간(s)

⑥ 럽처밸브는 카 지붕이나 피트에서 직접 조정 및 점검할 수 있도록 접근이 가능해야 한다.

⑦ 병렬로 작동하는 여러 개의 잭이 있는 엘리베이터에는 1개의 럽처밸브가 공용으로 사용될 수 있다. 그렇지 않으면 카 바닥이 정상 위치에서 5 % 이상 경사지는 것을 방지하기 위해 동시에 닫히도록 각각 연결되어야 한다.

5) 유량제한기

① 유압 시스템에서 다량의 누유가 발생한 경우, 유량제한기는 정격하중을 실은 카의 하강속도가 정격속도 + 0.3 m/s를 초과하지 않도록 방지해야 한다.

② 유량제한기의 점검을 위해 카 지붕 또는 피트에서 접근이 가능해야 한다.

6) 멈춤쇠 장치

① 멈춤쇠 장치는 하강 방향에서만 작동되어야 하며, 표 5(8.2.1)에 따른 정격하중의 카를 아래의 속도에서 정지시킬 수 있어야 하고, 고정된 멈춤 쐐기로 정지 상태를 유지시킬 수 있어야 한다.

　㉮ 유량제한기 또는 단방향 유량제한기가 설치된 엘리베이터의 경우,
　　정격속도 + 0.3 m/s의 속도
　㉯ 다른 모든 엘리베이터의 경우, 하강 정격속도의 115 %의 속도

② 멈춤쇠가 펼쳐진 위치에서 하강하는 카를 고정된 지지대에 정지시키는 전기식 작동 멈춤 쇠가 1개 이상 설치되어야 한다.

③ 각 승강장 지지대는 다음을 만족해야 한다.

　㉮ 카가 승강장 바닥 아래로 0.12 m 이상으로 내려가는 것을 방지
　㉯ 잠금해제구간의 하부 끝부분에서 카를 정지

④ 멈춤쇠의 동작은 압축 스프링 또는 중력에 의해 이루어져야 한다.

⑤ 전기적 복귀장치에 공급되는 전원은 구동기가 정지될 때 차단되어야 한다.

7) 카의 상승과속방지장치

① 속도 감지 및 감속 부품으로 구성된 이 장치는 카의 상승과속을 감지하여 카를 정지시키거나 균형추 완충기에 대해 설계된 속도로 감속시켜야 한다.
이 장치는 다음 조건에서 활성화 되어야 한다.

㉮ 정상 운전

㉯ 직접 육안으로 관찰할 수 없거나 다른 방법으로 정격속도 115 % 미만으로 제한되지 않는 수동구출운전

② 카의 상승과속방지장치는 빈 카의 감속도가 정지단계 동안 $1g_n$를 초과하는 것을 허용하지 않아야 한다.

③ 카의 상승과속방지장치는 다음 중 어느 하나에 작동되어야 한다.

㉮ 카   ※ 양방향 비상전지장치

㉯ 균형추   ※ 양방향 비상정지장치

㉰ 로프시스템(현수 또는 보상)   ※ 로프브레이크

㉱ 권상도르래   ※ 도르래 브레이크

㉲ 두 지점에서만 정적으로 지지되는 권상도르래와 동일한 축
※ 이중화 브레이크

④ 카의 상승과속방지장치가 작동하면 전기안전장치가 작동되어야 한다.

⑤ 이 장치의 복귀는 승강로에 접근을 요구하지 않아야 한다.

8) 카의 개문출발방지장치

① 엘리베이터에는 카의 안전한 운행을 좌우하는 구동기 또는 제어시스템의 어떤 하나의 결함으로 인해 승강장문이 잠기지 않고 카문이 닫히지 않은 상태로 카가 승강장으로부터 벗어나는 개문출발을 방지하거나 카를 정지시킬 수 있는 장치가 설치되어야 한다.

② 카의 개문출발방지장치는 개문출발을 감지하고, 카를 정지시켜야 하며 정지상태를 유지해야 한다.

③ 카의 개문출발방지장치 의 정지부품은 다음 중 어느 하나에 작동되어야 한다.

㉮ 카

㉯ 균형추

㉰ 로프 시스템 (현수 또는 보상)

㉱ 권상 도르래

㉲ 두 지점에서만 정적으로 지지되는 권상도르래와 동일한 축

㉳ 유압 시스템 (전기 공급의 분리에 의한 상승 방향 모터/펌프 포함)

④ 정지시키는 부품이나 정지 상태를 유지하는 장치는 다음의 장치와 공동으로 사용할 수 있다.

㉮ 하강과속방지장치

㉯ 상승과속방지장치

⑤ 카의 개문출발방지장치의 정지부품은 하강방향과 상승방향에 대하여 다를 수 있다.

⑥ 카의 개문출발방지장치는 다음과 같은 거리에서 카를 정지시켜야 한다.
(그림 11 참조)

㉮ 카의 개문출발이 감지되는 경우, 승강장으로부터 1.2 m 이하

㉯ 승강장문 문턱과 카 에이프런의 가장 낮은 부분 사이의 수직거리는 200 mm 이하

㉰ 반-밀폐식 승강로의 경우, 카 문턱과 카의 입구쪽 승강로 벽의 가장 낮은 부분 사이의 거리는 200 mm 이하

㉱ 카 문턱에서 승강장문 상인방까지 또는 승강장문 문턱에서 카문 상인방까지의 수직거리는 1 m 이상

㉲ 이 값은 승강장의 정지위치에서 움직이는 카의 모든 하중(무부하에서 정격하중의 100 %까지)에 대해서 유효해야 한다.

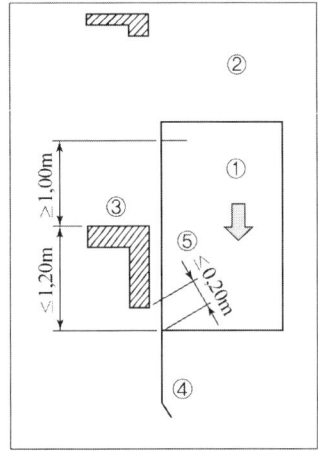 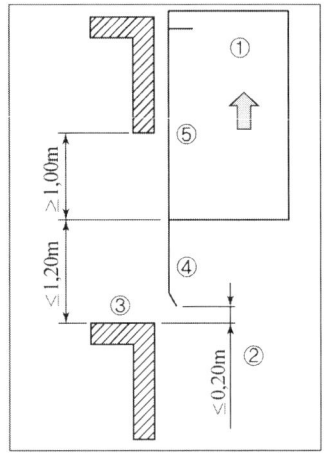

[기호 설명] ① 카 ② 승강로 ③ 승강장 ④ 카 에이프런 ⑤ 카 출입구

그림 11. 상승 및 하강 움직임에 대한 개문출발방지장치 정지 요건

⑦ 정지단계 동안, 이 장치의 정지부품은 카의 감속도가 아래의 값을 초과하는 것을 허용하지 않아야 한다.

㉮ 빈 카의 상승방향 개문출발에 대하여 1 g_n

㉯ 하강방향으로 자유낙하를 방지하는 장치에 대하여 허용된 값

⑧ 카의 개문출발은 늦어도 카가 잠금 해제구간을 벗어날 때 전기안전장치에 의해 감지 되어야 한다.

⑨ 카의 개문출발방지장치 전기안전장치가 작동되어야 한다.

(10) 주행안내 레일

1) 카, 균형추 또는 평형추의 주행안내
① 카, 균형추 또는 평형추는 2개 이상의 견고한 금속제 주행안내 레일에 의해 각각 안내되어야 한다.
② 추락방지안전장치가 없는 균형추 또는 평형추의 주행안내 레일은 금속판을 성형하여 만들 수 있다. 이 주행안내 레일은 부식에 보호되어야 한다.

2) 최대 허용 응력 및 휨
① 주행안내 레일, 연결부 및 부속품은 엘리베이터의 안전한 운행을 보장하기 위해 부과되는 하중 및 힘에 견뎌야 한다.
   주행안내 레일과 관련된 엘리베이터의 안전 운행에 대한 관점은 다음과 같다.
   ㉮ 카, 균형추 또는 평형추의 안내는 보증되어야 한다.
   ㉯ 휨은 다음 사항에 의해 기인되는 범위까지 제한되어야 한다.
      - 의도하지 않은 문의 잠금해제가 발생되지 않아야 한다.
      - 안전장치의 작동에 영향을 주지 않아야 한다.
      - 움직이는 부품이 다른 부품과 충돌할 가능성이 없어야 한다.
② 엘리베이터의 안전한 작동을 보장하기 위해 주행안내 레일 휨과 브래킷 휨의 조합, 가이드 슈의 운행 및 주행안내 레일의 직진성을 고려해야 한다.
③ 하중 조건
   하중 조건은 다음과 같이 고려되어야 한다.
   ㉮ 정상적인 사용 – 주행행안내 레일의 최대 허용 응력 및 휨을 계산하기 위해 다음과 같이 주행안내 레일에
   ㉯ 정상적인 사용 – 적재 및 하역
   ㉰ 추락방지안전장치 작동
④ 주행안내 레일에 작용하는 힘
   ㉮ 다음으로 인한 가이드 슈로부터의 수평 힘
      - 카의 질량 및 정격하중, 보상수단, 이동케이블 등 또는 균형추/평형추 하중, 현수지점 및 동적충격계수 고려
      - 반–밀폐식 승강로의 엘리베이터가 건물 외부에 있는 경우, 풍하중
   ㉯ 다음에 의한 수직 힘
      - 주행안내 레일에 고정된 멈춤 쇠 장치 및 추락방지안전장치의 제동력
      - 주행안내 레일에 고정된 보조부품

- 주행안내 레일의 무게
- 레일클립의 가해지는 힘

㈐ 동적 충격 계수를 포함한 보조 부품으로 인한 토크

⑤ 빈 카 및 카에 의해 지지되는 부속품 즉, 이동케이블의 일부, 균형 로프/체인(있는 경우)의 질량 작용점 P는 그들의 무게 중심으로 한다.

⑥ 균형추(Mcwt) 또는 평형추(Mbwt)의 안내력은 다음을 고려하여 구한다.

㈎ 질량의 작용점

㈏ 현수방법

㈐ 보상 로프/체인(있는 경우)에 의한 힘, 인장 여부와 관계없이 중심에서 안내되고 현수되는 균형추 또는 평형추에서, 균형추 또는 평형추의 수평 단면적의 무게중심으로부터 질량의 작용점은 최소한 폭의 5%와 깊이의 10%의 편심이 고려되어야 한다.

⑦ "정상적인 사용" 및 "추락방지안전장치가 작동" 하는 경우의 하중에서, 카의 정격 하중 Q는 가장 불리한 위치에서 카 면적의 3/4에 균등하게 분포하는 것으로 한다.

⑧ 압축력 또는 인장력으로 인한 카, 균형추, 평형추의 수직 힘 F_v는 다음의 공식을 통해 구한다.

$$- F_v = \frac{k_1 \cdot g_n \cdot (P+Q)}{n} + (M_g \cdot g_n) + F_p \ , \quad 카측$$

$$- F_v = \frac{k_1 \cdot g_n \cdot M_{cwt}}{n} + (M_g \cdot g_n) + F_p \ , \quad 균형추측$$

$$- F_v = \frac{k_1 \cdot g_n \cdot M_{bwt}}{n} + (M_g \cdot g_n) + F_p \ , \quad 평형추측$$

$- F_p = n_b \cdot F_r$, 피트에 고정된 주행안내 레일, 또는 매달린 주행안내 레일
  (승강로 상부에 고정)

$- F_p = \frac{1}{3} n_b \cdot F_r$, 자유롭게 매달린 주행안내 레일 (고정점 없음)

여기서, F_p : 한 개의 주행안내 레일에 가해지는 모든 브래킷의 힘 (N)
  (건축물의 정상적인 침하 또는 콘크리트의 수축으로 인한)

F_r : 각 브래킷에 가해지는 모든 클립의 힘(N)

g_n : 자유낙하의 표준 가속도(중력 가속도: $9.81 \ m/s^2$)

k_1 : 표 13에 따른 충격 계수
  (주행안내 레일에 작용하는 추락방지안전장치가 없는 경우 $k_1 = 0$)

M_g : 주행안내 레일 하나의 중량(kg)

n : 주행안내 레일의 수

n_b : 주행안내 레일에 대한 브래킷의 수

P : 빈 카 및 카에 의해 지지되는 부속품 즉, 이동케이블의 부분, 보상 로프/체인(있는 경우) 등의 중량(kg)

Q : 정격하중(kg)

⑨ 카에 하중을 싣거나 내리는 동안, 문턱에 작용하는 힘 Fs는 카 출입구 문턱의에 작용하는 것으로 가정한다.

㉮ 문턱에 작용하는 힘의 크기는 다음과 같다.
- Fs = 0.4 · g_n · Q, 승객용 엘리베이터
- Fs = 0.6 · g_n · Q, 화물용 엘리베이터
- Fs = 0.85 · g_n · Q, 화물용 엘리베이터

(무거운 운반장치가 정격하중에 포함되지 않은 경우)

㉯ 턱에 힘이 작용할 때 그 카는 빈 것으로 간주한다.

㉰ 출입구가 2개 이상인 카에서는 문턱의 힘은 가장 불리한 출입구에 작용되는 것으로 한다.

㉱ 카가 승강장에 있고 가이드 슈(카의 상·하부)가 수직 주행안내 레일 브래킷에서 브래킷 사이 거리의 10 % 이내에 위치해 있는 경우, 문턱 힘으로 인한 휘어짐은 무시할 수 있다.

3) 허용 응력의 계산

① 허용 응력은 다음 식에 의해 결정되어야 한다.

$$\sigma_{perm} = \frac{R_m}{S_t}$$

여기서, R_m : 인장강도(N/mm^2), σ_{perm} : 허용 응력(N/mm^2)
S_t : 안전율

② 안전율은 표 9에 따른다.

표 9. 주행안내 레일의 안전율

하중 조건	연신율 (A_5)	안전율
정상 운행, 적재 및 하역	$A_5 > 12\%$	2.25
	$8\% \leq A_5 \leq 12\%$	3.75
안전 장치 작동	$A_5 > 12\%$	1.8
	$8\% \leq A_5 \leq 12\%$	3.0

③ 8 % 미만의 연신율을 갖는 재료는 너무 부서지기 쉽기 때문에 사용되지 않아야 한다.

4) 허용 휨의 계산

① T형 주행안내 레일 및 고정(브래킷, 분리 빔)에 대해 계산된 최대 허용 휨 σ_{perm}은 다음과 같다.

㉮ σ_{perm} – 추락방지안전장치가 작동하는 카, 균형추 또는 평형추의 주행안내 레일 : 양방향으로 5 mm

㉯ σ_{perm} – 추락방지안전장치가 없는 균형추 또는 평형추의 주행안내 레일 : 양방향으로 10 mm

② 건물 구조 휨에 따른 주행안내 레일 변위도 고려되어야 한다.

(11) 카 및 균형추의 완충기

1) 일반사항

① 엘리베이터에는 카 및 균형추의 주행로 하부 끝에 완충기가 설치되어야 하고 완충기가 카 또는 균형추에 고정된 경우에는 피트 바닥 위 완충기의 충격 영역은 300 mm 이상 높이의 식별되는 받침대가 설치되어야 한다.

② 포지티브 구동식 엘리베이터는 주행로 상부 끝단에서 작용하도록 카 상부에 완충기가 설치되어야 한다.

③ 선형 또는 비선형 특성을 갖는 에너지 축적형 완충기는 엘리베이터의 정격속도가 1 m/s 이하인 경우에만 사용되어야 한다.

④ 에너지 분산형 완충기는 엘리베이터 정격속도와 상관없이 사용될 수 있다.

2) 에너지 축적형 완충기의 행정

① 선형 특성을 갖는 완충기(스프링 완충기)

㉮ 완충기의 가능한 총 행정은 정격속도의 115 %에 상응하는 중력 정지거리의 2배 0.135 v2 (m) 이상이어야 한다. 다만, 행정은 65 mm 이상이어야 한다.

㉯ 완충기는 카 자중과 정격하중을 더한 값(또는 균형추의 무게)의 2.5배와 4배 사이의 정하중으로 총행정은 0.135 v2 (m) 이상이 되도록 설계되어야 한다.

② 비선형 특성을 갖는 완충기(우레탄 버퍼)

㉮ 비선형 특성을 갖는 에너지 축적형 완충기는 카의 질량과 정격하중, 또는 균형추의 질량으로 정격속도의 115 %의 속도로 완충기에 충돌할 때의 다음 사항에 적합해야 한다.

– 감속도는 1 g_n 이하이어야 한다.

- 2.5 g_n를 초과하는 감속도는 0.04초 보다 길지 않아야 한다.
- 카 또는 균형추의 복귀속도는 1 m/s 이하이어야 한다.
- 작동 후에는 영구적인 변형이 없어야 한다.
- 최대 피크 감속도는 6 g_n 이하이어야 한다.

㉯ "완전히 압축된" 용어는 설치된 완충기 높이의 90% 압축을 의미한다.

3) 에너지 분산형 완충기

① 완충기의 가능한 총 행정은 정격속도 115 %에 상응하는 중력 정지거리[$0.0674v^2$ (m)] 이상이어야 한다.

② 2.5 m/s 이상의 정격속도에 대해 주행로 끝에서 엘리베이터가 감속을 감지할 경우는 정격속도의 115 % 대신 카(또는 균형추)가 완충기에 충돌할 때의 속도를 사용될 수 있다.

③ 어떤 경우라도 그 행정은 0.42 m 이상이어야 한다.

④ 카에 정격하중을 싣고 정격속의 115 %의 속도로 자유 낙하하여 완충기에 충돌할 때, 평균 감속도는 $1g_n$ 이하이어야 한다.

⑤ 2.5 g_n를 초과하는 감속도는 0.04초보다 길지 않아야 한다.

⑥ 작동 후에는 영구적인 변형이 없어야 한다.

⑦ 엘리베이터는 작동 후 정상 위치에 완충기가 복귀되어야만 정상적으로 운행되어야 한다.

⑧ 유압식 완충기는 유체의 수위가 쉽게 확인될 수 있는 구조이어야 한다.

⑨ 시험 후 완충기는 완전히 압축한 위치에서 5분 동안 유지되어야 한다.
그 다음 완충기를 놓아 정상적으로 확장된 위치로 복귀되도록 해야 한다.
완충기가 스프링식 또는 중력 복귀식일 경우, 최대 120초 이내에 완전히 복귀되어야 한다.
또한, 다른 감속도 시험을 진행하기 전에 유체가 탱크로 복귀하고 공기 방울이 없어지도록 30분을 기다려야 한다.

(12) 엘리베이터 구동기 및 관련 설비

1) 일반사항

① 각 엘리베이터에는 1개 이상의 자체 구동기가 있어야 한다.

② 다음의 접근 가능한 회전부품에 대하여 효과적인 보호장치가 있어야 한다.

㉮ 축에 있는 키 및 나사

㉯ 테이프, 체인, 벨트

㉓ 기어, 스프로킷 및 풀리
㉔ 돌출된 전동기 축
㉕ 권상도르래, 수동핸들, 브레이크 드럼 및 이와 유사한 매끄럽고 둥근 부품은 보호장치가 요구되지 않는다. 다만, 이러한 부분들은 안전에 유의하도록 부분적으로 노란색 페인트칠이 되어야 한다.

2) 권상 구동 및 포지티브 구동 엘리베이터의 구동기
① 권상 구동방식 (도르래와 로르의 마찰력으로 구동)
② 포지티브(권동식)
  ㉮ 드럼과 로프 사용 또는
  ㉯ 스프로킷과 체인 사용
  ㉰ 정격속도는 0.63 m/s 이하이어야 하며, 균형추는 사용되지 않아야 한다. 다만, 평형추의 사용은 허용된다.
③ 전자-기계 브레이크의 작동에 관련된 부품에 전동기를 연결하기 위해 벨트가 사용될 수 있다. 이러한 경우에는 2개 이상의 벨트가 사용되어야 한다.
④ 권상 구동 엘리베이터는 정격하중의 균형량(오버밸런스율)에 따른 하중을 카에 적재하고 정격속도로 상승할 때와 하강할 때의 전류 차이가 설계치의 범위 이내가 되도록 설치되어야 한다.

3) 권상기의 브레이크 시스템
① 엘리베이터에는 브레이크 시스템이 있어야 하며, 다음이 차단될 경우 자동으로 작동해야 한다. (※ 에스컬레이터도 동일)
  ㉮ 주동력 전원공급
  ㉯ 제어회로에 전원공급
② 브레이크 시스템은 전자-기계 브레이크(마찰 형식)가 있어야 한다. 다만, 추가로 다른 브레이크 장치(전기적 방식 등)가 있을 수 있다.
③ 브레이크는 자체적으로 카가 정격속도로 정격하중의 125 %를 싣고 하강방향으로 운행될 때 구동기를 정지시킬 수 있어야 한다.
  이 조건에서, 카의 감속도는 추락방지안전장치의 작동 또는 카가 완충기에 정지할 때 발생되는 감속도를 초과하지 않아야 한다. ($1g_n$ 이하)
④ 드럼 또는 디스크 제동 작용에 관여하는 브레이크의 모든 기계적 부품은 최소한 2세트로 설치되어야 한다.
⑤ 구성요소의 고장으로 브레이크 세트 중 하나가 작동하지 않으면 정격하중을 싣고 정격속도로 하강하는 카 또는 빈 카로 상승하는 카를 감속, 정지 및 정지상태 유지

를 위한 나머지 하나의 브레이크 세트는 계속 제동되어야 한다.
⑥ 플런저는 기계적인 부품으로 간주되지만, 솔레노이드 코일은 그렇지 않다.
⑦ 정상운행에서 브레이크의 개방은 지속적인 전류의 공급이 요구되어야 하며 다음 사항을 만족해야 한다.
　㋎ 규정된 전기안전장치에 의해 흐르는 전류는 다음 장치 중 한 가지에 의해 차단되어야 한다.
　　- 구동기의 전류를 차단하는 장치와는 별개로 2개의 독립적인 전기장치 엘리베이터가 정지하고 있는 동안, 전기장치 중 하나가 제동 회로를 개방하지 않으면 카는 더 이상 운행되지 않아야 한다. 또한 감시 기능의 고장 시에도 동일하게 결과를 가져야 한다.
　　- 안전회로를 만족하는 전기회로
　㋏ 엘리베이터의 전동기가 발전기와 같은 기능을 할 때, 전동기에 의한 회생전력은 브레이크를 작동하는 전기장치에 직접 공급되지 않아야 한다.
　㋐ 브레이크 제동은 개방 회로의 차단 후에 추가적인 지연 없이 유효해야 한다.
　　[비고] 전기적 불꽃을 감소시키는 간단한 전기부품(다이오드, 커패시터 또는 배리스터)은 지연 수단으로 간주하지 않는다.
　㋑ 전자-기계 브레이크에 대한 과부하 또는 과전류 보호장치(있는 경우에)가 동작되면 구동기의 전원을 차단해야 한다.
　㋒ 전동기 전원이 켜지기 전까지 브레이크에 전류가 공급되어서는 안 된다.
⑧ 브레이크슈 또는 패드 압력은 압축 스프링 또는 무게추에 의해 발휘되어야 한다.
⑨ 밴드 브레이크는 사용되지 않아야 한다.
⑩ 브레이크 라이닝은 불연성이어야 한다.
⑪ 구동기는 지속적인 수동조작에 의해 브레이크를 개방할 수 있어야 한다.
이러한 동작은 기계식(레버 등)과 자동충전식 비상전원공급을 통한 전기식으로 할 수 있다.
⑫ 비상 전원의 용량은 이 전원에 연결된 기타 장비와 비상 상황에 대응하기 위해 소요되는 시간을 감안하여 카를 승강장으로 이동시키는데 충분한 용량이어야 한다.
⑬ 브레이크 수동 개방 실패가 브레이크 기능의 고장 원인이 되어서는 안 된다.
⑭ 각 브레이크 장치를 승강로 외부에서 독립적으로 시험할 수 있어야 한다.

4) 비상운전
① 비상운전 수단은 다음 중 하나로 구성되어야 한다.
　㋎ 기계적 수단은 승강장으로 이동시키기 위해 요구되는 인력이 150 N을 초과하지 않아야 하며, 다음 사항에 적합해야 한다.

㈎ 전기적 수단은 다음 사항에 적합해야 한다.
- 전원 공급은 고장이 발생한 후 1시간 이내에는 정격하중의 카를 인접한 승강장으로 이동시킬 수 있도록 충분한 용량을 가져야 한다.
- 속도는 0.3 m/s 이하이어야 한다.
② 카가 잠금 해제구간에 있는지 쉽게 확인가능해야 한다.
③ 정격하중의 카를 상승방향으로 움직이는데 요구되는 인력이 400 N 초과하거나 기계적 수단이 없는 경우, 전기적 비상운전 수단이 있어야 한다.
④ 비상운전을 작동하기 위한 수단은 다음 중 하나에 위치해야 한다.
  ㈎ 기계실
  ㈏ 기계류 공간(기계실 없는 엘리베이터 : MRL)
  ㈐ 비상운전 및 작동시험을 위한 장치
⑤ 정전 또는 고장으로 인해 정상 운행 중인 엘리베이터가 갑자기 정지(안전장치가 작동되어 정지된 경우는제외한다)되면 자동으로 카를 가장 가까운 승강장으로 운행시키는 수단(자동구출운전 등)이 있어야 하며, 다음 사항을 만족해야 한다. 다만, 수직 개폐식 문이 설치된 엘리베이터 또는 유압식 엘리베이터의 경우에는 제외한다. ※ARD
  ㈎ 카가 승강장에 도착하면 승강장문 및 카문이 자동으로 열려야 한다.
  ㈏ 승객이 안전하게 빠져나가면(10초 이상) 승강장문 및 카문은 자동으로 닫히고 이후 정지상태가 유지되어야 한다. 이 경우 승강장 호출 버튼의 작동은 무효화되어야 한다.
  ㈐ ㈏에 따른 정지 상태에서 카 내부 열림 버튼을 누르면 승강장문 및 카문은 열려야 하고, 승객이 안전하게 빠져나가면(10초 이상) 승강장문 및 카문은 자동으로 다시 닫히고, 이후 정지 상태가 유지되어야 한다.
  ㈑ 정상 운행으로의 복귀는 전문가의 개입에 의해 이뤄져야 한다. 다만, 정전으로 인한 정지는 전원이 복구되면 정상 운행으로 자동 복귀될 수 있다.
  ㈒ 배터리 등 비상전원은 충분한 용량을 갖춰야 하며, 방전이나 단선 또는 누전되지 않도록 유지 관리되어야 한다. 비상전원으로 배터리를 사용하는 경우에는 잔여용량을 확인할 수 있는 장치가 있어야 한다.

5) 속도
① 가속 및 감속구간을 제외하고 카의 주행로 중간에서 정격하중에 50 %를 싣고 정격주파수와 정격전압이 공급될 때 상승 및 하강하는 카의 속도는 정격 속도의 92 % 이상 105 % 이하이어야 한다.
② 이 공차는 또한 다음과 같은 경우의 속도에 적용할 수 있다.

㉮ 착상

㉯ 재-착상

㉰ 점검운전

㉱ 전기적 비상운전

6) 전동기 정지 및 정지 상태의 확인

① 전기안전장치에 의한 교류 또는 직류 전동기의 정지장치의 전원공급은 2개의 독립된 접촉기에 의해 차단되어야 하며, 그 접점은 전원공급회로에 직렬로 연결되어야 한다.

② 엘리베이터가 정지하고 있는 동안 접촉기 중 어느 하나가 주 접점을 개방하지 않으면 늦어도 카의 운전방향 전환 시 더 이상의 운전을 방지해야 한다.

7) 전동기 구동시간 제한장치

① 권상 구동식 엘리베이터에는 다음과 같은 경우에 구동기의 동력을 차단하고 차단상태를 유지하는 전동기 구동시간 제한장치가 있어야 한다.

㉮ 기동하는 시점에서 구동기가 회전하지 않을 경우

㉯ 카 또는 균형추가 하강방향으로 운행 중 장애물로 인해 정지하여 로프가 권상도르래에서 미끄러짐이 발생하는 경우

② 전동기 구동시간 제한장치는 다음 두 값 중 짧은 시간을 초과하지 않는 시간에 작동해야 한다.

㉮ 45초

㉯ 정상 작동 시 전체 주행 시간 + 10초. 다만, 전체 주행 시간이 10초 미만인 경우 20초

③ 정상운행의 복귀는 유지관리업자에 의한 수동 재설정에 의해서만 가능해야 한다. 전원공급 차단 후 동력이 복원될 때 구동기가 정지된 위치를 유지할 필요는 없다.

④ 전동기 구동시간 제한장치는 점검운전 또는 전기적 비상운전 시 카의 움직임에 영향을 주지 않아야 한다.

8) 유압식 엘리베이터의 구동기

① 유압식 엘리베이터의 구동방식 : 간접식과 직접식

② 여러 개의 잭이 있는 경우, 잭은 압력 균형 상태를 보장하기 위해 유압으로 병렬 연결되어야 한다.

③ 실린더 및 램의 압력 계산은 다음을 만족해야 한다.

㉮ 실린더 및 램은 전 부하 압력의 2.3배의 압력에서 발생되는 힘의 조건하에서 내력 Rp0.2에서 1.7 이상의 안전율이 보장되는 방법으로 설계되어야 한다.

㉯ 유압 동기화 수단이 있는 다단 잭 부품의 경우, 전 부하 압력은 유압 동기화 수단으로 인해 부품에 발생하는 가장 높은 압력으로 바꾸어 계산되어야 한다.

㉰ 두께 계산에서, 실린더 표면 및 실린더 베이스에는 1.0 mm 그리고 1단 및 다단 잭의 속이 텅 빈 램의 표면에는 0.5 mm가 더해져야 한다.

④ 압축 하중을 받는 잭은 완전히 펼쳐진 위치에서 그리고 전 부하 압력의 1.4배의 압력에서 발생되는 힘의 조건하에서 좌굴에 대해 2 이상의 안전율이 보장되는 방법으로 설계되어야 한다.

⑤ 인장하중을 받는 잭은 전 부하 압력의 1.4배의 압력에서 발생되는 힘의 조건하에서 내력 Rp0.2에서 2이상의 안전율이 보장되는 방법으로 설계되어야 한다.

⑥ 직접식 엘리베이터의 카 하부에 있는 다단 잭의 경우, 카가 완전히 압축된 완충기에 정지하고 있을 때 유효거리는 다음과 같다.

㉮ 연속되는 가이드 이음쇠 사이의 유효거리는 0.3 m 이상이어야 한다.

㉯ 이음쇠의 수직 투영면적으로부터 0.3 m의 수평거리 내에서 가장 높은 가이드 이음쇠와 카의 가장 낮은 부분 사이의 유효거리는 0.3 m 이상이어야 한다.

⑦ 로프 또는 체인이 동기화 수단으로 사용될 경우, 다음 사항이 적용된다.

㉮ 2개 이상의 독립된 로프 또는 체인이 있어야 한다.

㉯ 안전율은 다음과 같다.
- 로프는 12 이상
- 체인은 10 이상

⑧ 동기화 수단이 파손된 경우, 카의 하강 운행속도가 정격속도보다 0.3 m/s를 초과하는 것을 방지하는 장치가 있어야 한다.

⑨ 실린실린더와 체크밸브 또는 하강밸브 사이의 가요성 호스는 전 부하 압력 및 파열 압력과 관련하여 안전율이 8이상이어야 한다.

⑩ 가요성 호스 및 실린더와 체크밸브 또는 하강밸브 사이의 가요성 호스 연결장치는 전 부하 압력의 5배의 압력을 손상 없이 견뎌야 한다.

⑪ 상승 운행 시 전동기의 전원공급은 2개 이상의 독립적인 접촉기에 의해 차단되어야 하며, 그 접점은 전원공급회로에 직렬로 연결되어야 한다.

⑫ 하강운행에 대해, 하강밸브의 전원공급은 직렬로 연결된 2개 이상의 독립적인 전기 장치에 의해 차단되어야 한다.

⑬ 차단밸브는 체크밸브와 하강밸브를 연결하는 회로에 설치되어야 한다.

⑭ 체크밸브 펌프와 차단밸브 사이의 회로에 설치되어야 하고 공급압력이 최소 작동 압력 아래로 떨어질 때 정격하중을 실은 카를 어떤 위치에서든지 유지할 수 있어야 한다.

⑮ 릴리프 밸브 펌프와 체크밸브 사이의 회로에 연결되어야 하고 수동펌프 없이 릴리프 밸브를 바이패스하는 것은 불가능해야 한다.

⑯ 릴리프 밸브는 압력을 전 부하 압력의 140 %까지 제한하도록 맞추어 조절되어야 한다.

⑰ 유압식 엘리베이터의 상승 또는 하강 정격속도는 1 ㎧ 이하이어야 한다.

⑱ 빈 카의 상승 속도는 상승 정격속도의 8 %를 초과하지 않아야 하고 정격하중을 실은 카의 하강속도는 하강 정격속도의 8 %를 초과하지 않아야 한다.

⑲ 비상운전 시 카의 속도는 0.3 m/s 이하이어야 한다.

⑳ 유압식 엘리베이터가 기동할 때 구동기가 공회전하는 경우에는 구동기의 동력을 차단하고 차단 상태를 유지하는 전동기 구동시간 제한장치가 있어야 하고 전동기 구동시간 제한장치는 다음 값 중 짧은 시간을 초과하지 않은 시간에서 작동해야 한다.

㉮ 45초

㉯ 정격하중으로 전체 주행로를 운행하는 데 걸리는 시간에 10초를 더한 시간. 다만, 전체 운행시간이 10초보다 작은 값일 경우 최소 20초

(13) 전기설비 및 전기기기

1) 모든 제어장치는 전면에서 점검 및 유지관리를 용이하게 하도록 설치되어야 한다.

2) 정기적인 점검 및 유지관리를 위한 접근이 필요한 경우, 관련 장치는 작업구역 위로 0.4 m 와 2.0 m 사이에 위치해야 한다.

3) 단자는 작업구역 위로 0.2 m 이상인 곳에 설치되고 전도체 및 케이블은 단자에 쉽게 연결될 수 있는 곳에 위치할 것을 권장한다.

4) 상기 1) 2) 3)의 기준은 카 지붕의 제어 장치에 적용하지 않는다.

5) 기본 보호(직접 접촉에 대비한 보호)

① 승강로 내부, 기계류 공간 및 풀리실에서 직접적인 접촉에 대한 전기설비의 보호는 IP 2X 이상의 보호등급을 제공하는 케이스를 통해 제공되어야 한다.

② 권한이 없는 사람이 장치에 접근 가능 한 경우, 최소 IP2XD(KSC IEC 60529)의 직접 접촉에 대한 보호를 적용해야 한다.

③ 위험한 충전부를 포함한 구역이 구조 작업을 위해 열릴 때, 위험 전압에 대한 접근은 IPXXB(KS C IEC 60529)의 최소 보호등급에 의해 방지되어야 한다.

6) 30mA 이하의 정격 잔류 전류의 경우, 다음에 대해 누전차단기(residual current protective device, RCD)를 설치해야 한다:

① 콘센트

② 전압이 50 V AC 이상인 착상, 위치표시기, 안전회로 관련 제어회로
③ 전압이 50 V AC 이상인 카의 회로

7) 전기설비의 절연저항(KS C IEC 60364-6)
① 절연저항은 각각의 전기가 통하는 전도체와 접지 사이에서 측정되어야 한다. 다만, 정격이 100VA 이하의 PELV 및 SELV회로는 제외한다.
② 절연저항 값은 다음 표 10에 적합해야 한다.

표 10 절연 저항

공칭 회로 전압(V)	시험 전압/직류(V)	절연 저항(MΩ)
SELV^a 및 PELV^b > 100 VA	250	≥ 0.5
≤ 500 FELV^c 포함	500	≥ 1.0
> 500	1000	≥ 1.0

a SELV: 안전 초저압 (Safety Extra Low Voltage)
b PELV: 보호 초저압 (Protective Extra Low Voltage)
c FELV: 기능 초저압 (Functional Extra Low Voltage)

③ 제어회로 및 안전회로의 경우, 전도체와 전도체 사이 또는 전도체와 접지 사이의 직류 전압 평균값 및 교류 전압 실효값은 250 V 이하이어야 한다.

8) 각 엘리베이터에는 엘리베이터에 공급되는 모든 전도체의 전원을 차단할 수 있는 주개폐기가 있어야 한다.

9) 주개폐기는 다음 장치에 공급되는 회로를 차단하지 않아야 한다.
① 카 조명과 환기장치
② 카 지붕의 콘센트
③ 기계류 공간 및 풀리실의 조명
④ 기계류 공간, 풀리실 및 피트의 콘센트
⑤ 승강로 조명

10) 주개폐기 설치장소
① 기계실이 있는 경우, 기계실
② 기계실이 없는 경우, 제어반(승강로에 위치할 경우는 제외)
③ 제어반이 승강로에 위치할 경우, 비상운전 및 작동시험을 위한 패널, 비상운전을 위한 패널이 작동시험을 위한 패널과 떨어져 있을 경우, 주 개폐기는 비상운전을 위한 패널에 있어야 한다.
④ 주 개폐기가 제어반에서 직접 접근 가능하지 않을 경우, 운행 제어시스템 또는 엘리베이터 구동기에는 KS C IEC 60204-1, 5.5에 따른 장치에 있어야 한다.

11) 역률향상을 위한 캐패시터는 동력회로의 주 개폐기 앞에 연결되어야 한다.

12) 주개폐기가 엘리베이터의 전원을 차단하였을 경우, 엘리베이터의 자동적인 움직임은 방지되어야 한다. (예를 들어, 자동적인 배터리 전원공급 작동)

13) 카, 승강로, 기계류 공간, 풀리실 및 비상운전 및 작동시험을 위한 패널에 공급되는 전기조명은 구동기에 공급되는 전원과는 독립적이어야 한다.

14) 카 지붕, 기계류 공간, 풀리실 및 피트에 요구되는 콘센트의 전원은 구동기에 공급되는 전원과는 독립적인 회로에서 공급되어야 하고 콘센트는 2P+PE, 250 V로 직접 공급되어야 한다.

15) 조명 및 콘센트의 전원공급 차단기는 엘리베이터 카의 조명 및 콘센트의 회로에 전원공급을 제어해야 한다. 기계실에 여러 대의 구동기가 있으면 카마다 차단기가 필요하다.

(14) 외함이 IP 4X(KS C IEC 60529) 이상의 보호등급인 경우에는 정격 절연전압 250 V, 외함이 IP 4X(KS C IEC 60529) 미만의 보호등급인 경우에는 정격 절연전압 500 V에 대한 안전접점이 제공되어야 하고 안전접점은 KS C IEC 60947-5-1에 규정한 대로 다음과 같은 범주에 포함되어야 한다.

1) 교류회로에 있는 안전접점 : AC-15
2) 직류회로에 있는 안전접점 : DC-13

(15) 제어-파이널 리미트 스위치-우선순위

1) 정상운전 제어
   ① 착상 정확도는 ±10 mm 이내이어야 한다.
   ② 승객이 출입하거나 하역하는 동안 착상정확도가 ±20 mm를 초과할 경우에는 ±10 mm 이내로 보정되어야 한다. (※ 재착상 정확도도 동일)

2) 부하 제어
   ① 카에 과부하가 발생할 경우에는 재-착상을 포함한 정상 기동을 방지하는 장치가 설치되어야 한다.
   ② 유압식 엘리베이터의 경우, 장치는 재-착상을 방지하여서는 안된다.
   ③ 과부하는 정격하중의 10 %(최소 75 kg)를 초과하기 전에 검출되어야 한다.
   ④ 과부하의 경우에는 다음과 같아야 한다.
      ㉮ 청각 및 시각적인 신호에 의해 카 내 이용자에게 알려야 한다.
      ㉯ 자동 동력 작동식 문은 완전히 개방되어야 한다.
      ㉰ 수동 작동식 문은 잠금해제 상태를 유지해야 한다.
      ㉱ 예비운전은 무효화되어야 한다.

3) 감소된 완충기 행정의 경우 구동기의 정상 감속 감시를 위해 최하층 및 최상층에 도착하기 전에 감속이 되는지를 확인하는 전기안전장치가 있어야 하고 감속이 충분하지 않을 경우, 기계 브레이크는 카 또는 균형추가 완충기에 충돌할 때 속도가 완충기의 설계속도를 초과하지 않도록 카의 속도를 줄여야 한다.

4) 문이 닫히지 않거나 잠기지 않은 상태에서 착상, 재-착상, 예비운전 제어
   ① 승강장문 및 카문이 닫히거나 잠기지 않은 상태에서 카의 움직임은 다음과 같은 조건의 착상, 재-착상 및 예비운전인 경우 허용된다.
      ㉮ 카의 움직임은 전기안전장치에 의해 잠금해제구간으로 제한한다. 예비운전 중 카는 승강장으로부터 20 mm 이내에 유지되어야 한다.
      ㉯ 착상운전 중, 문의 전기안전장치를 무효화시키는 장치는 해당 승강장에 대한 정지신호가 주어진 경우에만 작동되어야 한다.
   ② 착상속도는 0.8 m/s 이하이어야 한다. 추가적으로 수동으로 조작되는 승강장문이 있는 엘리베이터는 다음 사항이 확인되어야 한다.
      ㉮ 최대 회전속도가 전원의 고정 주파수에 의해 제한되는 구동기의 경우, 저속운전 제어회로에만 전원이 공급되어야 한다.
      ㉯ 기타 다른 구동기의 경우, 잠금해제구간 도달 순간의 속도는 0.8 m/s 이하이어야 한다.
   ③ 재-착상 속도는 0.3 m/s 이하이어야 한다.

5) 점검 운전 제어
   ① 점검 등 유지관리를 용이하게 하기 위해 쉽게 조작할 수 있는 점검운전 조작반이 다음의 위치에 영구적으로 설치되어야 한다.
      ㉮ 카 지붕
      ㉯ 피트
      ㉰ 점검문이 열린 상태로 카 내부에서 카를 움직일 필요가 있는 경우 : 카 내
      ㉱ 플랫폼에서 카를 움직일 필요가 있는 경우 : 플랫폼(platform)
   ② 점검운전 조작반은 다음과 같은 장치로 구성되어야 한다.
      ㉮ 전기안전장치의 요구사항을 만족하는 스위치(점검운전스위치)는 쌍안정(bi-stable)이어야 하고, 의도되지 않는 작동에 대해 보호되어야 한다.
      ㉯ 이동방향이 명확하게 표시되고 우발적인 작동으로부터 보호되는 "상승"과 "하강" 방향 누름버튼
      ㉰ 우발적인 작동으로부터 보호되는 "운전" 누름버튼
      ㉱ 정지 장치

③ 점검운전 조작반은 IP XXD(KS C IEC 60529)의 최소 보호등급을 가져야 한다. 회전식 조작 스위치는 고정된 부재의 회전을 방지하는 장치를 가져야 한다.
④ 점검 위치에 있는 점검 운전 스위치는 다음의 작동조건을 동시에 만족되어야 한다.
  ㉮ 정상 운전 제어를 무효화한다.
  ㉯ 전기적 비상운전을 무효화 한다.
  ㉰ 착상 및 재-착상이 불가능해야 한다.
  ㉱ 동력 작동식 문의 어떠한 자동 움직임도 방지되어야 한다. 동력 작동식 문의 닫힘은 다음의 사항에 의해 작동되어야 한다.
    - 카 움직임을 위한 방향 버튼의 동작, 또는
    - 문 개폐장치 제어의 우발적인 작동에 대비하여 보호된 추가적인 스위치
  ㉲ 카 속도는 0.63 m/s 이하이어야 한다.
  ㉳ 카 지붕 또는 피트 내부의 작업자가 서있는 공간 위로 수직거리가 2.0 m 이하일 때, 카 속도는 0.3 m/s 이하이어야 한다.
  ㉴ 정상 운행시의 주행 한계 즉, 종단의 정지 위치를 초과하여 운행되지 않아야 한다.
  ㉵ 엘리베이터의 운행은 안전장치에 좌우되어야 한다.
  ㉶ 두 개 이상의 점검운전 조작반이 "점검" 위치에 있는 경우, 동일한 누름버튼이 동시에 조작되지 않는 한, 하나의 점검운전 조작반으로 카를 움직이는 것은 불가능해야 한다.
  ㉷ 점검문이 열린 상태로 카 내부에서 카를 움직일 필요가 있는 경우, 카의 점검 운전 스위치는 전기안전장치를 무효화시켜야한다.
⑤ 엘리베이터의 정상운행으로의 복귀는 점검 운전 스위치를 정상으로 전환해야만 가능해야 한다.
⑥ 피트 점검운전 조작반에서의 엘리베이터 정상운행으로의 복귀는 다음의 조건에서만 가능해야 한다.
  ㉮ 피트로 출입할 수 있는 승강장문은 닫히고 잠겨 있어야 한다.
  ㉯ 피트 내부의 모든 정지 장치는 작동되지 않는 상태이어야 한다.
  ㉰ 승강로 외부의 전기적 재-설정(reset) 장치는 다음과 같이 작동된다.
    - 피트로 출입할 수 있는 문의 비상잠금해제 수단과 연동 또는
    - 피트로 출입할 수 있는 문과 가까운 위치에 있고, 자격자만 접근 가능한 조작 (잠금장치가 있는 캐비넷 내부 등)
⑦ 점검 운전과 관련된 회로에 고장이 발생한 경우 모든 의도되지 않은 카의 움직임을 막는 예방조치가 취해져야 한다.

⑧ 점검운전 조작반은 다음 정보를 표시해야 한다. (그림 12 참조)
  ㉮ "정상(NORMAL)" 및 "점검(INSPECTION)"을 점검 운전 스위치나 그 주변에 표시한다.
  ㉯ 이동 방향은 표 11에 따라 색깔로 표시한다.

표 11. 점검운전 조작반 - 버튼 지정

제어	버튼 색상	기호 색상	기준 기호	기호
상승(UP)	흰색	검은색	IEC 60417-5022	↑
하강(DOWN)	검은색	흰색	IEC 60417-5022	↓
운전(RUN)	파란색	흰색	IEC 60417-5023	↕

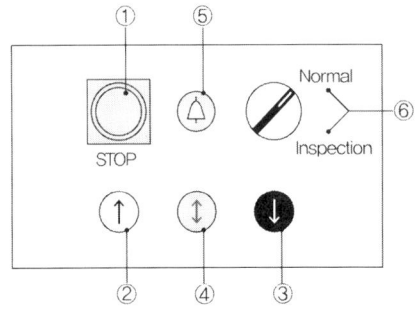

[기호 설명]
① 정지 장치
② 상승 누름 버튼
③ 하강 누름 버튼
④ 운전 누름 버튼
⑤ 비상호출 누름 버튼
⑥ 정상/점검 스위치 위치

[비고] 점검운전 조작반 내 경보 버튼은 선택 사항이다.

그림 12. 점검운전 조작반 - 제어 장치 및 픽토그램

6) 전기적 비상운전 제어
  ① 전기적 비상운전 수단이 필요할 경우, 전기적 비상운전 스위치가 설치 되어야 한다.
  ② 구동기는 정상적인 주전원 또는 예비전원으로부터 전력을 공급받아야 하며 다음의 조건을 동시에 만족해야 한다.
    ㉮ 전기적 비상운전 스위치의 작동은 우발적 작동을 보호하는 버튼에 지속적인 압력을 가해 카 움직임의 제어를 허용해야 한다. 버튼 자체 또는 주변에 이동 방향이 명확히 표시되어 있어야 한다.
    ㉯ 전기적 비상운전 스위치의 작동 후, 이 스위치에 의한 움직임을 제외한 모든 카 움직임은 방지되어야 한다.
    ㉰ 다음과 같이 점검 운전 스위치는 전기적 비상운전 보다 우선한다.
      - 점검 운전이 작동된 상태에서 전기적 비상운전을 작동하면, 전기적 비상운전은 무효화되며, 점검 운전의 상승/하강/운전 버튼은 여전히 유효하다.

- 전기적 비상운전이 작동된 상태에서 점검 운전을 작동하면, 전기적 비상운전 작동이 무효화되며, 점검 운전의 상승/하강/운전 버튼은 유효하게 된다.
㉣ 전기적 비상운전 스위치는 자체적으로, 또는 다음의 전기 장치를 무효화해야 한다.
- 늘어진 로프나 체인을 확인하는 전기 장치
- 카 추락방지안전장치에 설치된 전기 장치
- 과속조절기에 설치된 전기 장치
- 카 상승과속방지장치에 설치된 전기 장치
- 완충기의 복귀를 확인하는 전기 장치
- 파이널 리미트 스위치
㉤ 전기적 비상운전 스위치 및 이 스위치의 누름 버튼은 구동기를 직접 확인할 수 있거나 표시장치에 의해서 확인할 수 있는 위치에 설치되어야 한다.
㉥ 카 속도는 0.30 m/s 이하이어야 한다.
③ 전기적 비상운전 수단은 IPXXD(KS C IEC 60529)의 최소 보호등급을 가져야 한다.

7) 점검 등 유지관리 업무 수행을 위한 보호
① 제어시스템에는 승강장 호출, 원격 명령에 의한 엘리베이터 응답을 차단하고, 자동식문의 작동을 비활성화해야 하며, 유지관리를 위해 최소한 최상층 및 최하층을 호출하는 수단이 제공되어야 한다.
② 엘리베이터의 결함 등을 확인하는 장치가 패널에 설치되어야 하며, 다음 기능을 수행할 수 있어야 한다.
㉮ 고장분석 및 전기안전장치의 결함확인 기능
㉯ 결함 초기화 및 정상 운행 복귀 기능
㉰ 유지관리를 위한 조정 및 설정기능
㉱ 점검 및 검사를 위한 조정 기능
㉲ 월간 기동횟수 및 운행시간 적산 기록·표시 기능

8) 승강장문 및 카문의 바이패스(bypass) 장치
① 승강장문, 카문의 접점과 문 잠금장치의 유지관리를 위해 제어반 또는 비상운전 및 작동시험을 위한 장치에 바이패스(bypass) 장치가 제공되어야 한다.

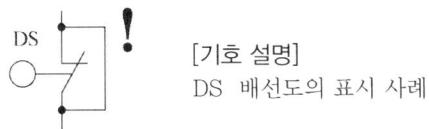

[기호 설명]
DS 배선도의 표시 사례

그림 13. 바이패스(bypass) 픽토그램

② 바이패스 기능은 다음의 조건을 만족해야 한다.
⑦ 자동 동력 작동식 문을 포함한 정상작동 제어는 무효화되어야 한다.
㉯ 승강장문, 승강장문 잠금장치, 카문, 카문 잠금장치 접점은 바이패스(bypass)가 가능해야 한다.
㉰ 승강장문과 카문의 접점은 동시에 바이패스(bypass)되지 않아야 한다.
㉱ 바이패스된 카문 닫힘 접점으로 카의 움직임을 허용하기 위해 카문이 닫힌 위치에 있는지 확인하기 위한 별도의 감시 신호가 제공되어야 한다. 이 사항은 카문의 닫힘 접점과 카문 잠금장치의 잠금 접점이 결합된 경우에도 적용된다.
㉲ 수동 작동식 승강장문의 경우, 승강장문접점과 승강장문 잠금장치의 접점을 동시에 바이패스하는 것은 불가능해야 한다.
㉳ 카 움직임은 점검운전 또는 전기적 비상운전하에서만 가능하다.
㉴ 카가 움직이는 동안 카의 음향신호와 카 아래 부분의 깜빡이는 조명이 작동되어야 한다. 경보음의 소리 크기는 카 아래 1m 거리에서 최소 55 dB(A) 이상이어야 한다.

9) 카문이 열려 있고 승강장문 잠금장치가 해제되는 잠금해제구간에 있는 동안 카문의 닫힘 상태를 확인하는 전기안전장치, 승강장문 잠금장치의 잠금 상태를 확인하는 전기안전장치 및 감시 신호가 올바르게 작동하는지 감시되어야 한다.
장치의 고장이 감지되면 엘리베이터의 정상운전이 방지되어야 한다.

10) 전기적 크리핑 방지 시스템 (※유압식)
① 카는 마지막 정상적인 운행 후, 15분 이내에 최하층 승강장에 자동으로 보내져야 한다.
② 수동 조작식 문 또는 사용자의 지속적인 조작으로 닫히는 동력 작동식 문이 설치된 엘리베이터의 경우 카에는 다음과 같은 표시가 있어야 한다.

"문을 닫으시오"

글자 크기의 최소높이는 50 mm 이어야 한다.
③ 주 개폐기 또는 그 근처에 다음과 같은 경고문이 표기되어야 한다.

"카가 최하층 승강장에 있을 때만 스위치를 끄시오"

11) 동력 작동식 문을 포함하여 엘리베이터를 정지시키고 움직이지 않도록 하는 정지장치는 다음과 같은 장소에 설치되어야 한다.
① 피트
② 풀리실

③ 카 지붕
④ 점검운전 조작반
⑤ 엘리베이터 구동기. 이 장치는 1 m 이내 직접 접근 가능한 주개폐기 또는 다른 정지장치가 있는 경우는 제외한다.
⑥ 작동시험을 위한 패널 1 m 이내 직접 접근 가능한 주개폐기 또는 다른 정지장치가 있는 경우는 제외한다.
⑦ 카 내 노출된 정지장치는 없어야 한다.

12) 파이널 리미트 스위치
   ① 파이널 리미트 스위치는 다음과 같아야 한다.
      ㉮ 권상 및 포지티브 구동식 엘리베이터의 경우, 주행로의 최상부 및 최하부에서 작동하도록 설치되어야 한다.
      ㉯ 유압식 엘리베이터의 경우, 주행로의 최상부에서만 작동하도록 설치되어야 한다.
   ② 파이널 리미트 스위치는 카(또는 균형추)가 완충기 또는 램이 완충장치에 충돌하기 전에 작동되어야 한다.
   ③ 파이널 리미트 스위치의 작동은 완충기가 압축되어 있거나, 램이 완충장치에 접촉되어 있는 동안 지속적으로 유지되어야 한다.
   ④ 파이널 리미트 스위치와 일반 종단정지장치는 독립적으로 작동되어야 한다.
   ⑤ 포지티브 구동식 엘리베이터의 경우, 파이널 리미트 스위치는 다음과 같이 작동되어야 한다.
      ㉮ 구동기의 움직임에 연결된 장치에 의해
      ㉯ 평형추가 있는 경우, 승강로 상부에서 카 및 평형추에 의해
      ㉰ 평형추가 없는 경우, 승강로 상부 및 하부에서 카에 의해
   ⑥ 권상 구동식 엘리베이터의 경우, 파이널 리미트 스위치는 다음과 같이 작동해야 한다.
      ㉮ 승강로 상부 및 하부에서 직접 카에 의해
      ㉯ 카에 간접적으로 연결된 장치(로프, 벨트 또는 체인 등)에 의해
   ⑦ 직접 유압식 엘리베이터의 경우, 파이널 리미트 스위치는 다음과 같이 작동해야 한다.
      ㉮ 카 또는 램에 의해
      ㉯ 카에 간접적으로 연결된 장치(로프, 벨트 또는 체인 등)에 의해
   ⑧ 간접 유압식 엘리베이터의 경우, 파이널 리미트 스위치는 다음과 같이 작동해야 한다.

㉮ 램에 의해 직접적으로

㉯ 램에 간접적으로 연결된 장치(로프, 벨트 또는 체인 등)에 의해

⑨ 파이널 리미트 스위치는 전동기 및 브레이크에 공급되는 회로의 확실한 기계적 분리를 통해 직접 회로를 개방하거나 전기안전장치를 개방해야한다.

⑩ 파이널 리미트 스위치가 작동한 후에는, 유압식엘리베이터가 크리핑에 의해 작동 구역을 벗어나는 경우라도, 카와 승강장 호출에 대해 카는 더 이상 움직이지 않아야 한다.

⑪ 엘리베이터의 정상 작동으로의 복귀는 전문가(유지관리업자 등)의 개입이 요구되어야 한다.

13) 비상통화장치 및 내부통화시스템

① 비상통화장치는 구출활동 중에 지속적으로 통화할 수 있는 양방향 음성통신이어야 한다.

② 기계실 또는 비상구출운전을 위한 장소에는 카내와 통화할 수 있도록 비상전원공급장치에 의해 전원을 공급받는 내부통화 시스템 또는 유사한 장치가 설치되어야 한다.

③ 카 내에 갇힌 이용자 등이 외부와 통화할 수 있는 비상통화장치가 엘리베이터가 있는 건축물이나 고정된 시설물의 관리 인력이 상주하는 장소(경비실, 전기실, 중앙관리실 등) 2곳 이상에 설치되어야 한다. 다만, 관리 인력이 상주하는 장소가 2곳 미만인 경우에는 1곳에만 설치될 수 있다.

④ 건축물이나 고정된 시설물 내의 장소와 통화 연결이 되지 않을 때를 대비하여 유지관리업체 또는 자체점검을 담당하는 사람 등 해당 건축물이나 고정된 시설물 외부로 자동으로 통화 연결되어 신속한 구조 요청이 이뤄질 수 있어야 한다.

⑤ 비상통화장치는 다음과 같이 작동되어야 한다.

㉮ 비상통화 버튼을 한 번만 눌러도 작동되어야 한다.

㉯ 비상통화 버튼을 작동시키면 전송을 알리는 음향 또는 통화신호가 작동되고 노란색 표시의 등이 점등되어야 한다.

㉰ 비상통화가 연결되면 녹색 표시의 등이 점등되어야 한다.

14) 홀랜턴

군관리 엘리베이터의 경우, 램프와 음성신호에 의해 카의 도착을 예고하는 것 (홀랜턴)이 권장되고 승강장에 있는 위치표시기는 권장되지 않는다.

(16) 장애인용 엘리베이터의 추가요건

1) 승강장의 크기 및 틈새
   ① 승강기의 전면에는 1.4 m×1.4 m 이상의 활동공간이 확보되어야 한다.
   ② 승강장바닥과 승강기바닥의 틈은 0.03 m 이하이어야 한다.

2) 카 및 출입문 크기
   ① 승강기 내부의 유효바닥면적은 폭 1.6 m 이상, 깊이 1.35 m 이상이어야 한다.
   ② 출입문의 통과 유효폭은 0.8 m 이상으로 하되, 신축한 건물의 경우에는 출입문의 통과 유효폭을 0.9 m 이상으로 할 수 있다.

3) 이용자 조작설비
   ① 호출버튼·조작반·통화장치 등 승강기의 안팎에 설치되는 모든 스위치의 높이는 바닥면으로부터 0.8 m 이상 1.2 m 이하의 위치에 설치되어야 한다. 다만, 스위치는 수가 많아 1.2 m 이내에 설치되는 것이 곤란한 경우에는 1.4 m 이하까지 완화될 수 있다.
   ② 카 내부의 휠체어사용자용 조작반은 진입방향 우측면에 설치되어야 한다. 다만, 카 내부의 유효바닥면적이 1.4 m×1.4 m 이상인 경우에는 진입방향 좌측면에 설치될 수 있다.
   ③ 승강기 내부의 유효바닥면적이 폭 1.6 m 이상, 깊이 1.35 m 이상인 경우에도 진입방향 좌측면에 설치 가능하다.
   ④ 조작설비의 형태는 버튼식으로 하되, 시각장애인 등이 감지할 수 있도록 층수 등이 점자로 표시되어야 한다.
   ⑤ 조작반·통화장치 등에는 점자표지판이 부착되어야 한다.

4) 기타 설비
   ① 카 내부에는 수평손잡이를 카 바닥에서 0.8 m 이상 0.9 m 이하의 위치에 견고하게 설치되고, 수평손잡이는 측면과 후면에 각각 설치되어야 한다.
   ② 카 내부의 유효바닥면적이 1.4 m × 1.4 m 미만인 경우에는 카 내부 후면에 견고한 재질의 거울이 설치되어야 한다.
   ③ 각 층의 승강장에는 카의 도착여부를 표시하는 점멸등 및 음향신호장치가 설치되어야 하며, 카 내부에는 도착 층 및 운행상황을 표시하는 점멸등 및 음성신호장치가 설치되어야 한다.
   ④ 호출버튼 또는 등록버튼에 의하여 카가 정지하면 10초 이상 문이 열린 채로 대기해야 한다.
   ⑤ 각 층의 호출버튼 0.3 m 전면에는 점형블록이 설치되거나 시각장애인이 감지할 수

있도록 바닥재의 질감 등을 달리해야 한다.
⑥ 카 내부의 층 선택버튼을 누르면 점멸등 표시와 동시에 음성으로 층이 안내되어야 한다. 또한 층 등록과 취소 시에도 음성으로 안내되어야 한다.
⑦ 카 내부 바닥의 어느 부분에서든 150 lx 이상의 조도가 확보되어야 한다.

(17) 소방구조용 엘리베이터의 추가요건

1) 소방구조용 엘리베이터는 모든 승강장문 전면에 방화 구획된 로비를 포함한 승강로 내에 설치되어야 한다.
2) 소방구조용 엘리베이터는 소방운전 시 건축물에 요구되는 2시간 이상 동안 다음 조건에 따라 정확하게 운전되도록 설계되어야 한다.
    ① 소방 접근 지정층을 제외한 승강장의 전기/전자 장치는 0 ℃에서 65 ℃까지의 주위 온도 범위에서 정상적으로 작동될 수 있도록 설계되어야 하며, 승강장 위치표시기 및 누름 버튼 등의 오작동이 엘리베이터의 동작에 지장을 주지 않아야 한다.
    ② ①에서 언급한 전기/전자장치를 제외한 소방구조용 엘리베이터의 모든 다른 전기/전자 부품은 0 ℃에서 40 ℃까지의 주위 온도 범위에서 정확하게 기능하도록 설계되어야 한다.
    ③ 엘리베이터 제어의 정확한 기능은 연기가 가득 찬 승강로 및 기계실에서 보장되어야 한다.
    ④ 모든 온도센서는 엘리베이터를 정지시키거나 동작에 지장을 주지 않아야 한다.
    ⑤ 2개의 카 출입문이 있는 경우, 소방운전 시 어떠한 경우라도 2개의 출입문이 동시에 열리지 않아야 한다.
    ⑥ 보조 전원공급장치는 방화구획 된 장소에 설치되어야 한다.
    ⑦ 소방구조용 엘리베이터의 주 전원공급과 보조 전원공급의 전선은 방화구획이 되어야 하고 서로 구분되어야 하며, 다른 전원공급장치와도 구분되어야 한다.
3) 소방구조용 엘리베이터의 기본요건
    ① 소방구조용 엘리베이터는 소방운전 시 모든 승강장의 출입구마다 정지할 수 있어야 한다.
    ② 소방구조용 엘리베이터의 크기는 KS B ISO 4190-1에 따라 630 kg의 정격하중을 갖는 폭 1,100 mm, 깊이 1,400 mm 이상이어야 하며, 출입구 유효 폭은 800 mm 이상이어야 한다.
    ③ 소방구조용 엘리베이터는 소방관 접근 지정층에서 소방관이 조작하여 엘리베이터 문이 닫힌 이후부터 60초 이내에 가장 먼 층에 도착되어야 한다. 다만, 운행속도는 1 m/s 이상이어야 한다.

④ 승강행정 200 m 이상 운행될 경우에는 가장 먼 층까지의 도달 시간을 3 m 운행 거리마다 1초씩 증가될 수 있다. 또한, 속도가 4.5 m/s가 넘는 경우는 기술적 복잡성 때문에 문제를 야기할 수 있다. (이차 전원공급의 크기, 가압된 환경으로부터의 난류, 카 지붕의 스포일러)

⑤ 연속되는 상·하 승강장문의 문턱간 거리가 7 m 초과한 경우, 승강로 중간에 카문 방향으로 비상이 설치되고, 승강장문과 비상문 및 비상문과 비상문의 문턱간 거리는 7m 이하이어야 한다.

4) 전기장치의 물에 대한 보호

① 승강장문을 포함하는 최상층 승강장 아래 승강로 벽으로부터 1 m 이내에 위치한 승강로 내부의 전기기기, 카 지붕 및 카 벽면의 외부를 둘러싼 전기설비는 상부 승강장에서 떨어지는 물과 튀는 물로부터 보호되거나 IP X3 이상의 등급으로 보호되어야 한다.

② 승강장문을 포함하는 최상층 승강장 아래 승강로 벽으로부터 1 m 이상 떨어진 승강로 내부의 전기장치는 상부 승강장에서 떨어지는 물로부터 IP X1 이상의 등급으로 보호되어야 한다.

③ 피트 바닥 위로 1 m 이내에 위치한 전기장치는 IP 67 이상의 등급으로 보호되어야 한다. 콘센트 및 승강로에서 가장 낮은 조명 전구의 위치는 허용 가능한 피트 내부의 최대 누수 수준 위로 0.5 m 이상이어야 한다.

④ 승강로 외부의 기계류 공간에 있는 전기장치는 물로 인한 고장으로부터 보호되어야 한다.

⑤ 완전히 압축된 카 완충기 위로 물이 올라가지 않도록 하는 적절한 보호수단이 설치되어야 하며, 보호수단이 동력에 의한 경우 자동으로 작동되어야 한다.

⑥ 피트의 누수 수준이 소방구조용 엘리베이터의 고장을 유발시키는 장치까지 도달되지 않도록 방지수단이 설치되어야 한다.

이 방지수단이 동력에 의한 경우, 주 전원 또는 예비전원으로부터 전원이 공급되어 작동이 가능해야 한다.

⑦ 카 지붕은 물이 고이는 것이 방지되고, 카 지붕으로부터의 배수가 용이하도록 설계되어야 한다.

카 지붕 및 카 외벽 내의 전기설비는 IP X3 이상의 등급으로 보호되어야 한다.

5) 엘리베이터 카에 갇힌 소방관의 구출

① 카 지붕에 0.5 m×0.7 m 이상의 비상구출문이 있어야 한다. 다만, 정격용량이 630 kg인 엘리베이터의 비상구출문은 0.4 m×0.5 m 이상으로 할 수 있다.

② 비상구출문에 대한 각각의 이중천장을 열기 위해 가하는 힘은 250 N 보다 작아야 한다.
③ 카 외부에서 구출 시 다음과 같은 구출수단 중 어느 하나가 사용되어야 한다.
  ㉮ 승강장 출입구 위의 문턱에서부터 0.75 m 이내에 위치되고, 꼭대기 끝부분 근처에 쉽게 닿을 수 있는 1개 이상의 손잡이가 있는 영구적인 고정 사다리
  ㉯ 휴대용 사다리
  ㉰ 로프 사다리
  ㉱ 안전 로프 시스템
④ 카 내부에서 자체 탈출 시 카 내부에서 비상구출문을 완전히 개방할 수 있도록 접근 가능해야 하고 발판이 사용되는 경우에는 발판의 간격은 0.4 m 이하이고 발판과 수직벽면 사이의 거리는 0.15 m 이상이고, 발판은 1,500 N의 하중을 견딜 수 있어야 한다.
⑤ 휴대용 사다리의 길이는 6 m 이하 이어야 하고 카가 승강장과 같은 높이에 있을 때 직상부층의 승강장문 잠금장치까지 도달할 수 있어야 한다.

6) 승강장문과 카문이 연동되는 자동 수평 개폐식 문이 설치되어야 한다.

7) 기계실·기계류 공간 설치공간은 내화구조로 보호되어야 한다.

8) 제어시스템
  ① 소방운전 스위치는 소방관이 접근할 수 있는 지정된 로비에 위치되어야 한다. 이 스위치는 승강장문 끝부분에서 수평으로 2 m 이내에 위치되고, 승강장 바닥 위로 1.4 m부터 2.0 m 이내에 위치되어야 한다. 그림 13에 따른 소방구조용 엘리베이터 알림표지가 부착되어야 한다.

구분		기준
색상	바탕	적색
	그림	흰색
크기	카 조작 반	20 mm × 20 mm
	승강장	100 mm × 100 mm 이상

[비고] 출입구가 2개 있는 엘리베이터의 경우 소방구조용 운전으로 사용되는 카 조작반에 표시

그림 14. 소방구조용 엘리베이터의 알림표지

② 소방운전 스위치는 비상잠금해제 삼각열쇠에 적합해야 한다. 이 스위치의 조작은 쌍안정이어야 하고 '1'과 '0'으로 명확하게 시각적으로 표시되어야 한다. '1'의 위치에서 소방운전이 시작된다.
③ 추가적인 외부 제어 또는 입력은 소방구조용 엘리베이터가 자동으로 소방관 접근 지정 층으로 복귀되고 그 층에서 문이 열린 상태로 있는 경우에만 사용될 수 있다. 소방운전 스위치는 1단계 운전을 완료하기 위해 '1' 위치에서 계속 작동되어야 한다.
④ 소방운전 스위치가 작동하는 동안, 1단계 및 2단계 조건하에서 문닫힘안전장치를 제외하고 모든 엘리베이터의 안전장치(전기적 및 기계적)는 유효상태이어야 한다.
⑤ 소방운전 스위치는 점검운전 제어, 정지장치 또는 전기적 비상운전 제어보다 우선되지 않아야 한다.
⑥ 소방운전 중일 때 소방구조용 엘리베이터의 기능은 승강장 호출 제어 또는 승강로 외부에 위치한 엘리베이터 제어시스템의 다른 부품의 전기적 고장에 의해 영향을 받지 않아야 한다. 소방구조용 엘리베이터와 같은 그룹운전에 있는 다른 엘리베이터의 전기적 고장이 소방구조용 엘리베이터의 운전에 영향을 주지 않아야 한다.
⑦ 정상운행 중 소방운전 스위치를 작동하면 1단계가 시작되어야 한다. 소방운전 중 소방운전 스위치를 복귀하더라도 작동모드는 바뀌지 않아야 한다.
⑧ 1단계 : 소방구조용 엘리베이터에 대한 우선 호출

  이 단계는 수동 또는 자동으로 시작이 가능하고 다음 사항이 보장되어야 한다.
  ㉮ 승강로 및 기계류 공간의 조명은 소방운전 스위치가 조작되면 자동으로 점등되어야 한다.
  ㉯ 모든 승강장 호출 및 카 내의 등록버튼은 작동되지 않아야 하고, 미리 등록된 호출은 취소되어야 한다.
  ㉰ 문 열림 버튼 및 비상통화버튼은 작동이 가능한 상태이어야 한다.
  ㉱ 그룹운전에서 소방구조용 엘리베이터는 다른 모든 엘리베이터와 독립적으로 기능되어야 한다.
  ㉲ 소방 활동 통화시스템은 작동되어야 한다.
  ㉳ 카 조작반에 있는 시각적 표시기가 작동되어야 한다.
    이 시각적 표시기는 엘리베이터가 정상 작동으로 복귀될 때까지 작동상태가 한다.
  ㉴ 1단계가 시작되고 엘리베이터가 점검운전 제어, 전기적 비상운전 제어 또는 기타 유지관리 통제 조건하에 있을 때 즉시 카 및 관련 기계류 공간에 경보(가청신호) 가 울려야 한다.
    이 경보음 크기는 55 dB(A)에 설정하고 35 dB(A)와 65 dB(A) 사이에서 조정이

가능해야 한다.

경보음은 엘리베이터가 점검운전 제어, 전기적 비상운전 제어 또는 기타 유지관리 통제 조건이 해제될 때 멈추고, 소방구조용 엘리베이터는 자동으로 1단계 소방운전이 계속된다.

㉮ 승강장에 문을 열고 대기하고 있는 소방구조용 엘리베이터는 문을 닫고 소방관 접근 지정층까지 멈추지 않고 이동되어야 한다.

경보음은 문이 닫힐 때까지 카 내에서 울려야 한다.

승강장문이 실제 열려있는 시간이 15초를 초과하기 전에 열과 연기에 영향을 받을 수 있는 문닫힘 안전장치는 무효화 되고, 감소된 동력 조건하에 닫히기 시작해야 한다.

㉯ 소방관 접근 지정 층과 반대방향으로 운행 중인 소방구조용 엘리베이터는 가장 가까운 승강장에 정상적으로 정지되고 문은 열리지 않고 소방관 접근 지정층으로 복귀되어야 한다.

㉰ 소방관 접근 지정 층으로 운행 중인 엘리베이터는 정지하지 않고 소방관 접근 지정층으로 운행되어야 한다.

엘리베이터가 중간의 다른 승강장으로 정지가 이미 시작되었다면 정상적으로 정지되고 문은 열리지 않고 소방관 접근 지정층까지 계속 이동한다.

㉱ 소방관 접근 지정 층에 도착한 소방구조용 엘리베이터의 승강장문 및 카문은 열린 상태로 계속 유지되어야 한다.

⑨ 2단계 : 소방운전 제어 조건아래에서 엘리베이터의 이용

소방구조용 엘리베이터가 1단계 조건하에 소방관 접근 지정 층에 정지하고 출입문이 열린 상태로 대기하면, 카 조작반에서만 2단계 소방운전이 시작되어야 하고, 다음 사항이 보장되어야 한다.

㉮ 1단계가 외부 신호에 의해 시작된 경우에는 소방운전 스위치가 '1'위치로 전환되기 전까지 2단계 운전으로 전환되지 않아야 한다.

㉯ 2개 이상의 카 운행 층이 동시에 등록되는 것은 가능하지 않아야 한다.

㉰ 카 등록버튼 또는 문 닫힘 버튼에 지속적으로 압력이 가해지면 문이 닫혀야 한다. 문이 완전히 닫히기 전에 버튼을 놓으면 문은 자동으로 다시 열려야 한다. 문이 완전히 닫히면 카 목적층을 등록할 수 있고, 카는 목적층으로 이동하기 시작한다.

㉱ 카가 움직이고 있는 동안에는 카 내부에서 새로운 층 등록이 가능해야 한다.

미리 등록된 층은 취소되어야 한다. 카는 새롭게 등록된 층으로 빠른 시간에 운행되어야 한다.

㉕ 카가 목적층에 도착하면 문이 닫힌 상태로 정지되어야 한다.
㉖ 카가 승강장에 정지하고 있다면 카 내의 '문 열림' 버튼에 지속적인 압력이 가해질 때만 문이 열려야 한다.

문이 완전히 열리기 전에 카 내의 '문 열림' 버튼에 압력을 가하지 않으면 문은 자동으로 다시 닫혀야 한다. 문이 완전히 열리면 카 조작반에 새로운 층이 등록되기 전까지는 문이 열린 상태로 있어야 한다.

㉗ 문닫힘안전장치 및 문 열림 버튼은 1단계와 같이 작동이 가능한 상태이어야 한다. 다만, 열과 연기에 영향을 받는 문닫힘안전장치는 무효화되어야 한다.
㉘ 소방구조용 엘리베이터는 소방운전 스위치를 '1'에서 '0'으로 전환(최대 5초 동안)그리고 다시 '1'로 전환하면 소방관 접근 지정 층으로 복귀되어야 하고 1단계는 계속 유지된다. 다만 이 규정은 소방운전 스위치가 아래의 아)에서 기술된 것처럼 카에 있는 경우에는 적용하지 않는다.
㉙ 추가적으로 소방운전용 키 스위치가 카에 설치된 경우, '0' 및 '1' 이 명확하게 표시되어야 한다.

이 스위치는 비상잠금해제 삼각열쇠를 제외한 다른 유형의 키를 사용할 수 있지만 '0'의 위치에서만 제거되어야 하고 이 스위치의 조작은 다음과 같아야 한다.
- 엘리베이터가 소방관 접근 지정 층에 있는 소방운전 스위치에 의해 소방운전 제어조건 아래에 있을 때 카에 있는 키 스위치는 2단계 소방운전을 시작하기 위해 '1' 위치로 전환되어야 한다.
- 엘리베이터가 소방관 접근 지정 층이 아닌 다른 층에 있고 카에 있는 키 스위치가 '0' 위치로 전환되면 카는 더 이상 움직이지 않고 문은 열린 상태로 있어야 한다.

㉚ 등록된 카의 목적층은 카 조작반에만 시각적으로 표시되어야 한다.
㉛ 정상 또는 비상전원공급이 유효할 때, 카 내부 및 소방관 접근 지정 층에는 카의 위치가 표시되어 보여야 한다.
㉜ 엘리베이터는 카 운행 층이 더 등록되기 전까지 지정 층에 남아 있어야 한다.
㉝ 소방 활동 통화시스템은 2단계 동안 작동 상태이어야 한다.
㉞ 소방운전 스위치가 '0'으로 다시 전환되면 소방구조용 엘리베이터 제어시스템은 엘리베이터가 소방관 접근 지정 층에 복귀될 때에만 정상운전 상태로 되돌아 갈 수 있어야 한다.

⑩ 엘리베이터가 2개의 출입구를 갖고 모든 승강장의 방화구획된 로비가 소방관 접근 층의 로비와 같은 측면에 위치한 소방구조용 엘리베이터는 다음과 같은 추가적인 사항이 적용된다.

㉮ 카 조작반(문 열림 및 비상통화버튼 포함)은 카문 출입구 근처에 각각 있어야 하며, 일반용 및 소방구조용 카 조작반으로 구분된다.
㉯ 소방구조용 카 조작반은 모든 승강장의 방화구획된 로비와 소방관 접근 지정 층의 로비와 같은 측면에 위치하고, 2단계에서 소방관이 사용하기 위한 것으로 소방구조용 엘리베이터 알림표지가 있어야 한다.
㉰ 일반용 카 조작반의 버튼은 2단계가 시작될 때 모두 무효화되어야 한다.
㉱ 소방구조용 카 조작반은 2단계 시작과 동시에 작동되어야 한다.

⑪ 엘리베이터 및 조명의 전원공급시스템은 주 전원공급장치 및 보조(비상, 대기 또는 대체) 전원공급장치로 구성되어야 한다.
방화등급은 엘리베이터 승강로에 주어진 등급과 동등 이상이어야 한다.(그림 15)

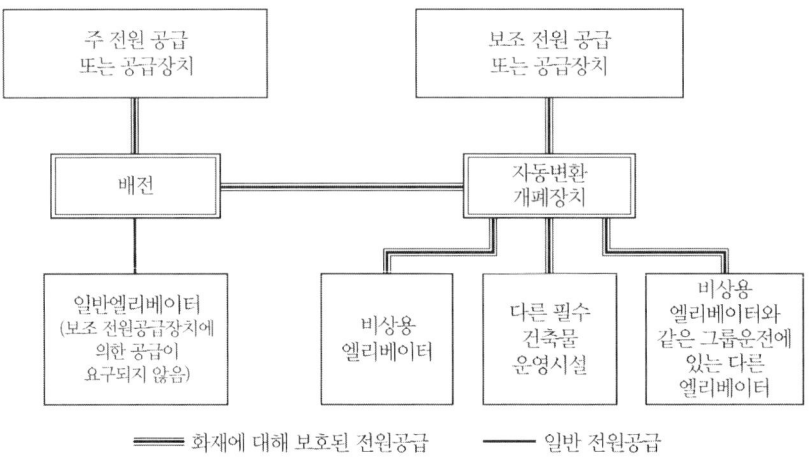

그림 15. 소방구조용 엘리베이터의 전원공급에 대한 예시

⑫ 보조 전원공급장치는 자가발전기에 교류예비전원으로서 다른 용도의 급전용량과는 별도로 소방구조용 엘리베이터의 전 대수를 동시에 운행시킬 수 있는 충분한 전력용량이 확보되어야 한다. 다만, 2곳 이상의 변전소(전기설비기술기준에관한규칙 제2조제2호의 규정에 의한 변전소)로부터 전력을 동시에 공급받는 경우 또는 1곳의 변전소로부터 전력의 공급이 중단될 때 자동으로 다른 변전소의 전원을 공급받을 수 있도록 되어 있는 경우 이 전력용량이 소방구조용 엘리베이터의 전부를 동시에 운행시킬 수 있도록 충분한 전력용량이 공급될 경우 자가발전기는 설치되지 않아도 된다.

⑬ 공동주택단지에 있어서 단지 내 소방구조용 엘리베이터의 전 대수를 동시에 운행시킬 수 있는 충분한 전력용량을 확보하기 어려운 경우에는 각 동마다 설치된 소방구

조용 엘리베이터의 전 대수를 동시에 운행시킬 수 있는 충분한 전력용량을 다른 용도의 급전용량과는 별도로 확보해야 하며, 각 동마다 개별급전이 가능하도록 절환장치가 설치되어야 한다.
⑭ 정전시에는 보조 전원공급장치에 의하여 엘리베이터를 다음과 같이 운행시킬 수 있어야 하다.
  ㉮ 60초 이내에 엘리베이터 운행에 필요한 전력용량을 자동으로 발생시키도록 하되 수동으로 전원을 작동시킬 수 있어야 한다.
  ㉯ 2시간 이상 운행시킬 수 있어야 한다.
⑮ 카와 승강장의 제어 및 관련 제어시스템은 열, 연기 및 습기의 영향으로부터 잘못된 신호가 등록되지 않아야 하고 소방관 접근 지정 층에는 카 위치 표시기가 설치되어야 한다.
⑯ 카 및 승강장의 버튼, 카 및 승강장의 표시기 및 소방운전 스위치는 IP X3 이상으로 보호되어야 한다.
소방관 접근 지정 층 이외의 다른 승강장 조작반 및 승강장 위치표시기는 소방운전 스위치 작동 시 전기적으로 분리되지 않으면 IP X3 이상으로 등급으로 보호되어야 한다.
⑰ 2단계 소방운전 중에 소방구조용 엘리베이터의 운전은 카에 있는 모든 푸시 버튼에 의해 이루어져야 하고 다른 운전시스템은 무효화되어야 한다.
⑱ 소방 활동 통화시스템은 소방구조용 엘리베이터에는 1단계 및 2단계 소방운전 중일 때 소방구조용 엘리베이터 카와 소방관 접근 지정 층 및 기계실이나 비상운전 및 작동시험 운전 장치 사이에서 양방향 음성통화를 위한 내부통화 시스템 또는 이와 유사한 장치가 있어야 한다.
⑲ 기계실에 있는 통화 장치는 조작 버튼을 눌러야만 작동되는 마이크로폰이어야 한다.
⑳ 엘리베이터 카와 소방관 접근 지정 층에 있는 통화 장치는 마이크로 폰 및 스피커가 내장되어 있어야하고, 전화 송수화기로 되어서는 안 된다.
㉑ 통신시스템 배선은 엘리베이터 승강로에 설치되어야 한다.

(18) 피난용 엘리베이터의 추가요건

1) 피난용 엘리베이터의 기본요건

① 피난용 엘리베이터에 필요한 보호조치, 제어 및 신호가 추가되어야 하고 화재등 재난발생시 통제자의 직접적인 조작아래에서 사용된다.
② 구동기 및 제어 패널·캐비닛은 최상층 승강장보다 위에 위치되어야 한다.

③ 승강장문과 카문이 연동되는 자동 수평 개폐식 문이 설치되어야 한다.
④ 피난용 엘리베이터의 카의 출입문 유효 폭은 900 mm 이상, 정격하중은 1,000 kg 이상이어야 한다.
  [비고] 의료시설(침상 미사용 시설 제외)의 경우에는 들것 또는 침상의 이동을 위해 출입문 폭 1,100 mm, 카 폭 1,200 mm, 카 깊이 2,300 mm 이상이어야 한다.
⑤ 승강로 내부는 연기가 침투되지 않는 구조이어야 한다.
⑥ 승강장의 모든 문이 닫힌 상태에서 승강로 이외 구역보다 기압을 높게 유지하여 연기가 침투되지 않도록 할 경우, 승강로의 기압은 승강장의 기압과 동등 이상이거나 승강장 이외 구역보다 최소 40 Pa 이상으로 해야 한다.
⑦ 피난 층을 제외한 승강장의 전기/전자 장치는 0℃에서 65℃까지의 주위 온도 범위에서 정상적으로 작동될 수 있도록 설계되어야 하며, 승강장 위치표시기 및 누름 버튼 등의 오작동이 엘리베이터의 동작에 지장을 주지 않아야 한다.
⑧ 2개의 카 출입문이 있는 경우, 피난운전 시 어떠한 경우라도 2개의 출입문이 동시에 열리지 않아야 한다.

2) 전기장치의 물에 대한 보호
① 승강장문을 포함하는 최상층 승강장 아래 승강로 벽으로부터 1 m 이내에 위치한 승강로 내부의 전기기기, 카 지붕 및 카 벽면의 외부를 둘러싼 전기설비는 상부 승강장에서 떨어지는 물과 튀는 물로부터 보호되거나 IP X3 이상의 등급으로 보호되어야 한다.
② 피트 바닥 위로 1 m 이내에 위치한 전기장치는 IP 67 이상의 등급으로 보호되어야 한다. 콘센트 및 승강로에서 가장 낮은 조명의 전구의 위치는 허용 가능한 피트 내부의 최대 누수 수준 위로 0.5 m 이상이어야 한다.
③ 승강로 외부의 기계류 공간에 있는 전기장치는 물로 인한 고장으로부터 보호되어야 한다.
④ 완전히 압축된 카 완충기 위로 물이 올라가지 않도록 하는 적절한 보호수단이 설치되어야 하며, 보호수단이 동력에 의한 경우 자동으로 작동되어야 한다.
⑤ 피트의 누수 수준이 피난용 엘리베이터의 고장을 유발시키는 장치까지 도달되지 않도록 방지수단이 설치되어야 한다.
   이 방지수단이 동력에 의한 경우 주 전원 또는 예비전원으로부터 전원이 공급되어 작동이 가능해야 한다.

3) 엘리베이터 카에 갇힌 승객의 구출
① 연속되는 상·하 승강장문의 문턱간 거리가 7 m 초과한 경우, 승강로 중간에 카문

방향으로 비상이 설치되고, 승강장문과 비상문 및 비상문과 비상문의 문턱간 거리는 7 m 이하이어야 한다.
② 카 지붕에는 0.5 m × 0.7 m 이상의 비상 구출문이 있어야 한다.
다만, 인접한 다른 피난용 엘리베이터 카에 비상 구출문이 설치된 경우는 예외로 한다.
③ 주 전원 및 보조 전원공급이 동시에 실패할 경우를 대비하여 다음 사항을 만족하는 수단이 제공되어야 한다.
　㉮ 정격하중의 카를 피난 층 또는 가장 가까운 피난안전구역까지 저속으로 운행시킬 수 있는 충분한 용량의 예비전원이 제공되어야 한다. 이 경우, 보조전원은 예비전원으로 간주하지 않는다.
　㉯ 피난용 엘리베이터는 피난 층 또는 피난안전구역 도착 후 주 전원 또는 보조전원이 정상적으로 공급되기 전까지 출입문을 열고 대기해야 한다.

4) 제어시스템
① "피난용 호출"이라고 명확히 표시된 '피난호출 스위치'가 지정된 피난 층에 위치되어야 한다.
② 이 피난 호출스위치는 승강장문 끝부분에서 수평으로 2 m 이내에 위치되고, 바닥 위로 높이 1.4 m부터 2.0 m 이내에 위치되어야 한다.
③ 피난용 엘리베이터가 2개의 출입구를 갖고 보호된 경우, 피난용 엘리베이터 로비는 피난 층의 로비와 같은 측면에 모두 위치되어야 하고, '피난호출 스위치'는 방화 구획된 로비 측면에 위치되어야 한다.
④ '피난호출' 또는 '피난운전' 중에 모든 엘리베이터 안전장치(전기적 및 기계적)는 모두 작동상태이어야 한다. 다만, 문닫힘안전장치는 제외한다.
⑤ '피난호출 스위치'는 점검운전 제어, 정지장치 또는 전기적 비상운전 제어보다 우선되지 않아야 한다.
⑥ 피난 호출 및 피난 운전 중일 때 피난용 엘리베이터의 기능은 승강장 호출 제어 또는 승강로 외부에 위치한 제어 시스템의 다른 부품의 전기적 고장에 의해 영향을 받지 않아야 한다.
피난용 엘리베이터와 같은 그룹운전에 있는 다른 엘리베이터의 전기적 고장이 피난용 엘리베이터의 운전에 영향을 주지 않아야 한다.
⑦ 피난용 엘리베이터의 호출(피난 호출)은 17.3.5.1에 따른 '피난호출 스위치'의 조작 또는 건축물의 방재시스템에서 발동하는 화재경보신호에 의해 수동 또는 자동으로 다음 각 호와 같이 시작되어야 한다.

㉮ 승강로 및 기계류 공간의 조명은 19.3.5.1에 따른 '피난호출 스위치'가 조작되면 자동으로 점등되어야 한다.

㉯ 모든 승강장 호출 및 카 내의 등록버튼은 작동되지 않아야 하고, 미리 등록된 호출은 취소되어야 한다.

㉰ 문 열림 버튼 및 비상통화버튼은 작동이 가능한 상태이어야 한다.

㉱ 그룹운전에서 피난용 엘리베이터는 다른 모든 엘리베이터와 독립적으로 기능되어야 한다.

㉲ 피난 활동 통화시스템은 작동되어야 한다.

㉳ 카 조작반에 있는 시각적 표시기는 작동되어야 한다. 이 시각적 표시기는 엘리베이터가 정상 작동으로 복귀될 때까지 작동상태가 유지되어야 한다.

㉴ '피난호출 스위치' 조작 시 점검운전 제어, 정지장치, 전기적 비상운전 제어 또는 기타 유지관리 통제 조건하에 있을 때 즉시 카 및 관련 기계류 공간에 경보(가청신호)가 울려야 한다. 이 경보음 크기는 55 dB에 설정하고 35 dB와 65 dB 사이에서 조정이 가능해야 한다. 경보음은 엘리베이터가 점검운전 제어, 정지장치, 전기적 비상운전 제어 또는 기타 유지관리 통제 조건이 해제될 때 멈추고, 자동으로 피난운전이 계속된다.

㉵ 승강장에 문을 열고 대기하고 있는 피난용 엘리베이터는 문을 닫고 피난 층까지 멈추지 않고 이동되어야 한다. 경보음은 문이 닫힐 때까지 카 내에서 울려야 한다. 승강장문이 실제 열려있는 시간이 15초를 초과하기 전에 문닫힘 안전장치는 무효화 되고, 감소된 동력 조건하에 닫히기 시작해야 한다.

㉶ 피난 층과 반대방향으로 운행 중인 피난용 엘리베이터는 가장 가까운 승강장에 정상적으로 정지되고 문은 열리지 않고 피난 층으로 복귀되어야 한다.

㉷ 피난 층으로 운행 중인 피난용 엘리베이터는 정지하지 않고 피난 층으로 운행되어야 한다. 피난용 엘리베이터가 중간의 다른 승강장으로 정지가 이미 시작되었다면 정상적으로 정지되고 문은 열리지 않고 피난 층까지 계속 이동한다.

㉸ 피난 층에 도착한 피난용 엘리베이터의 승강장문 및 카문은 열린 상태로 계속 유지되어야 한다.

⑧ 피난용 엘리베이터가 '피난호출' 조건하에 지정 피난 층에 정지하고 출입문이 열린 상태로 대기되면 카 내 조작반에서만 통제자에 의한 '피난운전'이 시작되어야 하고, 다음 사항이 보장되어야 한다.

㉮ 카는 통제자가 제어할 수 있도록 카 내에서 '피난운전'으로 전환되어야 하며, 이 전환은 비상잠금해제 삼각열쇠(피난운전 스위치)에 의해서 이루어져야 한다. 이 '피난운전 스위치'는 '해제' 위치에서만 제거되어야 하며 비상잠금해제 삼각열쇠

를 제외한 다른 유형의 키를 사용할 수 있다.
- ㉯ '피난호출'이 외부 신호에 의해 시작된 경우, 피난용 엘리베이터는 피난 층에 위치한 '피난호출 스위치' 및 카 내의 '피난운전 스위치'가 조작(전환)되기 전까지 운행되지 않아야 한다.
- ㉰ 카 내의 '피난운전 스위치'가 통제자에 의해 "피난" 위치로 전환되었을 때, 키 스위치는 그 위치에 계속 유지되어야 하며, 해제는 오직 "해제" 위치에서만 가능해야 한다.
- ㉱ '피난운전' 중일 때 승강장 호출은 가능하지 않아야 하고 카 내 등록만 가능해야 한다.
- ㉲ 카 내에서 '피난운전'으로 전환되면 카 내, 승강장 위치표시기 및 종합 방재실에는 "피난운전 중" 표시가 명확히 나타나야 한다.
- ㉳ 피난안전구역 또는 해당 층에 도착하면 피난용 엘리베이터 이용자(장애인, 노인 및 임산부 등을 포함)에게 적절한 탑승시간을 제공할 수 있도록 출입문이 개방되어 있어야 한다.
- ㉴ 문 열림 버튼 및 과부하감지장치는 작동이 가능한 상태이어야 한다. 다만, 문닫힘안전장치는 무효화되어야 한다.
- ㉵ ㉳에 따른 탑승시간이 종료되면 카의 부하가 정격하중의 100 %에 이르지 않더라도 피난용 엘리베이터는 즉시 문을 닫고 피난 층으로 복귀되어야 한다. 이때 대피 신호를 받아 놓은 다른 층에 추가로 정지하는 것은 허용된다.
- ㉶ 카가 피난 층에 도착하면 출입문이 열리고 약 15초 이상 열려있어야 한다.
- ㉷ 카가 지정된 피난 층이 아닌 다른 층에 정지하고 있을 때 '피난운전 스위치'가 "해제" 위치로 전환되면, 카는 즉시 문을 닫고 자동적으로 지정된 피난 층으로 복귀해야 한다.
- ㉸ 카가 지정된 피난 층에 접근이 불가능하거나 어떤 이유로 정지할 수 없을 경우 지정된 피난 층에서 가장 가까운 층 또는 미리 지정된 다른 층에 정상적으로 정지되어야 한다.
- ㉹ 주 전원 또는 보조 전원공급장치에 의해 초고층 건축물의 경우에는 2시간 이상, 준초고층 건축물의 경우에는 1시간 이상 '피난운전' 시킬 수 있어야 한다.

⑨ 피난용 엘리베이터가 어떤 이유로 운행이 중단되는 경우에는 승강장(피난안전구역)에서 대기하는 사람들에게 해당 상황을 알려주는 시각적 및 청각적 장치가 각 층 승강장에 제공되어야 한다.
청각적 장치는 음성신호장치이어야 하며, 소리는 35 dB(A)와 80 dB(A) 사이에서 조정이 가능해야 하고, 최초 설정은 75 dB(A)로 해야 한다.

5) 카 및 승강장 제어

① 카 및 승강장 제어 및 관련 제어시스템은 열, 연기 및 습기의 영향으로부터 잘못된 신호가 등록되지 않아야 한다. 지정된 피난 층에는 카 위치 표시기가 설치되어야 한다.

② 카 및 승강장의 버튼, 카 및 승강장의 표시기, 피난호출 및 피난운전 스위치는 IP X3 이상으로 보호되어야 한다.

지정 피난 층 이외의 다른 승강장 조작반 및 승강장 위치표시기는 피난호출 및 피난운전 스위치 작동 시 전기적으로 분리되지 않으면 IP X3 이상으로 등급으로 보호되어야 한다.

6) 피난 활동 통화시스템

① 피난용 엘리베이터에는 피난호출 및 피난운전 중일 때 카와 종합 방재실 및 기계실 사이의 양방향 음성통화를 위한 내부통화 시스템 또는 이와 유사한 장치가 있어야 한다.

② 기계실에 있는 통화 장치는 조작 버튼을 눌러야만 작동되는 마이크로폰이어야 한다.

③ 피난용 엘리베이터 카와 종합 방재실에 있는 통화 장치는 마이크로 폰 및 스피커가 내장되어 있어야 하고, 전화 송수화기로 되어서는 안 된다.

④ 통신시스템의 배선은 엘리베이터 승강로에 설치되어야 한다.

3장 에스컬레이터 설계·제작 및 설치·검사

1. 에스컬레이터의 개요

1.1 에스컬레이터의 분류

(1) 속도 및 경사도에 의한 분류
① 에스컬레이터 : 경사도 30° 이하로 속도는 0.75 m/sec 이하.
② 무빙워크 : 경사도 12° 이하로 속도는 0.75 m/sec 이하.

(2) 설치 장소에 의한 분류
① 옥내용 : 옥내에 설치
② 옥외용 : 옥외용으로 구조물의 부식방지 대책, 야간조명, 배수 대책이 요구된다.

(3) 구동 방식에 의한 분류
① Y-△ 기동 방식: 유도 전동기를 Y-△ 결선으로 기동
② 인버터제어 방식 : 인버터를 에스컬레이터의 기동시간 단축과 출발 시 승차감을 개선하여 승객이 없는 경우 운행을 정지시켜 에너지 절감

(4) 기타 분류 방식
① 디딤판 폭   ② 수송 능력   ③ 구동기 공간

1.2 에스컬레이터의 특징

(1) 대기 시간이 없이 연속적으로 수송이 가능하다.
(2) 백화점과 대형마트 등 설치 장소에 따라 구매 의욕을 높일 수 있다.
(3) 점유 면적이 작고 기계실이 건물에 걸리는 하중이 각층에 분산되어 있다.
(4) 전동기 기동 시에 흐르는 대전류에 의한 부하전류의 변화가 엘리베이터에 비하여 적어 전원설비 부담이 적다.

1.3 에스컬레이터의 배치 시 고려사항

(1) 바닥점유 면적을 되도록 적게 배치한다.
(2) 건물의 지지보·기둥위치를 고려하여 하중을 균등하게 분산시킨다.
(3) 승객의 보행거리를 줄일 수 있도록 배열을 계획한다.
(4) 건물의 정면 출입구와 엘리베이터의 중간에 설치한다.
(5) 사람의 움직임이 많은 곳에 설치한다.

1.4 에스컬레이터의 배열

에스컬레이터의 배열 종류

종별	배열도	특 징	단 점
단열승계형		1) 위층으로 고객을 유도하기 쉽다. 2) 층간 수송이 연속적이다.	1) 바닥의 소요 면적이 넓다.
단열겹침형		1) 바닥 소요 면적이 작다. 2) 쇼핑객의 시야가 넓다.	1) 층간 수송이 불연속이다. 2) 승객의 시야는 상행 또는 하행의 매장 방향이 된다.
복열승계형		1) 승강, 하강이 연속적이다. 2) 승강, 하강이 독립적이다. 3) 고객의 시야가 가려지지 않는다. 4) 에스컬레이터의 존재가 잘 보인다. 5) 전 매장이 보인다.	1) 바닥의 소요 면적이 크다.
교차승계형		1) 승강, 하강이 연속적으로 환승 가능 2) 승강, 하강의 동선이 분리되어 승강장이 혼잡하지 않다. 3) 에스컬레이터의 하부 사용 가능	1) 쇼핑객의 시야가 좁다. 2) 에스컬레이터의 위치표시가 어렵다.

1.5 옥외용 에스컬레이터 및 무빙워크 추가요건

(1) 에스컬레이터 및 무빙워크 그리고 지지설비는 부식으로부터 보호되어야 한다.
(2) 전기설비는 IP 54 이상 또는 NEMA Type 4 이상으로 보호되어야 한다.
(3) 수평 투영면적 바로 위에 지붕이 설치되거나 눈·비 등에 젖었을 때 미끄러지지 않게 안전한 디딤판이 설치되어야 한다.
(4) 동절기에 디딤판, 승강장 및 스커트 디플렉터에 눈이 쌓이거나 물기가 들어오는 것을 방지하기 위한 난방시스템이 설치되어야 한다.
(5) 고인 물을 배수하는 수단과 정화시설이 구비되어야 한다.
(6) 야간 조명설비가 설치되어 있어야 한다.

2. 에스컬레이터 구성요소의 규격 및 용량

2.1 수송 능력

(1) 에스컬레이터와 무빙워크의 수송능력은 디딤판의 폭과 공칭속도에 따라 결정된다.

(2) 에스컬레이터와 무빙워크의 수송 능력

디딤판 폭 z_1(m)	공칭 속도 v(m/s)		
	0.5	0.65	0.75
0.6	3,600 명/h	4,400 명/h	4,900 명/h
0.8	4,800 명/h	5,900 명/h	6,600 명/h
1	6,000 명/h	7,300 명/h	8,200 명/h

※ 경사각 12° 이하는 무빙워크로 분류한다.

2.2 속도 및 경사각과 수직 높이

(1) 경사각 30° 이하의 에스컬레이터
  ① 속도는 0.75 m/s 이하
  ② 무빙워크의 경사각은 12° 이하
  ③ 수평으로 주행하는 구간이 1.6 m 이상이고 팔래트 폭이 1.1 m 이하인 경우 무빙워크의 속도는 0.9 m/s 이하

(2) 경사각 30° 초과 35° 이하의 에스컬레이터

① 속도는 0.5 m/s 이하.

② 수직 층고 6 m 이하.

③ 경사각 30° 초과 35° 이하의 에스컬레이터는 바닥의 점유 면적을 줄이고 트러스의 길이를 감소시킨다.

(3) 에스컬레이터의 속도는 공칭전압과 공칭주파수에서 공칭속도 ±5% 이내이어야 한다.

2.3 구동장치

(1) 전동기 용량

① 구동기는 스텝 또는 팔레트를 구동시키는 장치로 감속기, 전동기, 전자브레이크, 스프라켓으로 구성되어 있다.

② 에스컬레이터 구동용 전동기 용량

$$P = \frac{G \times V \times \sin\theta}{6120 \times \eta} \times \beta \text{[kW]}$$

여기서, G : 정격하중[kg], V : 속도[m/min], θ : 경사각
β : 탑승률, η : 총 효율

정격하중 $G = 270 \times Z_1 \times \dfrac{H}{\tan\theta}$ [kg]

여기서, Z_1 : 디딤판 폭[m], H : 수직층고[m], θ : 경사각

③ 에스컬레이터 구동용 전동기 용량

※ 승강기안전공단의 자료에 의한 공식 이지만 실제 시험에는 ②번의 공식을 적용한 문제가 출제된다. (정격하중의 계수 510으로 하여 계산하면 약 2배 차이가 난다.)

P_m[kW] = 하중에 따른 용량

$$= \frac{G \times V \times (\sin\theta + \mu\cos\theta)}{102\,\eta} \times \beta + \frac{G_h \times V \times (\sin\theta + \mu_h\cos\theta)}{102}$$

여기서, P_m : 전동기 용량[kW]
G : 정격하중 $(510\text{[kg/m}^2\text{]}) \times A\text{[m}^2\text{]}$
A : 부하운송면적 $(Z_1 \times H/\tan\theta)\text{[m}^2\text{]}$
H : 층고[m], Z_1 : 칭 폭[m], V : 속도[m/s]

μ : 스텝롤러 마찰계수

η : 총 효율 (제조사별 차이가 있으나 대체적으로 웜은 60~80[%], 헬리컬 95~96[%], 웜-헬리컬 85~91[%])

θ : 에스컬레이터 경사도(°), β : 승입율(제조사 설계기준)

G_h : 핸드레일 중량($M_h \times H/\sin\theta$)[kg]

M_h : 핸드레일 단위 중량[kg/m]

μ_h : 핸드레일 마찰계수(제조사 설계기준)

예제 경사각이 30°, 속도가 3.0 m/min, 디딤판(스텝) 폭이 0.8 m이며, 층고가 9 m인 에스컬레이터의 적재하중은 약 몇 kg인가?

풀이 에스컬레이터 적재하중(G) = 270 × 부하운송 면적(A)

부하운송 면적(A) = 스텝 폭(Z_1) × $\dfrac{층고(H)}{\tan\theta}$

$G = 270 \times 0.8 \times \dfrac{9}{\tan 30} = 3367.11$ [kg]

※ 에스컬레이터 안전기준의 공식은 $G = 510 \times A$ 인데 2022년까지 필기 및 실기시험에도 기존공식을 사용하여 구동체인의 안전율과 전동기용량을 계산하는 문제가 출제되고 있다.

④ 무빙워크의 전동기 용량

- 경사각이 θ인 경우 : $P = \dfrac{m(\text{kg}) \times V(\text{m/min}) \times (\sin\theta + \mu\cos\theta)}{6120 \times \eta}$ [kW]

- 수평형의 경우 : 경사각이 0°이므로 $P = \dfrac{m(\text{kg}) \times V(\text{m/min}) \times \mu(\text{마찰계수})}{6120 \times \eta(\text{효율})}$ [kW]

※ 무빙워크의 적재하중 m은 설치 장소, 교통량등을 고려한 서비스펙터를 고려하여 제조사 별로 다르게 적용한다.

예제 수송능력 8200 명/h, 수직높이 4.5 m, 전체효율 0.6인 에스컬레이터의 전동기 용량을 계산하시오.

풀이 정격하중 $G = 270 \times 1 \times \dfrac{4.5}{\tan 30} = 2104.44$ [kg]

$P = \dfrac{2104.44 \times 45 \times \sin 30}{6120 \times 0.6} = 12.894$ [kW]

수송능력이 8,200 명/h인 에스컬레이터는 디딤판 폭 1 m, 공칭속도 0.75 m/s(45 m/min)이다.

※ $P = 9.81 \times \dfrac{QH}{\eta} \times 10^{-3} = 9.81 \times \dfrac{8200 \times 75 \times 4.5}{3600 \times 0.6} \times 10^{-3} = 12.569$ [kW]

(3) 구동체인 안전율 (모든 구동품 안전율 : 5 이상)

$$안전율 = \frac{파단강도}{장력}$$

$$구동체인\ 장력 = 270A \times \sin\theta \times \frac{r_1}{r_2}$$

여기서, r_1 : 스텝체인스프라켓 반지름

r_2 : 구동체인 스프라켓 반지름

A : 부하운송면적 ($A = Z_1 \times \dfrac{H}{\tan\theta}$)

> **예제** 수직층고 3.5 m, 속도 0.5 m/s, 스텝폭 1 m, 구동체인 스프라켓 지름 1040 mm 스텝체인 스프라켓 지름 926 mm인 에스컬레이터의 구동체인 안전율을 구하시오. (단, 경사는 30° 이며 구동체인의 파단강도는 11300 kg 이다.)

풀이 $구동체인\ 장력 = 270 \times 1 \times \dfrac{3.5}{\tan 30} \times \sin 30 \times \dfrac{463}{520} = 728.69\,[kg]$

$안전율 = \dfrac{11300}{728.69} = 15.51$

(4) 스텝체인의 안전율(5 이상)

$$스텝체인의\ 장력\ F = \frac{1}{2}\left(270A + \frac{2H \cdot W}{P}\right)\sin\alpha + \frac{T}{2}$$

여기서, A : 스텝면의 수평 투영면적 H : 층고
S : 스텝 폭 W : 체인을 포함한 스텝 1개분의 무게
P : 스텝의 피치[m] α : 에스컬레이터의 경사각
T : 스텝체인 인장 스프링의 장력

> **예제** 1200형 에스컬레이터에서 다음 조건의 경우 스텝체인의 안전율은 얼마인가?
> 층고(H) : 3.5 [m]
> 체인을 포함한 스텝 1개의 중량(W) : 41 [kgf]
> 에스컬레이터의 경사각(α) : 30°
> 스텝체인의 보정 파단력 : 12,500[kgf]
> 스텝 폭(S) : 1 [m]
> 스텝의 피치(P) : 0.4 [m]
> 스텝체인의 인장용 스프링 장력(T) : 600 [kgf]

풀이 에스컬레이터의 스텝체인장력

$$T_{step}[kg] = \frac{1}{2}(270A + \frac{2H \cdot W}{P})\sin\alpha + \frac{T}{2}$$
$$= \frac{1}{2}(270 \times \sqrt{3} \times 3.5 \times 1 + \frac{2 \times 3.5 \times 41}{0.4}) \times \sin30° + \frac{600}{2}$$
$$= 888.57[kg]$$

안전율 $= \frac{12500}{888.57} = 14.07$

(6) 손잡이(핸드레일) 구동장치
① 손잡이 구동장치는 디딤판 구동장치와 연동되어 구동된다.
② 디딤판과 손잡이의 속도 허용오차는 −0%에서 +2% 이내이어야 한다.
③ 디딤판과 손잡이의 속도 편차가 5초~15 내에 ±15% 이상일 때는 에스컬레이터 또는 무빙워크를 정지시켜야 한다.
④ 정상운행 중 운행방향의 반대편에서 450 N의 힘으로 당겨도 정지되지 않아야 한다.

(7) 에스컬레이터의 자동 정지 조건 (엘리베이터도 동일)
① 전압 공급이 중단되었을 때
② 제어 회로에 전압 공급이 중단되었을 때

2.4 디딤판(스텝)과 난간

(1) 디딤판의 크기
① 스컬레이터 디딤판의 높이(x_1) 0.24 m 이하, 깊이(y_1) 0.38 m 이상, 폭(z_1) 0.58 m 이상 1.1 m 이하이어야 한다.
② 경사도가 6° 이하인 무빙워크의 폭은 1.65 m까지 허용된다.
③ 디딤판 홈의 폭은 5 mm 이상 7 mm 이하, 홈의 깊이 10 mm 이상, 웹의 폭은 2.5 mm 이상 5 mm 이하이어야 한다.

(2) 스텝, 팔레트의 측면 변위는 4mm 이하, 양 측면에서 측정된 틈새의 합은 7 mm 이하이어야 한다.

(3) 연속되는 2개의 스텝 또는 팔레트 사이의 틈새는 6mm 이하, 수직높이 편차는 4 mm 이하이어야 한다.

(4) 디딤판은 알루미늄 다이캐스팅 또는 스테인리스 강판을 접어 구부린 것도 있다.

(5) 디딤판의 구조

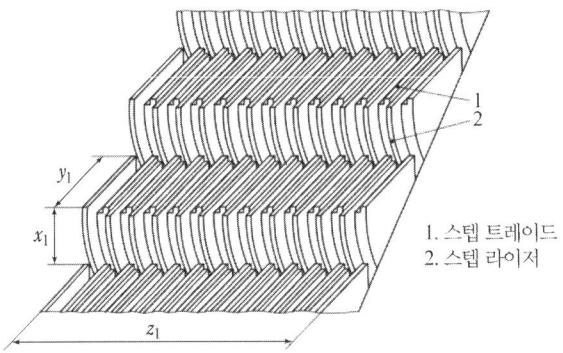

1. 스텝 트레이드
2. 스텝 라이저

(6) 난간

① 디딤판의 움직임에 따라 승객이 추락하지 않도록 만든 측면의 벽이며 재질은 스테인레스 혹은 강화 접합유리가 사용된다.

② 스텝 또는 팔레트 표면에서 수직높이는 0.9 m 이상 1.1 m 이하이어야 한다.

3. 에스컬레이터 안전장치

3.1 안전장치

(1) 구동체인 안전장치

① 구동 체인이 과도하게 늘어나거나 파단이 되면 체인 표면에 접촉하고 있는 문지름판이 감지하여 리미트 스위치를 작동시켜 전동기 전원을 차단과 전자브레이크를 작동시킨다.

② 구동축에 연결된 브레이크 휠(ratchet wheel))에 래치가 걸려 기계적으로 정지시키는 안전장치

(2) 손잡이 인입구(인레트) 안전장치

손잡이 인입구에 이물질이나 어린이의 손가락이 끼면 감지하여 전자브레이크를 작동시켜 에스컬레이터를 정지시킨다.

(3) 스커트가드 안전장치

① 디딤판과 스커트 판넬 사이의 틈새에 이물질이 끼면 리미트 스위치가 감지하여 전자브레이크를 작동시켜 에스컬레이터를 정지시킨다.
② 스커트 : 디딤판과 연결되는 난간의 수직부분
③ 스커트 디플렉터 : 스텝과 스커트 사이에 끼임을 최소화하기 위한 장치
④ 디딤판과 스커트 틈새는 4 mm 이하, 양 측면의 합은 7 mm 이하이어야 한다.

(4) 디딤판 체인 파단 안전장치

디딤판 체인이 과도하게 늘어나거나 파단이 되면 감지하여 리미트 스위치가 작동되어 전동기 전원을 차단과 전자브레이크를 작동시킨다.

(5) 과속 감지

속도가 공칭 속도의 1.2배를 초과하기 전에 과속을 감지할 수 있는 장치를 설치해야 한다.

(6) 의도되지 않은 운행 방향의 역전 감지

에스컬레이터와 경사각 6° 이상의 무빙워크는 의도되지 않은 역전을 즉시 감지할 수 있는 장치를 설치해야 한다.

(7) 에스컬레이터 출입구 근처의 안전 표시판

① 손잡이를 꼭 잡으세요.
② 걷거나 뛰지 마세요.
③ 안전선 안에 서주세요.
④ 어린이나 노약자는 보호자와 함께 타세요.

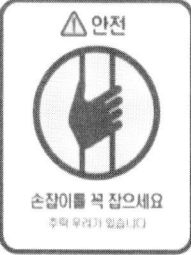   

3.2 건축물과 공유영역 안전장치

(1) 방화셔터 연동 정지장치
방화셔터가 손잡이 반환부의 선단에서 2m 이내에 설치된 경우 방화셔터가 닫히기 시작할 때 연동되어 에스컬레이터를 자동으로 정지시키는 장치

(2) 삼각부 안전 보호판
1) 계단 교차점 및 십자형으로 교차하는 에스컬레이터와 무빙워크는 삼각부에 안전 보호판을 설치해야 한다.
2) 안전 보호판 설치도
   ① 막는 조치 수직부분 높이 : 300 mm 초과
   ② 막는 조치 끝에서 수평거리 250~350 mm 전방에 안전 보호판 설치

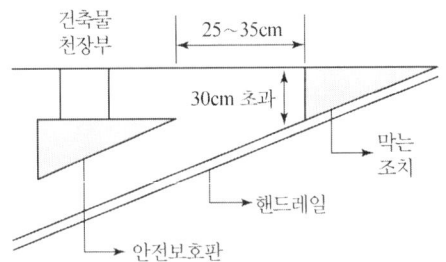

(3) 진입방지대
① 쇼핑 카트 및 수하물의 카트 진입방지를 위해 진입방지대를 설치해야 한다.
② 진입방지대는 입구에만 설치하고 자유구역에서는 출구에 설치할 수 없다.
③ 뉴얼의 끝과 진입방지대 및 진입방지대와 진입방지대 사이의 자유로운 입구 폭은 500 mm 이상, 쇼핑 카트 또는 수하물 카트 유형의 폭보다 작아야 한다.
④ 진입방지대의 높이는 900 mm에서 1100 mm 사이이어야 한다.
⑤ 진입방지대 및 고정장치는 높이 200 mm에서 3000 N의 수평력을 견뎌야 한다.

(4) 스텝 및 팔레트, 밸트 위의 틈새 높이는 2.3 m 이상이어야 한다.
(손잡이 바깥은 2.1 m 이상)

3.3 보조 브레이크

(1) 에스컬레이터 역주행을 방지하기 위해서 보조 브레이크를 설치한다.

(2) 보조 브레이크 작동조건
① 공칭속도의 1.4배 초과하기 전
② 디딤판이 현재 운행방향에서 바뀔 때

(3) 보조 브레이크의 종류
① 기계적 마찰형식 이어야 한다.
② 종류 : 폴 래칫 방식, 디스크 웨지 방식, 디스크 브레이크 방식

3.4 에스컬레이터와 무빙워크의 안전기준

(1) 에스컬레이터와 무빙워크의 정지거리

공칭속도	정지거리
0.50 m/s	0.20 m부터 1.00 m까지
0.65 m/s	0.30 m부터 1.30 m까지
0.75 m/s	0.40 m부터 1.50 m까지
0.90 m/s(무빙워크)	0.55 m부터 1.70 m까지

(2) 에스컬레이터와 무빙워크의 제동부하

1) 에스컬레이터의 제동부하

공칭 폭 z_1	스텝 당 제동부하
0.6 m 이하	60 kg
0.6 m 초과 0.8 m 이하	90 kg
0.8 m 초과 1.1 m 이하	120 kg

2) 무빙워크의 제동부하

공칭 폭 z_1	0.4 m 길이 당 제동부하
0.6 m 이하	50 kg
0.6 m 초과 0.8 m 이하	75 kg
0.8 m 초과 1.1 m 이하	100 kg
1.10 m 초과 1.40 m 이하	125 kg
1.40 m 초과 1.65 m 이하	150 kg

(3) 감속도는 브레이크 시스템이 작동하는 동안 1 m/s² 이하이어야 한다.

(4) 에스컬레이터의 경우, 경사부에서 수평부로 전환되는 천이구간의 곡률반경

    1) 상부 천이구간의 곡률반경
        ① 공칭속도(v) ≤ 0.5 m/s(최대 경사도 35°) : 1 m 이상
        ② 0.5 m/s < 공칭속도(v) ≤ 0.65 m/s (최대 경사도 30°) : 1.5 m 이상
        ③ 공칭속도(v) > 0.65 m/s(최대 경사도 30°) : 2.6 m 이상

    2) 하부 천이구간의 곡률반경
        ① 공칭속도(v) ≤ 0.65 m/s : 1 m 이상
        ② 공칭속도(v) > 0.65 m/s : 2 m 이상

(5) 벨트식 무빙워크의 경우, 경사부에서 수평부로 전환되는 천이구간의 곡률반경은 0.4 m 이상이어야 한다.

(6) 트러스 내부의 구동·순환 장소 및 기기 공간 중 한 곳에 영구적으로 사용가능한 휴대용 조명이 비치되어야 하고, 각 장소에는 1개 이상의 콘센트가 있어야 한다.

(7) 작업공간의 조도는 200 lx 이상, 높이는 2 m 이상이어야 한다.

(8) 비상정지 장치의 버튼 사이 거리
    ① 에스컬레이터의 경우에는 30 m 이하이어야 한다.
    ② 무빙워크의 경우에는 40 m 이하이어야 한다.

4. 에스컬레이터 및 무빙워크 안전기준

4.1 용어의 정의

(1) 에스컬레이터 (escalator)

스텝과 같은 수평 표면을 이용하여 사람을 오르내릴 수 있는 전동식 경사형 연속 이동계단

[비고] 에스컬레이터는 작동하지 않더라도 고정 계단으로 간주하지 않는다.

(2) 무빙워크(moving walk)

움직이는 방향과 평행하고 연속적인 이용자 운반표면(팔레트, 벨트 등)으로 사람을 수송하는 동력 구동식 시설

[비고] 무빙워크가 작동하지 않더라도 통로로 사용되어서는 안된다.

(3) 경사도(angle of inclination)
디딤판 움직임의 수평에 대한 최대 각도

(4) 공칭속도(nominal speed)
공칭주파수, 공칭전압 및 무부하 상태에서 제조사가 제시한 디딤판의 움직이는 방향의 속도

[비고] 정격속도는 정격하중 조건하에 에스컬레이터/무빙워크가 움직이는 속도이다.

(5) 난간(balustrade)
움직이는 부분으로부터 보호 및 손잡이 지지로 안정성을 제공함으로써 이용자의 안전을 보장하는 에스컬레이터/무빙워크의 부품

(6) 난간데크(balustrade decking)
손잡이 주행안내 부재와 만나고 난간의 상부 덮개를 형성하는 난간의 가로 요소

(7) 내부패널(interior panel)
스커트 또는 하부 내측데크와 손잡이 가이드 또는 난간 데크 사이에 위치한 패널

(8) 뉴얼(newel)
난간의 끝부분으로 콤 교차선부터 손잡이 곡선 반환부까지의 난간 구역

(9) 스커트(skirting)
디딤판과 연결되는 난간의 수직 부분

(10) 스커트 디플렉터(skirt deflector)
스텝과 스커트 사이에 끼임의 위험을 최소화하기 위한 장치다.

(11) 외부패널 (exterior panel)
에스컬레이터 또는 무빙워크를 둘러싸고 있는 외부 측 부분

(12) 제동부하(brake load)
에스컬레이터/무빙워크를 정지시키기 위해 설계된 브레이크 시스템의 디딤판에 가해지는 하중

(13) 최대 수송능력(maximum capacity)
운전 조건 아래 운송할 수 있는 사람의 최대 인원수

(14) 층고(rise)
상부 바닥마감면과 하부 바닥 마감면 사이의 수직거리

(15) 콤(comb)
홈에 맞물리는 각 승강장의 갈라진 부분

(16) 콤 플레이트(comb plate)
콤이 부착되어 있는 각 승강장의 플랫폼

(17) 하부 내측데크(lower inner decking)
내부패널과 스커트가 맞닿지 않을 때 내부패널과 스커트를 연결하는 부재

(18) 하부 외측데크(lower outer decking)
내부패널과 외부패널을 연결하는 부재

(19) 손잡이(handrail)
에스컬레이터 또는 무빙워크를 사용하는 동안 손으로 잡을 수 있는 전동식 이동 레일

4.2 골조 구조물(트러스) 및 보호벽

(1) 일반사항
① 에스컬레이터 또는 무빙워크의 기계적으로 움직이는 모든 부품은 구멍이 없는 패널이나 벽으로 완전히 둘러싸여야 한다. 다만, 이용자가 접근할 수 있는 디딤판 및 손잡이의 부품은 제외한다. 환기를 위한 틈은 허용된다.
② 모든 틈이나 구멍은 움직이는 부품과 접촉할 위험이 있는 곳에서 4 mm로 제한된다. 외부 패널은 2,500 mm^{2}의 원형 또는 정사각형 면적의 어느 지점에서나 수직으로 250 N의 힘을 가할 때 파손 없이 견뎌야 한다.
고정은 보호벽(패널) 자중의 2배 이상을 견디는 방법으로 설계되어야 한다.
③ 환기구 주변을 통해 지름 10 mm의 곧은 단단한 막대기가 통과되거나 환기구를 통해 어떤 움직이는 부품에 접촉되는 것이 가능하지 않아야 한다.
④ 열리도록 설계된 외부패널(청소 목적 등)에는 전기안전장치가 설치되어야 한다.

(2) 경사도

① 에스컬레이터의 경사도 α는 30°를 초과하지 않아야 한다. 다만, 층고가 6 m 이하이고, 공칭속도가 0.5 m/s 이하인 경우에는 경사도를 35°까지 증가시킬 수 있다.

[비고] 경사도 α는 현장 설치여건 등을 감안하여 최대 1°까지 초과될 수 있다.

② 무빙워크의 경사도는 12°이하이어야 한다.

(3) 구조 설계

① 골조 구조물은 에스컬레이터 또는 무빙워크의 자중에 5,000 N/m^{2}의 구조적 정격하중을 기초로 더한 부하를 견딜 수 있는 방법으로 설계되어야 한다.

② 부하운송면적 = 디딤판의 공칭폭 z_1 × 지지물 사이의 거리 $l_1 (\frac{H}{\tan\theta})$

③ 구조적 정격하중에 근거하여 계산되거나 측정된 최대 처짐량은 지지물 사이의 거리 l_1의 1/750 이하이어야 한다.

④ 구조적 정격하중에 근거하여, 콤 플레이트와 승강장 플레이트의 최대 처짐량은 4 mm 이하이어야 하고, 콤의 맞물림이 보장되어야 한다.

(4) 점검용 덮개는 다음 사항에 적합해야 한다.

① 점검용 덮개 열림을 감지하는 안전장치가 설치되어야 한다.

② 전용열쇠 또는 도구에 의해서만 열려야 한다.

③ 하나 이상의 부품으로 구성되는 경우, 먼저 열리는 부품에 안전장치가 있어야 한다. 연속적으로 구성된 것은 기계적 연동, 겹침 등으로 개별적 제거가 방지되거나 각각의 부품마다 안전장치가 제공되어야 한다.

④ 점검용 덮개 뒤의 공간에 들어갈 수 있다면 덮개가 잠기더라도 내부에서 열쇠 또는 도구를 사용하지 않고 열려야 한다.

⑤ 구멍이 없어야 한다.

4.3 디딤판

(1) 에스컬레이터의 이용자 운송구역에서, 스텝 트레드는 운행방향에 ±1°의 공차로 수평해야 한다.

(2) 디딤판 규격

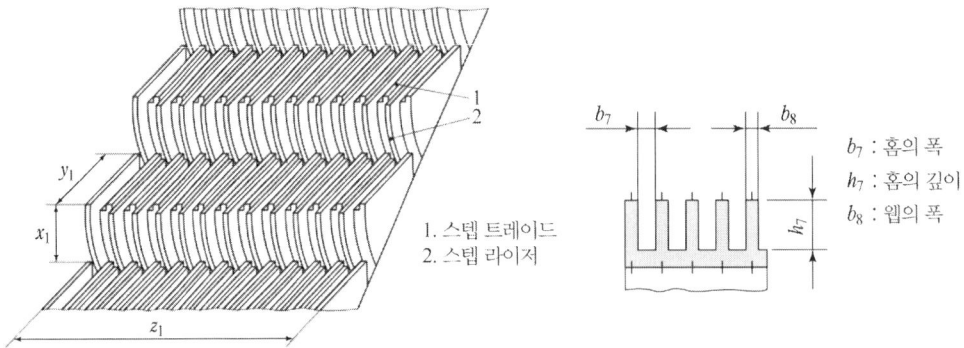

그림 1. 스텝, 주요 치수

① 에스컬레이터 및 무빙워크의 공칭 폭 z_1은 0.58 m 이상 1.1 m 이하이어야 한다.
② 경사도가 6° 이하인 무빙워크의 폭은 1.65 m까지 허용된다.
③ 스텝 트레드 및 팔레트(그림 1)
④ 스텝 높이 x_1은 0.24 m 이하이어야 한다.
⑤ 스텝 깊이 y_1은 0.38 m 이상이어야 한다.
⑥ 홈의 폭 b_7은 5 mm 이상, 7 mm 이하이어야 한다.
⑦ 홈의 깊이 h_7은 10 mm 이상이어야 한다.
⑧ 웹의 폭 b_8은 2.5 mm 이상, 5 mm 이하이어야 한다.

(3) 벨트

① 홈의 폭 b_7은 벨트의 트레드 표면에서 측정되어 4.5 mm 이상, 7 mm 이하이어야 한다.
② 홈의 깊이 h_7는 5 mm 이상이어야 한다.
③ 웹의 폭 b_8은 벨트의 트레드 표면에서 측정되어 4.5 mm 이상, 8 mm 이하이어야 한다.

(4) 구조 설계

① 재질은 수명주기 동안에 환경적인 조건(온도, 자외선, 습도, 부식 등)을 고려한 강도특성을 유지해야 한다.
② 디딤판은 정상운행 동안에 트랙킹(tracking), 주행안내 및 구동 시스템에 의해 부과될 수 있는 모든 가능한 하중 및 변형 작용에 견디도록 설계되어야 하고, 6,000 N/m² 에 상응하는 균일하게 분포되는 하중을 견디도록 설계되어야 한다.

(5) 정적인 시험

1) 스텝의 정적인 시험
① 스텝은 트레드 표면 중앙의 두께 25 mm 이상이고 크기 0.2 m×0.3 m의 강판에 트레드 표면에 수직으로 3,000 N(강판무게 포함)의 단일 힘을 가하여 휨에 대해 시험되어야 한다.
② 길이 0.2 m인 강판의 끝부분은 스텝 앞면의 끝부분과 평행하게, 길이 0.3 m인 강판의 끝부분은 스텝 앞의 끝부분과 직각으로 배열되어야 한다.
③ 이 시험 동안, 트레드 표면에서 측정되는 휨량은 4 mm 이하이어야 하며, 영구 변형이 없어야 한다.

2) 스텝 라이저의 정적인 시험
① 스텝 라이저는 라이저 곡선에 적합한 모양의 두께 25 mm 이상의 사각이나 원형의 강판을 사용하여 2,500 mm^2의 면적 표면에 1,500 N의 단일하중을 가할 때 휨량은 4 mm 이하이어야 한다.
② 이 하중은 스텝 라이저의 최대 높이의 중간을 가로지르는 중간 및 양끝의 세 지점에 완전히 조립된 스텝에 적용되어야 한다.

3) 팔레트
① 팔레트는 1 m^2의 팔레트 면적에 7,500 N(강판 무게 포함)의 단일 힘을 가하여 휨에 대해 시험되어야 한다.
② 그 힘은 트레드 표면 중앙의 두께 25 mm 이상이고 크기 0.3 m×0.45 m의 강판에 트레드 표면에 수직으로 적용되어야 한다.

4) 벨트
① 운행조건에 적합하게 인장된 벨트에 대해, 750 N의 단일 힘(강판무게 포함)이 크기 0.15 m(폭)×0.25 m(길이)×0.025 m(두께)인 강판에 적용되어야 한다.
② 강판은 세로축이 벨트의 세로축과 평행한 방법으로 양끝의 지지롤러 사이 중앙에 위치되어야 하고 중심에서 처짐 량은 $0.01 \times z_3$ 이하이어야 한다.

(6) 동적 시험
① 스텝의 하중 시험은 스텝에 적용되는 최대 경사(경사 지지대)에서 롤러(회전하지 않는), 축 또는 스터브 축과 함께 모두 시험되어야 한다.
② 스텝 설계는 중심이 구동롤러의 중심인 원호에서 움직이는 종동롤러 중심의 ±2 mm의 변위와 동등한 비틀기 하중을 수용할 수 있는 구조이어야 한다.
③ 팔레트의 하중 시험은 크기와 상관없이 수평 위치에서 롤러(회전하지 않는), 축 또는

스터브 축과 함께 모두 시험되어야 한다.

④ 팔레트의 비틀림 시험은 팔레트에 종동롤러가 설치된 경우에만 요구되며 팔레트 설계는 중심이 구동롤러의 중심인 원호에서 움직이는 종동롤러 중심의 ±2 mm의 변위와 동등한 비틀기 하중을 수용할 수 있는 구조이어야 한다.

(7) 디딤판의 주행안내

① 스텝 또는 팔레트의 주행안내 시스템에서 스텝 또는 팔레트의 측면 변위는 각각 4 mm 이하이어야 하고, 양쪽 측면에서 측정된 틈새의 합은 7 mm 이하이어야 한다.

② 스텝 및 팔레트의 수직 변위는 4 mm 이하이고 벨트의 수직 변위는 6 mm 이하이어야 한다.

(8) 스텝 또는 팔레트 사이의 틈새

① 트레드 표면에서 측정된 이용 가능한 모든 위치의 연속되는 2개의 스텝 또는 팔레트 사이의 틈새는 6 mm 이하이어야 한다.

② 팔레트의 맞물리는 전면 끝 부분과 후면 끝부분이 있는 무빙워크의 천이 구간 에서는 이 틈새가 8 mm까지 증가되는 것은 허용된다.

(9) 에스컬레이터 입면도 주요 치수

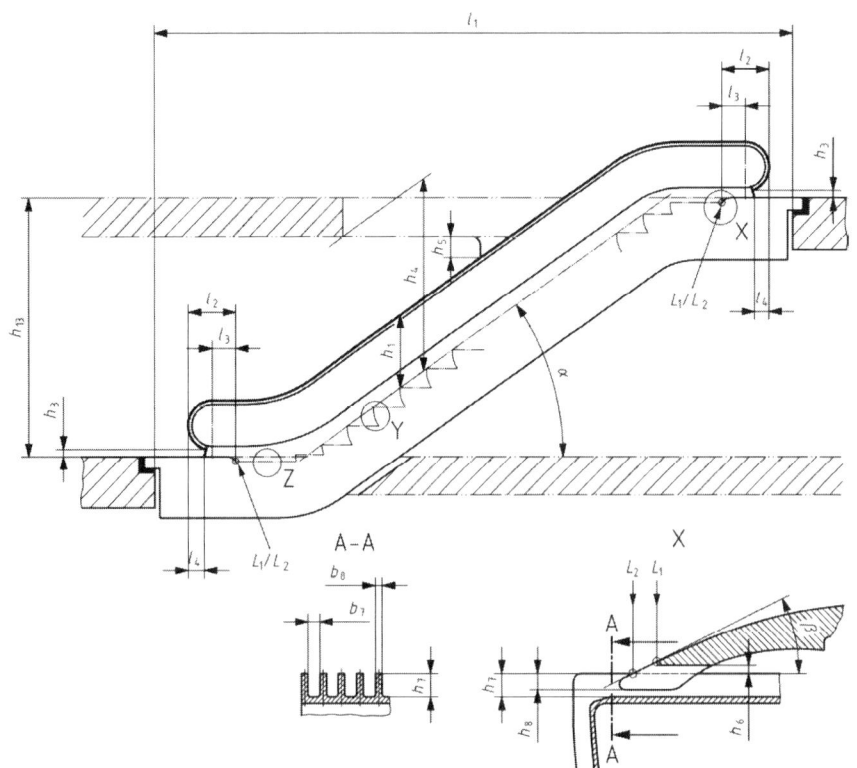

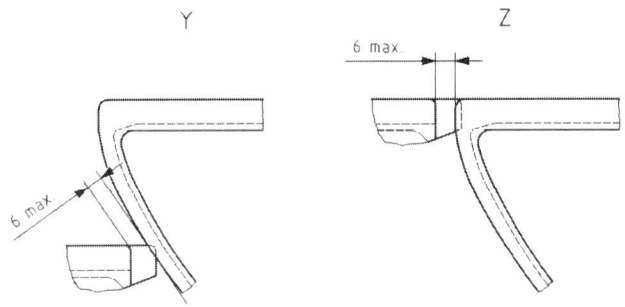

그림 2. 에스컬레이터(입면도) 주요 치수

주요 치수	별표24. 항목	주요 치수	별표24. 항목
b_7 5 mm에서 7 mm까지 (스텝 트레드 및 팔레트)	5.3.2.2.5	$h_8 \geq 4$ mm	5.7.3.3.1
b_7 4.5 mm에서 7 mm까지 (벨트)	5.3.2.3.2	h_{13} 층고	–
b_8 2.5 mm에서 5 mm까지 (스텝 트레드 및 팔레트)	5.3.2.2.7	L_1 콤의 빗살의 밑바닥	–
b_8 4.5 mm에서 8 mm까지 (벨트)	5.3.2.3.4	L_2 콤 교차선	–
h_1 0.9 m에서 1.1 m까지	5.5.2.1	l_1 지지물 사이의 수평거리	–
h_3 0.1 m에서 0.25 m까지	5.6.4.1	$l_2 \geq 0.6$ m	5.5.4.1
$h_4 \geq 2.3$ m	I.2.1	$l_3 \geq 0.3$ m	5.5.4.2
$h_5 \geq 0.3$ m	I.2.4	$l_4 \geq 0.3$ m	5.6.4.2
$h_6 \leq 4$ mm	5.7.3.3.2	α 경사도	–
$h_7 \geq 10$ mm (스텝 트레드 및 팔레트)	5.3.2.2.6	$\beta \leq 35°$	5.7.3.2.3
$h_7 \geq 5$ mm(벨트)	5.3.2.3.3		

① 경사진 부분에서 스텝 앞부분이나 팔레트 표면 또는 벨트 표면에서 손잡이 꼭대기까지 수직높이 h_1 : 0.9 m에서 1.1 m까지

② 뉴얼 안에 들어가는 손잡이 입구의 마감된 바닥으로부터 최하점 h_3 : 0.1 m에서 0.25 m까지

③ 뉴얼 끝지점 및 모든 지점의 자유공간을 포함한 에스컬레이터의 스텝 또는 무빙워크의 팔레트나 벨트 위의 틈새 높이 $h_4 \geq 2.3$ m

④ 계단의 교차점 및 십자형으로 교차하는 에스컬레이터 또는 무빙워크의 경우 틈새의 수직거리 $h_5 \geq 0.3$ m (300 mm가 되는 곳까지 막는 등의 조치)

4.4 구동장치

(1) 구동기
① 하나의 구동장치는 2대 이상의 에스컬레이터 또는 무빙워크를 작동하지 않아야 한다.
② 무부하 에스컬레이터 또는 무빙워크의 속도는 공칭주파수 및 공칭전압에서 공칭속도로부터 ±5%를 초과하지 않아야 한다.
③ 에스컬레이터의 공칭속도는 다음과 같아야 한다.
  ㉮ 경사도 α가 30° 이하인 에스컬레이터는 0.75 m/s 이하이어야 한다.
  ㉯ 경사도 α가 30°를 초과하고 35° 이하인 에스컬레이터는 0.5 m/s 이하이어야 한다.
④ 무빙워크의 공칭속도는 0.75 m/s 이하이어야 한다. 팔레트 또는 벨트의 폭이 1.1 m 이하이고, 승강장에서 팔레트 또는 벨트가 콤에 들어가기 전 1.6 m 이상의 수평주행 구간이 있는 경우 공칭속도는 0.9 m/s까지 허용된다.
⑤ 브레이크와 디딤판 구동기 사이의 연결에는 축, 기어 휠, 다중 체인 또는 2개 이상의 단일 체인과 같은 비-마찰 구동부품이 사용되어야 한다.
⑥ 모든 구동부품의 안전율은 정적 계산으로 5 이상이어야 한다.

(2) 브레이크 시스템
① 에스컬레이터 및 무빙워크는 아래 기능을 가진 브레이크 시스템을 가져야 한다.
  ㉮ 균일한 감속에 따른 안정감
  ㉯ 정지 상태로 유지
② 수동 해제가 가능한 브레이크는 브레이크의 개방을 유지하기 위해 지속적인 인력이 요구되어야 한다.
③ 전자-기계 브레이크의 작동 조건
  ㉮ 전자-기계 브레이크의 정상 개방은 지속적인 전류의 흐름에 의해야 한다.
  ㉯ 브레이크는 브레이크 회로가 개방되면 즉시 작동되어야 한다.
  ㉰ 제동력은 안내되는 압축 스프링에 의해 발휘되어야 한다.
  ㉱ 브레이크 개방장치의 전기적 자체여자의 발생은 불가능해야 한다.
④ 브레이크 시험
  ㉮ 브레이크는 주동력 또는 제어반 전원이 끊어졌을 경우에도 정상적으로 작동 되어야 한다.

㉯ 절연저항 : 500 V 절연저항계로 충전부와 비충전부 사이를 측정하여 100 MΩ 이상 이어야 한다.

㉰ 온도 시험 : 절연 종류별 코일의 온도 상승한도

절연종류	허용 최고 온도(℃)
E종 절연 코일	120
B종 절연 코일	130
F종 절연 코일	155

㉱ 브레이크 개방 전압

브레이크의 최저 작동전압은 정격전압의 80% 이하 이어야 하고 최고 여자전압은 정격전압의 55% 이하 이어야 한다.

⑤ 에스컬레이터의 제동부하 결정은 표 1이 적용되어야 한다.

표 1. 에스컬레이터의 제동부하 결정

공칭 폭 z_1	스텝 당 제동부하
0.6 m 이하	60 kg
0.6 m 초과 0.8 m 이하	90 kg
0.8 m 초과 1.1 m 이하	120 kg

⑥ 에스컬레이터의 정지거리는 무부하 상승, 무부하 하강 및 부하 상태 하강에 대하여 표 2에 따라야 한다.

표 2. 에스컬레이터의 정지거리

공칭속도 v	정지거리
0.50 m/s	0.20 m부터 1.00 m까지
0.65 m/s	0.30 m부터 1.30 m까지
0.75 m/s	0.40 m부터 1.50 m까지

⑦ 하강방향으로 움직이는 에스컬레이터에서 측정된 감속도는 브레이크 시스템이 작동하는 동안 1 m/s² 이하이어야 한다.

⑧ 무빙워크의 제동부하 결정은 표 3이 적용되어야 한다.

표 3. 무빙워크의 제동부하 결정

공칭 폭 z_1	0.4 m 길이 당 제동부하
0.6 m 이하	50 kg
0.6 m 초과 0.8 m 이하	75 kg
0.8 m 초과 1.1 m 이하	100 kg
1.10 m 초과 1.40 m 이하	125 kg
1.40 m 초과 1.65 m 이하	150 kg

⑨ 무빙워크의 정지거리는 무부하 상승, 무부하 하강 및 부하 상태 하강에 대하여 표 4에 따라야 한다.

표 4. 무빙워크의 정지거리

공칭속도	정지거리
0.50 m/s	0.20 m부터 1.00 m까지
0.65 m/s	0.30 m부터 1.30 m까지
0.75 m/s	0.40 m부터 1.50 m까지
0.90 m/s	0.55 m부터 1.70 m까지

⑩ 하강방향으로 움직이거나 또는 수평으로 움직이는 무빙워크에서 측정된 감속도는 브레이크 시스템이 작동하는 동안 $1\ m/s^2$ 이하이어야 한다.

(3) 보조 브레이크

① 에스컬레이터 및 경사형 무빙워크에는 보조 브레이크가 설치되어야 하며, 보조 브레이크와 스텝/팔레트의 구동 스프로킷 또는 벨트의 드럼 사이의 연결은 축, 기어 휠, 다중체인 또는 2개 이상의 단일체인으로 이루어져야 한다.

② 보조 브레이크는 기계적(마찰) 형식이어야 하며 마찰 구동 즉, 클러치로 이뤄진 연결은 허용되지 않는다.

③ 보조 브레이크 시스템은 제동 부하를 갖고 하강 운행하는 에스컬레이터 및 경사형 무빙워크가 효과적으로 감속하고 정지상태를 유지할 수 있도록 설계되어야 한다.

④ 하강방향으로 움직일 때 측정한 감속도는 모든 작동 조건 아래에서 $1\ m/s^2$ 이하이어야 한다.

⑤ 보조 브레이크가 작동할 때 브레이크에서 규정된 정지거리(표 2)를 지킬 필요는 없다.

(4) 스텝 및 팔레트의 구동

① 에스컬레이터의 스텝은 스텝 측면에 각각 1개 이상 설치된 2개 이상의 체인에 의해 구동되어야 한다.

② 안전장치 또는 안전기능은 디딤판체인의 파손 또는 과도한 늘어남을 감지하기 위해 제공되어야 한다.

③ 각 체인의 절단에 대한 안전율은 5이상 이어야 한다.

(5) 벨트 구동

① 연결부를 포함한 벨트의 안전율은 각각의 동적인 힘에 대하여 5 이상이어야 한다.

② 벨트는 드럼에 의해 구동되어야 하고 지속적이며 자동으로 인장되어야 한다.

4.5 난간

(1) 난간 규격
① 난간은 에스컬레이터 또는 무빙워크의 각 측면에 설치되어야 한다.
② 경사진 부분에서 스텝 앞부분(step nose)이나 팔레트 표면 또는 벨트 표면에서 손잡이 꼭대기까지 수직 높이 h_1은 0.9 m 이상 1.1 m 이하이어야 한다.
③ 난간에는 사람이 정상적으로 서 있을 수 있는 부분이 없어야 한다.
④ 난간은 동일한 장소에서 1 m의 길이에 걸쳐 균등하게 분포되면서 손잡이 주행 안내 시스템의 꼭대기에 작용하는 600 N의 정적 수평력과 730 N의 수직력을 동시에 견디도록 설계되어야 한다.

(2) 스커트
① 스커트는 디딤판과 연결되는 난간의 수직 부분을 말하며 평탄한 수직면의 맞대기 이음이어야 한다.
② 스커트(조명 및 다른 장치 포함)는 2,500 mm^2의 정사각 또는 원형 면적에 수직으로 가장 약한 지점의 표면에 대해 1,500 N의 집중하중을 가할 때 휨량은 4 mm 이하이어야 한다.

(3) 뉴얼(newel)
① 난간의 끝부분으로 콤 교차선부터 손잡이 곡선 반환부까지의 난간 구역
② 손잡이를 포함한 뉴얼은 콤 교차선을 지나 이동방향의 수평 방향으로 0.6 m 이상 돌출되어야 한다.

(4) 디딤판과 스커트 사이의 틈새
① 에스컬레이터 또는 무빙워크의 스커트가 디딤판 측면에 위치한 경우 수평 틈새는 각 측면에서 4 mm 이하이어야 하고, 정확히 반대되는 두 지점의 양 측면에서 측정된 틈새의 합은 7 mm 이하이어야 한다.
② 무빙워크의 스커트가 팔레트 또는 벨트 위에서 마감되는 경우, 트레드 표면으로부터 수직으로 측정된 틈새는 4 mm 이하이어야 한다.

4.6 손잡이 시스템

(1) 각 난간의 상부에는 정상운행 조건하에서 디딤판의 속도와 -0 %에서 +2 %의 허용오차로 같은 방향과 속도로 움직이는 손잡이가 설치되어야 한다.

(2) 손잡이는 정상운행 중 운행방향의 반대편에서 450 N의 힘으로 당겨도 정지되지 않아야 한다.

(3) 손잡이의 속도감시장치 또는 기능이 제공되어야 한다.

4.7 승강장

(1) 에스컬레이터 및 무빙워크의 승강장(즉, 콤 플레이트 및 승강장 플레이트)은 콤의 빗살에서 측정하여 0.85 m 이상이고, 안전한 발판을 제공하는 표면을 가져야 한다.

(2) **디딤판의 구성**
   ① 에스컬레이터의 스텝은 승강장에서 콤을 떠나는 스텝의 전면 끝부분 및 콤에 들어가는 스텝의 후면 끝부분이 길이 0.8 m 이상으로 수평하게 운행하도록 안내되어야 한다.
   ② 공칭속도가 0.5 m/s를 초과하고 0.65 m/s 이하이거나 층고가 6 m를 초과하는 경우, 이 길이는 1.2 m 이상이어야 한다.
   ③ 공칭속도가 0.65 m/s를 초과하는 경우, 이 길이는 1.6 m 이상이어야 한다.
   ④ 수평주행구간에서 연속된 두 스텝간의 수직높이 편차는 4 mm까지 허용된다.

(3) **에스컬레이터의 경사부에서 수평부로 전환되는 천이구간의 곡률반경은 다음과 같아야 한다.**

   1) 상부 천이구간의 곡률반경
      ① 공칭속도(v) ≤ 0.5 m/s(최대 경사도 35°) : 1 m 이상
      ② 0.5 m/s < 공칭속도(v) ≤ 0.65 m/s (최대 경사도 30°) : 1.5 m 이상
      ③ 공칭속도(v) > 0.65 m/s(최대 경사도 30°) : 2.6 m 이상

   2) 하부 천이구간의 곡률반경
      ① 공칭속도(v) ≤ 0.65 m/s : 1 m 이상
      ② 공칭속도(v) > 0.65 m/s : 2 m 이상

(4) 벨트식 무빙워크의 경우, 경사부에서 수평부로 전환되는 천이구간의 곡률반경은 0.4 m 이상이어야 한다.

(5) 콤은 이용자의 이동을 용이하게 하기 위해 승강장에 설치되어야 하며, 쉽게 교체될 수 있어야 한다.

① 콤 빗살의 폭은 트레드 표면에서 측정하여 2.5 mm 이상이어야 한다.
② 콤의 끝은 둥글게 하고 콤과 디딤판 사이에 끼이는 위험을 최소로 하는 형상이어야 하며 빗살 끝의 반경은 2 mm 이하이어야 한다.
③ 콤에 이물질이 낄 때, 콤의 빗살은 이물질이 빗겨가게 하거나 맞물리는 홈에 있게 하거나, 또는 부서지도록 설계되어야 한다.
④ 트레드 홈에 맞물리는 콤 깊이는 4 mm 이상이어야 하며 틈새는 4 mm 이하이어야 한다.

4.8 기계류 공간 및 구동·순환 장소

(1) 기계류 공간(기계실)은 에스컬레이터 또는 무빙워크의 운전, 점검 등 유지관리 업무에 필요한 설비만 수용하는데 이용되어야 한다.

(2) 기계류 공간 내부의 움직이고 회전하는 부품 특히, 다음과 같은 부품에는 KS B ISO 12100, 6.3에 따라 효과적으로 보호 및 방호되어야 한다.
① 축의 키 및 스크류
② 체인, 벨트
③ 기어, 기어 휠, 스프로킷
④ 돌출된 전동기 축
⑤ 둘러싸지 않은 과속조절기
⑥ 점검 등 유지관리 업무를 위해 출입해야 하는 구동·순환 장소에 있는 스텝 및 팔레트의 역전
⑦ 수동핸들 및 브레이크 드럼

(3) **치수 및 설비**
① 기계류 공간 내부(특히, 트러스)의 구동·순환 장소에서 충분히 서 있을 수 있는 공간은 영구적으로 설치된 부품으로부터 자유로워야 한다.
② 서 있을 수 있는 면적의 크기는 $0.3\ m^2$ 이상이고 작은 변의 길이는 0.5 m 이상이어야 한다. 단, 영구적으로 설치된 부품이 최대 반경 0.25 m의 둥근 모서리 뒤에 위치하고 서 있을 수 있는 면적 위로 0.12 m 이상 높이 위치하는 경우, 이 공간에 영구적으로 설치된 부품을 둘 수 있다.(그림 2 참조)

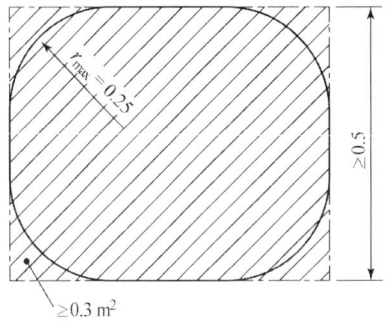

그림 2. 서 있을 수 있는 공간

③ 전기조명 및 콘센트는 에스컬레이터 또는 무빙워크의 주 개폐기 앞에 연결된 개별 케이블 또는 분기 케이블에 의해 구동기의 전원공급과는 독립적이어야 한다.
④ 트러스 내부의 구동·순환 장소 및 기기 공간 중 한 곳에 영구적으로 사용 가능한 휴대용 조명이 비치되어야 하고, 작업공간의 조도는 200 lx 이상이어야 한다.
⑤ 각 장소에는 1개 이상의 콘센트가 제공되어야 한다.

4.9 전기설비 및 전기기구

(1) 제어회로 및 안전회로의 경우 전도체와 전도체 사이 또는 전도체와 접지 사이의 직류 전압값 또는 교류 전압 실효값은 250 V 이하이어야 한다.
(2) 구동기 근처나 순환 장소 또는 제어장치의 근처에는 전동기, 브레이크 개방장치 및 활성화된 제어회로에 공급되는 전원을 차단할 수 있는 주 개폐기가 설치되어야 한다.
(3) 주 개폐기는 점검 등 유지관리 업무에 필요한 콘센트 또는 전기조명회로에 공급되는 전원을 차단시키지 않아야 한다.
(4) 난방시스템, 난간 조명 및 콤 조명과 같은 보조설비에 별도의 전원이 공급될 때, 각각 독립적으로 차단되는 것이 가능해야 한다.

4.10 전기 제어 시스템

(1) 예상되는 제어시스템의 고장은 다음과 같다.
   ① 전압 부재
   ② 전압 강하
   ③ 전도체의 연속성 상실

④ 회로의 접지 결함
⑤ 단락 또는 회로개방, 저항, 캐패시터, 트랜지스터, 램프 등과 같은 전기부품의 값 및 기능 의 변화
⑥ 접촉기 또는 릴레이의 움직이는 전기자의 인력 부재 또는 불완전한 인력
⑦ 접촉기 또는 릴레이의 움직이는 전기자의 융착
⑧ 접점의 개로 불능
⑨ 접점의 폐로 불능
⑩ 역상 (※ 역셜상 계전기 : 역상 및 결상 검출)

(2) 안전장치가 감지해야 할 사항

1) 과속 감지

속도가 공칭 속도의 1.2배를 초과하기 전에 과속을 감지할 수 있는 장치가 제공되어야 한다. 과속을 방지하도록 설계된 경우 이 기준은 무시해도 된다.

2) 의도되지 않은 운행방향의 역전 감지 :

에스컬레이터와 경사형($\alpha \geq 6°$) 무빙워크의 의도되지 않은 역전을 즉시 감지할 수 있는 장치가 제공되어야 한다.

3) 보조 브레이크의 미-작동 감지 :

에스컬레이터 또는 경사형 무빙워크 기동 후 보조 브레이크의 미-작동을 감지할 수 있는 장치가 제공되어야 한다.

4) 디딤판을 직접 구동하는 부품의 파손 또는 과도한 늘어짐 감지

디딤판을 직접 구동하는 부품(예: 체인 또는 랙)의 파손 또는 과도한 늘어짐을 감지할 수 있는 장치가 제공되어야 한다.

5) 인장 장치의 움직임 감지

구동장치와 인장장치 사이의 거리가 20 mm를 초과하는 의도되지 않은 연장 또는 감소 움직임을 감지하기 위한 장치가 제공되어야 한다.

6) 콤 끼임 감지 :

콤에 끼인 물체를 감지하기 위한 장치가 제공되어야 한다.

7) 연속되는 에스컬레이터 및 무빙워크의 정지 감지 :

중간 출구 없이 연속되는 에스컬레이터 및 무빙워크의 경우 동일한 승객 수송능력을 가져야 하고 연속으로 이어지는 에스컬레이터/무빙워크 사이의 공간이 충분하지 않은 경우, 다음과 같은 추가적인 비상정지장치가 제공되어야 한다.

① 에스컬레이터/무빙워크 내부에서 닿을 수 있고,
② 디딤판이 콤 교차선에 도달하기 전, 2 m ~ 3 m 사이의 거리에 있고,
③ 손잡이 상부면에서 액추에이터(예: 누름 버튼, 핸들) 중심까지 측정된 수직범위가 손잡이 아래로 200 mm 위로 400 mm 이내에 있을 것

8) 손잡이 입구에서의 끼임 감지 :
  손잡이 입구에 끼이는 이물질을 감지할 수 있는 장치가 제공되어야 한다.

9) 스텝 또는 팔레트 처짐 감지 :
  스텝 또는 팔레트의 어느 부분이 처져서 콤과 맞물림이 더 이상 보장되지 않는 경우안전장치가 제공되어야 한다. (벨트식 무빙워크에는 적용되지 않는다.)

10) 스텝 또는 팔레트 누락 감지 :
  누락된 스텝/팔레트는 콤으로부터 틈새(누락된 스텝 또는 팔레트로부터 발생한 결과)가 나타나기 전에 감지되어야 하고 에스컬레이터/무빙워크는 정지되어야 한다.

11) 브레이크의 미-작동 감지 :
  에스컬레이터/무빙워크의 운행 시작 후 브레이크의 미-작동을 감지하는 장치가 제공되어야 한다.

12) 손잡이의 속도 편차 감지 :
  손잡이 속도 감시 장치가 설치되어야 하고, 5초 ~ 15초 내에 디딤판에 대해 ±15 % 이상의 손잡이 속도 편차가 발생하는 경우 에스컬레이터 또는 무빙워크의 정지를 시작해야 한다.

13) 점검용 덮개 열림 감지 :
  점검용 덮개 열림을 감지하는 장치가 제공되어야 한다.

14) 비상정지장치 작동 감지 :
  비상정지장치 작동을 감지하는 장치가 제공되어야 한다.

15) 수동핸들의 설치 감지 :
  탈착 가능한 수동핸들의 설치를 감지하기 위한 장치가 제공되어야 한다.

16) 점검 등 유지관리 업무를 위한 정지장치 감지 :
  구동 및 순환 장소에는 정지장치가 설치되어야 한다.

17) 점검운전 제어장치에서 정지장치의 작동 감지
  점검운전 제어장치에서 정지장치의 작동을 감지하는 장치가 제공되어야 한다.
  정지장치는 다음과 같아야 한다.

① 수동으로 작동되어야 한다.
② 전환 위치가 분명하고 영구적으로 표시되어야 한다.
③ 이 장치는 점검운전 제어장치가 연결되었을 때만 작동되어야 한다.

18) 쇼핑 카트 및 수하물 카트 접근 방지를 위한 이동식 진입방지대 유·무 감지 : 에스컬레이터/무빙워크가 양방향으로 작동되어야 하고, 자유구역에 이동식 진입방지대를 설치할 수 있는 시설이 있는 경우 진입방지대의 잘못된 위치가 진입방지대로 향하는 작동을 초래하는 것을 막기 위해 진입방지대의 유무가 감지되어야 한다.

(3) 미리 정해진 방향으로 자동 운전제어 (에너지 절약 운전)

① 자동 운전은 미리 정해진 방향으로 기동하고 이용자의 진입을 감지(준비운전)하여 자동으로 기동되거나 가속되는 에스컬레이터 또는 무빙워크는 이용자가 콤 교차선에 도착할 때 공칭속도의 0.2배 이상으로 움직여야 하고 0.5 m/s^2 미만으로 가속되어야 한다.
② 이용자의 진입을 감지하는 수단은 1 m/s의 평균 보행속도를 고려해야 한다.
감지 수단의 우회를 방지하기 위해 구조적인 수단이 필요할 수 있다.
③ 이용자가 진입하면 자동으로 운행되는 에스컬레이터/무빙워크에서 운행방향은 미리 설정되고 이용자에게 명확히 보여야 하며, 에스컬레이터/무빙워크에 뚜렷하게 표시되어야 한다.
④ 이용자가 들어서면 자동으로 운행되는 에스컬레이터 또는 무빙워크에서 미리 정해진 운행방향과 반대방향으로 들어갈 경우에는 미리 정해진 방향으로 운행되고 지속시간은 10초 이상이어야 한다.
⑤ 감지수단을 작동시킨 후 충분한 시간 (예상 승객수송시간에 10초를 더한 시간 이상)이 흐른 다음에 에스컬레이터 또는 무빙워크가 자동으로 정지되는 것은 허용되며 0.3 m/s^2 이하의 가속도로 디딤판은 기동 되어야 한다.
⑥ 이용자 감지 수단은 콤 콤 교차선 전 0.3 m 이내에 제공되어야 한다.

(4) 자동 운전-양방향 모드(2-Direction-Mode) 기동

① 이용자의 진입을 감지(준비운전)하여 자동으로 기동되는 에스컬레이터는 이용자가 콤 교차선에 도착할 때 공칭속도의 0.2 배 이상으로 움직여야 하고 0.5 m/s^2 미만으로 가속되어야 한다.
② 이용자의 진입을 감지하는 수단은 1 m/s의 평균 보행속도를 고려해야 하며 감지 수단의 우회를 방지하기 위해 구조적인 수단이 필요할 수 있다.
③ 무빙워크에서는 양방향 모드가 허용되지 않는다.

④ 이용자가 진입하면 자동으로 양방향(2-Direction-Mode) 기동이 가능한 에스컬레이터에서 작동모드는 이용자에게 명확히 보여야 하며, 에스컬레이터에 뚜렷하게 표시되어야 한다.
⑤ 에스컬레이터는 먼저 진입한 이용자에 의해 결정된 방향으로 기동해야 한다.
⑥ 에스컬레이터가 어느 방향에서든 이용자에 의해 기동 되었을 때, 기동이 개시된 측과 반대 방향의 표시기는 자동으로 "진입 금지"를 표시해야 한다.

(5) 에스컬레이터 또는 무빙워크의 정지

① 정지는 보호, 안전, 제어장치 및 기능에 따른 차단 시퀀스의 시작으로 간주되고 정지는 다음과 같을 때 자동으로 작동해야 한다.
  ㉮ 전압 공급이 중단되었을 때
  ㉯ 제어 회로에 전압 공급이 중단되었을 때
② 안전 회로의 차단은 전압 공급 중단으로 간주되지 않는다.
③ 전동기에 대한 전원 공급은 2개 이상의 독립적인 접촉기에 의해 차단되어야 하며, 그 접점은 전동기의 전원 공급 회로에 직렬이여야 한다.

(6) 동작 중인 브레이크의 차단 시퀀스 시작

① 전자-기계 브레이크가 작동할 때까지 정의된 전기적 차단 시퀀스의 총 시간은 4초를 초과하지 않아야 한다.
② 보조 브레이크에 의한 차단 시퀀스의 시작
  ㉮ 속도가 공칭속도의 1.4배의 값을 초과하기 전
  ㉯ 디딤판이 현재 운행 방향에서 바뀔 때
③ 자동 정지 작동은 이용자가 감지수단을 작동시킨 후 충분한 시간 (예상 승객 수송시간에 10초를 더한 시간 이상)이 흐른 다음에 에스컬레이터 또는 무빙워크가 자동으로 정지되는 제어방법으로 설계되는 것은 허용된다.
④ 비상상황 시 에스컬레이터 또는 무빙워크를 정지시키기 위한 비상정지장치를 설치해야 하고 비상정지장치 사이의 거리는 다음과 같아야 한다.
  ㉮ 에스컬레이터의 경우에는 30 m 이하이어야 한다.
  ㉯ 무빙워크의 경우에는 40 m 이하이어야 한다.
⑤ 최대 허용 정지거리가 20 % 초과되는 경우 기동을 방지하는 장치가 제공되어야 하며 고장 잠금 기능이 제공되어야 한다.

⑥ 운행방향의 의도된 역전은 에스컬레이터 또는 무빙워크가 정지되어 있고 수동 조작 스위치로 기동시키는 경우에만 가능해야 한다.
⑦ 자동 재-기동을 위한 에스컬레이터 또는 무빙워크의 재개는 다음 조건하에서 허용된다.
 ㉮ 디딤판은 콤의 교차선과 콤을 지나 추가로 0.3 m 사이가 감시되어지므로 자동 재-기동에 의한 재개는 이 구역에 사람이나 물체가 없는 경우에만 수행되어진다. 이 장치는 구역 내의 어느 위치에서나 직경 0.3 m, 높이 0.3 m의 불투명한 직립형 원통을 감지할 수 있어야 한다.
 ㉯ 에스컬레이터 또는 무빙워크는 이용자가 진입하면 기동한다. 최소 10초 동안 제어장치가 설정된 구역 내에서 사람이나 물체를 감지하지 못한 경우에만 기동되어야 한다.
 ㉰ 자동 재-기동을 위한 제어장치에 의해 시작되는 재개는 전기안전장치에 의해 작동되어야 한다.

(7) 점검운전 제어

① 에스컬레이터 또는 무빙워크에는 휴대하기 쉽고 수동으로 작동되는 제어장치를 통해 점검 등 유지관리 업무를 하는 동안 기기를 작동할 수 있도록 점검운전 제어장치가 설치되어야 한다.
② 에스컬레이터 또는 무빙워크에 대해 적어도 1개 이상의 휴대용 제어장치가 보관되어야 한다.
③ 휴대용 제어장치의 유연 케이블 연결을 위한 1개의 점검용 콘센트는 적어도 각 승강장(트러스 내의 구동 장소 및 순환 장소 등)에 제공되어야 하고 케이블의 길이는 3 m 이상이어야 한다.
④ 각 점검운전 제어장치에는 정지장치가 설치되어야 한다.
⑤ 점검운전 제어장치를 점검용 콘센트에 연결하였을 때 정지 스위치가 작동되면 구동기에 공급되는 전원을 차단시켜야 하고 브레이크가 작동되어야 한다.
⑥ 점검운전 제어에서, 점검운전 제어장치는 에스컬레이터 또는 무빙워크를 기동시키는 유일한 수단이어야 하고 모든 기동 장치는 작동불능 상태가 되어야 한다.
⑦ 모든 점검용 콘센트는 2개 이상의 점검운전 제어장치가 연결되었을 때, 점검운전 제어장치 모두 에스컬레이터 또는 무빙워크의 기동이 작동되지 않도록 설치되어야 한다.

4.11 과속역행방지장치(보조 브레이크)

(1) 과속역행방지장치의 종류

1) 폴 래칫 휠 방식(Pawl Ratched Wheel Method)
   회전하는 스프로킷 축에 붙어있는 래칫을 에스컬레이터의 고정 구조체에 장착된 폴(Pawl)이 비상정지 발생 시 기계적으로 물려 에스컬레이터를 정지시키는 구조

2) 디스크 웨지 방식(Disc Wedge Method)
   회전하는 스프로킷 축에 붙어있는 디스크를 에스컬레이터의 고정 구조체에 장착된 쐐기가 비상 정지 발생 시 기계적으로 물려 에스컬레이터를 정지시키는 구조

3) 디스크 브레이크 방식(Disc Brake Method)
   비상정지 상황이 발생하여 코일 전원이 차단되면 에스컬레이터의 고정 구조체에 장착된 브레이크 슈가 압축된 스프링에 의해 회전하는 스프로킷 축에 붙어있는 디스크에 기계적으로 물려 에스컬레이터를 정지시키는 구조

(2) 안전조건

① 에스컬레이터에는 과속역행방지장치가 설치되어야 하고 이 장치와 디딤판의 구동 스프라켓 또는 벨트의 드럼 사이의 연결은 샤프트, 기어 휠, 다중체인 또는 2개 이상의 단일 체인으로 이뤄져야 한다.
   (마찰 구동(클러치)으로 이뤄진 연결은 허용되지 않는다.)
② 이 장치는 제동부하를 갖고 하강 운행하는 에스컬레이터를 효과적인 감속에 의해 정지시키고 정지 상태를 유지할 수 있는 방법으로 설계되어야 한다.
③ 운행방향에서 하강방향으로 움직이는 에스컬레이터에서 측정된 감속도는 브레이크 시스템이 작동하는 동안 감속도는 $0.1 \sim 1$ m/s^2 이하이어야 한다.
④ 이 장치는 기계적(마찰) 형식이어야 한다.

(3) 작동 조건

① 속도가 공칭속도의 1.2배의 값을 초과하기 전에 과속 감지
② 속도가 공칭속도의 1.4배의 값을 초과하기 전에 동작
③ 디딤판 또는 벨트가 현재 운행 방향에서 운행 방향이 바뀌는 순간 동작
④ 이 장치의 작동은 안전회로를 확실하게 개방시켜야 한다.

(4) 동하중 성능

① 제동거리는 신청된 최소 및 최대의 제동부하 값에 대하여 하강 역주행 및 가속시험 시

감속도는 $0.1 \sim 1 \text{ m/s}^2$ 이하 이어야 한다.

② 이 장치가 작동하여 제동하는 동안 자체 또는 다른 에스컬레이터 부품의 최대강도의 30 %를 초과하는 스트레스를 부과하지 않거나 또는 가해지는 힘에 대하여 자체 안전율은 3.5 이상이어야 한다.

4.12 표시 및 경고장치

(1) 에스컬레이터 또는 무빙워크의 출입구 근처의 안전 표시 및 주의표시는 80 mm × 100 mm 이상의 크기로 그림 3과 같이 표시되어야 한다.

그림 3. 에스컬레이터 또는 무빙워크 출입구 근처의 주의 표시

(2) 점검 등 유지관리 업무 또는 유사한 작업을 하는 동안에는 접근을 막는 수단이 근처에 있어야 하며 이 수단에는 다음과 같은 경고문이 표기되어야 한다.

"접근금지" 또는 "진입금지"

(3) 수동핸들이 설치된 경우에는 사용지침이 근처에 있어야 하며 에스컬레이터 또는 무빙워크의 운행방향이 분명하게 표시되어야 한다.

4.13 옥외용 에스컬레이터 및 무빙워크 추가요건

(1) 에스컬레이터 및 무빙워크 그리고 지지설비는 부식으로부터 보호되어야 한다.

(2) 전기설비는 KS C IEC 60529에 따른 IP 54 이상 또는 NEMA 250에 따른 Type 4 이상의 등급이나 동등 이상으로 보호되어야 하고 배선은 젖은 지역에서의 사용을 위해 KS C IEC 60364 또는 NFPA 70에 적합 하거나 동등 이상이어야 한다.

(3) 눈·비 등에 대한 보호

① 에스컬레이터 및 무빙워크의 수평 투영면적 바로 위에 보호 덮개가 설치되거나 눈·비 등에 젖었을 때 미끄러지지 않게 안전한 디딤판이 설치되어야 한다.

② 보호 덮개를 설치할 경우, 이 덮개는 덮개 끝부분에서 손잡이 중심선까지 수직으로부터 15°이상의 각도를 갖는 형상으로 손잡이 중심선으로부터 외부방향으로 연장되어야 한다. (그림 4참조)

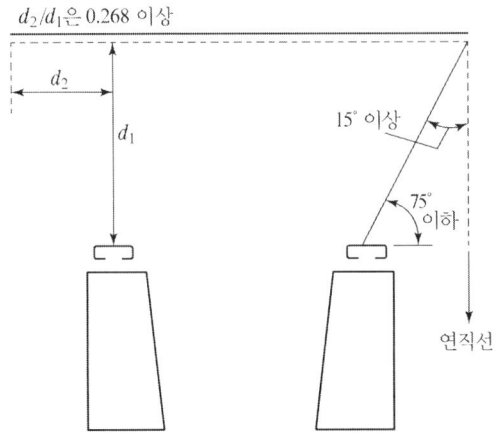

그림 4. 옥외용 에스컬레이터 및 무빙워크의 보호 덮개

③ 동절기에 디딤판, 승강장 및 스커트 디플렉터에 눈이 쌓이거나 물기가 들어오는 것을 방지하기 위한 난방시스템이 설치되어야 한다.

④ 트러스 내부에 물이 침투되면 고인 물을 배수하는 수단이 있어야 한다. 또한 고인물이 기름 등으로 심하게 오염될 우려가 있는 경우를 대비하여 적절한 정화시설이 구비되어야 한다.

⑤ 승강장 플레이트 및 콤 플레이트는 눈·비 등에 젖었을 때 미끄러지지 않게 안전한 발판으로 설계되어야 한다.

(4) 야간에 승객이 승강장 플레이트 및 디딤판을 잘 볼 수 있도록 조명설비가 설치되어 있어야 한다.

4.14 건축물과의 공유영역

(1) 이용자를 위한 자유공간

① 뉴얼의 끝 지점 및 모든 지점의 자유공간을 포함한 에스컬레이터의 스텝 또는 무빙워

크의 팔레트나 벨트 위의 틈새 높이는 2.3 m 이상이어야 한다.
② 손잡이 바깥의 에스컬레이터의 스텝 또는 무빙워크의 팔레트나 벨트 위의 틈새는 2.1 m 이상이어야 한다.

(2) 평행하거나 십자형으로 교차된 서로 근접한 에스컬레이터 및 무빙워크의 경우, 손잡이 사이의 거리는 160 mm 이상이어야 한다.

(3) 건축물의 장애물로 인해 부상이 발생할 수 있는 장소는 예방조치를 해야 한다.
① 계단 교차점 및 십자형으로 교차하는 에스컬레이터 또는 무빙워크의 경우에는 그림 5와 같이 틈새의 수직거리가 300 mm 되는 곳까지 막는 등의 조치를 하되 부딪쳤을 때 신체에 상해를 주지 않는 탄력성이 있는 재료(스폰지 등)로 마감되어야 한다. 다만, 건축물 천장부 또는 측면부가 손잡이 외측 끝단에서 400 mm 이상 떨어져 있는 경우에는 이 기준을 적용할 필요는 없다.
② 막는 조치의 끝부분에서 수평으로 250~350 mm 전방에 부드러운 재질의 비고정식 안전 보호판이 설치되어야 한다.

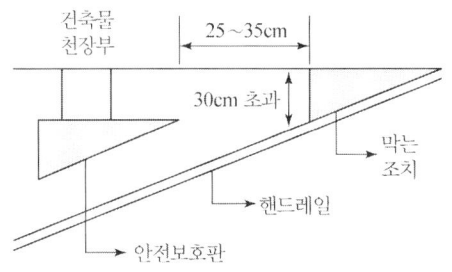

그림 5. 막는 조치 및 안전 보호판

(4) 각각의 에스컬레이터 또는 무빙워크의 출구에는 승객을 수용할 수 있는 충분한 자유공간이 있어야 한다.
① 자유공간의 폭은 각각의 손잡이 바깥 끝단에서 80 mm를 더한 지점 사이의 거리 이상이어야 한다.
② 자유공간의 깊이는 난간의 끝에서부터 측정하여 2.5 m 이상이어야 하고 자유공간의 폭이 손잡이 바깥 끝단에서 80 mm를 더한 지점 사이의 거리에 2배 이상으로 증가되는 경우 2 m로 감소하는 것이 허용된다.
③ 자유공간의 바닥은 평평해야 한다. 경사도는 6°이하이어야 한다.
④ 자유공간 내의 고정형 계단은 허용되지 않는다.
⑤ 에스컬레이터/무빙워크 승강장에 대면하는 방화셔터가 손잡이 반환부의 선단에서 2 m 이내에 설치된 경우 방화셔터가 닫히기 시작할 때 연동하여 자동으로 정지시키는

장치가 설치되어야 한다.

⑥ 연속으로 이어지는 에스컬레이터/무빙워크 사이의 공간이 충분하지 않은 경우, 다음과 같은 추가적인 비상정지장치가 제공되어야 한다.

㉮ 에스컬레이터/무빙워크 내부에서 닿을 수 있고,

㉯ 디딤판이 콤 교차선에 도달하기 전, 2 m ~ 3 m 사이의 거리에 있고,

㉰ 손잡이 상부면에서 액추에이터(예: 누름 버튼, 핸들) 중심까지 측정된 수직 범위가 손잡이 아래로 200 mm 위로 400 mm 이내에 있을 것

(5) 중간 출입구 없이 연속되는 에스컬레이터 및 무빙워크의 경우, 동일한 승객 수송능력을 가져야 한다.

(6) 사람이 승강장에서 손잡이 바깥 끝단에 접촉할 수 있고, 추락하는 등의 위험한 상황에 처할 수 있는 곳에서는 적절한 예방 조치가 이루어져야 한다.

① 승강장 울타리 설치 (그림 6의 승강장 울타리 참조)

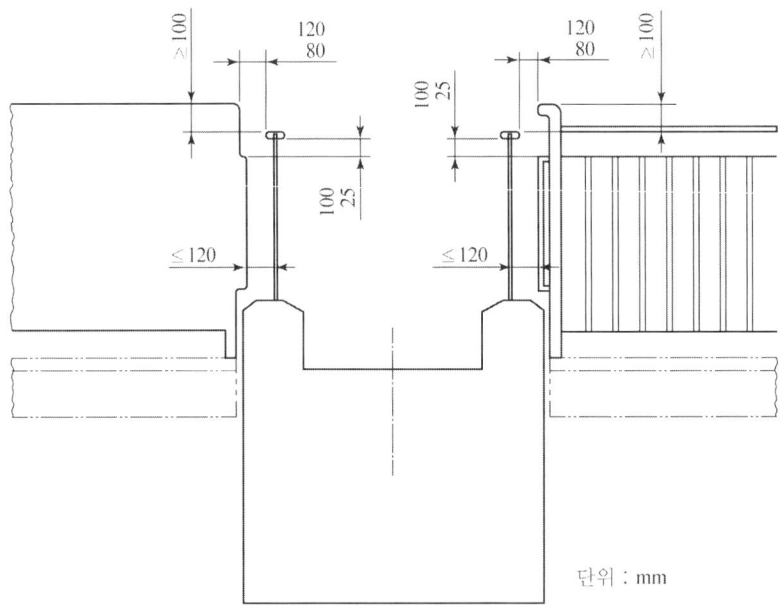

그림 6. 승강장 울타리의 예시

② 영구적인 보호수단의 설치로 해당공간으로의 진입 방지

③ 위험 지역에서 고정난간의 건축구조 높이를 손잡이 위로 100 mm 이상 높게 하고, 손잡이 바깥 끝단에서부터 80 mm에서 120 mm 사이에 위치토록 함

(7) 에스컬레이터 또는 무빙워크의 주변, 특히 콤 부근은 밝게 비춰져야 한다.

(8) 주변 공간 및/또는 기기 자체에 조명을 배치하는 것은 허용된다. 콤을 포함한 승강장 조도는 해당 구역의 일반 조명 조도와 관련되며, 바닥에서 측정된 콤 교차선에서의 조도는

50 lx 이상이어야 한다.

(9) 트러스 외부의 기계류 공간
① 기계류 공간에 사람의 안전한 접근이 제공되어야 한다.
② 기계류 공간은 잠글 수 있어야하고 자격자만이 접근할 수 있어야 한다.
③ 기계류 공간에는 영구적으로 설치된 전기조명장치가 다음과 같이 제공되어야 한다.
 ㉮ 작업구역의 바닥에서 200 lx 이상
 ㉯ 작업구역으로 접근하는 통로의 바닥에서 50 lx 이상
④ 기계류 공간의 크기는 설비, 특히 전기설비의 작업이 쉽고 안전하도록 충분해야 하며 작업구역에서 유효 높이는 2 m 이상이어야 하고 다음 사항에 적합해야 한다.
⑤ 제어패널 및 캐비닛 전면의 유효 수평면적은 아래와 같아야 한다.
 ㉮ 깊이는 외함의 표면에서 측정하여 0.7 m 이상
 ㉯ 폭은 0.5 m 또는 제어패널과 캐비닛의 전체 폭 중에서 큰 값 이상
⑥ 움직이는 부품의 점검 등 유지관리 업무가 필요한 지점에서 유효 수평면적은 0.5 m × 0.6 m 이상이어야 한다.
⑦ 이동을 위한 유효 높이는 1.8 m 이상이어야 한다.
⑧ 이동을 위한 통로의 폭은 0.5 m 이상이어야 한다. 다만, 움직이는 부품이 없는 경우에는 0.4 m로 줄일 수 있다.
⑨ 기계류 공간의 유효 높이는 2.0 m 이상이어야 한다.

(10) 쇼핑 카트 및 수하물 카트의 접근방지를 위한 진입방지대의 요구조건
① 진입방지대는 입구에만 설치해야 한다. 자유구역에서는 출구에 설치할 수 없다.
② 진입방지대 설계는 다른 위험을 초래하지 않아야 한다.
③ 뉴얼의 끝과 진입방지대 및 진입방지대와 진입방지대 사이의 자유로운 입구 폭은 500 mm 이상이어야 하며, 사용되는 쇼핑 카트 또는 수하물 카트 유형의 폭보다 작아야 한다.
④ 진입방지대의 높이는 900 mm에서 1,100 mm 사이이어야 한다.
⑤ 진입방지대 및 고정장치는 높이 200 mm에서 3,000 N의 수평력을 견뎌야 한다.
 [비고] 이 힘은 쇼핑카트의 경우 EN 1929-1 [5]에 따른 섀시의 충격으로 발생/수하물 카트의 경우 160 kg 하중을 적재하여 1 m/s의 속도로 움짐임으로 발생
⑥ 진입방지대는 가급적이면 건물 구조물에 고정되어야 한다. 승강장 플레이트에 고정시키는 것도 허용된다. 이 경우, ⑤에서 정의된 힘이 적용될 때, 영구 변형 및 틈새의 증가/추가가 없어야 한다.

4장 특수엘리베이터 및 기계식 주차설비

1. 경사형 엘리베이터 [별표 23]

1.1 적용범위

(1) 수평에 대해 15°에서 75° 사이의 경사진 주행안내 레일을 따라 사람이나 화물을 운송하기 위한 카를 미리 정해진 승강장으로 운행 시키는 엘리베이터에 적용한다. 다만, 다음 중 어느 하나에 해당하는 엘리베이터는 제외한다.
  ① 정격속도가 0.15 m/s 이하인 엘리베이터
  ② 그 밖에 이 기준에 적합하지 않은 특수한 구조의 엘리베이터

1.2 기계실

(1) 기계실은 설비의 작업이 쉽고 안전하도록 다음과 같이 충분한 크기이어야 한다. 특히, 작업구역의 유효 높이는 2.1 m 이상이어야 하고 다음 사항에 적합해야 한다.
  ① 제어 패널 및 캐비닛 전면의 유효 수평면적은 다음과 같아야 한다.
    ㉮ 깊이는 외함의 표면에서 측정하여 0.7 m 이상
    ㉯ 폭은 0.5 m 또는 제어 패널 캐비닛의 전체 폭 중에서 큰 값 이상
  ② 수동 비상운전수단이 필요하다면, 움직이는 부품의 점검 등 유지관리 업무를 위한 유효 수평 면적은 0.5 m×0.6 m 이상이어야 한다.

(2) 작업구역 간 이동을 위한 공간의 유효높이는 1.8 m 이상이어야 하고 유효 공간으로 접근하는 통로의 폭은 0.5 m 이상이어야 한다.
  다만, 움직이는 부품이 없는 경우에는 0.4 m까지 감소될 수 있다.

(3) 구동기의 회전부품 위로 0.3 m 이상의 유효 수직거리가 있어야 한다.

(4) 기계실 바닥에 0.5 m를 초과하는 단차가 있을 경우에는 보호난간이 있는 계단 또는 발판이 있어야 한다.

(5) 기계실 출입문 및 트랩문
① 기계실 출입문은 폭 0.6 m 이상, 높이 2.0 m 이상이어야 하며 내부 방향으로 열리지 않아야 한다.
② 사람의 출입을 위한 트랩문은 0.8 m×0.8 m 이상의 유효 통로가 있어야 하고, 반대 방향으로 균형이 이루어져야 한다.

1.3 승강로

(1) 엘리베이터는 다음 중 어느 하나에 의해 주위와 구분되어야 한다.
① 불연재료 또는 내화구조의 벽, 바닥 및 천장
② 충분한 공간

(2) 밀폐식 승강로는 밀폐식 승강로는 구멍이 없는 벽, 바닥 및 천장으로 완전히 둘러싸인 구조이어야 한다. 다만, 다음과 같은 개구부는 허용된다.
① 승강장문 설치를 위한 개구부
② 승강로의 점검문 및 비상문, 점검 트랩문 설치를 위한 개구부
③ 화재 시 가스 및 연기의 배출을 위한 통풍구
④ 환기구
⑤ 엘리베이터 운행을 위해 필요한 기계실 또는 풀리실과 승강로 사이의 개구부
⑥ 엘리베이터와 다른 엘리베이터 사이에 설치된 칸막이의 개구부

(3) 반 밀폐식 승강로
1) 경사가 45°이상인 엘리베이터
승강로 벽의 높이는 그림 1에 적합해야 한다. 즉, 다음과 같다.
① 승강장문 측 : 3.5 m 이상
② 다른 측면 및 움직이는 부품까지 수평거리가 0.5 m 이하인 장소: 2.5 m 이상
③ 움직이는 부품까지 거리가 0.5 m를 초과하는 경우, 2.5 m의 값을 순차적으로 줄일 수 있으며 2.0 m의 거리에서는 최소 1.1 m까지 높이를 줄일 수 있다.

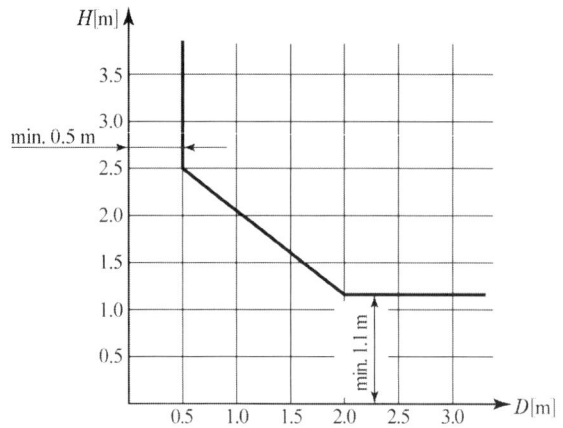

그림 1. 반 밀폐식 승강로의 엘리베이터-거리

2) 경사가 45° 이하인 엘리베이터

승강로 벽의 높이(H)는 다음과 같아야 한다.

① 승강장 측면에서는 최소한 카의 운행 영역의 높이
② 다른 측면에 대해서는, 다음 식이 적용된다.

$$H + D \geq 2.50 \text{ m}, \quad H \geq 1.80 \text{ m}$$

여기서, D는 벽과 엘리베이터의 움직이는 부품까지의 수평 거리이다.

(4) 점검문 및 비상문 – 점검 트랩문

① 승강로의 점검문 및 비상문, 점검 트랩문은 이용자의 안전 또는 점검 등 유지관리 업무를 위한 용도 외에는 사용되지 않아야 한다.
② 점검문은 폭 0.60 m 이상, 높이 2.00 m 이상이어야 한다.
③ 비상문은 폭 0.50 m 이상, 높이 1.80 m 이상이어야 한다.
④ 점검 트랩문은 폭 0.50 m 이하, 높이 0.50 m 이하여야 한다.
⑤ 승강로의 비상문 또는 점검문에 대한 접근은 다음 중 어느 하나를 만족해야 한다.
　㉮ 비상문은 사용된 수단에 따라 승강장 문턱 사이의 거리가 유지되어야 한다.
　㉯ 사다리가 사용되는 경우, 거리는 경사를 따라 측정할 때 11 m를 초과해서는 안 된다.
　㉰ 폭이 0.50 m 이상인 영구적 통로 및 폭 0.35 m 이상의 계단 또는 영구적인 사다리가 설치되어야 한다.

1.4 승강로 상부공간 및 피트

(1) 카의 운행 한계는 균형추의 압축된 완충기 또는 카에 특화된 압축 완충기에 의해 카가 정지해 있을 때를 의미한다. 카가 운행 한계에 도달할 때, 다음 네 가지 조건이 동시에 만족되어야 한다.

① 카 주행안내 레일의 여유 길이(m)는 $0.1+0.035\,v^2/\sin\alpha$ 이상의 유도된 운행 길이를 수용할 수 있거나 특정 완충기가 완전히 압축될 때까지 카가 안내되어야 한다.

② 카 지붕에서 가장 높은 부분과 승강로 천장의 가장 낮은 부분(천장 아래 위치한 빔 및 부품 포함) 사이의 수직 거리(m)는 $1.0+0.035\,v^2/\sin\alpha$ 이상이어야 한다.

③ 승강로 천장의 가장 낮은 부분과 아래에서 설명하는 설비 또는 부품 사이의 수직 거리(m)는 다음과 같아야 한다.

㉮ 카 지붕에 고정된 설비의 가장 높은 부분사이의 수직 거리(m)는 $0.3+0.035\,v^2/\sin\alpha$ 이상이어야 한다.

㉯ 가이드 슈 또는 롤러, 로프 연결부 및 수직 개폐식 문의 헤더 또는 부품의 가장 높은 부분(있는 경우) 사이의 자유 수직거리(m)는 $0.1+0.035\,v^2/\sin\alpha$ 이상이어야 한다.

④ 카 위에는 0.50 m×0.60 m×0.80 m 이상의 장방형 블록을 수용할 수 있는 충분한 공간이 있어야 한다.

(2) 승객의 구출 및 구조를 위한 비상구출문이 카 지붕에 있는 경우,
비상 구출문의 크기는 0.35 m×0.50 m 이상이어야 한다.

(3) 카 벽에 비상문이 있는 경우, 그 크기는 높이 1.80 m 및 폭 0.35m 이상이어야 한다. 비상문은 인접한 엘리베이터의 경우에 사용될 수 있으나 카 간 수평 거리는 0.75 m 이하여야 한다.

(4) 점검 등 유지관리 업무를 위해 카의 지붕에 접근해야 하는 경우, 정상 운행 경로를 따라 카의 지붕 위에 2.0 m 이상의 자유 수직거리가 있어야 한다.

(5) 카가 완전히 압축된 완충기 위에 있을 때, 다음 세 가지 사항이 동시에 만족되어야 한다.

① 피트에는 0.50 m×0.60 m×1.0 m 이상의 장방형 블록을 수용할 수 있는 충분한 공간이 있어야 한다.

② 피트의 승강로 뒷면과 카의 가장 뒷부분 사이에서 측정한 자유 거리는 0.50 m 이상이어야 한다.

③ 카의 가장 뒷부분과 첫 번째 충돌 가능한 고정지점 사이의 운행 방향으로 측정한 자유

거리는 0.30 m 이상이어야 한다.

④ 피트에는 다음과 같은 장치가 있어야 한다.
   ㉮ 피트 출입문 및 피트 바닥에서 조작할 수 있는 정지장치
   ㉯ 콘센트 (1개 이상)
   ㉰ 피트 출입문을 열고 쉽게 조작 가능한 승강로 조명 점멸수단

(6) 승강로 내부의 기계류 작업구역의 치수는 설비의 작업이 쉽고 안전하도록 충분해야 하며 작업구역의 유효 높이는 2.1 m 이상이어야 하고 다음에 적합해야 한다.
   ① 점검 등 유지관리 업무를 위한 유효 수평면적은 0.5 m×0.6 m 이상이어야 한다.
   ② 제어 패널 및 캐비닛 앞의 유효 수평공간은 아래와 같아야 한다.
      ㉮ 깊이는 외함의 표면에서 측정하여 0.7 m 이상
      ㉯ 폭은 0.5 m 또는 제어 패널 및 캐비닛의 전체 폭 중에서 큰 값 이상

(7) 피트 또는 상부공간에서 기계류 및 부품의 점검 등 유지관리 업무를 하는 경우 및 이러한 업무를 위해 카를 움직일 필요가 있는 경우 또는 개문출발 등 통제되지 않거나 의도되지 않은 카의 움직임이 발생될 수 있는 경우에는 다음 사항에 적합해야 한다.
   ① 카가 완전히 압축된 완충기 위에 있는 경우를 제외하고, 작업구역의 바닥과 카의 가장 낮은 부품 사이의 수직거리를 2 m 이상으로 확보하기 위해 정격 하중 및 정격속도에서 카를 기계적으로 정지시킬 수 있는 장치가 영구적으로 설치되어야 한다.
   ② 기계적인 장치는 카의 정지 상태를 유지할 수 있어야 한다.
   ③ 기계적인 장치는 수동 또는 자동으로 작동되어야 한다.
   ④ 피트 또는 상부공간에서 카를 움직일 필요가 있는 경우, 점검운전 조작반은 피트와 상부공간 각각에서 사용될 수 있어야 한다.
   ⑤ 열쇠를 사용한 피트 출입문의 개방은 엘리베이터가 더 이상 움직이지 않도록 방지하는 전기안전장치에 의해 확인되어야 한다.

(8) 정격속도가 2.5 m/s를 초과하는 엘리베이터는 튀어오름 방지 장치가 설치되어야 한다. (전기식 엘리베이터 : 3 m/s 초과)

1.5 추락방지안전장치 및 개문출발 방지장치

(1) 추락방지안전 장치
   ① 정격하중 상태인 카의 추락방지안전장치가 작동될 경우, 운행 방향의 평균 감속도(a_i)는 0.1 g 와 최대값 사이, 수직 성분의 평균값(a_v)는 1.0 g 미만이어야 한다.

② 모든 하중의 경우, 감속도의 수평성분 평균값(ah)은 0.5 g 미만이어야 한다. 이 요건은 자유 낙하와 균형추가 부착된 경우에도 유지되어야 한다.
③ 카의 추락방지안전장치가 작동될 때, 부하가 없거나 부하가 균일하게 분포된 카의 바닥은 정상적인 위치에서 5 %를 초과하여 기울어지지 않아야 한다.

(2) 과속조절기
① 추락방지안전장치의 작동을 위한 과속조절기는 정격속도의 115 % 이상의 속도 그리고 다음과 같은 속도 미만에서 작동되어야 한다.
㉮ 완충효과가 있는 즉시 작동형 추락방지안전장치 및 정격속도가 1 m/s 이하의 엘리베이터에 사용되는 점차 작동형 추락방지안전장치: 1.5 m/s
㉯ 정격속도가 1 m/s를 초과하는 엘리베이터에 사용되는 점차 작동형 추락방지안전장치: $1.25 V + 0.25/V$ m/s
② 균형추 또는 평형추 추락방지안전장치에 대한 과속조절기의 작동속도는 따른 카 추락방지안전장치에 대한 작동 속도보다 더 높아야 하나 그 속도는 10 %를 넘게 초과하지 않아야 한다.

(3) 카의 상승 과속방지 장치
① 상승과속의 위험이 존재하는 경우(균형추가 있는 엘리베이터), 엘리베이터에는 다음 사항에 적합한 카의 상승과속방지장치가 설치되어야 한다.
㉮ 경사도 적용을 위한 특수한 장치 또는
㉯ 수직형 엘리베이터에서 인증된 장치 유형.
② 카의 정지 단계 동안, 모든 하중에 있어 감속도 성분의 평균값은 다음 미만이어야 한다.
㉮ 수직성분은 1.0 g
㉯ 수평성분은 0.5 g
③ 이 장치는 다음과 같은 곳 중 어느 하나에 작동되어야 한다.
㉮ 카
㉯ 균형추
㉰ 매다는 장치(또는 보상)
㉱ 권상도르래(도르래에 직접 또는 도르래의 바로 인접한 동일 축 등)

(4) 개문출발 방지 장치는 모든 조건에서 카에 정격하중을 싣고 다음의 이동 거리 이하에서 카를 정지시켜야 한다.
① 승강장문턱과 카 문턱의 측면 가장자리 사이에서 0.6 m

② 카 바닥과 승강장문턱의 상부 가장자리 간 또는 승강장문 바닥과 카 문턱의 상부 가장자리 간 1.00 m

2. 소형화물용 엘리베이터 [별표 25]

2.1 적용범위

(1) 수직에 대해 15° 이하의 경사진 주행안내 레일 사이에서 권상이나 포지티브 구동장치 또는 유압 장치에 의해 로프(벨트) 또는 체인으로 매달아 소형화물을 수송하기 위한 카를 정해진 승강장으로 운행시키기 위하여 설치되는 소형화물용 엘리베이터에 대해 적용한다.
(2) 정격하중 300 kg 이하, 정격속도가 1 m/s 이하. (사람 출입 불가)

2.2 기계실과 승강로

(1) 기계실은 다음과 같은 경우에 업무수행자가 출입할 수 있는 것으로 간주한다.
　① 출입문의 크기는 0.6 m × 0.6 m 이상이어야 하고, 문턱은 기계실 통로 바닥에서 0.4 m 이하의 높이이어야 한다.
　② 기계실 높이는 1.8 m 이상이어야 한다. (이동 또는 작업공간)
　③ 200 lx 이상의 조명과 1개 이상의 콘센트가 있어야 한다.

(2) 승강로 출입 개구부의 한 변의 치수가 0.3 m 이하이거나 다음과 같은 경우에는 업무수행자가 승강로에 출입할 수 없는 것으로 간주한다.
　① 승강로 깊이는 1 m 이하이고
　② 승강로 면적은 1 m^2 이하이며
　③ 승강로 외부에서 쉽게 점검 등 유지관리 업무를 할 수 있는 수단이 있다.

2.3 카

(1) 카 치수는 카에 출입할 수 없는 조건을 만족하기 위해 다음과 같아야 한다.
　① 바닥 면적은 1 m^2 이하이어야 한다.

② 깊이는 1 m 이하이어야 한다.
③ 높이는 1.2 m 이하이어야 한다.
④ 1.2 m의 높이는 카가 여러 개의 영구적인 칸막이 공간으로 구성되어 상기의 기준을 각각 만족하는 경우에는 제한되지 않아야 한다.
⑤ 카의 치수가 상기의 기준 중 어느 하나라도 초과하면 소형화물용 엘리베이터의 범주에 포함되지 않아야 한다.

(2) 카의 유효 면적은 1 m² 이하로 제한되어야 하며, 정격하중은 300 kg 이하이어야 한다.

(3) 카와 승강장문 또는 완전히 열린 승강장문틀 사이의 거리는 30 mm 이하이어야 한다.

2.4 로프, 추락방지안전장치

(1) 매다는 로프, 벨트 또는 체인의 안전율은 8 이상이어야 한다.

(2) 로프(벨트) 또는 체인은 2가닥 이상이어야 한다.

(3) 다음 6가지 사항을 모두 만족하는 포지티브 구동 전기식 소형화물용 엘리베이터에는 1가닥의 로프(벨트) 또는 체인이 허용될 수 있다.
① 추락방지안전장치
② 폭 0.4 m 이하, 높이 0.6 m 이하의 승강장문의 개구부
③ 50 kg 이하의 정격하중
④ 0.25 m² 이하의 카 면적
⑤ 0.4 m 이하의 카 깊이
⑥ 바닥 위로부터 0.7 m 이상의 승강장문 문턱 높이

(4) 카 추락방지안전장치의 작동을 위한 과속조절기는 정격속도의 115 % 이상의 속도 그리고 다음과 같은 속도 미만에서 작동되어야 한다.
① 정격속도 0.63 m/s 이하 : 0.8 m/s
② 정격속도 0.63 m/s 초과 : 정격속도의 125 %

3. 수직형 휠체어리프트 [별표 26]

3.1 적용범위

(1) 수직형 휠체어리프트는 다음을 만족해야 한다.
  ① 수직에 대한 경사도가 15°를 초과하지 않는 유도되는 경로를 따라 지정된 층 사이를 운행
  ② 휠체어 사용자 또는 휠체어를 사용하지 않는 보행 장애인이 이용
  ③ 랙-피니언, 로프, 체인, 스크류-너트, 휠과 레일사이의 마찰견인, 유도체인, 팬터그래프식 또는 유압잭(직접식 또는 간접식) 방식으로 지지되거나 유지
  ④ 밀폐식 승강로(4 m 이하) 또는 비-밀폐식 승강로(2 m 이하)
  ⑤ 비-밀폐식 승강로의 경우, 개인 주거용 건물 즉, 단독주택에 설치된 경우 행정은 4 m 이하 가능
  ⑥ 정격속도 0.15 m/s 이하

3.2 정격속도 및 정격하중

(1) 수직형 휠체어리프트의 정격속도는 0.15 m/s 이하여야 한다.

(2) 정격하중

정격하중은 250 kg 이상이어야 한다. 수직형 휠체어리프트는 카 바닥면적에 대하여 250 kg/m^2 이상으로 설계되어야 한다.
최대 허용하중은 500 kg 이하여야 한다.

(3) 최대 설계하중=정격하중 + 과부하

(4) 과부하 감지
  ① 휠체어 이용자용 수직형 휠체어리프트에는 과부하 시에 정상적인 출발을 방지하는 장치가 설치되어야 한다. 다만, 유압 구동방식인 경우 과부하 상태에서의 재-착상은 허용된다. 과부하는 정격하중에 75 kg 초과 시 감지되어야 한다.
  ② 과부하 시 다음을 만족해야 한다.
    ㉮ 카 이용자에게 시각과 청각 신호로 안내되어야 한다.
    ㉯ 승강장문은 잠금해제구간에서 잠금해제 상태가 유지되거나 해제될 수 있어야 한다.

3.3 카

(1) 카의 유효면적은 카 내부 손잡이를 제외하고, 감지날, 포토셀 또는 광커튼을 포함하여 2 m² 이하이어야 한다.

(2) 카의 최소 치수

카의 유효면적은 표 1 이상이어야 한다. 공간 확보가 어려운 기존 건물의 경우, 다른 치수를 고려할 수 있다.

표 1. 카의 최소 치수 (단위 : mm)

탑승형태	최소 설계치수 (폭×길이)	최소 정격하중 (kg)
보조자가 휠체어 옆에 함께 탑승하는 경우	1,100 × 1,400	385
보조자가 휠체어 후방에 함께 탑승하는 경우	900 × 1,400	315
직립 탑승 또는 휠체어에 독립 탑승	800 × 1,250	250

(3) 일반인이 접근할 수 있는 건물은 보조자를 위한 충분한 공간을 제공할 수 있도록 카의 길이는 1,400 mm 이상이 되어야 한다.

(4) 카와 그 출입구 및 승강장 출입구의 유효 폭은 800 mm 이상이어야 한다.
   다만, 다음은 예외로 한다.
   ① 일반인이 접근할 수 있는 건축설비는 900 mm 이상으로 한다.
   ② 입식 단독 사용 용도로 일반인이 접근할 수 없는 건축설비는 650 mm 이상이여야 하며, 행정이 500 mm 이하이면 더 줄이더라도 32 mm 이상을 유지해야 한다.

(5) 카의 기계적 강도는 예측 가능한 오용(너무 많은 승객)을 고려해야 한다. 따라서 카 및 카에 관련된 현수부품은 표최대 정하중 + 25 %(즉, 정적 시험계수 1.25)를 지지하도록 설계되어야 한다.

3.4 추락방지안전장치

(1) 수직형 휠체어리프트에는 추락방지안전장치가 설치되어야 한다.

(2) 추락방지안전장치는 최대 정하중을 적재한 카를 정지시키고, 정지상태로 유지해야 한다. 다만, 다음과 같은 2가지 경우는 제외한다.
   ① 잭으로 구동하는 직접 유압식 수직형 휠체어리프트
   ② 자기 유지형 스크류-너트 구동방식 수직형 휠체어리프트

(3) 추락방지안전장치는 카에 설치되어야 한다. 다만, 유도체인 구동에 대한 요건을 모두 만족하여 추락방지안전장치를 카와 떨어진 곳에 설치할 수 있는 유도체인 구동방식은 제외한다.

(4) 추락방지안전장치가 작동될 때, 추락방지안전장치를 동작시키는데 사용하는 로프나 체인 등의 장력감소 또는 카의 하강방향 움직임으로 인해 추락방지안전장치는 복귀되지 않아야 한다.

(5) 추락방지안전장치는 150 mm 이내에서 정격하중을 실은 카를 정지시키고 정지 상태로 유지해야 한다.

(6) 추락방지안전장치가 작동될 때 카의 수평 기울기 변화는 5°를 초과하지 않아야 한다.

(7) 추락방지안전장치는 카의 정격속도에서 0.3 m/s를 초과하기 전에 과속조절기에 의해 기계적으로 작동되어야 한다.

3.5 구동피니언

(1) 치차 강도의 내구 한도에 대한 안전율을 2이상으로 설계해야 한다.
(2) 각각의 피니언은 피팅의 내구 한도에 대한 안전율은 1.4 이상이 되어야 한다.

3.6 구동 방식

(1) 드럼과 로프 사용
(2) 스프로킷과 체인 사용

3.7 로프와 체인

(1) 로프의 공칭직경은 6 mm 이상여야 한다.
(2) 현수로프의 안전율은 12이상, 현수체인의 안전율은 10이상이 되어야 한다.
(3) 현수로프와 현수체인은 2가닥 이상이여야 하며, 각각 독립적여야 한다.
(4) 로프와 로프 체결부품 사이의 연결부분은 로프의 최소 파단하중의 80% 이상을 견뎌야 하며, 로프의 장력을 균등하게 하는 장치가 설치되어야 한다.

4. 경사형 휠체어리프트 [별표 27]

4.1 적용범위

(1) 경사형 휠체어리프트는 다음을 만족해야 한다.
① 계단 또는 접근 가능한 경사면 위로 운행할 것
② 1인용
③ 주행안내 레일 또는 레일에 의해 직접 지지되고 유도되는 카가 있을 것
④ 로프, 랙-피니언, 체인, 스크류-너트, 마찰견인 구동 및 유도 로프-볼에 의해 지지되거나 유지될 것

4.2 정격속도 및 정격하중

(1) 카의 정격속도는 0.15 m/s 이하여야 한다.

(2) 경사형 휠체어리프트가 1인용일 경우에는 정격하중을 115 kg 이상으로 하고 휠체어 사용자용일 경우 150 kg 이상으로 설계한다.

(3) 탑재 하중이 결정되지 않은 경우(예를 들면 공공건물), 휠체어용 경사형 휠체어리프트는 정격하중을 225 kg 이상으로 한다. 최대 정격하중은 350 kg 이다.

(4) 과부하 감지장치
① 카에하가 발생될 경우, 카의 정상적인 출발을 방지하는 장치가 되어야 하고 정격하중의 25 %를 초과하면 발생되는 것으로 간주 된다.
② 과부하 발생 시 카에서 청각과 시각적 신호로 이용자에게 알려야 한다.

4.3 추락방지안전장치

(1) 카에는 구동부품의 고장으로 인한 과속 발생시 작동되는 추락방지안전장치가 설치되어야 한다.

(2) 추락방지안전장치는 정격하중 + 25 % 상태인 카를 정지시키고 유지할 수 있어야 한다.

(3) 유도로프-볼 구동방식을 제외하고, 추락방지안전장치는 카에 설치되고, 주행안내 레일

위에 위치해야 한다.

(4) 정격하중 상태의 카가 자유낙하 하는 경우, 다음의 평균 감속도 또는 평균 정지 거리 중 어느 하나를 만족해야 한다.
① 평균 감속도는 카의 최대 허용 각도 75°일 때 주행안내 레일 방향으로 1.0 g 이하여야 하며, 정격하중 상태로 추락방지안전장치가 작동하였을 때 평균 감속도의 수평성분은 0.25 g 이하여야 한다.
② 평균 정지거리는 150 mm 이내여야 한다.

(5) 추락방지안전장치는 스크류-너트 및 유도로프-볼 구동방식을 제외하고, 주행안내 레일 또는 랙을 확실하게 구속하여 제동할 수 있어야 한다.

(6) 추락방지안전장치가 작동될 때 카의 수평 기울기의 변화는 좌석식의 경우 10°, 입석식 및 휠체어용의 경우에는 5°를 초과하지 않아야 한다.

(7) 추락방지안전장치는 경사형 휠체어리프트의 하강 속도가 0.3 m/s를 초과하지 않는 정격 속도의 115 %에 도달하기 전 과속감지기에 의해 직접 작동되어야 한다.

(8) 추락방지안전장치 작동을 위해 전기, 유압 또는 공압 방식을 적용해서는 안 된다.

(9) 과속감지기는 과속을 감지하고, 주행안내 레일의 모든 지점에서 추락방지안전장치를 작동시킬 수 있어야 하고 마찰에 의해 구동되는 과속감지기의 경우, 마찰에 의해 회전 장치에 전달되는 힘은 추락방지안전장치를 작동시키는 데 필요한 힘의 2배 이상이 되어야 한다.

(10) 회전 감지기
① 마찰에 의해 구동되는 과속감지기의 경우, 제어계통에는 카의 운행 중에 과속감지기의 회전을 감시하는 회로가 포함되어야 한다.
② 회전이 멈추면 전동기와 브레이크 전원공급은 10초 이내에 차단되어야 한다. 운행의 지속은 방향지시 버튼의 해지와 재-작동에 의해 이루어질 수 있다.

(11) 안전 너트
① 내경에 나사 가공된 부품으로 스크류-너트 구동방식에 사용되며, 평상 시에는 하중을 지지하지 않으나, 구동 너트 파손시 하중을 지지하는 너트
② 스크류-너트 구동방식인 경우, 안전을 유지하기 위해 구동 너트 고장시 하중을 운반하고, 전기안전장치를 작동시키는 2차적인 무부하 안전너트가 설치되어야 한다.

(12) 감지날(sensitive edge)
갇힘, 전단 또는 협착 사고를 방지하기 위해 카의 어느 한 변에 설치된 안전장치

(13) 감지면(sensitive surface)
감지날과 유사한 안전장치이나 카 하부면 또는 기타 넓은 면적 전체를 보호하기 위해 설치된 안전장치

4.4 구동피니언

(1) 치차 강도의 내구 한도에 대한 안전율을 2 이상으로 설계해야 한다.

(2) 각각의 피니언은 피팅의 내구 한도에 대한 안전율은 1.4 이상이 되어야 한다.

4.5 로프와 체인

(1) 로프의 공칭직경은 6 mm 이상이여야 한다.

(2) 현수로프의 안전율은 12 이상, 현수체인의 안전율은 10 이상이 되어야 한다.

(3) 현수로프와 현수체인은 2가닥 이상이어야 하며, 각각 독립적이어야 한다.

(4) 로프와 로프 체결부품 사이의 연결부분은 로프의 최소 파단하중의 80% 이상을 견뎌야 하며, 로프의 장력을 균등하게 하는 장치가 설치되어야 한다.

5. 기계식 주차장치 및 유희 설비

5.1 기계식 주차장치의 종류

(1) **2단식 주차장치**
자동차를 주차하기 위한 공간인 팔레트를 상하 2층으로 배열하여 두 층간의 팔레트를 좌우 횡행과 승하강으로 이동시키는 동작으로 자동차를 입고하고 출고시키는 방식이다.

(2) **다단식 주차장치**
주차장법령상 주차구획이 3층 이상으로 배치되어 있고 출입구가 있는 층의 모든 주차구획을 주차장치 출입구로 사용할 수 있는 구조로서 그 주차구획을 아래·위 또는 수평으로 이동하여 자동차를 주차하는 주차장치

(3) 수직순환식

주차구획에 자동차를 들어가도록 한 후 그 주차구획을 수직으로 순환이동하여 자동차를 주차하도록 설계한 주차장치로 평균 입·출고 시간이 가장 빠르다.

(4) 다층순환식

자동차를 주차하기 위한 공간인 운반기(팔레트)를 상하로 2층 또는 그 이상으로 배열하여 임의의 두 층간의 운반기를 좌우 횡행과 주차기 양단에서 운반기를 승하강하여 이동시키는 동작을 단속적으로 한 피치씩 또는 연속 순환 이동하여 자동차를 입·출고하도록 하는 방식이다.

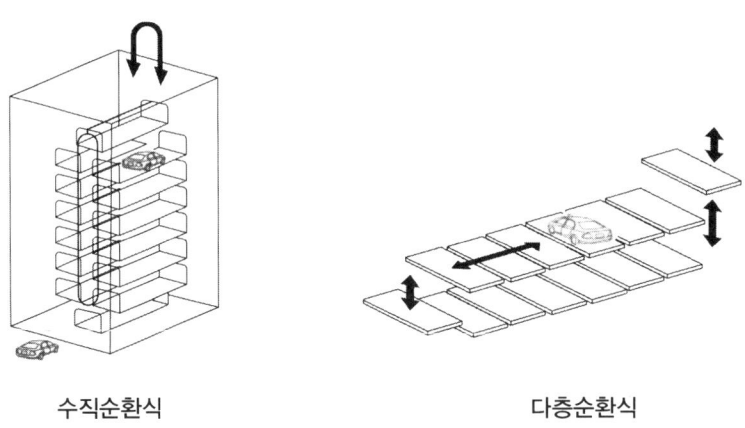

수직순환식   다층순환식

(5) 수평순환식

자동차를 주차하기 위한 공간인 운반기(팔레트)를 평면상에 2열 또는 그 이상으로 배열하여 평면상의 운반기를 횡행과 종행을 단속적으로 한 피치씩 또는 연속적으로 순환 이동하여 자동차를 입·출고하도록 하는 방식이다.

(6) 승강기식 주차장치

자동차를 주차시키는 주차구획이 여러층으로 배치되어 있고 여러층의 주차 구획 사이를 승하강 운행하는 승강기로 구성되어 있다. 또한 승하강하는 리프트용 운반기에는 주차구획의 자동차를 입·출고 하기 위한 수평이동 장치가 설치되어 있어 자동차를 좌우로 이송시켜 입·출고하도록 하는 방식이다.

(7) 승강기 슬라이드 식

주차구획이 여러 층으로 배치되어있는 고정된 주차구획에 아래·위 및 옆으로 이동할 수 있는 운반기에 의하여 (승강기와 슬라이드장치) 자동차를 자동으로 운반·이동시켜 주차하도록 설계한 기계식주차장치로 승강기식과 유사하며 팔레트 전체가 종행 또는 횡행으로 이동(슬라이드)할 수 있는 기능이 추가된 방식이다.

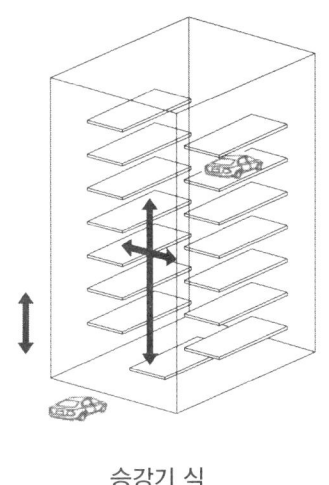
승강기 식

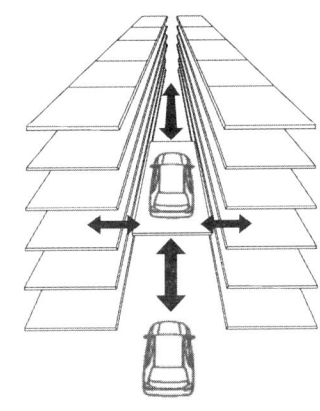
승강기 슬라이드 식

(8) 평면왕복식 주차장치

자동차를 주차시키는 주차구획이 여러 층으로 고정 배치되어 있고 각 층간의 이동은 승하강 장치인 리프트로 하며 주차구획의 각층 마다 별도의 대차가 설치되어 있어 횡행 또는 종행으로 이동하면서 자동차를 주차구획에 입·출고시키는 방식이다. 리프트와 각 층간의 대차는 독립적으로 구동되므로 입·출고 시간을 단축시킬 수 있고 통상 입고용 리프트와 출고용 리프트를 별도로 설치하여 운행되어 대기 시간을 단축할 수 있는 대규모 주차장치이다.

5.2 기계식 주차장치의 특징

(1) 자동차에 운전자가 승차한 상태로 기계식 주차장치에 자동차를 적재시킬 수 없다.
   (자동차용 엘리베이터에는 운전자가 자동차에 승차한 상태로 엘리베이터에 적재)
(2) 주차장치에 수용할 수 있는 모든 자동차를 입고시키고 출고시키는 데 걸리는 시간은 각각 2시간 이내이어야 한다.
(3) 주차법령에 따른 기계식주차장치 안에서 자동차를 입·출고 하는 사람이 출입하는 통로의 크기 : 폭 0.5 m 이상, 높이 1.8 m 이상
(4) 자동차 중량의 전륜 및 후륜에 대한 배분은 6:4로 하고 계산하는 단면에는 큰 쪽의 중량이 집중하중으로 작용하는 것으로 가정하여 계산하여야 한다.

(5) 강도계산 시 적용되는 자동차의 중량
① 중형 기계식 주차장 : 1850 kg
② 대형형 기계식 주차장 : 2200 kg

5.3 기계식 주차장치의 안전장치

(1) 자연하강 보정장치
2단 및 다단식 주차장치가 자연 하강을 방지하여 아래층의 자동차를 보호하는 장치

(2) 승하강 안전장치
아래 및 위층에 저동차가 있는 경우 승강 및 하강을 방지하는 안전장치

(3) 수평이동 안전장치
주차장치의 운반기가 승강 또는 하강하는 경우 다른 운반기의 수평 이동을 방지하는 안전장치

5.4 유희시설 및 건설용 리프트

(1) 고가 유희시설

1) 모노레일

지면에서 탑승물까지의 높이가 2 m 이상으로 고저 차가 2 m 미만의 궤도로 주행하고 구배는 완만하며 비교적 느린 속도로 주행한다.

2) 제트 코스터 (jet coaster)

소형의 무개객차를 연결하여 급커브나 급경사의 고가궤도를 관성으로 스파이럴 회전이나 수직 회전을 하면서 주행하는 유원지 놀이기구이다.
롤러코스터(roller coaster), 스위치 백(switch back)라고도 한다.

3) 매트 하우스

1인승 또는 2인승의 작은 케이지가 지면에서 약 2 m 정도의 궤도를 속도 40 km/h 이하로 주행하면서 상하좌우로 급격한 방향 전환을 하는 유희 설비이다.

4) 워터슈트

궤도 없이 고저 차가 2m 이상의 궤도로 구성되었고 급경사(급구배)의 수로를 탑승물이 주행하는 유희 설비이다.

(2) 회전운동을 하는 유희시설

1) 관람차

거대한 바퀴 둘레에 여러 개의 작은 케이지가 매달려 있는 형태이며 바퀴가 회전함에 먼 곳을 관람할 수 있는 유희 설비로 페리스 휠 (Ferris wheel) 이라고 한다.

2) 로터

객석 부분이 가변 축 주위를 회전하여 원주속도가 커서 객석 부분에 작용하는 원심력이 큰 유희 설비이다.

3) 옥토퍼스

객석 부분이 가변 축 주위를 회전하는 문어발 모양의 유희 설비이다.

4) 비행탑

많은 사람이 탈 수 있는 곤드라 형상으로 주 로프에 매달려 수직축으로 회전하는 유희 설비이다.

5) 회전목마 (merry go round : 메리고라운드)

기둥 둘레의 원판 위에 여러 개의 목마를 설치하여 목마위에 승객을 태우고 빙글빙글 돌리는 유희 설비이다.

5.5 건설용 리프트

(1) 랙앤피니언

회전운동을 선형 운동으로 변환하는 장치로 건설 현장의 공사용 리프트

(2) 타워크레인

고층 건설 현장에서 사용하는 건설 기자재 양중용 크레인으로 엘리베이터의 권상기, 제어반 등 기계실 자재 양중 시에도 사용된다.

MEMO

승강기
기사 · 산업기사 실기
예상문제 및 기출문제

▶ 승강기기사·산업기사 실기 **예상문제**

▶ 승강기기사·산업기사 실기 **기출문제**
  2020년 1·2회 승강기기사 실기(필답형)
  2020년 3회 승강기기사 실기(필답형)
  2020년 4회 승강기기사 실기(필답형)
  2020년 5회 승강기기사 실기(필답형)
  2021년 1회 승강기기사 실기(필답형)
  2021년 2회 승강기기사 실기(필답형)
  2021년 4회 승강기기사 실기(필답형)
  2022년 1회 승강기기사 실기(필답형)
  2022년 2회 승강기기사 실기(필답형)
  2022년 4회 승강기기사 실기(필답형)
  2023년 1회 승강기기사 실기
  2023년 2회 승강기기사 실기
  2023년 4회 승강기기사·산업기사 실기
  2024년 1회 승강기기사·산업기사 실기
  2024년 2회 승강기기사·산업기사 실기
  2024년 3회 승강기기사·산업기사 실기
  2025년 1회 승강기기사·산업기사 실기
  2025년 2회 승강기기사·산업기사 실기
  2025년 3회 승강기기사·산업기사 실기

승강기기사·산업기사 실기 예상문제

001 승강기의 정의를 구체적으로 설명하시오.

정답 승강기란 건축물이나 고정된 시설물에 부착되어 일정한 승강로를 통하여 사람이나 화물을 옮기는데 사용되는 시설로서 엘리베이터, 에스컬레이터, 휠체어리프트 등 대통령령으로 정하는 것을 말한다.

002 다음은 엘리베이터의 비상 통화 장치에 관한 설명이다. ( )에 들어갈 적당한 답을 쓰시오.

비상통화장치는 당해 시설물의 관리 인력이 상주하는 장소 (①, ②, ③)에 설치되어야 한다. 다만, 관리 인력이 상주하는 별도의 장소가 2개소 미만의 시설물의 경우에는 하나만 설치될 수 있다. 또한, 이와 별도로 시설물 내부와 통화가 되지 않을 경우에 대비하여 (④) 또는 (⑤)등 해당 시설물 외부로 자동통화 연결되어 신속한 구조요청이 이루어질 수 있는 통화장치를 갖추어야 한다.

정답 ① 경비실　② 전기실　③ 중앙관리실
④ 승강기 유지관리업체　⑤ 자체점검자

003 일반 엘리베이터와 비교한 장애인용 엘리베이터의 추가요건 3가지를 쓰시오.

정답 ① 승강기 안팎의 모든 스위치는 바닥으로부터 0.8 m 이상 1.2 m 이하에 설치한다.
② 각 층의 호출버튼 0.3 m 전면에 점형블록이 설치되어야 한다.
③ 승강기 전면에는 1.4×1.4 m 이상의 활동공간이 확보되어야 한다.
④ 카 내부 바닥의 조도는 150 lx 이상이어야 한다.

해설 승강기 내부의 유효바닥면적은 휠체어의 회전을 고려하여 폭 1.6 m 이상, 깊이 1.35 m 이상으로 하고 카 바닥과 승강장 바닥의 틈은 0.03 m 이하이어야 한다.

004 장애인용 엘리베이터의 구조에 대한 다음 물음에 답하시오.

(1) 승강기에 장치하는 모든 스위치의 설치 높이는?
(2) 승강기의 출입문 너비는 몇 m 이상인가?
(3) 승강장바닥과 승강기바닥의 틈은 몇 m 이하인가?
(4) 승강기 내부의 유효바닥면적은 폭 (①)m 이상, 깊이 (②)m 이상으로 할 것.

정답
(1) 0.8[m] 이상 1.2[m] 이하
(2) 0.8[m]
(3) 0.03[m]
(4) ① 1.6[m] 이상 ② 1.35[m] 이상

---

005 엘리베이터용 전동기의 구비조건 4가지를 쓰시오.

정답
① 기동 토크가 클 것
② 기동 전류가 작을 것
③ 회전 부분의 관성 모멘트가 적을 것
④ 소음이 적을 것
⑤ 유지보수가 용이할 것.

---

006 엘리베이터의 도어 구동용 교류전동기와 비교한 직류전동기의 장점을 2가지를 쓰시오.

정답
① 정확한 속도제어가 가능하다.
② 효율이 좋다.
③ 속도응답 특성이 우수해 도어개폐 시간이 짧다.

---

007 전기식 엘리베이터의 설치검사 시 하중 시험에 관하여 다음 물음에 답하라.

(1) 설치검사 시 실시하는 하중 시험의 종류 3가지를 쓰시오.
(2) 정격하중의 50% 적재 시 속도의 허용범위와 100% 적재 시의 전동기 전류는 정격전류의 몇 % 이내이어야 하는지 쓰시오.

정답 (1) ① 무부하 시
② 정격하중의 50 %
③ 정격하중의 100 %를 실은 경우
④ 정격하중의 125 %를 실은 경우
(2) ① 속도 : 정격속도의 92 %에서 105 % 이내
② 전류 : 정격전류의 100 % 이하

해설 엘리베이터 설치검사 시 분동을 적재하고 정격전류(100 % 상승), 속도편차(정격하중의 50 %), 개문 출발 방지(무부하 상승과 100 % 하강), 브레이크 능력(125 % 하강 및 무부하 상승) 시험을 실시한다.

008 엘리베이터용 주행 안내 레일의 설계 시 고려할 사항 3가지 요소를 쓰시오.

정답 ① 비상 정지 장치 작동 시 작용할 수 있는 좌굴하중
② 지진발생 시 건물의 수평 진동에 의한 레일과 가이드슈 사이에 작용하는 수평진동력
③ 불균형한 큰 하중이 적재 될 때 작용하는 회전모멘트

009 승강로 피트의 깊이를 엘리베이터의 속도에 따라 설정하는 이유를 설명하시오.

정답 피트에 설치하는 완충기의 행정과 피트 바닥의 충격하중이 속도의 제곱에 비례하기 때문이다.

해설 ※ 에너지 분산형 완충기의 최소행정은 $0.0674\,V^2$(에너지 축적형은 $0.135\,V^2$)이며 충격하중 은 $P = 2\,W\left(\dfrac{V^2}{2g\cdot S}+1\right)$ 이므로 속도의 제곱에 비례한다.

010 다음 그림은 디스크형 과속조절기이다. 아래의 물음에 답하시오.

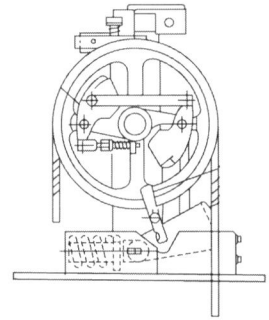

(1) 과속조절기 로프의 공칭 직경은 몇 [mm] 이상이어야 하는가?
(2) 과속조절기의 도르래 피치 직경은 로프의 공칭 직경의 몇 배 이상 이어야 하는가?
(3) 과속조절기 도르래 홈의 직경은 로프 직경의 몇 배 이하 이어야 하는가?

정답 (1) 6[mm] 이상
(2) 30배 이상
(3) $1\frac{1}{8}$배 이하

---

011 다음 에스컬레이터에 관한 그림을 보고 물음에 답하시오.

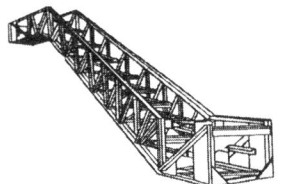

(1) 명칭을 쓰시오.
(2) 역할을 간단히 서술하시오.

정답 (1) 트러스
(2) 에스컬레이터에 작용하는 총 하중을 분담하여 건물 측의 상, 하의 들보에 지탱시킨다.

---

012 엘리베이터의 승강 행정이 클 경우 트랙션 비를 개선 할 수 있는 방법을 4가지를 쓰시오.

정답 ① 보상 체인 또는 보상 로프를 설치한다.
② 카 무게를 가능한 줄인다.
③ 오버 밸런스율을 50 %로 한다.
④ 로프 가닥수를 최소한으로 한다.

해설 보상 체인은 속도 3 m/s 이하에 보상 로프는 모든 속도에 적용 가능하며 오버 밸런스율은 50 %가 제일 좋다.
※ 3 m/s 초과 시는 보상로프만 가능하다.

013 다음은 가변전압 주파수 제어회로이다. 물음에 답하시오.

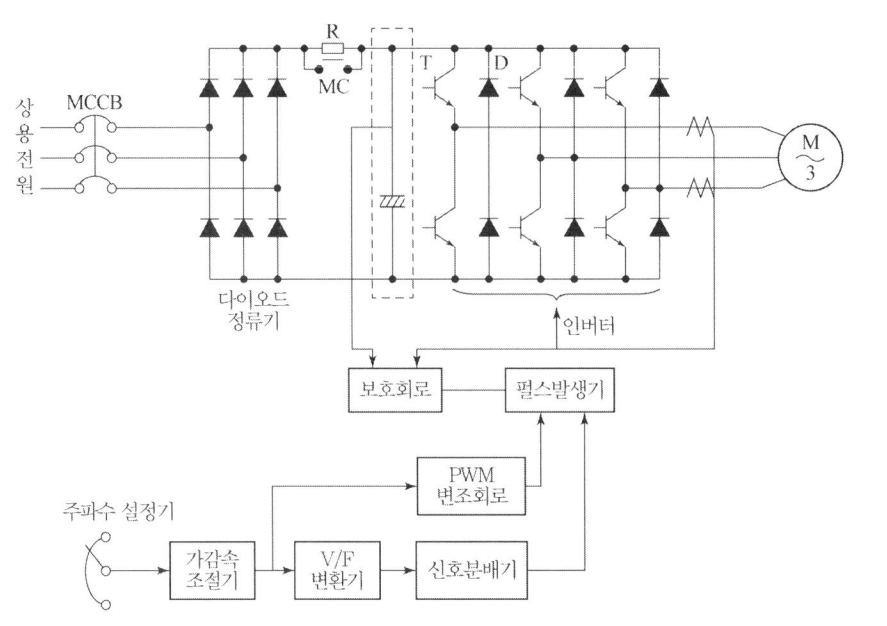

(1) 교류 100[V]를 입력하면 컨버터에 의해 몇 [V]의 직류로 변환되는가?
(2) 인버터의 역할에 대하여 간단히 설명하시오.
(3) 평활 콘덴서의 역할에 대하여 간단히 설명하시오.

정답
(1) $V_{AC} \times 1.35 = 100 \times 1.35 = 135[V]$
(2) 직류를 PWM 방식으로 정현파에 근접된 가변 전압과 주파수로 변환한다.
(3) 정류된 직류 전압을 평활하게 유지시킨다. (직류 전압의 맥동율을 줄인다.)

해설 다이오드를 이용한 3상 전파정류는 교류전압의 1.35배, 단상 전파정류는 0.9배, 단상 반파 정류는 0.45배의 직류 전압으로 정류된다.

---

014 다음은 가변전압 가변주파수 제어회로이다. 물음에 답하시오.

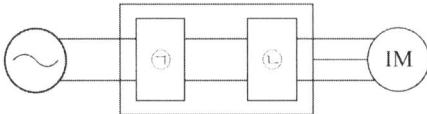

(1) 가변전압 가변주파수 제어방식에 대하여 설명하시오.
(2) 빈칸에 알맞은 기기의 명칭을 쓰시오.

정답 (1) 전압과 주파수를 유도 전동기 속도에 적합하도록 변환시켜 속도를 제어하는 방식으로 소비전력이 절약되고 승차감이 향상된다.
(2) ① 컨버터부 ② 인버터부

해설 가변전압 가변주파수제어는 인버터(Inverter)제어, VVVF(Variable Voltage Variable Frequency) 제어라고도 한다.

---

015 승객용 엘리베이터에서 균형추 측에 설치하는 과속조절기에 관하여 다음 물음에 답하시오.

(1) 설치조건을 쓰시오.
(2) 작동속도를 카 측 과속조절기와 비교하여 설명하시오.

정답 (1) 승강로 하부를 거실이나 통로, 창고 등의 사람이 출입하는 장소로 이용할 경우에는 균형추에도 추락방지안전 장치를 설치해야 한다.
(2) 작동속도 범위
균형추 측 과속조절기의 작동은 카 측 과속조절기보다 먼저 작동하지 않아야 한다.

해설 과속조절기의 추락방지안전장치가 먼저 작동하면 추락방지안전장치 작동 시 충격이 카에 전달되므로 카 측이 먼저 작동해야 한다.

---

016 다음은 유압식 엘리베이터의 속도 제어 방법이다. 그 방식에 대하여 간략하게 쓰시오.

(1) 유량 제어 밸브에 의한 방식
(2) 인버터(VVVF)에 의한 방식

정답 (1) 회전수가 일정한 전동기를 부착한 펌프는 일정량의 작동유를 토출하고, 유량 제어 밸브로 상승 속도에 맞게 유량을 제어하는 방식이다.
(2) 전동기의 회전수를 인버터(VVVF) 제어방식으로 제어하여 상승 속도에 적합한 펌프의 회전수가 되도록 제어 하여 펌프에서 토출되는 작동유의 양을 제어하는 방식이다.

해설 유압식 엘리베이터의 속도제어 방식은 유량제어밸브 방식과 인버터제어 방식으로 분류되고 유량제어 밸브 방식은 미터인회로 방식과 브리드오프 방식이 있다.

017

다음은 엘리베이터 권상용 로프의 안전율에 관한 표이다. 빈칸을 채우시오.

구 분	종 류		안 전 율
와이어 로프	권상용 로프의 직경	8 mm 3가닥	(1)
		6 mm 3가닥	(2)
	과속조절기 로프		(3)

정답 (1) 12 (2) 16 (3) 8

018

엘리베이터가 과부하로 운행 시 발생할 수 있는 현상 3가지를 쓰시오.

정답
(1) 권상기 도르래와 로프에 미끄러짐이 발생한다.
(2) 로프와 도르래 홈과 마찰로 인한 마모가 심해진다.
(3) 엘리베이터의 구동장치에 무리한 힘이 가해져 수명이 단축된다.

해설 과부하검출기는 정격하중의 10%를 초과하기 전에 작동하고 최소 검출하중은 75 kg 이다.

019

직접식과 비교한 간접식 유압 엘리베이터의 장·단점 2가지를 쓰시오.

정답
(1) 장점
  ① 실린더 설치를 위한 보호관이 필요 없다.
  ② 실린더의 점검이 쉽다.
  ③ 승강 행정이 길다. (램의 길이가 같은 경우)
(2) 단점
  ① 비상 정지 장치가 필요하다.
  ② 부하에 의한 카 바닥의 빠짐이 비교적 크다.
  ③ 승강로의 소요 면적이 커진다.

020

직접 유압식 엘리베이터의 특징 5가지를 쓰시오.

정답
(1) 승강로 소요 평면 치수가 작고, 구조가 간단하다.
(2) 추락방지안전장치가 필요 없다.

(3) 부하에 의한 카 바닥의 빠짐이 작다.
(4) 실린더 설치를 위한 보호관을 설치해야 함.
(5) 실린더의 점검이 어렵다.

절연저항 측정 시 사용한 전압계는 1[V] 당 저항이 10,000[MΩ], 측정범위(E)가 500[V], 측정회로의 조작전압(e)이 125[V], 당해 측정 개소에서의 전압계 지시전압 (e_o)이 100[V]일 경우 절연저항은 몇 [MΩ]인가?
• 계산과정
• 답

정답
• 계산과정 : 절연저항 $R_0 = \dfrac{10{,}000 \times 500}{10^6} \times (\dfrac{125}{100} - 1) = 1.25 [\text{M}\Omega]$
• 답 : 1.25[MΩ]

---

022 엘리베이터의 권상기 도르래의 U홈과 언더컷 홈에 대하여 설명하시오.
(1) U홈
(2) 언더컷 홈

정답 (1) U홈
로프와의 면압이 작으므로 로프의 수명은 길지만, 마찰력이 작아서 도르래에 감기는 로프의 권부각을 크게 할 수 있는 더블랩 방식으로 하여 고속 엘리베이터에 많이 사용된다.
(2) 언더컷 홈
U홈의 바닥에 더 작은 홈을 가공하여 마찰력을 크게 하여 U홈 보다 권상 능력이 크기 때문에 중저속 엘리베이터에 싱글랩 방식으로 적용한다. U홈 보다 로프의 마모는 크지만, 마찰력을 크게 하여 견인 능력이 뛰어나다.

해설 도르래홈의 마찰력이 큰 순서 : V홈 > 언더컷 홈 > U홈

 엘리베이터의 문닫힘 안전장치 종류를 3가지를 쓰고 간단히 설명하시오.

정답 (1) 세이프티 슈(Safety shoe)
카 문에 설치한 가동슈에 의해 이물체가 접촉되면 닫힘을 중지시키고 반전시키는 접촉식 안전장치

(2) 광전 장치(Photo Electric)
광선의 빔을 발생시키는 투광기와 센서인 수광기로 구성되어 도어의 양단에 설치하여 차단될 때 도어를 반전시키는 비접촉식 안전장치

(3) 초음파 장치(Ultrasonic Door Sensor)
초음파의 감지 각도를 조정하여 승강장 또는 카측의 일정한 구역에 이물체나 사람을 검출하여 도어를 반전시키는 안전장치

해설 ▶ 문닫힘 안전장치는 카 문에 설치하며 고장 및 회로가 끊겼을 경우는 작동한 경우와 같이 문닫힘을 저지하고 소방운전 및 피난운전 시 모든 안전장치는 유효하지만 열이나 연기에 의해 감지되는 문닫힘 안전장치인 광전장치와 초음파 장치는 무효화 될수 있다.

---

024 적재하중 1,150[kg], 카자중 1,300[kg], 정격속도 60[m/min]인 전기식 엘리베이터의 전동기 용량(kW)과 브레이크 제동 소요 시간(sec)를 구하시오.
(단, 오버밸런스율 43[%], 효율 55[%], 브레이크 정지거리는 270[mm] 이다.)

(1) 전동기 용량(kW)
(2) 제동소요 시간(sec)

정답 (1) $P = \dfrac{LV(1-OB)}{6120\eta} = \dfrac{1150 \times 60 \times (1-0.43)}{6120 \times 0.55} = 11.684[kW]$ 답 : 11.68[kW]

(2) $t = \dfrac{2 \times S}{V} = \dfrac{2 \times 0.27}{1} = 0.54[\sec]$ 답 : 0.54[sec]

---

025 카 자중 1,000[kg], 적재하중 650[kg]인 승객용 엘리베이터가 다음과 같이 운행할 때 물음에 답하시오. (로핑은 1:1)

- 주 도르래 지름(D) : 600[mm]
- 감속비(i) : $\dfrac{2}{79}$
- 극수(P) : 4
- 주파수(f) : 60[Hz]
- 슬립(s) : 3[%]

(1) 전동기의 회전수 [rpm]
(2) 주 도르래 속도 [m/min]
(3) 승강기의 운행속도 [m/min]

정답 (1) $N = \dfrac{120f}{P}(1-S) = \dfrac{120 \times 60}{4} \times (1-0.03) = 1746[rpm]$ 답 : 1746[rpm]

(2) $V = \dfrac{\pi DN}{1000} i = \dfrac{\pi \times 600 \times 1746}{1000} \times \dfrac{2}{79} = 83.319[m/min]$ 답 : 83.32[m/min]

(3) 승강기의 운행속도 : 83.32[m/min]

해설 ▶ 1 : 1 로핑인 경우 도르래 속도, 로프속도와 카 속도는 같고 2 : 1로핑인 경우는 로핑 계수로 나누어야 하므로 카 속도는 도르래 및 로프속도의 $\frac{1}{2}$이 된다.

---

026) 다음과 같은 조건일 때 권상기 도르래의 직경(mm)을 구하시오. (로핑은 1:1)
(정격속도 : 90[m/min], 주파수 : 60[Hz], 극수 : 4, 슬립 : 3[%], 감속비 2 : 79)

정답 전동기의 회전수 : $N = \frac{120f}{P}(1-S) = \frac{120 \times 60}{4} \times (1-0.03) = 1746 [rpm]$

카 속도 : $V = \frac{\pi DN}{1000}i = \frac{\pi \times D \times N}{1000} \times \frac{2}{79}$ 에서

권상기 도르래 지름 $D = \frac{1000 V}{\pi Ni} = \frac{1000 \times 90}{\pi \times 1746} \times \frac{79}{2} = 648.105 [mm]$

답 : 648.11[mm]

---

027) 정격속도 120[m/min]의 승객용 엘리베이터에 적용한 스프링 복귀식 유입 완충기의 성능시험을 실시했을 때 다음 물음에 답하시오. (단 , 완충기가 동작한 시간은 0.4초 이다.)

(1) 최소 행정거리는 얼마[mm]이상이어야 하는가?
(2) 완충기에 충돌하는 속도[m/min]는?
(3) 완충기의 평균 감속도(g_n)는?

정답 (1) $S = 0.0674 \times 2^2 \times 10^3 = 269.6 [mm]$ 답 : 269.5
(2) $V = V_0 \times 1.15 = 120 \times 1.15 = 138 [m/min]$ 답 : 138
(3) $a = \frac{\Delta v}{\Delta t} \times \frac{1}{9.8} = \frac{138 \div 60}{0.4 \times 9.81} = 0.586 g_n$ 답 : 0.59

---

028) 어느 공장의 3상 부하가 25[kW]이고 역률이 60[%] 이다. 이것을 역률 90[%]로 개선하기 위해 필요한 전력용 콘덴서의 용량은 몇 [kVA]인가?

정답 $Q = P(\tan\theta_1 - \tan\theta_2) = P\left(\frac{\sin\theta_1}{\cos\theta_1} - \frac{\sin\theta_2}{\cos\theta_2}\right) = P\left(\frac{\sqrt{1-\cos\theta_1^2}}{\cos\theta_1} - \frac{\sqrt{1-\cos\theta_2^2}}{\cos\theta_2}\right)$

$= 25 \times \left(\frac{\sqrt{1-0.6^2}}{0.6} - \frac{\sqrt{1-0.9^2}}{0.9}\right) = 21.225 [kVA]$

답 : 21.23[kVA]

029 그림과 같은 전동기 Ⓜ에 공급하는 저압 옥내간선의 정격전류의 최대값은 몇 [A]로 산정해야 하는가?

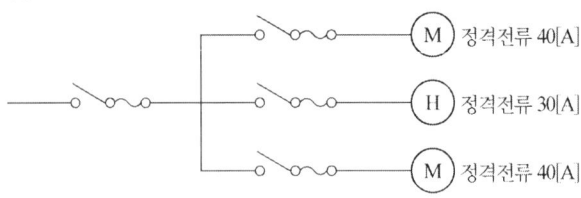

정답 $I_0 = (40+40) \times 1.1 + 30 = 118[A]$ 답 : 118[A]

해설 전동기 전류의 합이 전동기를 제외한 기기의 전류합보다 크고 50[A] 초과시는 전동기전류 합 × 1.1배, 50[A] 이하는 전동기전류 × 1.25를 하여 전동기를 제외한 기기의 전류합과 더한다.

030 즉시 작동형 및 점차작동형의 FGC형과 FWC형 추락방지안전장치의 정지력과 정지거리와의 관계를 그래프로 나타내시오.

정답

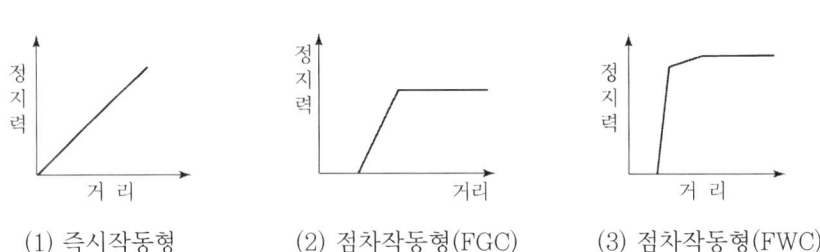

(1) 즉시작동형   (2) 점차작동형(FGC)   (3) 점차작동형(FWC)

031 장애인용 등록 버튼에 의해 정지한 엘리베이터는 카가 정지해서 몇 초이상 문이 열린 채로 대기해야 하는가?

정답 10초

032 1단계 소방운전 중 무효화 될 수 있는 안전장치를 2가지 적으시오.

정답 광전식 문 닫힘 안전장치, 초음파식 문 닫힘 안전장치해설 ▶ 열이나 연기에 영향을 받는 문닫힘 안전장치는 무효와 될 수 있고 카 내 등록버튼, 승강장 등록버튼의 등록은 취소된다.

033 다음 수평 보행기에 관한 질문에 답하시오.

수평보행기의 경사각은 일반적으로 (①)이하로 규제되어 있으나 스텝면이 고무 제품과 금속의 표면가공을 하여 미끄럽지 않은 것은 (②)까지 허용한다. 공칭속도는 (③)m/s 이하이어야 한다. 팔레트 또는 벨트의 폭이 1.1[m] 이하이고 승강장에서 팔페트 또는 벨트가 콤에 들어가기 전 1.6m 이상의 수평 주행 구간이 있는 경우 (④)m/s까지 허용된다.

정답 ① 12° ② 15° ③ 0.75 ④ 0.9

034 승강장문, 카문의 접점과 문 잠금장치의 유지관리를 위해 제어반 또는 비상운전 및 작동시험을 위해 설치해야 하는 장치의 명칭 2가지를 쓰시오.

정답 ① 승강장문 접점 바이패스장치
② 카문 접점 바이패스장치

035 엘리베이터용 권상기에 대하여 물음에 답하시오.

(1) 권상기 도르래의 직경은 주 로프 직경의 (①)배 이상이어야 하며 기어식의 경우 (②)기어는 중·저속용에 적용되며 (③)기어는 고속에 사용된다.
(2) 빈칸을 채우시오.
(단, 동일 조건인 경우이며 표현은 "낮다", "높다.", "작다.", "크다.", "쉽다." 와 "어렵다."로 할 것)

항목 \ 방식	웜기어	헬리컬 기어
효율	(①)	(②)
소음	(③)	(④)
역구동	(⑤)	(⑥)

(3) 역구동에 대해서 간략히 설명하시오.

정답 (1) ① 40 ② 웜 ③ 헬리컬
(2) ① 낮다. ② 높다. ③ 작다. ④ 크다. ⑤ 어렵다. ⑥ 쉽다.
(3) 부하 측의 힘으로 구동되는 것

036 인버터제어 엘리베이터 제어반의 고조파 방지대책을 2가지를 쓰시오.

정답
① 고조파 제거 필터를 설치한다.
② 리액터를 설치한다.
③ 엘리베이터의 동력선과 약전 기기와의 전원선은 분리하여 설치
④ 엘리베이터의 접지선과 약전 기기의 접지선은 독립으로 접지한다.

037 엘리베이터의 정격 속도가 1[m/s] 일 때 다음 물음에 답하시오.

(1) 균형추가 완전히 압축 된 완충기 위에 있을 때 카 지붕에서 가장 높은 부분과 승강로 천정의 가장 낮은 부품사이의 수직거리는 몇 [m]이상 이어야 하는가?
(2) 균형추가 완전히 압축 된 완충기 위에 있을 때 카 하부의 가장 낮은 부분과 피트바닥 사이의 수직거리는 몇 [m]이상 이어야 하는가?
(3) 기계실 높이는 몇 [m]이상 이어야 하는가?

정답 (1) 1.035 (2) 0.5 (3) 2.1

해설 상부틈새는 카의 최고 위치 +1m 이며 카의 최고위치는 균형추가 완전히 압축된 완충기 위에 있을 때 높이 $+0.035v^2$ 이므로 $1+0.035 \times 1^2 = 1.035$[m]

038 유압식 엘리베이터에 바닥 맞춤 보정장치의 설치이유와 몇 [mm] 이내에서 작동해야 하는가?

정답 (1) 이유 : 유압식 엘리베이터의 유체의 누설 또는 수축으로 인한 카 바닥 빠짐을 자동으로 보정하기 위한 장치
(2) 작동범위 : 75

039 소방구조용 엘리베이터의 예비전원설비 기준에 대하여 답하시오.

(1) 정전 시 몇 초 이내에 승강기 운행에 필요한 전력 용량을 자동으로 발생시키도록 하여야 하는가?
(2) 작동시간은 몇 시간 이상 작동할 수 있도록 하여야 하는가?

정답 (1) 60초 이내 (2) 2시간 이상

040) 엘리베이터의 도어 시스템에 대하여 답하시오.

(1) 수평개폐식 자동 동력 작동식 문의 닫힘을 저지하는데 필요한 힘은 몇 [N] 이하이어야 하는가?
(2) 잠금 해제구간에서 문을 개방하는데 필요한 힘은 몇 [N]을 초과하지 않아야 하는가?

정답 (1) 150[N]　　(2) 300[N]

041) 승강기 도어 구동용 전동기 요구 조건 3가지를 쓰시오.

정답
① 작동이 원활하고 정숙할 것 (소음이 적어야 한다.)
② 소형 경량일 것(소형 경량이어야 한다.)
③ 유지보수가 용이해야 한다.
④ 내마모성이 우수할 것. (수명이 길어야 한다.)
⑤ 가격이 저가이어야 한다.

042) 정격속도 90[m/min]인 엘리베이터에서 과속조절기 스위치의 작동속도(m/s)의 범위를 쓰시오.

정답　$1.5 \times 1.15 = 1.725$[m/s] 이상　$1.25 \times 1.5 + \dfrac{0.25}{1.5} = 2.041$[m/s] 미만

답 : 1.73[m/s] 이상 2.04[m/s] 미만

043) 엘리베이터의 승강로 상부 틈새에 대하여 설명하시오.

정답 카의 최고위치에 1[m]를 더한 높이에서 카 지붕 위의 가장 높은 부분과 승강로 천정의 가장 낮은 부분 사이의 수직거리

해설 카의 최고위치 : 완전히 압축된 완충기 위에 있을 때 위치 + $0.035v^2$

044 3상 4극 유도전동기에 380[V], 60[HZ]의 3상 전원을 입력하였을 때 회전수가 1746[rpm]이었다. 이 전동기의 슬립을 구하시오.

정답 $S = \dfrac{1800 - 1746}{1800} \times 100 = 3[\%]$

045 직류 전동기의 속도제어 방법 3가지를 쓰시오.

정답 전압제어, 저항제어, 계자전류제어(자속제어)

해설 직류전동기 회전수 : $N = \dfrac{E_a - I_a R_a}{I_f}$

046 다음은 유입 완충기에 대한 설명이다. ( )안에 알맞은 말을 쓰시오.
(1) 행정은 정격속도의 (①)%에서 충돌할 경우 평균 감속도 (②) 이하로 정지하기 위해 필요한 값으로 한다.
(2) 순간 최대 감속도 $2.5g_n$를 초과하는 감속도가 (③)초를 넘어서는 안 된다.

정답 ① 115 ② $1g_n$ ③ 0.04

047 엘리베이터용 동력전원 설비 용량 산정 시 고려할 사항 5가지를 쓰시오.

정답 (1) 가속전류 (2) 전압강하 (3) 전압강하 계수 (4) 주위온도 (5) 부등율

048 동력 전원 설비의 설계기준에 의하여 선정하는 대상 부품을 3가지를 쓰시오.

정답 (1) 변압기용량
(2) 과전류차단기 용량
(3) 배전선 굵기

049 엘리베이터의 형식 P-6-CO에 대하여 설명하시오.

정답 P : 로프식 승객용
6 : 정원 6인
CO : 2매 중앙 개폐식 도어

---

050 1:1 로핑의 엘리베이터 카에 하부체대에 [150×75×6.5t, SS-41A]의 강재 2본을 사용하고 적재하중 1500 kg, 카 무게 1700 kg, 1본의 단면계수 115[cm³], 스팬길이 1550[mm], 재료의 파단하중 4100[kg/cm²]일 때 다음을 구하라.

(1) 최대굽힘모멘트[kg·cm]
(2) 응력[kgk/cm²]
(3) 안전율

정답 (1) $M = \dfrac{5}{8} \times \dfrac{W \times L}{8} = \dfrac{5 \times 3200 \times 155}{64} = 38750 [\text{kg} \cdot \text{cm}]$ 답 : 38750[kg·cm]

(2) $\sigma = \dfrac{M}{Z} = \dfrac{38750}{2 \times 115} = 168.478 [\text{kg/cm}^2]$ 답 : 168.48[kg/cm²]

(3) $S = \dfrac{4100}{168.48} = 24.335$ 답 : 24.34

---

051 로프식 엘리베이터의 적재하중 1500[kg], 카 자중 1000[kg], 행정 30[m], 로프 본수 4가닥, 1본당 로프 중량 1[kg/m], 오버밸런스율 0.45, 정격속도 60[m/min], 종합효율 70[%]일 때 다음 물음에 답하시오.
(단, 이동 케이블 단위 중량은 40C×3본, 1.25[kg/m])

(1) 균형추 중량(kg)을 구하시오.
(2) 무부하로 최상층에서 하강할 때 트랙션 비를 계산하시오.
(3) 전부하로 최하층에서 상승할 때 트랙션 비를 계산하시오.
(4) 전동기 출력(kW)를 구하시오.

정답 (1) 균형추 중량 $= 1000 + (1500 \times 0.45) = 1675 [\text{kg}]$

(2) 카 측 장력 $T_1 =$ 카자중 + 이동케이블 중량
$= 1000 + (1.25 \times 3 \times \dfrac{1}{2} \times 30) = 1056.25 [\text{kg}]$

균형추 측 중량 $T_2 =$ 균형추 중량 + 로프 자중
$= 1675 + (30 \times 4 \times 1) = 1795 [\text{kg}]$

$$\therefore \text{트랙션비} = \frac{T_2}{T_1} = \frac{1795}{1056.25} = 1.699 \qquad \text{답} : 1.7$$

(3) 카측 장력 T_1 = 카자중 + 적재하중 + 로프 자중
$$= 1000 + 1500 + (1 \times 4 \times 30) = 2620[\text{kg}]$$
균형추측 중량 T_2 = 균형추 중량 = 1675[kg]
$$\therefore \text{트랙션비} = \frac{T_2}{T_1} = \frac{2620}{1675} = 1.564 \qquad \text{답} : 1.56$$

(4) 전동기 출력
$$P = \frac{LV(1-OB)}{6120\eta} = \frac{1500 \times 60 \times (1-0.45)}{6120 \times 0.7} = 11.554[\text{kW}] \qquad \text{답} : 11.55$$

---

052 에스컬레이터 설치 시 고려할 사항을 5가지 쓰시오.

정답 ① 바닥의 점유면적을 적게 한다.
② 승객의 동선을 짧게 한다.
③ 사람의 움직임이 많은 곳에 배치한다.
④ 건물의 지지보, 기둥의 위치를 고려하여 하중을 균등하게 분산한다.
⑤ 건물의 정면 출입구와 엘리베이터 설치 위치와 중간에 배치한다.

---

053 와이어로프의 마모 및 파손 상태에 대한 기준이다. 빈칸을 채우시오.

마모 및 파손 상태	기 준
소선의 파단이 1개소 또는 특정의 꼬임에 집중되어 있는 경우	소선의 파단총수가 1꼬임 피치내에서 6꼬임 와이어 로프이면 (①)이하 , 8꼬임 와이어 로프이면 (②)이하
마모부분의 와이어로프의 지름	마모되지 않은 부분이 와이어로프 직경의 (③)[%] 이상

정답 ① 12 ② 16 ③ 90

---

054 지상 10층, 정원 15인승의 승객용 엘리베이터 2대가 다음과 같은 조건으로 운행할 때 물음에 답하시오.

[조건] ① 용도 : 일사전용 사무실 ② 도어개폐시간 : 2.7초/층
③ 승객출입시간 : 2.5초/인 ④ 주행시간 : 37초
⑤ 탑승율 : 80[%] ⑥ 각 층 유효 면적 : 650[m²]
⑦ 1인당 점유면적 : 8[m²]

(1) 전 예상 정지층수
(2) 일주시간
(3) 거주인구
(4) 5분간 집중률

정답 (1) 엘리베이터 승객수 $r = 15 \times 0.8 = 12$명
로컬 구간내 서비스 층수 $n = 8$, 급행구간내 정지수 $f_E = 1$
로컬 구간내 예상 정지수 $f_L = n[1-(\frac{n-1}{n})^r] = 8 \times [1-(\frac{8-1}{8})^{12}] = 6.39$
∴ 전예상 정지수 $f = f_L + f_E = 6.39 + 1 = 7.39$

(2) 일주시간
$RTT = T_r + T_d + T_p + T_e = 37 + 19.95 + 30 + 4.99 = 91.94$[초]

(3) 거주인구
$Q = \dfrac{각\ 층\ 유효면적 \times 3층\ 이상의\ 층수}{1인당\ 점유면적} = 650 \times \dfrac{(10-2)}{8} = 650$명

(4) 집중률
집중률 $= \dfrac{5분간\ 전대수의\ 수송능력}{거주인구} = \dfrac{78.32}{650} \times 100 = 12.05[\%]$

(1대당 5분간 수송능력 $P' = 300 \times \dfrac{r}{RTT} = 300 \times \dfrac{12}{91.94} = 39.16$
전대수 5분간 수송능력 $P = P' \times n = 39.16 \times 2 = 78.32$)

---

055 현수 도르래가 2개 설치되어 있는 2:1 로핑의 승객용 엘리베이터의 상부체대 강도 계산 시 다음 물음에 답하시오. (단, 계산된 안전율은 반드시 판정할 것.)

[조건] ① 카자중(W_1) : 1,600[kg]
② 적재하중(W_2) : 1,000[kg]
③ 사용재료 : SS-400 강재 2본
(영률 $E = 2.1 \times 10^6$[kg/cm^2], 파단강도 : 4,100[kg/cm^2])
④ 길이(ℓ)(한쪽 도르레 중심선과 카주 사이 거리) : 500[mm]
⑤ 단면계수(z) : 140[cm^3]

(1) 최대굽힘모멘트 M[kg·cm]
(2) 최대굽힘응력 σ[kg/cm^2]
(3) 안전율(s)

정답 (1) $M = \dfrac{(1600+1000) \times 50}{2} = 65000$[kg·cm]

(2) $\sigma = \dfrac{65000}{2 \times 140} = 232.14$[kg/cm^2]

(3) $S = \dfrac{4100}{232.14} = 17.66 \geq 7.5 \Rightarrow$ 적합

056 유압식엘리베이터 전동기용량 15[kW], 기계실온도 40[℃], 외기온도 33[℃]의 조건에서 1행정당 구동시간 20초, 시간당 구동횟수 55회 일 때 발열량과 환기량을 구하시오. (단, 공기비열=0.24[kcal/kg·℃], 공기밀도 = 1.2[kg/m³])

(1) 발열량
(2) 환기량

정답 (1) 발열량 $Q = \dfrac{860 \times 15 \times 20 \times 55}{3600} = 3941.67[\text{kcal/h}]$

(2) 환기량 공기의 체적비열 $= 0.24 \times 1.2 = 0.29[\text{kcal/m}^3 \cdot ℃]$

$G = \dfrac{3941.67}{0.29 \times (40-33)} = 1941.71[\text{m}^3/\text{h}]$

057 정격속도 1.75 m/s인 승객용 엘리베이터가 완충기에 충돌하여 0.4초 후 정지한 경우 완충기 성능에 관하여 답하시오. (단, 구해진 감속도에 대한 판정을 반드시 할 것)

(1) 완충기의 최소행정[m]을 구하시오.
(2) 충돌 속도[m/s]를 구하시오.
(3) 감속도[g_n]를 구하시오.

정답 (1) 최소행정 $S = 0.0674 \times 1.75^2 = 0.21[\text{m}]$
(2) 충돌속도 $V = 1.75 \times 1.15 = 2.01[\text{m/s}]$
(3) 감속도 $a = \dfrac{2.01}{0.4 \times 9.8} = 0.51 g_n \leq 1 g_n$ 적합

058 엘리베이터 로프의 단말처리 방법 3가지를 쓰시오.

정답 (1) 주물 단말처리
(2) 압착링 매듭법
(3) 조임 쐐기형 소켓

059) 직접식 유압 엘리베이터를 다음과 같은 조건으로 설치할 때 물음에 답하시오.

[조건] ① 카자중(W_1) : 1,000[kg]
② 카바닥 자중(W_P) : 250[kg]
③ 적재하중(W_2) : 750[kg]
④ 하부프레임 길이(ℓ) : 175[cm]
⑤ 사용재료 : 125×65×6(SS-41) 2본
 단면계수 : 135.6[cm³], 허용응력 : 4,100[kg/cm²]

(1) 최대굽힘모멘트[kg·cm]
(2) 최대굽힘응력[kg/cm²]
(3) 안전율

정답 (1) 최대굽힘모멘트 $M = \dfrac{(W_2 + W_P) \times \ell}{8} + \dfrac{(W_1 - W_P) \times \ell}{4}$ [kg·cm²]

$M = \dfrac{(750+250) \times 175}{8} + \dfrac{(1000-250) \times 175}{4} = 54687.5$ [kg·cm²]

(2) 최대굽힘응력 $\sigma = \dfrac{M}{Z} = \dfrac{54687.5}{135.6 \times 2} = 201.65$ [kg·cm²]

(3) 안전율 $S = \dfrac{f}{\sigma} = \dfrac{4,100}{201.65} = 20.3$

060) 균형추 틈새보다 카의 주행여유거리가 클 때 카가 최하층을 지나칠 경우 위험요소에 대해 설명하시오.

정답 카가 최하층을 지나치면 카가 완충기에 닿기 전에 균형추는 승강로 천장에 충돌하여 카가 더 이상 하강하지 못하여 완충기 효과가 없어 카의 충격이 크다.

061) 카 자중(W_C) 2000[kg], 적재하중(W) 1000[kg]인 엘리베이터가 다음과 같은 조건일 때 로프의 안전율을 구하시오.

[조건] 로프 12φ×5본, 1:1 싱글로핑, 로프의 파단력(P_C) : 5,990[kg]
로프자중(W_r) : 247[kg], 균형 도르래 중량(W_t) : 450[kg]
종탄성 계수(E) : 7,000[kg/mm²], 행정거리 : 30[m]

정답 로프에 걸리는 하중 $P = W + W_c + W_r + \dfrac{W_t}{2} = 1000 + 2000 + 247 + \dfrac{450}{2} = 3472$

∴ 로프의 안전율 $S = \dfrac{K \times N \times P_C}{P} = \dfrac{1 \times 5 \times 5990}{3472} = 8.626$ 답 : 8.63

정격속도 90[m/min], 정격하중 2000[kg], 카자중 3500[kg], 승강행정길이 25[m], 총효율 85[%], 오버밸런스율 40[%], 로프본수 6본, 로프무게 1[kg/m]일 때 다음 물음에 답하시오.

(1) 전동기 용량을 구하시오.
(2) 균형추 무게를 구하시오.
(3) 오버밸런스율 40[%], 44[%]일 경우 트랙션비를 구하고 비교하시오.
   ① 무부하 최상층 하강시
   ② 전부하 최하층 상승시

정답 (1) $P = \dfrac{LV(1-OB)}{6120\eta} = \dfrac{2000 \times 90(1-0.4)}{6120 \times 0.85} = 20.76[\text{kW}]$

(2) 균형추 중량 $= 3500 + (2000 \times 0.4) = 4300[\text{kg}]$

(3) ▶ 오버밸런스율 40[%]일 때
   ① 무부하 최상층 하강시
      카측 중량 = 카 자중 = 3500[kg]
      균형추측 중량 = 균형추 중량 + 로프자중 = $4300 + (6 \times 25) = 4450[\text{kg}]$
      ∴ 무부하시 트랙션비 $= \dfrac{4450}{3500} = 1.271$

      답 : 1.27
   ② 전부하 최하층 상승시
      카측 중량 = 카 자중 + 정격하중 + 로프 자중
              $= 3500 + 2000 + 150 = 5650[\text{kg}]$
      균형추측 중량 = 균형추 중량 = 4300[kg]
      ∴ 전부하시 트랙션비 $= \dfrac{5650}{4300} = 1.314$

      답 : 1.31

▶ 오버밸런스율 44[%]일 때
   ① 무부하 최상층 하강시 트랙션비 $= \dfrac{3500 + (2000 \times 0.44) + (6 \times 25)}{3500} = 1.29$

      답 : 1.29
   ② 전부하 최상층 상승시 트랙션비 $= \dfrac{3500 + 2000 + (6 \times 25)}{3500 + (2000 \times 0.44)} = 1.29$

      답 : 1.29

∴ 오버밸런스율 44[%]일 때 무부하시와 전부하시의 트랙션비의 차가 없고 1.3을 초과하지 않음. 따라서 오버밸런스율 44[%]일 때가 40[%]일 때보다 트랙션비가 좋다.

063 다음의 조건일 때 로프의 늘어난 길이를 구하시오.

[조건] ① 로프 길이(ℓ) 80[m]($\phi 12 \times 4$)본, 단위 중량 0.494[kg/m]
종탄성 계수(E) 7000[kg/mm^2], 로프의 단면적(A) : 113.10[mm^2]
② 적재하중(W_1) : 1150[kg]
③ 카자중(W_2) : 1800[kg]

정답 (1) 로프자중 W_r
W_r = 로프길이 × 단위중량 × 가닥수 = $80 \times 0.494 \times 4 = 158.08$[kg]
(2) 로프에 걸리는 하중 P
P = 적재하중 + 카자중 + 로프자중 = $1150 + 1800 + 158.08 = 3108.08$[kg]
(3) 늘어난 길이 δ
$$\delta = \frac{P \times \ell}{NAE} = \frac{3108.08 \times 80 \times 10^3}{4 \times 113.10 \times (7 \times 10^3)} = 78.52 \text{[mm]}$$

064 엘리베이터용 로프와 매다는 장치의 점검항목 5가지를 쓰시오.

정답 (1) 마모기준을 초과하였는지 점검한다.
(2) 파손된 곳이 없는지 점검한다.
(3) 변형된 곳이 없는지 점검한다.
(4) 늘어남(신장)을 점검한다.
(5) 부식이나 발청 여부를 점검한다.

065 직류 전동기의 회로도를 보고 다음 물음에 답하시오.

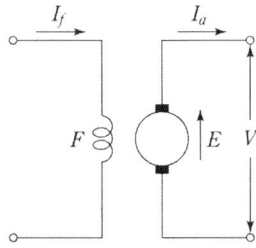

(1) 전기자 전압을 증가시키면 회전수는 어떻게 되는가?
(2) 계자 전류를 증가시키면 회전수는 어떻게 되는가?
(3) 전기자 저항을 증가시키면 회전수는 어떻게 되는가?

정답 (1) 회전수 높아진다.
(2) 회전수 낮아진다.
(3) 회전수 낮아진다.

해설 $N = \dfrac{E_a - I_a R_a}{I_f}$

여기서, E_a : 전기자 전압, I_a : 전기자전류, R_a : 전기자 저항, I_f : 계자전류

---

066 유압식 엘리베이터의 부하 시험을 하려고 한다. 전류, 전압, 유압을 측정하기 위해 어느 방향으로 운행하여야 하는가? 또 그 이유를 간단히 서술하시오.

정답 (1) 상승 방향
(2) 이유 : 상승방향 운행 시만 전동기에 의해 펌프가 동작하며 하강 시에는 펌프가 작동하지 않고 유량 제어밸브로 운행하기 때문에 상승 방향으로 행하여야 한다.

---

067 엘리베이터에 사용되는 대표적인 완충기 2가지를 쓰시오.

정답 (1) 유입완충기   (2) 스프링완충기

해설 (1) 에너지 축적형 : 스프링완충기(선형), 우레탄 완충기(비선형)
(2) 에너지 분산형 : 유입완충기

---

068 다음 조건으로 운행하는 엘리베이터의 전동기 회전수(rpm)와 주 도르래의 속도(m/min)를 구하시오.

[조건] 주 도르래 지름 660 mm, 감속비 2 : 67, 극수 4 , 주파수 33.3 HZ, 슬립 3 %

정답 (1) 전동기의 회전수
$$N = \dfrac{120f(1-S)}{P} = \dfrac{120 \times 33.3 \times (1-0.03)}{4} = 969.03[\text{rpm}]$$
답 : 969.03

(2) 속도
$$V = \dfrac{\pi DN}{1000} i = \dfrac{\pi \times 660 \times 969.03}{1000} \times \dfrac{2}{67} = 59.977[\text{m/min}]$$
답 : 59.98

069) 그림과 같이 저항 $R_1 = 20[\Omega]$, $R_2 = 50[\Omega]$, $R_3 = 100[\Omega]$를 연결하고 $V = 200[V]$ 전원을 인가할 때 회로에 흐르는 전류 $I[A]$를 구하시오.

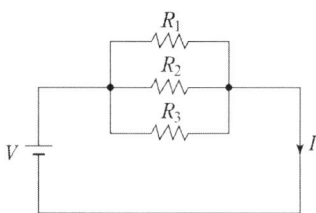

정답 $\dfrac{1}{R} = \dfrac{1}{20} + \dfrac{1}{50} + \dfrac{1}{100} = \dfrac{8}{100}$, 합성저항 $R = \dfrac{100}{8}$

$\therefore I = \dfrac{V}{R} = \dfrac{200}{12.5} = 16[A]$

답 : 16[A]

070) 정격하중 680[kg], 속도 60[m/min], 오버 밸런스율이 45[%], 효율이 65[%]인 엘리베이터의 전동기에 요구되는 출력(kW)을 구하시오.

정답 $P = \dfrac{LV(1-OB)}{6120\eta} = \dfrac{680 \times 60 \times (1-0.45)}{6120 \times 0.65} = 5.641[kW]$

답 : 5.64[kW]

071) 적재하중(L) 1000[kg], 카 자중(W) 2650[kg]인 로프식 엘리베이터가 다음과 같은 조건으로 운행할 때 물음에 답하시오.

[조건] • 적용로프 : $\phi 14 \times 6$본(0.672[kg/m]), 행정거리 : 45[m], 감속비(i) : $\dfrac{1}{47.12}$
  • 오버밸런스율(OB) : 40[%], 전동기 극수 : 4극, 주파수 : 60[Hz]
  • 도르래 직경(D) : 500[mm], 보상체인 : 로프의 무게 90[%] 보상

(1) 균형추 중량(kg)를 구하시오.
(2) 무부하로 최상층에서 하강 시 트랙션비를 구하시오.
(3) 전부하로 최하층에서 상승 시 트랙션비를 구하시오.
(4) 소요되는 전동기 출력(kW)를 구하시오.

정답 (1) 균형추의 무게 W_C
  $W_C = W_1 + W_2 \times OB = 2650 + 1000 \times 0.4 = 3050[kg]$
  답 : 3050[kg]

(2) 무부하로 최상층에서 하강시 트랙션비

$$T = \frac{3050 + (0.672 \times 45 \times 6)}{2650 + (0.672 \times 45 \times 6 \times 0.9)} = 1.148$$ 답 : 1.15

(3) 전부하로 최하층에서 상승시 트랙션비

$$T = \frac{2650 + 1000 + (0.672 \times 45 \times 6)}{3050 + (0.672 \times 45 \times 6 \times 0.9)} = 1.192$$ 답 : 1.19

(4) 전동기 출력(kW)

회전수 $N = \frac{120f}{P} = \frac{120 \times 60}{4} = 1800 [\text{rpm}]$

엘리베이터 속도 $V = \frac{\pi DN}{1000} i = \frac{\pi \times 500 \times 1800}{1000} \times \frac{1}{47.12} = 60.00 [\text{m/min}]$

전동기 출력 $P = \frac{LV(1-OB)}{6120\eta} = \frac{1000 \times 60 \times (1-0.4)}{6120} = 5.882 [\text{kW}]$

답 : 5.88[kW]

---

072 유압식 엘리베이터 밸브에 관하여 간단히 설명하시오.

(1) 상승속도 유량제어밸브
(2) 체크밸브
(3) 릴리프밸브

정답 (1) 펌프에서 토출되는 유체를 상승속도에 적합한 유량으로 제어하는 밸브
(2) 한 방향으로 만 유체를 흐르게 하는 밸브
(3) 유체를 정해진 값 이하로 제한하는 밸브(전부하 압력의 140% 까지 제한)

---

073 다음은 추락방지안전장치에 관한 설명이다. ( )에 들어갈 답을 쓰시오.

점차작동형 추락방지안전장치의 경우 정격하중의 카가 자유 낙하할 때 작동하는 평균 감속도는 ( )g_n과 ( )g_n 사이에 있어야 한다.

정답 (0.2)   (1)

---

074 엘리베이터 기계실에 설치하는 주요 장치 및 시설을 5가지 쓰시오.

정답 (1) 조속기 (2) 제어반 (3) 권상기 (4) 조명시설 (5) 환기 시설
(6) 소화설비 (7) 비상통화장치

075) 정격 적재하중(W_1) 1500[kg], 카 자중(W_2) 2000[kg], 정격속도 120[m/min]인 승객용 엘리베이터의 카가 최하층에 있을 때 다음을 구하시오.

[조건] ① 로프중량 : 40[kg] ② 균형 도르래 중량 : 300[kg]
③ 균형로프 중량 : 15[kg] ④ 오버밸런스율 : 40[%]

(1) 110[%] 부하 시 트랙션비
(2) 무부하 시 트랙션비

정답 (1) 110[%] 부하시 트랙션비
$$T = \frac{(1500 \times 1.1) + 2000 + 40}{(2000 + 1500 \times 0.4) + 15 + \left(\frac{300}{2}\right)} = 1.334$$
답 : 1.33

(2) 무부하시의 트랙션비
$$T = \frac{(2000 + 1500 \times 0.4) + 15 + \frac{300}{2}}{2000 + 40} = \frac{2765}{2040} = 1.355$$
답 : 1.36

---

076) 속도 120[m/min]인 엘리베이터의 제동거리가 0.6[m]일 때 제동 소요 시간(초)을 구하시오.

정답 제동 소요시간(t)
$$t = \frac{2S}{V} = \frac{2 \times 0.6}{2} = 0.6[\sec]$$
답 : 0.6

---

077) 다음 조건에서 엘리베이터의 균형추 무게를 구하시오.

[조건] ① 적재하중 : 900[kg] ② 카 중량 : 1,450[kg]
③ 행정 : 60[m] ④ 오버밸런스율 : 45[%]
⑤ 속도 : 90[m/min] ⑥ 총 효율 : 65[%]

정답 $W_C = 1450 + 900 \times 0.45 = 1855[kg]$ 답 : 1855

---

078) 에스컬레이터의 스커트와 디딤판 측면의 수평 틈새는 몇 [mm] 이내이어야 하는가?

정답 4[mm]

해설 에스컬레이터의 스커트와 디딤판 측면의 수평 틈새는 4 mm 이하 양측 틈새의 합은 7 mm 이내이어야 한다.

---

079 엘리베이터에 설치하는 록다운 비상정지장치(튀어오름 방지장치)의 기능을 간단히 설명하시오.

정답 추락방지안전장치 작동 시 균형추, 와이어로프 등이 관성에 의해 튀어 오르지 못하도록 한다.

---

080 다음 엘리베이터용 권상기 도르래 홈을 트랙션 능력의 크기순으로 나열하시오. (언더컷 홈, V홈, U홈)

정답 V홈 > 언더컷 홈 > U홈

---

081 적재하중 800[kg], 정격속도 60[m/min], 오버밸런스율 45[%], 종합효율 55[%]일 때 엘리베이터 전동기 용량[kW]을 구하시오.

정답 $P = \dfrac{LV(1-OB)}{6120\eta}[kW] = \dfrac{800 \times 60 \times (1-0.45)}{6120 \times 0.55} = 7.843[kW]$

답 : 7.84[kW]

---

082 회전수 1710[rpm], 주파수 60[Hz], 슬립 5[%]일 때 유도 전동기의 극수를 구하시오.

정답 $P = \dfrac{120f(1-S)}{N} = \dfrac{120 \times 60 \times (1-0.05)}{1710} = 4$

답 : 4

---

083 엘리베이터용 과속조절기 종류 3가지를 쓰시오.

정답 (1) 마찰정지형 과속조절기
(2) 디스크형 과속조절기
(3) 플라이볼형 과속조절기

---

084 다음은 엘리베이터의 로프에 관한 설명이다. 보기에서 알맞은 단어를 골라 빈칸을 채우시오.

[보기] 마찰력, 마모, 수명, 열화

"로프에 기름을 적당히 급유하면 소선과 소선 꼬임 사이에 스며들어서 마찰을 줄여 (①) 적게하고 중심부터 (②)를 지연시켜 녹의 발생을 막는 등의 효과가 있으므로 로프의 (③)를 늘리는 결과가 된다. 그러나 지나친 경우 도르래의 (④)을 저하시켜 슬립을 일으킬 수 있다."

정답 ① 마모 ② 열화 ③ 수명 ④ 마찰력

---

085 승강기 종류 중 화재 시 소화 및 구조 활동에 적합하게 제작된 엘리베이터의 명칭을 쓰시오.

정답 소방구조용 엘리베이터

---

086 수전단 전압이 375[V], 송전단 전압이 385[V]일 때 전압 강하율(%)을 구하시오.

정답 전압강하율 = $\dfrac{전압강하}{수전단 전압} \times 100 = \dfrac{385-375}{375} \times 100 = 2.666[\%]$

답 : 2.67[%]

---

087 승강장문 잠금장치를 구성하는 주요 구성부품 2가지를 열거하고 그 기능에 대하여 설명하시오.

정답 (1) 기계적 잠금장치(도어록)
카가 정지하지 않는 층의 승강장 문은 전용 열쇠를 사용하지 않으면 열리지 않도록 하는 기능

(2) 전기 스위치 (도어 스위치)
   승강장 문이 닫혀있지 않으면 승강기 운전이 불가능하도록 하는 장치

---

088) E종 와이어로프의 소선의 강도를 쓰시오.

정답 $135[\text{kgf/mm}^2]$ 혹은 $1,320[\text{N/mm}^2]$

---

089) 엘리베이터의 트랙션 비를 개선하는 방법 4가지를 쓰시오.

정답
(1) 보상로프및 보상체인을 설치한다.
(2) 카 자중을 가능한 한 줄인다.
(3) 오버밸런스율을 크게 한다. (50%로 한다)
(4) 로프 가닥수를 최소화 한다.

해설
(1) 트랙션 비는 카 측 로프의 장력과 균형추 측 로프의 장력 비로 1 이상이며 작을수록(1에 가까울수록) 좋다.
(2) 권부각을 크게, 가감속 시간을 길게, 도르래의 홈의 마찰력을 크게 하면 미끄러짐이 감소하고 권상 능력이 커진다.

---

090) 카 자중 1700[kg] 적재하중 1000[kg]일 때 로프의 안전율을 구하시오.
(단, 승강행정 : 60[m], 오버밸런스율 : 40[%], 로프 파단강도 : 8150[kg], 1[m]당 로프 무게 : 0.672[kg], 로프 가닥 수 : 6, 1:1 로핑)

정답 로프의 안전율 $S = \dfrac{k(\text{로핑계수}) \times N(\text{가닥수}) \times P(\text{파단강도})}{W_c(\text{카무게}) + W_p(\text{적재하중}) + W_r(\text{로프무게})}$ 에서

로프 무게 $W_r = 0.672 \times 60 \times 6 = 241.92[\text{kg}]$

$S = \dfrac{1 \times 6 \times 8150}{1700 + 1000 + 241.92} = 16.621$ 답 : 16.62

---

091) 에스컬레이터 또는 수평보행기 출입구 근처에 표시해야 할 주의표시 3가지를 쓰시오.

정답
(1) 손잡이를 꼭 잡으세요.
(2) 걷거나 뛰지 마세요.
(3) 안전선 안에 서 주세요.
(4) 어린이나 노약자는 보호자와 함께 이용하세요.

---

092 다음은 권상식 엘리베이터에 관한 설명이다. (　　)에 적당한 답을 쓰시오.

상승 중인 카의 동력 차단 시 카를 안전하게 정지시킬 수 있는 최대 정지거리는 감속주행거리에 균형추 측 (　　)를 더한 수치 이내이다.

정답 주행 여유(Run by)

해설
- 카 측 주행 여유 : 카가 최하층에 정지하였을 때 카 하부(완충기 충돌판)와 완충기 사이의 거리
- 균형추 측 주행 여유 : 카가 최상층에 정지하였을 때 균형추 하부와 완충기 사이의 거리

---

093 4극 380[V] 3상 유도전동기의 입력 전류 100[A], 역률 0.85, 전동기 효율 80[%]일 때 전동기의 출력[kW]을 구하시오.

정답
$P = \sqrt{3} \times VI\cos\theta \cdot \eta \times 10^{-3}$
$= \sqrt{3} \times 380 \times 100 \times 0.85 \times 0.8 \times 10^{-3} = 44.756[kW]$

V : 정격전압[V], I : 정격 전류(입력 전류)[A], $\cos\theta$: 역률
η : 효율, P : 정격 출력[kW]

답 : 44.76

---

094 엘리베이터의 카 문에 설치한 가동슈에 의해 이물질이 접촉되면 닫힘을 중지시키고 반전하는 접촉식 문닫힘 안전장치를 쓰시오.

정답 세이프티 슈

---

095 승강장문 잠금장치의 전기적 장치와 기계적장치에 관한 설명을 하고 열릴 때와 닫힐 때의 작동순서를 쓰시오.

(1) ① 전기적 장치(도어 스위치)
　　② 기계적 장치(도어록)
(2) 문이 열릴 때
(3) 문이 닫힐 때

정답 (1) ① 전기적 장치(도어 스위치) : 승강장문이 닫혀있지 않으면 승강기 운전이 불가능하도록 하는 장치
　　② 기계적 장치(도어록) : 카가 없는 층의 승강장 문은 전용 열쇠로만 열 수 있도록 하는 장치
(2) 문이 열릴 때 : 전기스위치가 끊어진 후에 기계적 잠금장치가 개방된다.
(3) 문이 닫힐 때 : 기계적 잠금장치가 걸린 후 전기 스위치가 닫힌다.

---

096 에스컬레이터의 핸드레일 인입구에서 시행하는 점검 사항 및 핸드레일 인입구 안전장치에 대해서 설명하시오.

정답 (1) 핸드레일 인입구 스위치 점검사항
① 운행 전구간에서 디딤판과 핸드레일의 속도차는 −0에서 +2% 이하이어야 한다.
② 핸드레일의 인입구에는 적절한 보호장치가 설치되어 있고, 핸드레일 인입구 정지스위치의 작동상태는 양호하여야 한다.
③ 고정식 핸드레일의 경우에 난간과 손잡이의 설치상태는 안전하고 견고하여야 한다.
(2) 핸드레일 인입구 안전장치
핸드레일 인입구에 손이나 다른 물체가 끼었을 경우 자동으로 에스컬레이터를 정지시킨다.

---

097 다음은 엘리베이터의 안전장치에 관한 설명이다. 물음에 답하시오.

카가 운전시 최상층 및 최하층을 지나쳐서 충돌하는 것을 방지하기 위해 최상층과 최하층에 설치하며 이 스위치나 감속 제어장치 고장으로 천정이나 피트바닥에 충돌하는 것을 방지하기 위하여 반드시 설치한다.

(1) 명칭
(2) 구비조건
(3) 기능

정답 (1) 명칭 : 파이널 리미트 스위치
(2) 구비조건
  ① 기계적으로 작동하며 작동 캠은 금속으로 제작하여야 한다.
  ② 스위치 접촉은 직접 기계적으로 작동한다.
  ③ 스프링이나 중력에 의해 개방되지 않아야 한다.
(3) 기능
  ① 전동기 및 브레이크에 공급되는 전원회로가 직접 차단되어야 한다.
  ② 종단정지장치와 독립적으로 작동해야 한다.
  ③ 완충기에 충돌되기 전에 작동하야 한다.
  ④ 완충기가 압축되어 있는 동안 유지되어야 한다.
  ⑤ 파이널리미트 스위치가 작동 작동한 경우 정상적 운전 장치에 의한 자동으로 복귀되지 않아야 한다. (전문 기술인력의 점검후 자동 운전 복귀)

---

098 무빙워크에 대하여 다음 물음에 답하시오.

(1) 경사도 :
(2) 공칭 속도 :
(3) 속도 편차 :

정답 (1) 경사는 12° 이하
(2) 공칭속도는 0.75[m/s] 이하.
   (팔레트 폭 1.1 m 이하 수평주행구간 1.6 m 이상인 경우 0.9 m/s 이하)
(3) 공칭속도는 공칭전압 및 공칭주파수에서 ±5%를 초과하지 않아야 한다.

---

099 에스컬레이터 스텝체인 구동장치의 월 1회 점검사항 2가지를 쓰시오.

정답 (1) 스텝체인의 신장, 링크, 핀, 스프로켓의 마모
(2) 스텝체인의 파손상태 및 스프로켓의 균열 상태

---

100 다음 컨덴서 회로의 합성 정전 용량은 몇 [μF] 인지 구하시오.

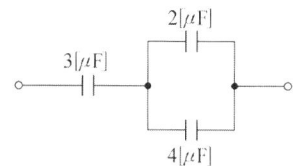

정답 합성용량 $= \dfrac{3 \times 6}{3+6} = 2[\mu F]$ 답 : $2[\mu F]$

101 단상 변압기 3대를 각각 Y-△, △-Y의 결선도를 완성하시오.
(단, 위쪽이 1차측, 아래쪽이 2차측)

(1) Y-△
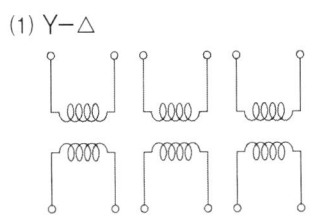

(2) △-Y
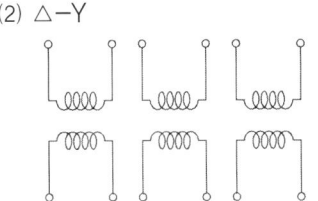

정답 (1) Y-△
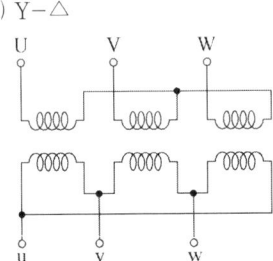

(2) △-Y
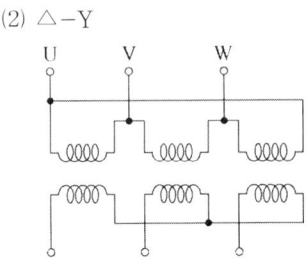

102 기계식 주차장치의 종류 3가지를 쓰시오.

정답 (1) 2단식
(2) 다층순환식
(3) 승강기식
(4) 승강기 슬라이드식
(5) 수직순환식
(6) 수평순환식
(7) 평면왕복식

103 다음은 유압 엘리베이터의 대표적인 회로이다. 아래의 물음에 답하시오.

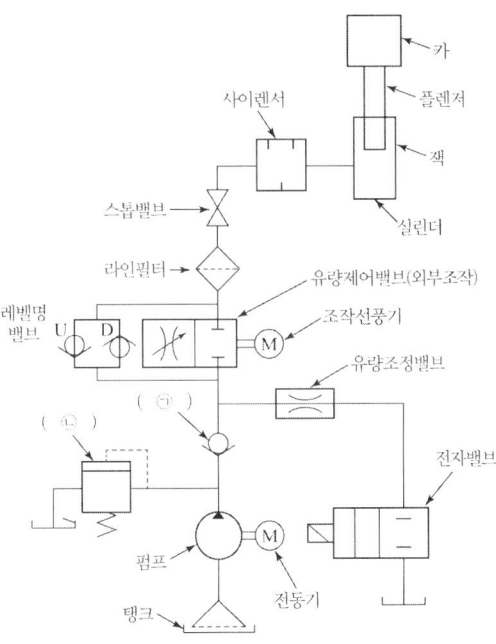

(1) 빈칸에 해당하는 부품명을 작성하라.
(2) 위의 해당 부품의 기능에 대하여 간단히 설명하라.

정답
(1) ㉠ : 체크밸브, ㉡ : 안전 밸브
(2) ㉠ 체크밸브
상승방향으로만 기름이 흐르도록 하여 정전 등의 이유로 펌프의 토출 압력이 떨어져 실린더의 기름이 역류하여 카가 하강하는 것을 방지한다.
㉡ 안전밸브
회로의 압력이 설정값에 도달하면 밸브를 열어 기름을 탱크로 돌려보내 설정 압력을 초과하지 않도록 한다.

104 다음 무접점 회로의 논리식을 쓰시오.

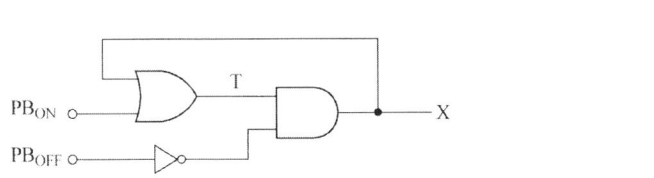

정답 $X = (PB_{ON} + X) \cdot \overline{PB_{OFF}}$
$T = PB_{ON} + X$

105) 다음 그림을 보고 권상기 로핑에 대하여 답하시오.

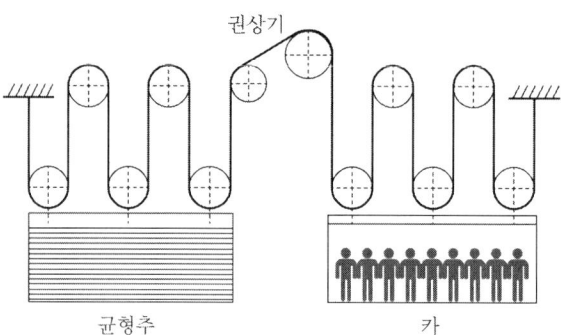

(1) 거는법(로핑) :
(2) 감는법(랩핑) :
(3) 권상기 도르레 속도가 180 m/min일 때 카속도는 몇 m/min 인가?

정답
(1) 거는법(로핑) : 6 : 1
(2) 감는법(랩핑) : 싱글 랩
(3) 카속도 : 30[m/min]

106) 다음의 시퀀스 회로를 논리식으로 나타내시오.

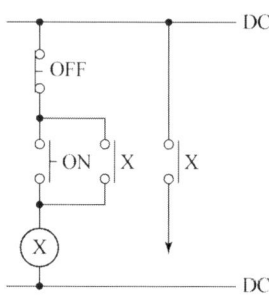

정답 $X = \overline{OFF}(ON+X)$

107 다음은 엘리베이터의 제동기에 대한 그림이다. ①~③ 명칭을 쓰시오.

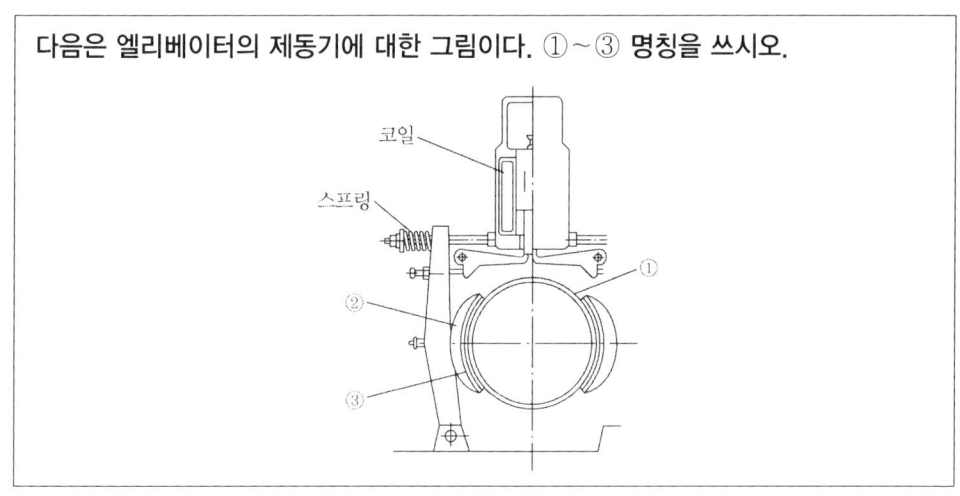

정답 ① 브레이크 드럼 ② 브레이크 슈 ③ 브레이크 패드

108 다음은 유압 엘리베이터 회로이다. 회로의 명칭과 각각 장·단점을 1개씩 쓰시오.

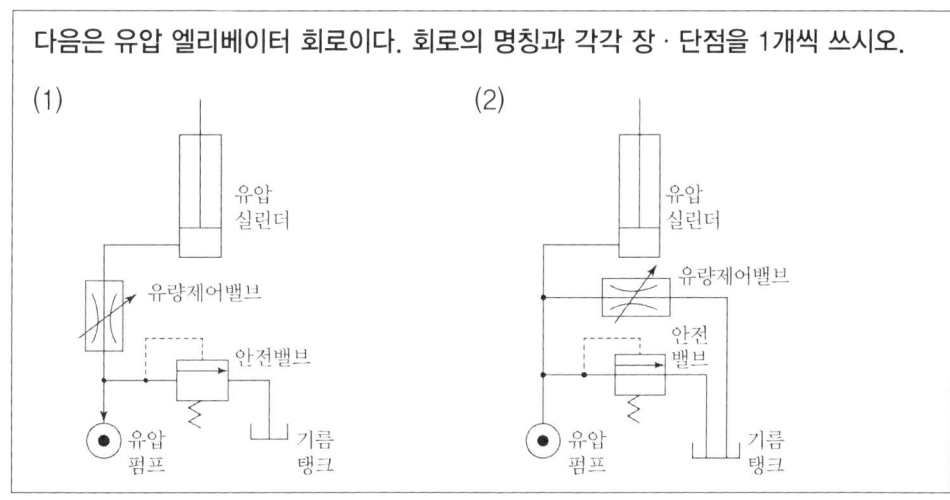

정답 (1) 명칭 : 미터인 회로
　　　장점 : 비교적 정확한 속도 제어가능
　　　단점 : ① 카의 기동시 유량 조정이 어렵다.
　　　　　　② 효율이 낮다.
　　(2) 명칭 : 블리드 오프 회로
　　　장점 : ① 효율이 높다.
　　　　　　② 기동쇼크가 적다.
　　　　　　③ 착상오차가 적다.
　　　　　　④ 승차감이 좋다
　　　단점 : 정확한 속도 제어가 어렵다.

109 다음 전압계와 전류계의 결선도를 보고 잘못 연결된 것을 지적하고 그 이유를 설명하고 올바르게 수정하시오.

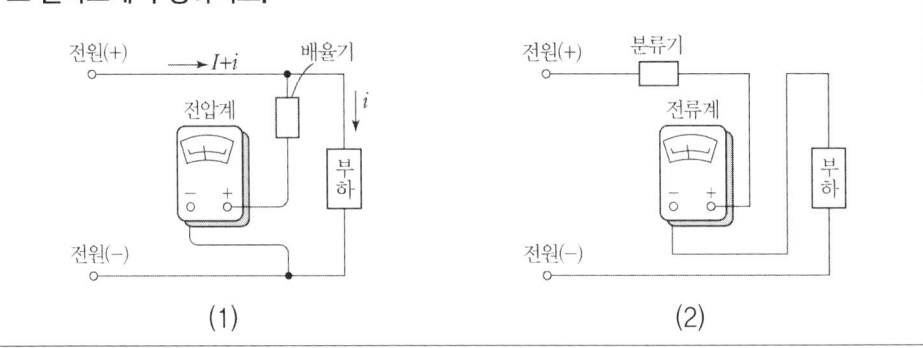

(1)　　　　　　　　　　(2)

정답 (2) 분류기 연결
　　　분류기는 전류계와 병렬로 연결하여 전류 일부를 분류시켜 전류계 측정범위 확대 목적

110 다음 엘리베이터의 과속조절기에 대한 물음에 답하시오.

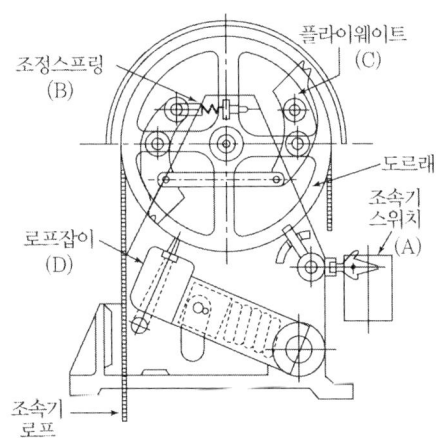

(1) 과속조절기 작동속도를 빠르게 하려면 무엇을 조정해야 하는가?
(2) 속도가 빨라지면 활동 반경이 변하는 것은?
(3) 엘리베이터의 속도가 빨라지면 과속조절기의 작동속도는 어떻게 변하는가?
(4) A와 D의 명칭을 쓰시오.
(5) A와 D 중 어떤 것이 먼저 작동하는가?

정답 (1) B　　(2) C　　(3) 빨라진다.
　　　(4) A : 조속기 스위치　D : 로프잡이
　　　(5) A가 먼저 작동

111 화물기 승강기가 3개 층에서 아래와 같은 동작 특성을 가질 때 논리식으로 작성하고 시퀀스도를 완성하시오.

[조건] S_1, S_2, S_3 센서
A_1, A_2, A_3 릴레이
S_1 ON, S_2 S_3 OFF 모터 작동 중
S_2 ON, S_1 S_3 OFF 모터 작동 중
S_3 ON, S_1 S_2 OFF 모터 작동 중

S_3 \ $S_1(A_1)$ $S_2(A_2)$	0 0	0 1	1 0
0	0 0 0	0 1 0	1 0 0
1	0 0 1	0 1 1	1 0 1

(1) 논리식을 쓰시오.
(2) 시퀀스도를 완성하시오.

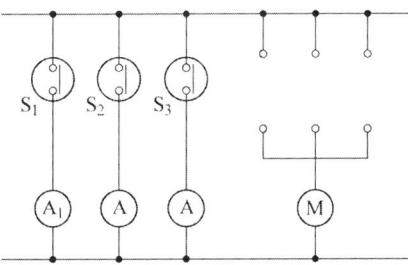

정답 (1) 논리식
$$M = \overline{A_1} \cdot \overline{A_2} \cdot A_3 + \overline{A_1} \cdot A_2 \cdot \overline{A_3} + A_1 \cdot \overline{A_2} \cdot \overline{A_3}$$

(2) 시퀀스도

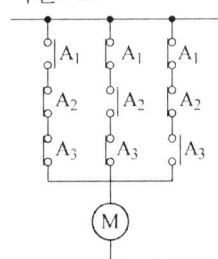

112 다음의 무접점 회로의 논리식을 쓰고 유접점 논리회로 변환하시오.

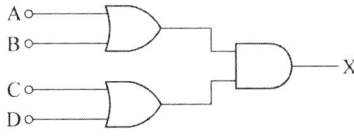

정답 (1) 논리식 X = (A+B) · (C+D)
(2) 유접점 논리회로

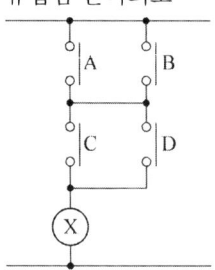

113 다음의 그림을 보고 어떤 꼬임 방식의 명칭을 쓰고 보통꼬임과 랭꼬임의 특징을 설명하시오.

정답 (1) 명칭 : ① 보통 Z 꼬임 ② 보통 S 꼬임 ③ 랭 Z 꼬임 ④ 랭 S 꼬임
(2) 보통꼬임의 특징
　① 로프의 꼬임방향과 스트랜드의 꼬임방향을 반대로 한 것
　② 랭꼬임에 비해 킹크(kink) 발생이 적다.
　③ 국부적인 마모가 발생하여 수명이 짧다
　※ 엘리베이터에는 보통 Z 꼬임, 8×S(19) E종을 주로 사용한다.
(3) 랭꼬임의 특징
　① 로프의 꼬임방향과 스트랜드의 꼬임방향을 동일하게 한 것
　② 랭 꼬임은 보통 꼬임에 비하여 킹크(kink)가 잘 발생하고 풀리기 쉽다.
　③ 유연성과 내마모성 우수

114 다음은 가변전압 가변주파수 제어회로이다. ①~④의 명칭을 쓰시오.

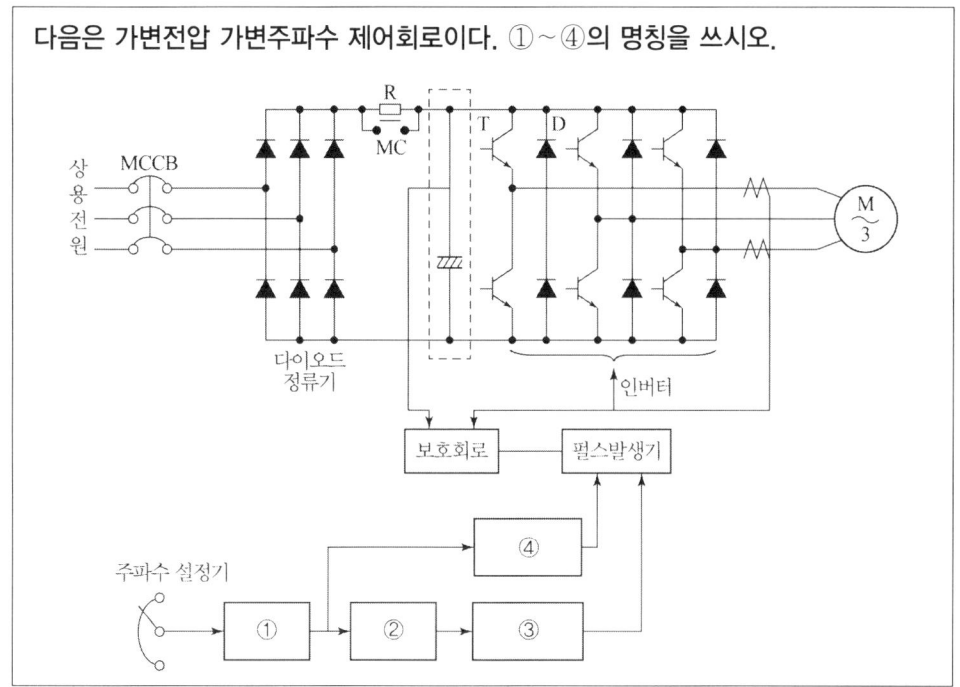

정답 ① 가감속 조절기 ② v/f 변환기 ③ 신호분배기 ④ PWM 변조회로

해설 인버터제어 방식으로 회생전력을 저항으로 소모시키는 발전제동 방식의 회로다.

115 아래 그림은 유도 전동기의 속도-토크곡선이다. (1),(2),(3)의 명칭을 쓰시오.

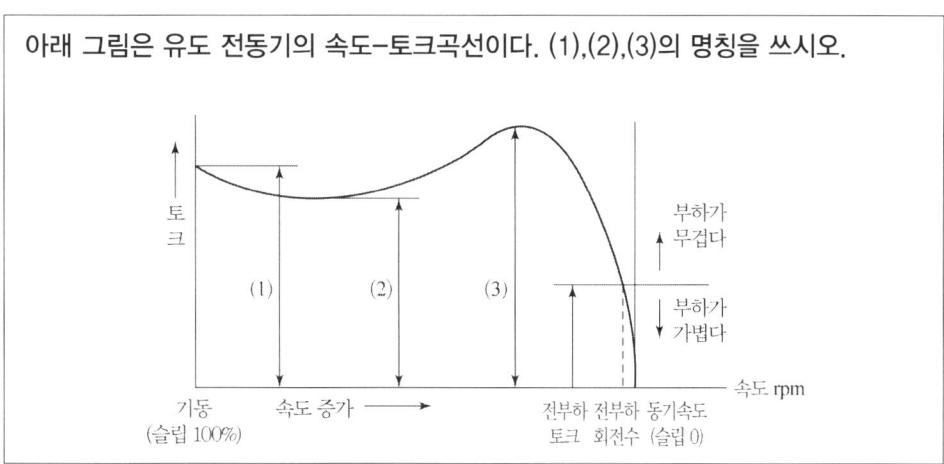

정답 (1) 최소기동토크
(2) 풀업토크
(3) 정동토크 (최대토크)

해설 ▶ 유도 전동기 특성곡선

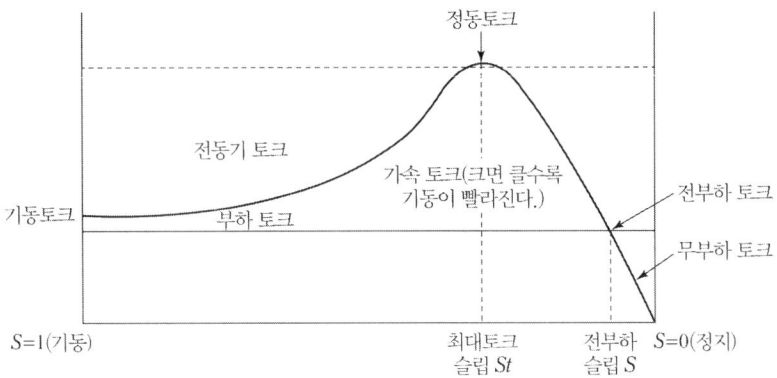

① 기동토크 : 슬립이 1인 정지상태에서 기동하므로 기동토크는 부하토크보다 커야한다.
② 전부하 토크 : 전동기 토크와 부하 토크가 만나는 점
③ 정동토크 : 부하토크가 최대토크 이상이 될 때 토크로 전동기는 정지한다

---

116 다음 로프의 그림을 보고 (1), (2), (3)의 명칭과 기능을 쓰시오.

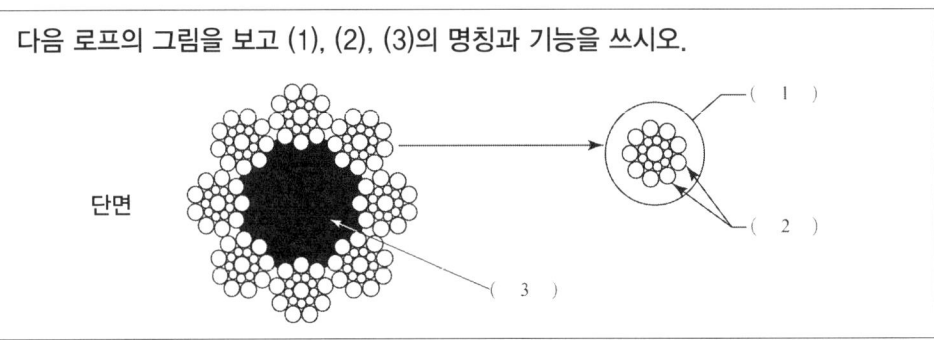

정답 (1) 스트랜드 : 다수의 소선을 꼬아 합친 것
(2) 소선 : 로프를 구성하는 개개의 와이어선
(3) 심강 : 소선의 방청 및 윤활 작용

---

117 로프에 관한 다음 물음에 답하시오.

(1) 와이어로프의 꼬임 방법에 의한 로프의 종류를 쓰시오.
(2) 로프의 대표적인 종류 3가지와 기호를 쓰시오.
(3) 로프의 소선강도에 의한 분류를 쓰시오.
(4) 엘리베이터에서 가장 많이 쓰이는 로프의 명칭과 구성기호를 쓰시오.

정답 (1) 보통 S꼬임, 랭 S꼬임, 보통 Z꼬임, 랭 Z꼬임
(2) 시일형(S), 웨링톤형(W), 필라형(F_1)
(3) ① E종 : 파단강도 1320[N/mm^2] (135 kg/mm^2)
② G종 : 파단강도 1470[N/mm^2] (150 kg/mm^2)
③ A종 : 파단강도 1620[N/mm^2] (165 kg/mm^2)
④ B종 : 파단강도 1770[N/mm^2] (180 kg/mm^2)
⑤ C종 : 파단강도 1960[N/mm^2] (200 kg/mm^2)
⑥ D종 : 파단강도 2160[N/mm^2] (220 kg/mm^2)
(4) 8×S(19), E종, 보통 Z꼬임

118 다음 그림은 로프식 엘리베이터의 기계대에 걸리는 하중을 표시한 것이다. 아래와 같은 조건일 때 물음에 답하시오.

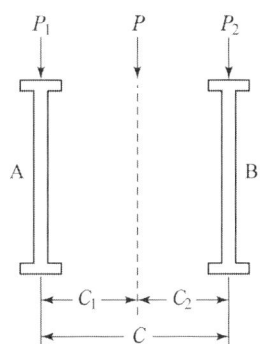
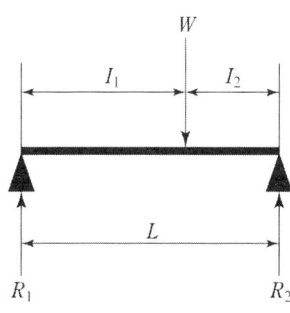

[조건] ① 카 자중(W_1) : 1,600[kg], 적재하중(W_2) : 800[kg], 로프자중(W_r) : 80[kg]
② 균형로프(W_X) : 47[kg], 인장차 중량(W_t) : 400[kg],
   권상기 자중(W_M) : 2,000[kg]
③ 기계대 사용재료 : I 300×150×10(SS-400), 단면계수(Z) =849[cm^3]
   오버 밸런스율(OB) : 45[%], C_1 : 250[cm], C_2 : 200[cm]
   I_1 : 1,000[mm], I_2 : 800[mm], 파단강도 : 4,100[kg/cm^2]

(1) 기계대에 걸리는 총 하중을 구하시오.
(2) 기계대 A와 B에 걸리는 반력을 구하시오.
(3) 기계대의 안전율을 구하시오.

정답 (1) 기계대에 걸리는 총 하중(P)
P=권상기 자중 + 환산 동하중 = 권상기 자중 + 2(움직이는 부품의 정하중)
균형추 중량 (W_C) $= W_1 + W_2 \times OB = 1600 + 800 \times 0.45 = 1960$[kg]
$P = W_M + 2(W_1 + W_2 + W_C + W_r + W_X + W_t)$
$= 2000 + 2 \times (1600 + 800 + 1960 + 80 + 47 + 400)$
$= 11774$[kg]

(2) 기계대 A와 B에 작용하는 하중(P_1, P_2)

$$P_1 = \frac{P \times C_2}{(C_1 + C_2)} = \frac{11774 \times 200}{(250 + 200)} = 5232.89 [\text{kg}]$$

$$P_2 = \frac{P \times C_1}{(C_1 + C_2)} = \frac{11774 \times 250}{(250 + 200)} = 6541.11 [\text{kg}]$$

(3) 기계대의 안전율(S)을 구하고 판정하시오.

$P_1 < P_2$이므로 P_2에 의한 최대 모멘트를 구하면

$$M = \frac{P_2 \times I_1 \times I_2}{L} = \frac{6541.11 \times 100 \times 80}{180} = 290716 [\text{kg} \cdot \text{cm}]$$

$$\sigma = \frac{M}{Z} = \frac{290716}{849} = 342.42 [\text{kg/cm}^2]$$

안전율 $S = \frac{f}{\sigma} = \frac{4100}{342.42} = 11.97 > 4$ ∴ 안전하다.

---

119 다음 그림과 같은 블록 브레이크에서 정지거리(S_b) 350[mm], 정격속도(V) 90[m/min], 전동기 용량(P) 13[kW], 회전수(N) 1,700[rpm], 부하계수(k) 1.5, 브레이크 드럼 외경(D) 280[mm], 마찰계수(μ) 0.3, $a = 250$[mm], $b = 200$[mm]일 때 다음을 구하시오. (단, 소수점 3자리에서 반올림)

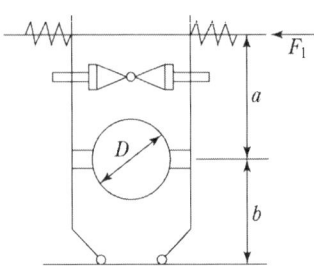

(1) 제동소요시간(t)
(2) 브레이크 제동토크(T_d)
(3) 브레이크 드럼반력(P_n)
(4) 코일스프링에 작용하는 힘(F_s)

정답 (1) 제동소요시간(t)

$$t = \frac{120 \times S_b}{V} = \frac{120 \times 0.35}{90} = 0.47 [\text{sec}]$$

(2) 브레이크 제동토크(T_d)

$$T_d = 부하계수(k) \times 전부하 토크(T) = 1.5 \times 975 \times \frac{13}{1700} = 11.18 [\text{kg} \cdot \text{m}]$$

(3) 브레이크 드럼반격(P_n)

$$P_n = \frac{2T_d}{\mu \times D_d} = \frac{2 \times 11.18}{0.3 \times 0.28 \times 2} = 133.10 [\text{kg}]$$

(4) 코일스프링에 작용하는 힘(F_s)

$$F_s = \frac{P_n \times b}{a+b} = \frac{133.1 \times 200}{250+200} = 59.16[\text{kg}]$$

[해설] (1) 제동 토크는 ($T_d = 1.5 \times \dfrac{13 \times 10^3}{2\pi \times \dfrac{1700}{60}} \div 9.81 = 11.17[\text{kg}\cdot\text{m}]$로 계산해도 된다.)

$$T = \frac{P(\text{W})}{\omega} = \frac{P}{2\pi \times \dfrac{N(\text{rpm})}{60}}[\text{N}\cdot\text{m}] \times 9.81[\text{kg}\cdot\text{m}]$$

※ 부하계수는 조건에 없으면 무시한다.

(2) 제동토크 = 브레이크수(N) × 드럼반력 × 드럼반지름(D/2) × 마찰계수

$$T_d = N \times P_n \times \frac{D}{2} \times \mu \qquad P_n = \frac{2 \times T_d}{N \times D \times \mu}$$

120 다음은 3상 유도 전동기의 기동회로이다. 무접점 회로를 보고 논리식을 작성하고 유접점 회로를 작성시오.

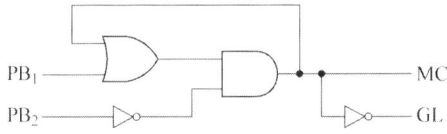

[정답] (1) $\text{MC} = (\text{PB}_1 + \text{MC}) \cdot \overline{\text{PB}_2}$, $\text{GL} = \overline{\text{MC}}$

(2) 유접점회로

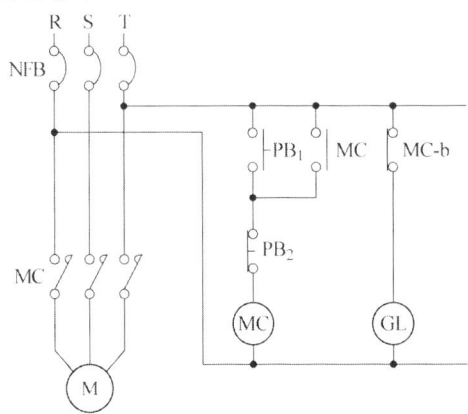

121. 다음은 에스컬레이터의 구동체인 안전장치의 조립도이다. 그림을 보면서 이 장치의 작동방법을 간단히 설명하시오.

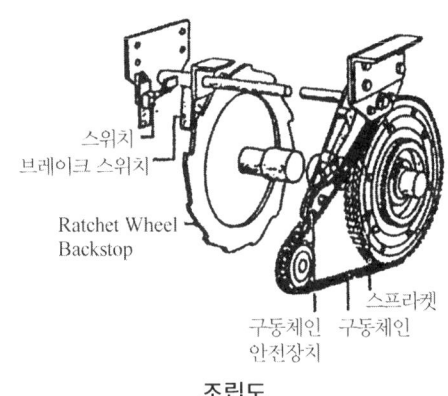

조립도

정답 구동체인 위에 항상 문지름판이 접촉하여 구동체인의 늘어짐을 감지하고 체인이 이완되거나 끊겼을 경우 브레이크 래치가 브레이크 휠에 걸려 구동장치의 하강 방향의 회전을 기계적으로 제지하고 안전스위치가 작동하여 전원을 차단한다.

122. 논리식 $Z = A \cdot B + A\overline{C} + D$을 무접점 및 유접점 논리회로로 나타내시오.

(1) 무접점 논리회로
(2) 유접점 논리회로

정답 (1) 무접점 논리회로

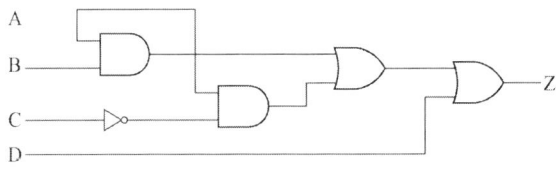

(2) 유접점 논리회로

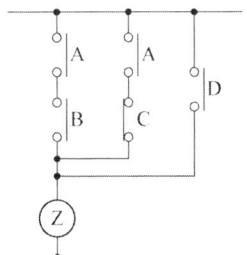

123 엘리베이터의 카 자중 1000 kgf, 적재하중 1000 kgf일 때 스프링 완충기의 전단응력(kg/cm^2)을 구하시오. (단, 스프링 직경은 150 mm 소선의 지름은 30 mm 임.)

정답 $\tau = \dfrac{8PD}{\pi d^3} = \dfrac{8 \times 2(1000+1000) \times 15}{\pi 3^3} = 5658.842$ ($\tau = \dfrac{8C^3}{\pi D^2} \times P$, 스프링지수 $C = \dfrac{D}{d}$)

답 : $5658.84 [kg/cm^2]$

해설 카 자중과 적재하중은 움직이므로 2를 곱하여 환산 동하중으로 계산한다.

---

124 전압계와 전류계를 사용하는 방법을 간단히 설명하시오.

정답 (1) 전압계 사용 방법 : 부하와 전압계를 병렬로 연결하고 측정범위 확대를 위해 배율기를 전압계와 직렬로 접속한다.
(2) 전류계 사용 방법 : 부하와 전류계를 직렬로 연결하고 측정범위 확대를 위해 분류기를 전류계와 병렬로 접속한다.

---

125 다음은 인터록 회로를 보고 동작 방법을 설명하시오.

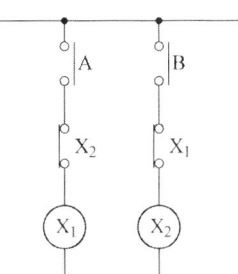

정답 A가 ON되어 X_1이 여자되면 코일 X_2는 B가 ON되어도 X_2는 여자되지 않으며 반대로 X_2가 우선 여자되면 X_1은 무여자된다. 즉, 코일 X_1 및 X_2는 동시에 여자되어 동작할 수 없다.

해설 엘리베이터에서는 상승과 하강 회로 및 도어의 열림과 닫힘 동작이 서로 인터록 되어 있다.

126) 다음 그림과 같은 가이드레일에서 x방향 수평하중(F_x)이 12 kN 작용할 때 x방향의 처짐량은 몇 mm인가? (단, 가이드 브래킷 사이 최대거리는 250 cm, y축 단면2차 모멘트는 26.48 cm⁴ 재료의 세로탄성계수는 210 GPa 이다. 건물처짐량은 무시하고 공식은 엘리베이터 안전기준에 따른다.)

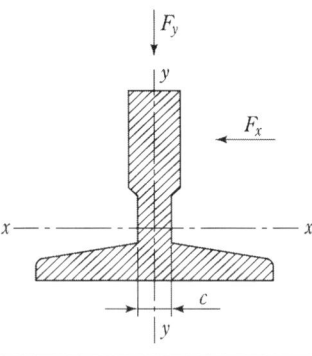

정답 $\delta_x = 0.7 \times \dfrac{12 \times 10^3 \times (250 \times 10^{-2})^3}{48 \times 210 \times 10^9 \times 26.48 \times (10^{-2})^4} \times 10^3 = 49.172 [\text{mm}]$

답 : 49.17[mm]

127) 다음 그림은 교류 단상 3선식 전로이다. 오류내용을 지적하고 수정하시오.

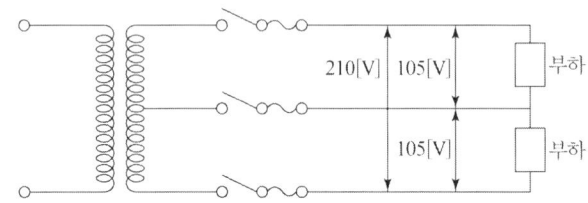

정답 (1) 오류 내용

변압기의 저압측 중성선은 접지를 하여야 하고 단상 3선식 중성선에는 퓨즈를 사용하지 않고 동선으로 접속하여야 하며 개폐기는 동시에 개폐가 되도록 하여야 한다.

(2) 수정 회로

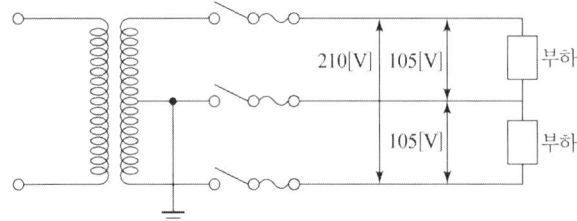

128 엘리베이터의 밀폐형 승강로에 허용되는 개구부의 종류 3가지를 쓰시오.

정답
(1) 승강장 문을 설치하기 위한 개구부
(2) 비상문 설치하기 위한 개구부
(3) 점검문을 설치하기 위한 개구부
(4) 환기구
(5) 피트 출입문을 설치하기 위한 개구부

129 엘리베이터의 승강로가 주위와 구분되어야 할 조건 2가지를 쓰시오.

정답
(1) 불연재료 또는 내화구조의 벽, 바닥 및 천장
(2) 충분한 공간

130 비선형 특성을 갖는 에너지축적형 완충기의 "완전히 압축" 된 용어는 설치된 완충기 높이의 (   )% 압축을 의미하는가?

정답 90 %

131 수직형 휠체어리프트의 정격하중은 (①) kg 이상이어야 하고 바닥면적에 대하여 (②) kg/m² 이상으로 설계되어야 한다. 최대 허용하중은 (③) kg 이하, 정격속도는 (④) m/s 이하여야 한다.

정답 ① 250 ② 250 ③ 500 ④ 0.15

132 다음은 엘리베이터용 유입완충기의 구조도이다. 각 부분의 명칭을 기재하시오.

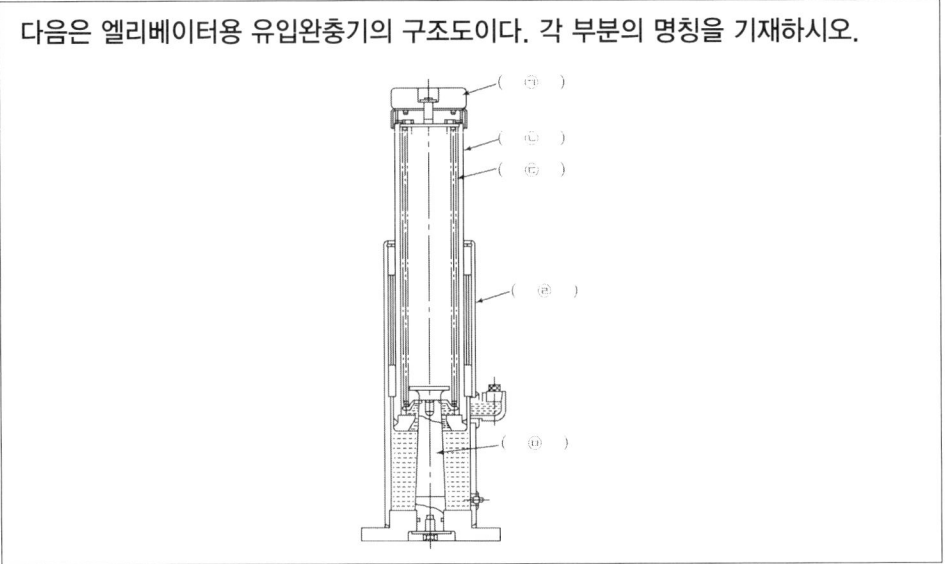

정답 (ㄱ) 완충 고무 (ㄴ) 플런저 (ㄷ) 스프링 (ㄹ) 실린더 (ㅁ) 오리피스 봉

133 엘리베이터 설치작업 시 필요한 개인보호 장비를 3가지 쓰고 설명하시오.

정답 (1) 안전벨트 : 추락방지
(2) 안전화 : 협착에 의한 발 보호
(3) 안전모 : 낙하물과 충돌의한 머리보호
(4) 보안경 : 이물질에 의한 눈보호
(5) 절연장갑 : 감전사고예방

134 그림과 같은 논리회로의 출력을 논리식으로 쓰시오.

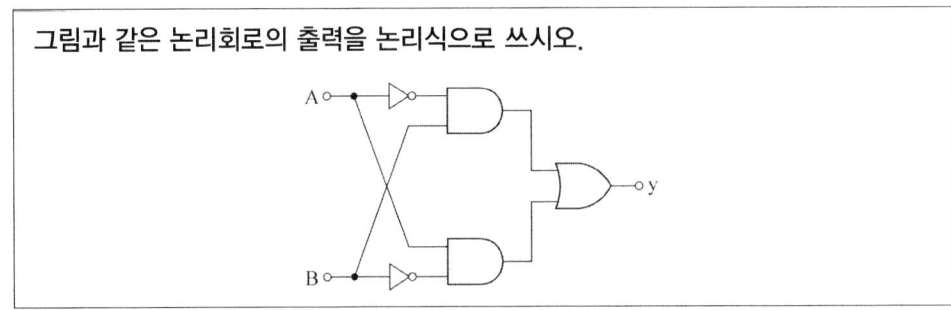

정답 $y = A\overline{B} + \overline{A}B$

해설 배타적 논리합(Exclusive OR) 회로

135) 엘리베이터 설치 시 기준을 정하기 위해 승강로 상부의 기계실과 하부에 형판을 설치하는데 형판의 종류 3가지를 쓰시오.

정답 ① 출입구 형판   ② 카 형판   ③ 균형추 형판

136) 다음 회로에서 전동기의 역률을 구하시오
(단, 소수 3째 자리에서 반올림하여 둘째자리 까지 구하시오.)
$V = 220[V]$, $I = 26[A]$, $W_1 = 5.6[kW]$, $W_2 = 2.8[kW]$

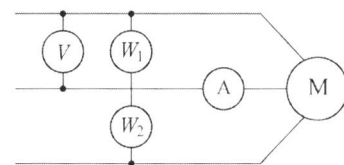

정답 $P = \sqrt{3}\, VI\cos\theta$
$\cos\theta = \dfrac{(5.6+2.8)\times 1000}{\sqrt{3}\times 220 \times 26} = 0.847$
답 : 0.85

137) 다음 싱글 랩과 더블 랩 로핑 방식의 감는 방법에서 권부각을 구하시오.

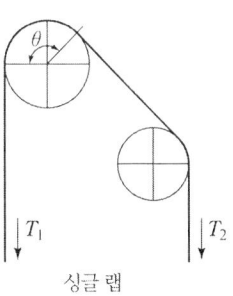 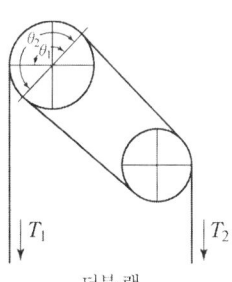

싱글 랩   더블 랩

(1) 싱글 랩 권부각 :
(2) 더블 랩 권부각 :

정답 (1) θ
(2) $\theta_1 + \theta_2$

138) 승객용 엘리베이터의 정격속도가 300[m/min]일 때 중력 가속도에 의한 정지거리(m)를 구하시오.

정답) $S = \dfrac{V^2}{2g_n} = \dfrac{5^2}{2 \times 9.81} = 1.274[\text{m}]$ 답 : 1.27[m]

139) 엘리베이터 피트의 피난 공간의 유형 3가지와 크기를 적으시오. (단, 크기의 단위는 m)
(1) (   ) 자세 수평거리 : (   ) m × (   ) m 높이 (   ) m 이상
(2) (   ) 자세 수평거리 : (   ) m × (   ) m 높이 (   ) m 이상
(3) (   ) 자세 수평거리 : (   ) m × (   ) m 높이 (   ) m 이상

정답) (1) 서 있는 자세, (0.4×0.5), (2)
(2) 웅크린 자세, (0.5×0.7), (1)
(3) 누운 자세, (0.7×1), (0.5)

140) 축전지용량은 12[V], 3[Ah]의 비상전원장치에 12[V] 700[mA] 전등 2개와 200[mA] 전등 2개를 사용할 경우 비상전원의 유지시간은 몇 시간인가?
(단, 축전지의 방전률은 60[%]이다.)

정답) 축전지 유지용량 = 3[Ah] × 0.6 = 1.8[Ah]
사용전력 = (0.7 × 2) + (0.2 × 2) = 1.8
유지시간 = $\dfrac{1.8}{1.8}$ = 1시간

141) 정전 시 엘리베이터 승객의 안전을 위해 사용되는 장치를 3가지 쓰시오.

정답) ① 비상조명장치
② 전기적 비상구출장치(ARD)
③ 비상 통화장치

142) 엘리베이터 감시반의 기능 4가지를 쓰시오.

정답 ① 표시기능 ② 경보기능 ③ 통신기능 ④ 분석기능

143 에스컬레이터 핸드레일의 점검사항 3가지를 쓰시오.

정답 ① 찢어지거나 긁힌 자국 확인(파손상태 확인)
② 표면 오물 및 오염상태 확인
③ 디딤판 속도와 일치하는지 확인
④ 운행방향의 반대편에서 450 N의 힘으로 당겨도 정지되지 않는지 확인

144 에스컬레이터 보조브레이크의 작동 조건 2가지를 쓰시오.

정답 ① 디딤판이 현재 운행방향에서 바뀔 때
② 속도가 공칭속도의 1.4배를 초과하기 전

해설 역주행 방지 장치로 폴랫치 방식, 디스크방식, 디스크웻지방식이 있다.

145 아래의 그림을 보고 다음의 물음에 답하시오.

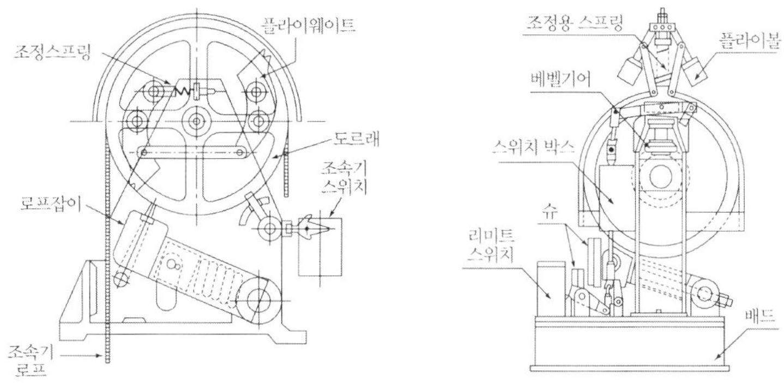

(1) 위의 과속조절기의 명칭은 무엇인가?
(2) 각각의 작동 설명 및 용도에 대하여 간단히 기술하시오.

정답 (1) (ㄱ) : 디스크형 과속조절기, (ㄴ) : 플라이볼형 과속조절기

(2) (ㄱ) 디스크형 과속조절기
카의 속도가 이상적으로 증가할 경우 진자에 의해 과속 스위치가 작동하여 브레이크를 동작시킴으로써 카를 정지시키고 진자가 과속조절기의 로프 캣치를 작동시켜 로프캣치가 과속조절기 로프를 잡아 추락방지안전장치를 작동시키게 된다. 디스크형 과속조절기는 중·저속용 엘리베이터에 사용된다.
(ㄴ) 플라이볼형 과속조절기
플라이볼형 과속조절기는 도르래의 회전을 베벨기어 에 의해 수직축의 회전으로 변환시켜 이 축의 상부의 링크기구에 연결된 플아이볼에 작용하는 원심력으로 작동하여 추락방지 안전장치를 작동시킨다.
플라이볼형 과속조절기는 고속엘리베이터에 적용한다.

146
에스컬레이터에 부가적으로 설치되어 사용되는 조명장치 3가지 쓰시오.

정답
① 트러스 내부의 구동 및 순환장소
② 기기의 공간
③ 승강장 플레이트
④ 디딤판
⑤ 핸드레일 하부

147
카 자중 1200[kg], 정격하중 1000[kg], 승강행정 12[m], 왕복횟수 25[회/h]인 유압식 엘리베이터의 발열량(kcal/h)을 구하시오.

정답
$Q = 0.24 \times (카자중 + 적재하중) \times 행정 \times 운행횟수(50) \times 9.81 \times 10^{-3}$
$= 0.24 \times (1200 + 1000) \times 12 \times 50 \times 9.81 \times 10^{-3}$
$= 3107.808 [kcal/h]$
답 : $3107.81 [kcal/h]$

148
다음 값을 크기순으로 부등호를 사용하여 표시하시오.
(허용응력, 사용응력, 탄성한도)

정답 탄성한도 > 허용응력 > 사용응력

149 3상 유도전동기의 정격전압 V, 정격전류 I, 역률 $\cos\theta$, 효율 η라고 할 때 출력 P [kW]를 구하는 공식을 쓰시오.

정답 $P = \sqrt{3} \times V \times I \times \cos\theta \times \eta \times 10^{-3}$ [kW]

150 엘리베이터 도어의 열림 방식 3가지를 쓰시오.

정답 ① 중앙개폐식 ② 측면개폐식 ③ 수직개폐식

151 기계적으로 작동하여 카가 완충기에 충돌하기 전에 작동하며 카가 완충기 위에 있는 동안 계속하여 작동상태를 유지하는 안전장치 명칭을 쓰시오.

정답 파이널리미트 스위치

152 그림의 블록선도에서 전달함수 $\dfrac{C(s)}{R(s)}$의 값을 구하시오.

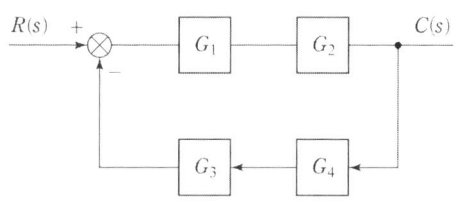

정답 $G(s) = \dfrac{G_1 G_2}{1-[-G_1 G_2 G_3 G_4]} = \dfrac{G_1 G_2}{1+G_1 G_2 G_3 G_4}$

153 그림의 블록선도에서 전달함수 $\dfrac{C(s)}{R(s)}$의 값을 구하시오.

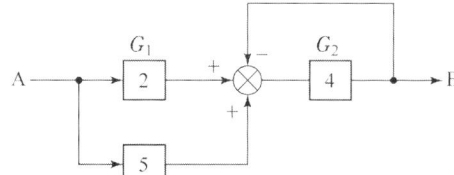

정답 $\dfrac{C}{R} = \dfrac{(2 \times 4) + (5 \times 4)}{1-(-4)} = \dfrac{28}{5}$

154) 그림의 블록선도에서 전달함수 $\dfrac{C(s)}{R(s)}$의 값을 구하시오.

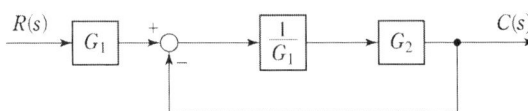

정답 $\dfrac{C(s)}{R(s)} = \dfrac{G_1 \cdot \dfrac{1}{G_1} \cdot G_2}{1 + \dfrac{1}{G_1} \cdot G_2} = \dfrac{G_2}{\dfrac{G_1 + G_2}{G_1}} = \dfrac{G_1 \cdot G_2}{G_1 + G_2}$

155) 다음은 소방구조용 엘리베이터의 소방활동 통화시스템에 관한 설명이다. ( )안에 들어갈 적당한 말을 쓰시오.

1단계 및 2단계 소방운전 중일 때 소방구조용 엘리베이터 카와 (①) 및 (②)이나 비상시험 및 작동시험 운전 장치 사이에서 양방향 음성통화를 위한 (③) 또는 이와 유사한 장치가 있어야 한다. 기계실에 있는 통화 장치는 버튼을 눌러야만 작동되는 (④)이어야 하고 카와 소방관 접근지정 층에 있는 통화 장치는 (⑤) 및 (⑥)가 내장되어 있어야하고 전화 송수화기로 되어서는 안 된다.

정답
① 소방관 접근 지정 층 ② 기계실 ③ 내부통화시스템
④ 마이크로폰 ⑤ 마이크로폰 ⑥ 스피커

156) 엘리베이터 카의 개문출발이 감지되는 경우 카를 정지시켜야 하는 거리의 조건 3가지를 서술하시오.

정답
① 승강장으로부터 1.2 m 이하
② 승강장 문턱과 에이프런의 가장 낮은 부분의 수직거리는 200 mm 이하
③ 카 문턱에서 승강장 문 상인방까지의 수직거리는 1 m 이상

157) 엘리베이터의 비상운전 패널에 표시해야 하는 내용 3가지를 적으시오.

정답
① 카 움직임 방향
② 잠금해제구간의 도착
③ 카의 속도

---

158 엘리베이터의 승강로에서 연속되는 상하 승강장문의 문턱간 거리가 11[m]를 초과한 경우 필요한 조건 2가지를 적으시오.

정답
① 중간에 비상문이 있어야 한다.
② 하나의 승강로에 2대 이상의 엘리베이터가 있는 경우 서로 인접한 카 벽에 비상구 출문이 각각 있어야 한다.

해설
(1) 비상문의 크기는 높이 1.8 m 이상, 폭 0.5 m 이상으로 비상문과 승강장문 및 비상문과 비상문 사이의 거리는 11 m 이하이어야 한다.
(2) 서로 인접한 카간 거리는 1 m 이하로 카벽에 설치하는 비상구출문의 크기는 높이 1.8 m 이상, 폭 0.4 m 이상이어야 한다.

---

159 엘리베이터 승강장문 전면 바닥에 표기해야 되는 주의 문구를 적으시오.

정답 문이 열리면 승강기안의 바닥을 확인한 후 탑승하기 바랍니다.

---

160 엘리베이터의 이동케이블에는 제조, 수입업자, 안전인증 및 인증번호와 모델명 그리고 표시해야 할 이동케이블 사양 3가지를 적으시오.

정답 ① 선심 수 ② 단면적 ③ 정격전압

---

161 소방구조용 엘리베이터가 1단계 소방구조 운전 시 작동 가능한 상태의 버튼 2가지를 적으시오.

정답
① 문 열림 버튼
② 비상통화 버튼

해설 1단계 및 2단계 소방구조운전 시 모든 안전장치는 유효하고 열이나 연기로 작동되는 문닫힘안전장치는 무효화 될 수 있고 1단계에서는 문열림 버튼과 비상통화 버튼은 유효하다.

162) 엘리베이터의 기계실 작업구간 유효높이는 (①) m 이상이고, 작업구역 이동통로의 유효높이는 (②) m 이상이어야 한다

정답 ① 2.1 m ② 1.8 m

163) 10층, 층고 4.2 m, 각 층 유효면적 700 m² 인 일반사무실 전용빌딩의 상주인구를 구하시오. (단, 1인당 점유면적은 7 m² 로 한다.)

정답 상주인구 $= \dfrac{\text{각층 유효면적} \times (\text{층수} - 2)}{\text{1인당 점유면적}} = \dfrac{700 \times (10-2)}{7} = 800$ 명

해설 적용 층수는 건물의 전체 층수(N)에서 1층과 2층을 제외하여 ($N-2$)로 적용하여 계산한다.

164) 엘리베이터의 행선 층 예약시스템에 대하여 간단히 설명하시오.

정답 군관리 방식의 엘리베이터운행 시 승강장에서 목적 층을 등록하여 같은 목적층의 승객을 동일 카에 탑승시켜 정지 횟수를 줄여 수송 효율을 높이는 방식으로 카 내부의 조작반에는 층 등록 버튼이 없다.

165) 엘리베이터의 레일에 작용하는 하중이 1000 kgf, 레일브라켓 간격 200 cm, 레일의 영률 2.1×10^6 kg/cm², 레일의 단면 2차 모멘트 180 cm⁴일 때 카 측 주행 안내 레일의 휨량(mm)을 구하시오.

정답 휨(δ) $= \dfrac{11}{960} \times \dfrac{P_X \times l^3}{E \times I_X} = \dfrac{11}{960} \times \dfrac{1000 \times 200^3}{2.1 \times 10^6 \times 180} \times 10 = 2.425$ [mm]

답 : 2.43 [mm]

166) 카 무게 1000 kg, 적재하중 500 kg, 속도 60 m/min인 전기식 교류엘리베이터 2대가 병렬운전 할 때 기계실 발열량은 몇 kcal/h인가? (단, 발열계수는 1/10 이다.)

정답 발열량(Q) = 발열계수 × 적재하중 × 속도 × 댓수

$Q = \dfrac{1}{10} \times 500 \times 60 \times 2 = 6000$ [kcal/h]   답 : 6000 [kcal/h]

167 권상기용 드럼브레이크의 제동토크가 160 N·m, 브레이크의 마찰계수 0.35, 드럼 외경 280 mm, 드럼 중심에서 스프링까지 거리 (a) 260 mm, 라이닝 하단까지 거리(b) 200 mm일 때 한쪽 스프링에 작용하는 힘을 구하시오.

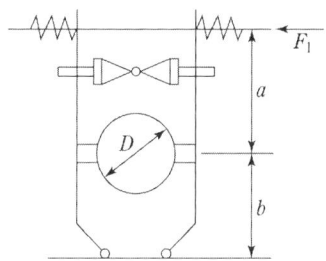

정답 드럼반력 $P_n = 2 \times T_d \times \dfrac{1}{\mu \times D \times N} = \dfrac{2 \times 160}{0.35 \times 0.28 \times 2} = 1632.65 [N]$

$F_s = \dfrac{1632.65 \times 200}{260 + 200} = 709.85 [N]$

해설 (1) 제동토크 $T_d =$ 부하계수$(k) \times$ 전부하토크(T)의 공식에서 부하계수는 없으면 무시하며 브레이크의 제동력은 전 부하토크를 제동시킬 수 있어야 한다.

(2) 제동토크$(T_d) =$ 브레이크 수$(N) \times$ 드럼반력$(P_n) \times$ 반지름$(\dfrac{D}{2}) \times$ 마찰계수(μ)

$P_n = \dfrac{2T_d}{\mu DN}$

스프링에 작용하는 힘$(F_s) = P_n \times \dfrac{b}{a+b}$

---

168 다음은 소방구조용 및 피난용 엘리베이터에 관한 규정이다. 괄호 안에 알맞은 숫자를 쓰시오.

(1) 소방구조용 엘리베이터의 정격하중은 ( ) kg, 카의 크기는 폭 ( ) mm, 깊이 ( ) mm, 출입구 유효폭은 ( ) mm 이상이어야 한다.
(2) 피난용 엘리베이터의 출입문 유효 폭은 ( ) mm, 정격하중은 ( ) kg 이상이어야 한다.

정답 (1) (630), (1100), (1400), (800)
(2) (900), (1000)

---

169 편도 전속 주행 1 m당 1 kWh, 기동, 감속 시 각각 9 kWh의 전력을 소비하는 엘리베이터의 전속 주행거리가 33 m일 때 일주 에너지를 구하시오.

정답 $2 \times (9 + 1 \times 33 + 9) = 102[\text{kWh}]$ 답 : $102[\text{kWh}]$

해설 일주시간 (RTT : One Round Trip Time)은 엘리베이터가 출발 층에서 승객을 싣고 서비스하면서 올라갔다가 다시 출발 층으로 되돌아올 때까지 걸리는 시간으로 왕복이기 때문에 2를 곱한다.
※ 일주시간 = ∑(주행시간 + 도어개폐시간 + 승객출입시간 + 손실시간)

---

170 다음 절연저항에 관한 물음의 빈칸을 채우시오.

공칭 회로 전압(V)	시험 전압/직류(V)	절연 저항(MΩ)
SELV[a] 및 PELV[b] > 100 VA	250	≥ (①)
≤ 500 FELV[c] 포함	500	≥ (②)
> 500	(③)	≥ 1.0

a SELV: 안전 초저압 (Safety Extra Low Voltage)
b PELV: 보호 초저압 (Protective Extra Low Voltage)
c FELV: 기능 초저압 (Functional Extra Low Voltage)

정답 ① 0.5   ② 1   ③ 1000

---

171 엘리베이터의 비상구출구에 관한 다음 물음에 답하시오.

(1) 카 천장의 비상구출구 크기를 쓰시오. (   ) m × (   ) m 이상
(2) 하나의 승강로에 2대 이상의 엘리베이터가 있는 경우 카 벽에 폭 (   ) m 이상, 높이 (   ) m 이상의 비상구출문을 설치할 수 있고 카 간의 수평거리는 (   ) m를 초과할 수 없다.

정답 (1) (0.4), (0.5)   (2) (0.4), (1.8), (1)

---

172 엘리베이터의 승강장 문에 관한 물음에 답하시오.

(1) 승강장문 잠금 부품의 결합은 문이 열리는 방향으로 (①)N의 힘을 가할 때 잠금효과를 감소시키지 않아야 한다.
(2) 잠겨있는 승강장문에 열리는 방향으로 몇 N의 힘을 가하여 시험할 때 영구적인 변형이나 파손이 없어야 하는가?
  1) 개폐식 문 : (②)N
  2) 경첩이 달린 문 : (③)N

정답 ① 300　② 1000　③ 3000

173) 에너지분산형 완충기를 적용한 엘리베이터가 정격속도의 (①) %로 충돌 시 평균 감속도는 (②)g 이하여야 하며 2.5g를 초과하는 감속도는 (③)초 이하이어야 한다.

정답 ① 115　② 1　③ 0.04

174) 에스컬레이터의 디딤판의 홈의 폭은 (①) mm 이상, (②) mm 이하, 홈의 깊이는 (③) mm 이상, 웹의 폭은 (④) mm 이상, (⑤) mm 이하이어야 한다.

정답 ① 5　② 7　③ 10　④ 2.5　⑤ 5

175) 다음 엘리베이터의 로프에 관한 물음에 답하시오.

엘리베이터용 로프의 공칭직경은 (①) mm, 권상도르레의 직경은 로프직경의 (②)배, 주택용 엘리베이터는 (③)배 이상이어야 하고 매다는장치 연결부분의 강도는 로프 파단하중의 (④)% 이상 견뎌야 한다.

정답 ① 8　② 40　③ 30　④ 80

176) 엘리베이터의 속도가 1.4 m/s일 때 과속조절기의 최저속도와 최고속도의 범위(m/s)를 구하시오.

(1) 최저속도 :
(2) 최고속도 :

정답 (1) 최저속도 : $1.4 \times 1.15 = 1.61 [\text{m/s}]$ 이상

(2) 초고속도 : $1.25 \times 1.4 + \dfrac{0.25}{1.4} = 1.93 [\text{m/s}]$ 미만

177 카 자중 2850 kg, 적재하중 1000 kg, 로프길이 100 m, 로프 규격 $\phi 12 \times 5$ 가닥, 로프의 파단 하중 59 kN, 로프 단위중량 0.494 kg/m 2:1 로핑일 때 로프의 안전율을 구하시오.

정답 $S = \dfrac{2 \times 5 \times \dfrac{59 \times 10^3}{9.81}}{2850 + 1000 + 5 \times 0.494 \times 100} = 14.679$ 답 : 14.68

해설 로프의 안전율 $S = \dfrac{k(\text{로핑계수}) \times N(\text{가닥}) \times f(\text{파단강도})}{W(\text{로프에 걸리는 총중량})}$
파단강도 단위를 kg으로 환산하여 통일한다.

---

178 에너지분산형 완충기가 적용된 유압식 엘리베이터의 피트바닥에 작용하는 수직력(N)을 구하시오. (카에 지지되는 총중량 2500 kg, 정격하중 1500 kg, 멈춤쇠 장치 4개)

정답 $F = \dfrac{2 \times 9.81 \times (2500 + 1500)}{4} = 19620 [\text{N}]$

해설 간접식 유압식 엘리베이터의 피트 바닥에 작용하는 수직력(N)
(1) 에너지 축적형 완충기가 적용된 적용된 멈춤 쇠 장치의 경우
$$F = \dfrac{3 \cdot g_n \cdot (P + Q)}{n}$$
(2) 에너지 분산형 완충기가 적용된 적용된 멈춤 쇠 장치의 경우
$$F = \dfrac{2 \cdot Tg_n \cdot (P + Q)}{n}$$
여기서, F : 멈춤 쇠 장치가 작동하는 동안에 고정 정지위치에 작용하는 전체 수직력(N)
g_n : 중력 가속도(9.81 m/s²)
n : 멈춤 쇠 장치 수
P : 카 자중 및 이동케이블, 보상 로프/체인 등 카에 의해 지지되는 부품의 중량[kg]
Q : 정격하중[kg]

---

179 엘리베이터의 스프링완충기에 관한 문제에 답하시오.

스프링완충기의 작용하중 P, 전단응력 τ, 스프링정수 k, 스프링 직경 D, 소선직경 d, 스프링 지수 $C = \dfrac{D}{d}$ 라고 할 때 전단응력이 1/4이 되면

(1) 소선의 직경 d 는 어떻게 변하는가?
 (단, $k = 1$, 스프링 직경 D와 스프링의 최대압축력은 일정하다.)

(2) 상기 조건에서 스프링 지수 C가 작아지면 전단응력이 작아진다. C가 작아지면 발생하는 문제점과 원인을 설명하시오.

정답 (1) 스프링 직경 D와 작용하중 P가 일정하므로

$\tau = \dfrac{8PD}{\pi d^3}$ 에서 $\tau \propto \dfrac{1}{d^3}$

$d = \sqrt[3]{\dfrac{1}{\tau}} = \sqrt[3]{\dfrac{1}{\frac{1}{4}}} = \sqrt[3]{4} = 1.587$

답 : 1.59

(2) 스프링지수 C가 작아지면 D가 일정하기 때문에 소선의 직경 d가 굵어지고 제작 시 굵어진 소선을 같은 직경의 봉에 감을 때 손상 우려가 있어 C는 4 이상으로 한다.

---

180 다음 유압엘리베이터의 밸브에 대하여 간단히 설명하시오.

(1) 안전밸브 :
(2) 체크밸브 :
(3) 럽처밸브 :
(4) 차단밸브 :

정답 (1) 일종의 압력조절 밸브로서 상승압력의 140%를 넘지 않도록 하는 밸브
(2) 한쪽 방향으로만 작동유가 흐르도록 하는 밸브 (역저지 밸브)
(3) 배관의 파손 등으로 압력이 급격히 저하되어 하강하는 것을 방지하는 밸브
(4) 유지보수 시 밸브를 차단하여 카의 움직임을 막는 수동밸브

---

181 권상 도르래 직경 500 mm, 감속비 2:45, 4극 3상 유도전동기에 380 V, 50 HZ의 전원을 공급하였을 때 권상기 도르레의 속도(m/min)를 구하시오.(단, 슬립은 2 % 이다.)

정답 전동기 회전수 $N = \dfrac{120 \times 50 \times (1 - 0.02)}{4} = 1470 [\text{rpm}]$

$V = \dfrac{\pi \times 500 \times 1470}{1000} \times \dfrac{2}{45} = 102.625 [\text{m/min}]$

답 : 102.63[m/min]

해설 도르래 속도, 로프 속도는 로핑계수와 관계없고 카 속도는 로핑계수에 반비례한다.
(※ 2:1 로핑의 경우 카 속도는 권상 도르래 속도의 1/2이 된다.)

182 AC 도어 모터에 비해 DC 도어 모터의 장점 2가지를 쓰시오.

정답 (1) 속도응답 특성이 우수하다.
(2) 효율이 높다.

---

183 엘리베이터 카 내부의 조명에 관한 다음 물음에 답하시오.

(1) 벽에서 (　) mm 이상 떨어진 카 바닥 위 (　) m 지점 (　) lx 이상
(2) 조명 장치는 (　)개 이상이 (　)로 연결
(3) 비상등은 (　) lx 이상 (　)시간 이상 점등되어야 한다.

정답 (1) (100), (1), (100)
(2) (2), (병렬)
(3) (5), (1)

---

184 엘리베이터의 승강장 문 및 카 문이 닫혔을 때의 틈새는 몇 mm까지 허용되는가?

(1) 수평개폐식 : 문짝간 틈새 및 문짝과 문틀 : (①) mm 이하
　　　　　　　　부품이 마모 된 경우 (②) mm 이하
(2) 수직개폐식 : 문짝간 틈새 및 문짝과 문틀 : (③) mm 이하
　　　　　　　　부품이 마모 된 경우 (④) mm 이하

정답 ① 6 ② 10 ③ 10 ④ 14

해설 ※ 어린이 손 끌림 방지대책 :
문턱 위 1.6 m까지 문짝과 문틀 틈새는 5 mm (유리 4 mm) 마모 시
6 mm(유리 5 mm) 이하 또는 열림을 정지시키는 손가락 감지 수단 설치

---

185 소방구조용 엘리베이터의 1단계, 2단계 소방구조 운전에 대하여 간단히 설명하시오.

(1) 1단계 :
(2) 2단계 :

정답 (1) 1단계 : 소방구조용 엘리베이터 우선 호출(소방관 접근지정 층 복귀)
(2) 2단계 : 소방운전제어 조건으로 엘리베이터 사용(소방관 운전)

186 다음 엘리베이터의 상부체대의 굽힘모멘트, 응력, 안전율을 구하시오.

카 자중 1960 kg, 적재하중 1350 kg, 상부체대 스팬 길이 210 cm,
부재의 단면계수 420 cm³, 파단강도 4100 kg/cm²

정답 (1) 굽힘모멘트 $M = \dfrac{(1960+1350) \times 210}{4} = 173775 [\text{kg·cm}]$ 답 : 173775[kg·cm]

(2) 응력 $\sigma = \dfrac{173775}{420} = 413.75 [\text{kg/cm}^2]$ 답 : 413.75[kg/cm²]

(3) 안전율 $S = \dfrac{4100}{413.75} = 9.909$ 답 : 9.91

---

187 엘리베이터의 소방구조 운전 및 피난 운전 시 무효화 될 수 있는 안전장치 2가지를 쓰시오.

정답 ① 광전식 문 닫힘 안전장치
② 초음파식 문 닫힘 안전장치

해설 열이나 연기에 영향을 받는 문닫힘 안전장치는 무효와 될 수 있다.

---

188 다음은 유압엘리베이터 밸브에 관한 설명이다. ( ) 안에 밸브 명칭을 쓰시오.

(①)는 일종의 압력조절 밸브로서 상승압력의 140% 이내로 제한한다.
(②)는 한쪽 방향으로만 오일이 흐르도록 하는 밸브이다.
(③)는 유지보수 시 정지 밸브다.
(④)는 압력배관 파손 시 자동으로 밸브를 닫아 카가 급격히 하강하는 것을 방지한다.

정답 ① 안전밸브 ② 체크밸브 ③ 스톱밸브 ④ 럽쳐밸브

---

189 엘리베이터의 피트 바닥의 전체 수직력은 몇 [N]인지 구하시오. (엘리베이터 정격속도 1 m/s, 카 자중 1000 kg, 적재하중 1000 kg, g_n =9.81 m/s²)

정답 $F = 4 \times 9.81 \times (1000+1000) = 78480 [\text{N}]$
답 : 78480[N]

190) 엘리베이터에서 주행 안내 레일을 사용하는 레목적 3가지를 쓰시오.

정답
① 카와 균형추의 승강로 내 위치규제
② 추락방지안전장치 작동 시 수직하중 지탱
③ 불균형된 하중 적재시 균형유지

해설 주행 안내 레일의 사용목적(역할)과 설계 시 고려할 사항(좌굴하중, 지진발생시 수평진동력, 회전 모멘트) 출제빈도가 높아 구분해서 답을 써야 한다.

191) 다음 엘리베이터의 로프 안전율을 구하시오.
(로핑 계수 2, 로프 가닥수 5, 로프 파단하중 5990 kg, 카 자중 1000 kg, 적재하중 2800 kg, 로프하중 205 kg, 균형 도르래 중량 430 kg)

로핑 계수 2:1, 로프 가닥수 5, 로프 파단하중 5990 kg, 카 자중 1000 kg
적재하중 2800 kg, 로프하중 205 kg, 균형 도르래 중량 430 kg

정답 $S = \dfrac{2 \times 5 \times 5990}{1000 + 2800 + 205 + \dfrac{430}{2}} = 14.194$ 답 : 14.19

192) 승강기용 동력 전원설비 산정 시 필요한 요소 3가지를 쓰시오.

정답 ① 전압강하 ② 전압강하 계수 ③ 주위온도 ④ 부등률 ⑤ 가속 전류

193) 화재 및 재난발생 시 건물에 있는 승객을 피난용 엘리베이터로 안전하게 대피시키는 사람의 명칭을 쓰시오.

정답 통제자

194) 엘리베이터용 로프 중 실형, 8 꼬임, 소선이 19개인 로프를 기호로 쓰시오.

정답 8×S(19)

195 엘리베이터가 상승 방향으로 과속이 발생했을 경우 이를 감지하여 정지시키는 안전장치 2가지를 쓰시오.

정답
① 로프브레이크
② 도르래 브레이크
③ 양방향 비상정지장치(카 브레이크)
④ 이중화 브레이크

196 엘리베이터의 카 천장의 비상구출문 크기는 (　)m × (　)m 이고, 하나의 승강로에 (　) 대 이상의 카가 있으면 카 벽에 비상구출문 설치가 가능하다.

정답 (0.4), (0.5), (2)

해설 카 벽의 비상구출 문 : 폭 0.4 m 이상, 높이 1.8 m 이상, 카 간 거리 1 m 이하
소방구조용 엘리베이터의 카 천장 비상구출 문 : 0.5 m×0.7 m 이상

197 엘리베이터의 승강로 각 장소의 조도(lx)를 쓰시오.

(1) 카 지붕 수직위 1 m 지점 :
(2) 피트 하부에서 수직위로 1 m 지점 :
(3) 그 외의 장소 :

정답
(1) 카지붕 수직위 1 m 지점 : 50 lx 이상
(2) 피트하부에서 수직위로 1 m 지점 : 50 lx 이상
(3) 그 외의 장소 : 20 lx 이상

198 엘리베이터용 기어드 권상기의 점검사항 3가지를 쓰시오.

정답
(1) 이상 소음 유무 확인
(2) 브레이크 스프링의 볼트, 너트 조임상태
(3) 녹 슬은곳 유무 확인
(4) 브레이크 드럼 오염상태

199) 엘리베이터의 승강장에 설치하는 청각 또는 시각적 신호장치 3가지를 쓰시오.

정답
(1) 층표시기(장애자용 : 점멸장치)
(2) 홀 랜턴
(3) 도착 차임벨(장애자용 : 도착 음향장치)

200) 엘리베이터의 과부하감지장치는 정격하중 (　)%를 초과하기 전에 감지해야 하며 최소 (　)kg 이다.

정답 (10), (75)

201) 엘리베이터의 지진 발생 시 로프 이탈 방지대책으로 주 로프의 직경이 12 mm일 때 다음 그림의 조건에서 A와 B의 값을 쓰시오.

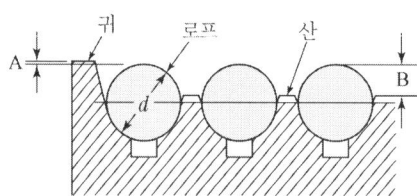

(1) A ≥ (　　)
(2) B ≤ (　　)

정답 (1) 0 (2) 6 mm

해설 $A \geq 0$, $B \leq \dfrac{d}{2}$

202) 자동차용 엘리베이터의 카 유효면적은 1 m²당 (①) kg으로 계산한 값 이상이어야 하고 주택용 엘리베이터의 카 유효면적은 (②) m² 이하이어야 한다.

정답 ① 150 ② 1.4

203 기계식 주차장치에 수용할 수 있는 자동차를 모두 입고하는데 걸리는 시간과 출고하는데 걸리는 시간은 각각 (　　) 시간 이내이어야 한다.

정답 (2)

204 2단 및 다단식 기계식 주차장치의 안전장치 중 운반기기의 자연 하강을 방지하는 장치의 명칭을 쓰시오.

정답 자연하강 보정장치

205 다음 그림은 엘리베이터 주요 부품을 나타낸 것이다. ① ~ ③의 명칭을 쓰시오.

정답 ① 카 문턱 ② 승강장문 구동장치 ③ 승강장 문턱

206 다음은 소방구조용 엘리베이터의 표지판이다. 빈칸을 채우시오.

구 분		기 준
색상	바탕	(　　　)
	그림	(　　　)
크기	카 조작 반	20 mm × 20 mm
	승강장	100 mm × 100 mm

207 이 엘리베이터는 드럼과 로프 또는 스프라켓과 체인에 의해 마찰과 관계없이 직접 구동되는 엘리베이터이다. 이 엘리베이터의 단점 3가지를 쓰시오.

정답
(1) 과주행의 위험이 있다.
(2) 균형추가 없어 소요 동력이 크다.
(3) 승강 행정에 제한이 있다.
(4) 속도에 제한이 있다.

해설 포지티브 구동방식의 엘리베이터로 소형화물용(덤웨이터)과 주택용 엘리베이터에 적용하며 속도는 0.63 m/s 이하

---

208 엘리베이터와 비교한 에스컬레이터의 장점 3가지를 쓰시오.

정답
(1) 대기시간이 없고 연속적인 수송설비다.
(2) 수송 능력이 크다.
(3) 점유 면적이 작다.
(4) 건물에 걸리는 하중이 분산된다.

---

209 적재중량 1200 kg, 카 자중 2600 kg, 로프 한 가닥의 파단하중 60 kN, 가닥 수 5, 로프 자중 250 kg, 균형도르래 중량 500 kg인 엘리베이터의 로핑방식이 2:1 싱글 랩 로핑 일 때 로프의 안전율을 구하시오. (단, 안전율 산정 시 균형도르래 중량은 1/2을 적용한다.)

정답 $S = \dfrac{2 \times 60 \times 10^3 \div 9.81 \times 5}{(1200 + 2600 + 250 + \dfrac{500}{2})} = 14.223$ 답 : 14.22

---

210 옥외용 에스컬레이터 및 무빙워크의 추가요건 4가지를 쓰시오.

정답
(1) 지지설비는 부식으로부터 보호되어야 한다.
(2) 전기설비는 IP 54 이상 또는 NEMA 250의 4 이상의 등급이나 동등 이상의 등급으로 보호

(3) 눈·비 등에 대한 보호
(4) 야간 조명설비(승강장 플레이트 및 디딤판)

해설 ▶ 눈·비 등에 대한보호
① 수평 투영면적 바로 위에 보호 덮개(지붕)설치
② 동절기 디딤판 및 승강장 및 스커트 디플렉터에 눈이 쌓이지 않도록 난방시스템 설치
③ 승강장 플레이트, 콤 플레이트가 미끄러지지 않토록 설계
④ 트러스 내부에 물이 고지지 않도록 배수설비와 적절한 정화시설

211) 코일의 유효권수 12, 평균지름 40 mm, 소선의 지름 6 mm인 압축코일 스프링에 30 N의 외력이 작용 할 때 변위는 몇 mm인가?
(단, 코일 스프링의 전단탄성계수는 8×10^3 N/mm² 이다.)

정답) $\delta = \dfrac{8nPD^3}{Gd^4} = \dfrac{8 \times 12 \times 30 \times 40^3}{8 \times 10^3 \times 6^4} = 17.777$ 답 : 17.78 mm

212) 완충기의 코일 스프링에 작용하는 하중은 18 kN, 스프링 소선의 지름은 26 mm, 코일의 평균지름은 122 mm일 때 이 스프링에 발생하는 전단응력은 약 몇 MPa인가?
(단, 응력수정계수는 1.33으로 한다.)

정답) $\tau = \dfrac{8PD}{\pi d^3} = \dfrac{8 \times 18 \times 10^3 \times 0.122}{\pi \times (0.026)^3} \times 1.33 \times 10^{-6} = 423.159 [\text{MPa}]$
답 : 423.16[MPa]

해설 ▶ Pa = N/m² 이며 MPa = 10^6 Pa 이므로 단위를 N과 m로 환산하여 공식을 적용하고 응력수정계수는 곱한다.

213) 엘리베이터의 전동기에 요구되는 최대 토크가 42 N·m, 이때 전동기 회전수는 2500 rpm 이다. 이 전동기의 전체 효율이 약 75 %이면 이전동기에서 요구되는 출력은 몇 kW인가?

정답) $P = \dfrac{\omega T}{\eta} = 2\pi \times \dfrac{2500}{60 \times 0.75} \times 42 \times 10^{-3} = 14.660 [\text{kW}]$ 답 : 14.66[kW]

해설 ▶ 토크 $T = \dfrac{P(w)}{\omega} = \dfrac{P(w)}{2\pi \times \dfrac{N}{60}}$ [N·m] 이고 1 N·m = 1 W 이다.

[별해] $P = \dfrac{42 \div 9.81 \times 2500}{975 \times 0.75} = 14.637\,[\text{kW}]$ 답 : 14.64

$\left(\tau = 975 \times \dfrac{P(\text{kW})}{\text{rpm}}\,[\text{kg}\cdot\text{m}]\right)$

214) 카 자중 1000 kgf, 적재하중 1000 kgf인 엘리베이터에 다음 사양의 스프링 완충기를 적용하였다. 다음 물음에 답하시오.

[스프링의 사양] 스프링의 평균지름 D : 150 mm, 소선의 지름 d : 30 mm
허용 응력 : 7000 kg/cm²

(1) 스프링의 비틀림 전단응력(kg/cm²)을 구하시오.
(2) 안전성 판단하시오.
(3) 엘리베이터의 속도가 2 m/s일 때 스프링 완충기의 최소행정은 몇 m인가?

정답 (1) $\tau = \dfrac{8PD}{\pi d^3} = \dfrac{8 \times 2 \times (1000+1000) \times 15}{\pi 3^3} = 5658.842\,[\text{kg/cm}^2]$

답 : 5658.84 [kg/cm²]

(2) 허용응력(7000 kg/cm²) > 사용응력(5658.84 kg/cm²)
답 : 안전하다.

(3) $S = 0.135\,V^2 = 0.135 \times 2^2 = 0.54\,[\text{m}]$

해설 카자중과 적재하중은 환산동하중을 적용해야 하므로 2를 곱하고
(3) 번 문항은 속도 1m/s 초과의 엘리베이터는 에너지 분산형 완충기를 적용해 하므로 문제가 성립되지 않는다.
에너지 분산형 완충기의 최소행정 : $S = 0.0674\,V^2\,[\text{m}]$

215) 다음 엘리베이터의 전동기 용량과 제동 소요 시간을 구하시오.

정격 적재하중 : 1275 kg, 속도 : 2 m/s, 오버 밸런스율 : 50 %,
종합효율 70 %, 제동거리 : 260 mm

(1) 전동기 용량(kW)을 구하시오.
(2) 제동 소요 시간은 몇 초인가?

정답 (1) $P = \dfrac{1275 \times 120 \times (1-0.5)}{6120 \times 0.7} = 17.857\,[\text{kW}]$

답 : 17.86 [kW]

(2) 제동거리 $S = \dfrac{Vt}{2}$ 에서 제동시간 $t = \dfrac{2S}{V} = \dfrac{2 \times 0.26}{2} = 0.26$초

답 : 0.26초

216 권상식 엘리베이터의 구동 도르래에서 로프의 수명과 관련이 있는 인자 3가지를 쓰시오.

정답
(1) 도르래의 직경
(2) 도르래 홈의 형상
(3) 도르래의 재질

해설 문제의 핵심은 도르래에서 로프수명과 관련 있는 요인을 물었고 로프 거는법(로핑계수), 로프 감는법(싱글랩, 더블랩) 등은 직접적인 관계가 멀다.

217 소방구조용 엘리베이터의 다음 질문에 대한 답을 쓰시오.

(1) 소방관 접근지정 층에서 소방관이 조작하여 문이 닫힌 후 가장 먼 층까지 도달하는 시간은 몇 초 이내 이어야 하는가? (   )
(2) 운행 속도는 몇 m/s 이상 이어야 하는가? (   )
(3) 승강 행정이 200m 이상일 때 가장 먼 층까지의 도달 시간은 운행 거리 몇 m마다 1초씩 증가될 수 있는가? (   )

정답 (1) 60초   (2) 1 m/s   (3) 3 m

218 다음은 가변전압 가변주파수 제어방식 엘리베이터의 주 회로도이다. (   )안에 적합한 명칭을 쓰시오.

정답
① [PWM 제어회로]   ② [PWM 제어회로]
③ [컨버터 제어회로]   ④ [인버터 제어회로]

해설▶ 회생 전력을 상용전원에 회생시키는 회생제동 방식의 회로이며 한전 측 상용전원으로 회생시키는 컨버터 제어회로도 정현파에 가까운 교류전력을 회생시켜야 하기 때문에 인버터 제어회로와 같이 PWM회로를 적용한다.

219 다음에서 설명하는 과속조절기의 명칭을 쓰시오.

(1) 과속조절기 도르래의 속도가 빨라지면 원심력에 의해 진자가 벌어져 과속스위가 작동하여 전원이 차단되고 로프캐치가 조속기 로프를 잡아 추락방지안전장치를 작동시키며 저속/중속용에 적합하다.
답 : (   )

(2) 과속조절기 도르래의 회전을 베벨기어에 의해 수직축의 회전으로 변환시켜 축 상부의 링크 기구에 연결된 플라이볼에 작용하는 원심력으로 작동하여 추락방지 안전장치를 작동시키며 고속 엘리베이터에 적용한다.
답 : (   )

정답 (1) 디스크형 과속조절기
(2) 플라이볼형 과속조절기

220 계단교차점 및 십자형으로 교차하는 에스컬레이터의 안전보호판 설치도를 보고 막는 조치 끝부분에서 수평거리 "X"와 수직틈새 "Y"를 쓰시오.

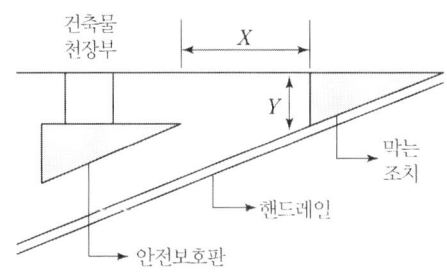

(1) 수평거리 X : (   ) cm ~ (   ) cm
(2) 수직틈새 Y : (   ) cm 초과

정답 (1) (25) (35)
(2) (30)

221) 다음 유압식 엘리베이터의 실린더의 안전율이 5일 때 두께(cm)를 구하시오.

재료의 파괴강도(f) : 3800 kgf/cm², 상용압력(P_w) : 50 kgf/cm²
실린더 내경(d) : 20 cm

정답 $t = \dfrac{5 \times 50 \times 20}{2 \times 3800} = 0.657 [\text{cm}]$ 답 : 0.66[cm]

해설 실린더 안전율 $S = \dfrac{2 \times f \times t}{P_w \times d}$ $t = \dfrac{S \times P_w \times d}{2 \times f}$

여기서, S : 안전율, f : 재료의 파괴강도, t : 두께, P_w : 상용압력, d : 실린더 내경

---

222) 승강기 출입문 잠금장치의 정적 시험과 동적 시험에 대하여 설명하시오.
(1) 정적 시험
(2) 동적 시험

정답 (1) 경첩이 달린 출입문에 사용되는 승강장문 잠금장치 또는 카문 잠금장치에 대해, 점차적으로 3000 N의 값까지 증가하는 정적인 힘으로 300 s의 전체 기간에 대한 시험이 이루어져야 한다. 수평으로 닫히는 출입문에 사용할 승강장문 잠금장치 또는 카문 잠금장치에 적용되는 힘은 1000 N 이어야 한다.
(2) 잠금 위치에 있는 승강장문 잠금장치 또는 카문 잠금장치는 출입문의 열림 방향에서 충격 시험을 받아야 한다. 충격은 0.50 m 높이에서 4 kg의 견고한 물질이 자유낙하 할 때의 충격에 상응해야 한다.

---

223) 다음은 비상통화장치에 관한 설명이다. (   ) 안에 답을 알맞은 쓰시오.

비상통화 버튼을 작동시키면 (①) 표시등이 점등되고 통화가 연결되면 (②) 표시등이 점등되어야 하며 전송을 알리는 음향은 (③)dB ~ (④) dB 이어야 한다.

정답 ① 노란색 ② 녹색 ③ 35 ④ 65

224) 피이드백 제어계의 블록선도의 빈칸에 들어갈 내용을 쓰시오.

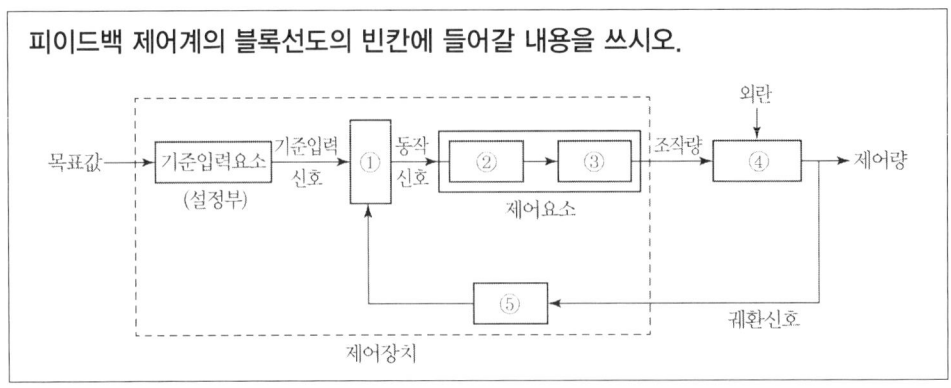

정답 ① 비교부 ② 조절부 ③ 조작부 ④ 제어대상 ⑤ 검출부

225) 반 밀폐식 승강로의 벽은 움직이는 부품에 대하여 승강로벽 높이 H[m]와 움직이는 부품과의 거리 D[m]를 그래프에 표시하시오.

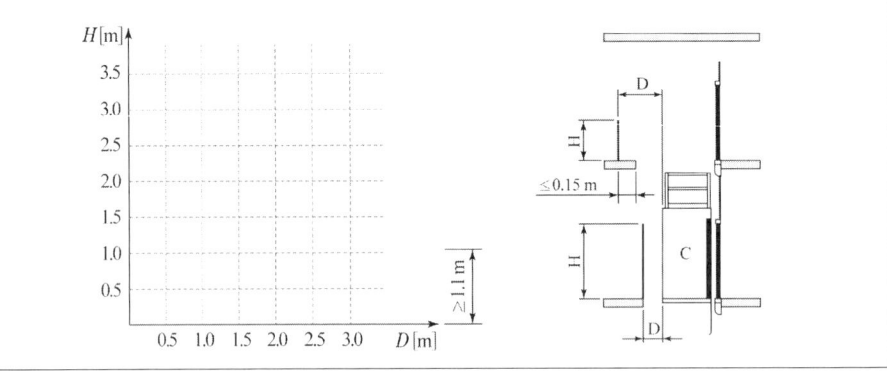

정답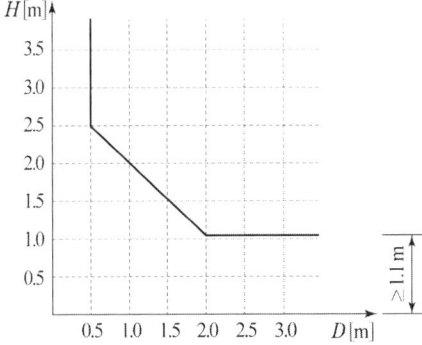

해설 ▶ (1) 승강장문 측: 3.5 m 이상
(2) 다른 측면 및 움직이는 부품까지의 수평거리가 0.5 m 이하인 장소 : 2.5 m 이상
움직이는 부품까지의 거리가 0.5 m를 초과하는 경우에는 2.5 m의 값을 순차적으로 줄일 수 있으며, 2 m의 거리에서는 최소 1.1 m까지 줄일 수 있다.

226 소방구조용 엘리베이터의 전기장치의 물에 대한 보호등급을 ( )안에 쓰시오.

(1) 승강장문을 포함하는 최상층 승강장 아래 승강로 벽으로부터 1m 이내에 위치한 승강로 내부의 전기기기, 카 지붕 및 카 벽면의 외부를 둘러싼 전기설비 ( )
(2) 승강장문을 포함하는 최상층 승강장 아래 승강로 벽으로부터 1m 이상 떨어진 승강로 내부의 전기장치 ( )
(3) 피트 바닥 위로 1m 이내에 위치한 전기장치 ( )
(4) 카 지붕 및 카 외벽 내의 전기설비 ( )

정답 (1) IP X3 (2) IP X1 (3) IP 67 (4) IP X3

---

227 엘리베이터의 T형 주행안내레일의 최대 허용 휨에 관하여 답하시오.

(1) σ_{perm} = 추락방지안전장치가 작동하는 카, 균형추 또는 평형추의 주행안내 레일 : 양방향으로 ( ) mm
(2) σ_{perm} = 추락방지안전장치가 없는 균형추 또는 평형추의 주행안내 레일 : 양방향으로 ( ) mm

정답 (1) 5   (2) 10

---

228 아래 그림은 엘리베이터의 카가 상승 시 개문 출발이 감지된 경우를 나타내었다. 이 장치는 다음과 같은 거리에서 카를 정지시켜야 한다. ( )안에 정답을 쓰시오.

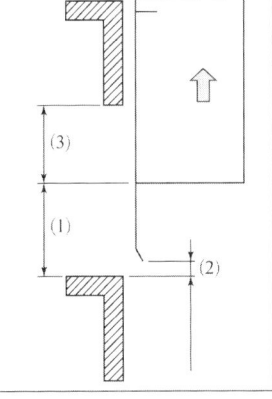

(1) 개문 출발이 감지되는 경우 승강장으로부터 ( )m 이하
(2) 승강장 문턱과 카 에프런의 가장 낮은 부분 수직거리 ( )m 이하
(3) 카 문턱에서 승강장문 상부 인방 까지의 수직거리 ( )m 이상

정답 (1) 1.2 (2) 0.2 (3) 1

229 에스컬레이터의 역주행방지장치의 종류 3가지를 쓰시오.

정답 (1) 폴 래칫 휠 방식
(2) 디스크 웨지 방식
(3) 디스크 브레이크 방식

230 다음은 엘리베이터와 휠체어 리프트 제어반의 온도시험에 관한 내용이다.
( )안에 답을 쓰시오.

엘리베이터·휠체어리프트의 제어반 온도시험의 최소온도는 (   )℃, 최대온도는 +(   )℃
에서 최소 (   )시간 동안 계속 해야 한다.

정답 (0) (65) (4)

231 다음 그림을 보고 물음에 답하시오.

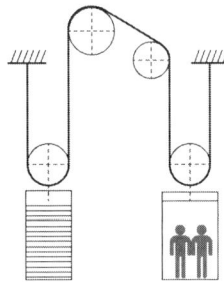

(1) 로핑의 종류 :
(2) 래핑의 종류 :
(3) 카의 속도는 주 로프 속도의 (   )배가 된다.
(4) 로프의 장력은 부하 측 하중의 (   )배가 된다.

정답 (1) 2 : 1
(2) 싱글랩
(3) 1/2
(4) 1/2

232) 다음 그림에서 도르래에 로프의 이탈을 막는 고정장치의 위치를 표시하시오.

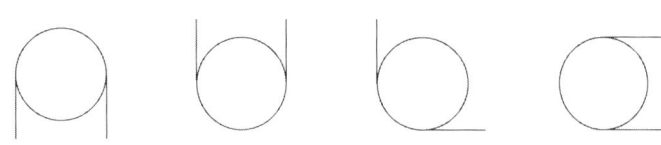

정답)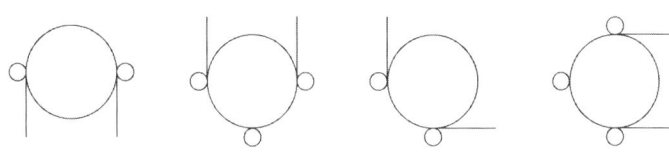

233) 다음과 같은 조건의 단식 브레이크에서 브레이크 레버에 가하는 힘 F와 드럼과 블록 사이의 제동력 f와의 관계식을 쓰시오.

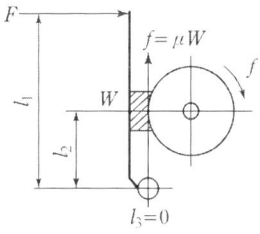

정답) $l_3 = 0$의 조건에서 $F \times l_1 = W \times l_2$

$F = \dfrac{W \cdot l_2}{l_1}$ 에 $W = \dfrac{f}{\mu}$ 를 대입하면 $F = \dfrac{f \cdot l_2}{\mu \cdot l_1}$

답 : $F = \dfrac{f \cdot l_2}{\mu \cdot l_1}$

234) 다음 유압 회로도를 보고 물음에 답하시오.

(1) 회로의 명칭을 쓰고 간단히 설명하시오.
(2) ① 과 ②의 밸브 명칭을 쓰시오.
(3) 이 회로의 특징 2가지를 쓰시오.

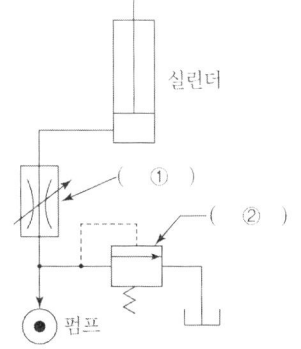

정답 (1) 미터인 회로 : 펌프와 실린더 사이에 유량제어밸브를 삽입하여 직접제어하는 방식이다.
(2) ① 유량제어밸브　② 안전밸브
(3) ① 정확한 속도제어가 가능하다.　② 효율이 낮다.

2020년 승강기기사 실기(필답형)

2020년 1·2회 승강기기사 실기(필답형)

1 어떤 경우에 균형추 또는 평형추 측에도 추락방지장치(비상정지장치)를 설치해야 하는지 간단히 설명하시오.

> **정답** 피트 하부가 사무실이나 통로, 창고 등 사람이 출입하는 장소로 이용될 때 균형추 또는 평형추 측에도 추락방지안전장치(비상정지장치)를 설치하여야 한다.

> **해설** 피트 하부가 사람의 통로나 거주 공간으로 사용되는 경우

2 다음 빈칸에 적합한 절연 저항값을 쓰시오.

공칭 회로 전압(V)	시험 전압/직류(V)	절연 저항(MΩ)
SELV[a] 및 PELV[b] > 100 VA	250	≥ (①)
≤ 500 FELV[c] 포함	500	≥ (②)
> 500	1000	≥ (③)
a SELV: 안전 초저압 (Safety Extra Low Voltage) b PELV: 보호 초저압 (Protective Extra Low Voltage) c FELV: 기능 초저압 (Functional Extra Low Voltage)		

> **정답** ① 0.5   ② 1   ③ 1

3 적재하중 1150 kgf, 정격속도 3.5 m/s, 오버밸런스율 0.45, 전체 효율 86 %인 엘리베이터용 모터 용량(kW)을 계산하시오.

> **정답** 계산과정 : $P = \dfrac{1150 \times 3.5 \times 60 \times (1-0.45)}{6120 \times 0.86} = 25.236$
>
> 답 : 25.24[kW]

4 다음에 해당하는 장치의 명칭을 쓰시오.

(1) 파워유니트에서 실린더로 통하는 배관 도중에 설치하여 밸브를 닫으면 작동유가 역류하는 것을 방지하는 밸브로 유압장치의 보수, 점검, 수리 시 사용되는 밸브 :

(2) 유압장치의 소음, 진동을 흡수하는 장치 :

정답 (1) 스톱밸브
(2) 사일런서

5 정격속도가 105 m/min인 엘리베이터의 완충기를 시험하는 경우 다음 물음의 답을 쓰시오. (단, 제동시간은 0.3 초이다.)

(1) 완충기에 충돌하는 속도(m/s)는 얼마인가?
(2) 충돌하는 감속도는 몇 g_n 인가?

정답 (1) 계산과정 : $V = \dfrac{105}{60} \times 1.15 = 2.012$ 답 : 2.01[m/s]

(2) 계산과정 : $a = \dfrac{2.01}{0.3 \times 9.81} = 0.682 g_n$ 답 : 0.68

6 다음 빈칸에 알맞은 답을 쓰시오.

소방구조용 엘리베이터의 정격속도는 (   ) m/s 이상이어야 한다.

정답 1

7 엘리베이터의 카가 최하 층에 있을때의 전 부하 시 트랙션 비를 구하여라.

적재하중 : 1150 kgf, 카 자중 : 1700 kgf, 승강행정 : 90 m
로프 : 직경 2 mm, 6기닥, 1 m당 중량 : 0.484 kg/m
보상체인 : 직경 9 mm, 2가닥, 1 m당 중량 : 1.59 kg/m
오버밸런스율 : 45 %
※ 로프와 균형체인은 전 행정 구간으로 하고 이동케이블 중량은 무시한다.

정답 계산과정 : 트랙션비 = $\dfrac{\text{카 측 로프 장력}}{\text{균형추 측 로프 장력}}$

$= \dfrac{1150 + 1700 + (90 \times 6 \times 0.484)}{1700 + 1150 \times 0.45 + (90 \times 2 \times 1.59)} = 1.242$

답 : 1.24

8 다음 물음에 답하여라.

(1) 출발 층에서 승객을 싣고 올라갔다가 다시 출발 층으로 되돌아올 때 까지의 시간의 명칭을 쓰시오.

(2) 가·감속시간과 전속 주행시간을 합한 시간의 명칭을 쓰시오.

> **정답** (1) 일주시간
> (2) 주행시간

9 레일의 규격을 표시할 때 8 K, 13 K, 18 K, 24 K 등으로 표시하는데 "K"가 무엇을 의미하는지 설명하시오.

> **정답** 가공 전 레일 1 m의 무게를 kg으로 표시한 것

10 엘리베이터의 카에 부착하여 동작하는 안전 스위치의 명칭을 2개를 쓰고 설명하시오.

> **정답** (1) 카도어 스위치 : 도어가 닫히지 않으면 카가 움직이지 않도록 한다.
> (2) 과부하 감지스위치 : 과부하 감지 시 문이 닫히지 않고 카가 출발하지 않도록 한다.
> (3) 비상구출문 스위치 : 비상구출구가 닫히지 않으면 카가 움직이지 않도록 한다.

11 유압 엘리베이터의 속도 제어방식 중 유량 제어밸브에 의한 방식 2가지를 쓰시오.

> **정답** (1) 미터인 회로
> (2) 블리드오프 회로

12 다음 빈칸을 채우시오.

주행 안내 레일 길이는 카 또는 균형추가 최고 위치에 있을 때 가이드 슈/롤러 위로 각각 ( ) m 이상 연장되어야 한다.

> **정답** 0.1

13 디딤판의 폭 1000 mm, 층고 4 m, 속도 30 m/min, 경사각 30°이고, 효율은 60 %, 탑승율 80 %인 에스컬레이터의 구동용 전동기 용량(kW)을 계산하시오.

> **정답** 계산과정 : 정격하중 $G = 270 \times 1 \times \dfrac{4}{\tan 30} = 1870.61 \, [\text{kg}]$

$$P = \frac{1870.61 \times 30 \times \sin 30}{6120 \times 0.6} \times 0.8 = 6.113 [\text{kW}]$$

답 : 6.11[kW]

14 도어클로저의 종류 2가지를 쓰고 간단히 설명하시오.

정답 (1) 스프링식 : 카가 없는 층의 승강장도어를 스프링의 힘으로 닫히게 하는 장치
(2) 중력식 : 카가 없는 층의 승강장도어를 웨이트의 무게로 닫히게 하는 장치

15 엘리베이터용 동력전원 설비용량 산정 시 고려해야 할 사항 5가지를 쓰시오.

정답 (1) 가속전류 (2) 부등률 (3) 주위온도 (4) 전압강하 (5) 전압강하 계수

16 엘리베이터용 전동기의 구비 조건 3가지를 쓰시오.

정답 (1) 기동토크가 커야 한다.
(2) 기동전류가 작아야 한다.
(3) 회전부의 관성모멘트가 작아야 한다.
(4) 유지보수가 용이해야 한다.
(5) 발열량 적어야 한다.

17 개문 출발방지장치는 카의 개문출발이 감지되는 경우 승강장에서 몇 [m] 이내에서 카를 정지시켜야 하는가?

정답 1.2

해설 문턱과 인방의 틈새는 1 m 이상

18 다음은 피트 바닥에 작용하는 수직력에 관한 내용이다. 빈칸을 채우시오.

피트 바닥은 전부하 상태의 카가 완충기에 작용하였을 때 카 완충기 지지대 아래에 부과되는 정하중의 (   ) 배를 지지할 수 있어야 한다.

정답 4

19 적재하중 1000 kgf, 카 자중 2350 kgf, 전동기의 극수 4극, 주파수 60 Hz, 권상기 도르래 직경 480 mm, 감속비 1:45, 전동기 효율 90 %, 오버밸런스율 40 %일 때 엘리베이터의 속도는 몇 m/min인가?

> **정답** 계산과정 : $N = \dfrac{120 \times 60}{4} = 1800 [\text{rpm}]$
>
> $V = \dfrac{\pi \times 480 \times 1800}{1000} \times \dfrac{1}{45} = 60.318 [\text{m/min}]$
>
> 답 : 60.32

20 엘리베이터의 상승 과속방지장치의 종류(제동요소의 종류) 3가지를 쓰시오.

> **정답** (1) 로프 제동형 브레이크
> (2) 주행 안내 레일 제동형 브레이크 (가이드 레일 제동형 브레이크)
> (3) 이중 브레이크
> (4) 권상기 도르래 제동형

2020년 3회 승강기기사 실기(필답형)

1 로프 거는 방식 중 3:1 4:1 로핑방식 엘리베이터는 대용량 화물용 엘리베이터에 사용되는데 이 로핑 방식의 단점 2가지를 쓰시오.

> **정답** (1) 종합효율 감소
> (2) 로프 수명 단축
> (3) 로프 길이 증가
> (4) 카 무게 증가
>
> **해설** 장점 : ① 로프에 걸리는 장력이 $\dfrac{1}{3}$, $\dfrac{1}{4}$로 감소
>
> ② 권상기의 축에 걸리는 하중이 $\dfrac{1}{3}$, $\dfrac{1}{4}$로 감소
>
> ③ 속도는 $\dfrac{1}{3}$, $\dfrac{1}{4}$로 감소하지만 전동기 용량을 $\dfrac{1}{3}$, $\dfrac{1}{4}$로 줄일 수 있다.

2 전기식 교류엘리베이터의 속도제어 방식 4가지를 쓰시오.

정답 (1) 교류 1단속도 제어
(2) 교류 2단속도 제어
(3) 교류궤환전압제어
(4) 가변전압 가변주파수 제어(인버터 제어)

3 권상식 엘리베이터의 트랙션 비를 개선하는 방법 3가지를 쓰시오.

정답 (1) 보상체인이나 보상로프를 단다.
(2) 로프의 가닥수를 줄인다.
(3) 카무게를 가볍게 한다.
(4) 오버밸런스율을 50%로 한다.

4 다음 엘리베이터의 과속조절기 로프에 관한 설명에 빈칸을 채우시오.

(1) 과속조절기 로프의 최소 파단 하중은 권상 형식 과속조절기의 마찰 계수 μmax (   )를 고려하여 과속조절기가 작동될 때 로프에 발생하는 인장력에 (   ) 이상의 안전율을 가져야 한다.
(2) 과속조절기의 도르래 피치 직경과 과속조절기 로프의 공칭 직경 사이의 비는 (   ) 이상이어야 한다.

정답 (1) 0.2, 8
(2) 30

5 비선형 특성을 갖는 에너지축적형 완충기의 "완전히 압축"이라는 용어는 설치된 완충기 높이의 (   )% 압축을 의미하는가?

정답 90

6 카 자중 1000Kgf, 적재 하중 1000kgf일 때 스프링 완충기의 전단응력(kg/cm²)을 구하시오. (단, 스프링의 직경(D) 150 mm, 소선의 직경(d) 30 mm 이다.)

정답 계산과정 : $\tau = \dfrac{8PD}{\pi d^3} = \dfrac{8 \times 2(1000+1000) \times 15}{\pi 3^3} = 5658.842 [\mathrm{kg/cm^2}]$

답 : 5658.84

해설 $\tau = \dfrac{8C^3}{\pi D^2} \times P$, 스프링지수 $C = \dfrac{D}{d}$ 이며 움직이는 하중은 환산 동하중으로 2를 곱한다.

7 4극 3상 유도전동기에 전압 380V 주파수 60Hz의 전원을 공급했을 때 회전수가 1764 rpm이었다. 이 전동기의 슬립을 구하시오.

정답 계산과정 : $S = \dfrac{1800 - 1764}{1800} \times 100 = 2[\%]$

답 : $2[\%]$

해설 $N_s = \dfrac{120f}{P}[\text{rpm}]$, $S = \dfrac{N_s - N}{N_s} \times 100\,[\%]$, $N = \dfrac{120f(1-S)}{P}[\text{rpm}]$

여기서, N_s : 동기속도, S : 슬립, N : 실제 회전수, P : 전동기 극수

8 비상전원 공급장치에 의해 점등되는 비상등은 ( ) lx 이상의 조도로 ( ) 시간 이상 점등되어야 한다.

정답 (5), (1)

9 엘리베이터의 승강장문 도어클로저의 종류 2가지를 쓰고 기능에 대하여 간단히 설명하시오.

정답 (1) 스프링식 : 카가 없는 층의 승강장도어를 스프링의 힘으로 닫히게 하는 장치
(2) 중력식 : 카가 없는 층의 승강장도어를 웨이트의 무게로 닫히게 하는 장치

10 엘리베이터의 주행안내 레일의 크기를 결정하는 3가지 요소의 핵심 키워드를 채워 넣으시오.

① 추락방지안전장치 작동 시	
② 지진 발생 시	
③ 불균형한 하중 적재 시	

정답 ① 좌굴하중   ② 수평진동력   ③ 회전 모멘트

해설 주행안내 레일의 기능 : 위치규제, 수직하중 지탱, 균형유지

11 다음은 엘리베이터의 주 로프 마모 및 파단 상태 검사 기준이다. (   ) 안에 답을 쓰시오.

마모 및 파손상태	기 준
소선의 파단이 균등하게 분포되어 있는 경우	1구성 꼬임(스트랜드)의 1꼬임 피치 내에서 파단 수 (①)이하
파단 소선의 단면적이 원래의 소선 단면적의 70% 이하로 되어 있는 경우 또는 녹이 심한 경우	1구성 꼬임(스트랜드)의 1꼬임 피치 내에서 파단 수 (②)이하
소선의 파단이 1개소 또는 특정의 꼬임에 집중되어 있는 경우	소선의 파단총수가 1꼬임 피치 내에서 6꼬임 와이어로프이면 12 이하, 8꼬임 와이어로프이면 16 이하
마모부분의 와이어로프의 지름	마모되지 않은 부분의 와이어로프 직경의 (③)% 이상

정답 ① 4 ② 2 ③ 90

12 전기식 엘리베이터 기계실의 작업 구간 유효높이는 (   )m 이상이고, 작업구역 이동통로의 유효높이는 (   )m 이상이어야 한다.

정답 (2.1), (1.8)

13 기계실 없는 엘리베이터(MRL) 방식의 장점을 2가지 기술하시오.

정답 (1) 건물의 용적률을 높일 수 있다.
(2) 건물의 외관이 미려하다.
(3) 기계실의 위치가 자유롭다. (기계류 공간)

해설 기계실 없는 엘리베이터의 제어반은 승강장, 권상기 및 과속 조절기는 승강로의 기계류 공간에 설치하며 기계류 공간이 기계실의 개념이다.
단점 : ① 설치 및 유지보수가 어렵다.
② 승강 행정의 제한이 있다. (일반적으로 15층 이상에 적용하지 않는다.)

14 수직형 휠체어 리프트의 정격하중은 (①) kg 이상, 최대 허용하중은 (②) kg 이하이어야 하며 정격속도는 (③) m/sec 바닥 유효면적은 (④)m² 이하이어야 한다.

정답 ① 250 ② 500 ③ 0.15 ④ 2

해설 소형화물용 엘리베이터 : 정격하중 300 kg 이하, 속도 1 m/s 이하
주택용 엘리베이터 : 0.25 m/s 이하, 행정 12 m 이하 단독주택

15 엘리베이터의 방범 설비의 종류, 운전 방식에 대하여 3가지를 쓰시오.

정답 ① 방범창　　② 비상통화장치
③ 각층 정지운전　④ CCTV

16 엘리베이터의 브레이크 시스템은 정격하중의 (　)%를 싣고 카가 하강 방향으로 정격속도로 운행될 때 구동기를 안전하게 정지시킬 수 있어야 한다.

정답 125

17 엘리베이터의 점검운전제어에서 카 지붕 및 피트 내에서 점검운전 조작 시 점검 운전조작반의 구성요소 중 3가지를 기술하시오.

정답 ① 정지장치　② 상승 누름 버튼　③ 하강 누름 버튼
④ 운전 누름 버튼　⑤ 비상호출 누름 버튼

18 에스컬레이와 무빙워크의 스커트와 디딤판측면 수평틈새는 (　) mm 이하여야 한다.

정답 4

19 정격속도가 2 m/sec인 엘리베이터 완충기의 최소행정 거리(m)를 구하시오.

정답 계산과정 : $S = 0.0674 V^2 = 0.0674 \times 2^2 = 0.269$
답 : 0.27

해설 에너지 축적형 완충기는 적격속도 1 m/s 이하, 에너지 분산형 완충기는 모든 속도에 적용 가능하다. (2 m/s : 에너지 분산형 완충기)

20 그림과 같이 저항 $R_1 = 20[\Omega]$, $R_2 = 50[\Omega]$, $R_3 = 100[\Omega]$를 연결하고 $V = 200[V]$ 전원을 인가할 때 회로에 흐르는 전류 $I[A]$를 구하시오.

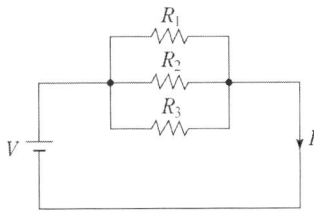

정답 계산과정 : $\dfrac{1}{R} = \dfrac{1}{20} + \dfrac{1}{50} + \dfrac{1}{100} = \dfrac{8}{100}$ 합성저항 $R = \dfrac{100}{8}$

$\therefore I = \dfrac{V}{R} = \dfrac{200}{12.5} = 16[A]$

답 : 16[A]

2020년 4회 승강기기사 실기(필답형)

1 정격하중 1000 kg, 정격속도 90 m/min, 오버밸런스율 50 %, 전체효율 60 %인 엘리베이터의 전동기 용량을 구하시오.

정답 계산과정 : $P = \dfrac{1000 \times 90 \times 0.5}{6120 \times 0.6} = 12.254[kW]$

답 : 12.25[kW]

2 승강장문 및 카 문이 닫혔을 때의 문짝 간이나 문짝과 문틀 또는 문턱 사이의 틈새는 몇 mm까지 허용되는지 (   )안에 쓰시오.

(1) 수평 개폐식 : 문짝간 틈새 및 문짝과 문틀 또는 문턱 틈새 : (   ) mm 이하
　　　　　　　　부품이 마모된 경우 (   ) mm 이하
(2) 수직 개폐식 : 문짝간 틈새 및 문짝과 문틀 또는 문턱 : (   )mm 이하
　　　　　　　　부품이 마모된 경우 (   ) mm 이하

정답 (1) 6, 10
　　　(2) 10, 14

해설 ※ 어린이 손 끌림 방지대책 :
문턱 위 1.6 m까지 문짝과 문틀 틈새는 5 mm (유리 4 mm) 마모 시 6 mm(유리 5mm) 이하 또는 열림을 정지시키는 손가락 감지 수단 설치

3 소방구조용 엘리베이터의 소방 운전 1단계, 2계 운전에 대하여 간단히 서술하시오.

(1) 1단계 :
(2) 2단계 :

정답 (1) 1단계 : 소방구조용 엘리베이터 우선 호출(소방관 접근지정 층 복귀)
　　　(2) 2단계 : 소방 운전제어 조건으로 엘리베이터 사용(소방관운전)

4 다음 엘리베이터 상부체대의 최대 굽힘 모멘트, 응력, 안전율을 구하시오.

카 자중 1960 kg, 적재하중 1350 kg, 상부체대 스팬 길이 210cm,
부재의 단면계수 420 cm³, 파단강도 4100 kg/cm² (단, 1:1 로핑)

정답 계산과정 :

(1) 최대 굽힘 모멘트 $M = \dfrac{(1960+1350) \times 210}{4} = 173775 [\text{kg} \cdot \text{cm}]$

답 : 173775 [kg·cm]

(2) 응력 $\sigma = \dfrac{173775}{420} = 413.75 [\text{kg/cm}^2]$ 답 : 413.75 [kg/cm²]

(3) $S = \dfrac{4100}{413.75} = 9.909$ 답 : 9.91

5 소방구조 운전 시 무효화 될 수 있는 안전장치 2가지를 쓰시오.

정답 (1) 광전스위치 문 닫힘 안전장치
(2) 초음파 문 닫힘 안전장치
(3) 멀티빔 문 닫힘 안전장치

해설 소방구조 운전과 피난운전 시 열과 연기에 영향을 받는 문닫힘 안정장치는 무효화 될 수 있다.

6 다음은 유압엘리베이터 밸브에 관한 설명이다. ( ) 안에 밸브의 명칭을 쓰시오.

(①) 는 일종의 압력조절 밸브로서 상승압력의 (②)% 이내로 제한하는 밸브다.
(③) 는 한쪽 방향으로만 오일이 흐르도록 하는 밸브이다.
(④) 는 점검 및 보수 시 카를 정지 밸브다.
(⑤) 는 압력 배관 파손 시 자동으로 밸브를 닫아 카가 급격히 떨어지는 것을 방지한다.

정답 ① 안전밸브
② 140
③ 체크밸브(역저지밸브)
④ 스톱밸브
⑤ 럽처밸브

7 다음 전기식엘리베이터의 피트 바닥에 작용하는 전체 수직력은 몇 N인지 구하시오.

엘리베이터 정격속도 1 m/s,
카 자중 및 카에 의해 지지되는 부품의 중량 1000 kg
적재하중 1000 kg (단, 중력가속도 g_n =9.81 m/s²)

정답 계산과정 : $F = 4 \times 9.81 \times (1000 + 1000) = 78480[N]$
답 : 78480

8 엘리베이터의 주행 안내 레일 목적 3가지를 쓰시오.

정답 (1) 승강로 내에서 카와 균형추의 위치규제
(2) 추락방지안전장치 작동 시 수직하중 지탱
(3) 불 균형된 하중 적재 시 균형유지

9 다음 엘리베이터 로프의 안전율을 구하시오.

로핑 계수 2:1, 로프의 가닥 수 5, 로프의 파단하중 5990 kg, 카 무게 1000 kg, 적재하중 2800 kg, 로프 중량 205 kg, 균형 도르래 중량 430 kg

정답 계산과정 : $S = \dfrac{2 \times 5 \times 5990}{1000 + 2800 + 205 + \dfrac{430}{2}} = 14.194$

답 : 14.19

10 승강기용 동력 전원설비 산정 시 필요한 요소 3가지를 쓰시오.

정답 ① 전압강하 ② 전압강하계수 ③ 주위온도 ④ 부등률 ⑤ 가속 전류

11 화재 발생이나 재난발생 시 건물에 있는 승객을 피난용 엘리베이터로 안전하게 대피시키는 사람의 명칭을 쓰시오.

정답 통제자

12 엘리베이터용 로프 중 실형, 8 꼬임, 소선이 19개인 로프의 기호를 쓰시오.

정답 $8 \times S(19)$

13 엘리베이터용 과속조절기 종류 3가지를 쓰시오.

정답 ① 디스크형 ② 마찰정지형 ③ 플라이볼형

14 엘리베이터가 상승 방향으로 과속이 발생했을 경우 이를 감지하여 정지시키는 안전장치 2가지를 쓰시오.

> **정답** ① 로프 브레이크 ② 도르래 브레이크
> ③ 카 브레이크 ④ 이중화 브레이크

15 카 천장 비상구출문 크기는 (①)m × (②)m 이상 이어야 하고 하나의 승강로에 (③)대 이상의 카가 있으면 카 벽에 비상구출문 설치가 가능하다.

> **정답** ① 0.4 ② 0.5 ③ 2
>
> **해설** 카 벽 비상구출문 크기 : 폭 0.4 m 이상, 높이 1.8 m 이상

16 다음 엘리베이터의 승강로 조도는 몇 lx 이상 이어야 하는가?

(1) 카 지붕 수직위 1 m 지점 :
(2) 피트 하부에서 수직 위로 1 m 지점 :
(3) 그 외의 장소 :

> **정답** (1) 50 (2) 50 (3) 20

17 엘리베이터용 기어드 권상기의 점검 사항 3가지를 쓰시오.

> **정답** (1) 이상 소음
> (2) 브레이크 볼트, 너트 조임상태
> (3) 녹슬은 곳 유무 확인
> (4) 브레이크 드럼 오염 상태

18 엘리베이터의 승강장에 설치하는 청각 또는 시각적 신호장치 3가지를 쓰시오.

> **정답** (1) 층표시기(점멸장치)
> (2) 홀 랜턴
> (3) 도착차임벨(도착음향장치)

19 다음은 엘리베이터 보상수단에 관한 설명이다. (   ) 안에 적당한 답을 쓰시오.

(1) 균형 로프를 설치해야 하는 속도 : (   ) m/s 초과

(2) 록다운 비상정지장치를 설치해야 하는 속도 : (　　) m/s 초과

정답　(1) 3
　　　　(2) 3.5

해설　(1) 트랙션 비를 줄이기 위해 설치하는 보상체인은 속도 3 m/s 이하에 적용하고 보상로프는 모든 속도에 사용 가능하기 때문에 3 m/s 초과 시는 보상로프를 사용해야 한다.
　　　　(2) 로크다운 비상정지장치는 "튀어오름방지장치"라고 하며 추락방지안전장치 작동 시 보상수단과 이동동케이블이 튀어오르는 것을 방지하는 장치로 속도 3.5 m/s 초과 시 추가로 설치되어야 한다.

20 엘리베이터의 과부하감지장치는 정격하중 (　　)%를 초과하기 전에 감지해야 하며 최소 하중은 (　　)kg 이다.

정답　10, 75

2020년 5회 승강기기사 실기(필답형)

1 기계식 주차장치에 대하여 다음 물음에 답하시오.

(1) 기계식 주차장치의 종류 5가지를 쓰시오.
(2) 수용할 수 있는 모든 자동차를 모두 입고 및 출고 시 걸리는 시간은 각각 몇 시간 이내 이어야 하는가?

　　(　　) 시간 이내

정답　(1) ① 2단식 주차장치　　② 다단식 주차장치
　　　　　③ 승강기식 주차장치　　④ 승강기 슬라이드식 주차장치
　　　　　⑤ 다층순환식 주차장치　　⑥ 수평순환식 주차장치
　　　　　⑦ 수직순환식 주차장치　　⑧ 평면왕복식주차장치
　　　　(2) 2

2 다음은 웜기어와 헬리컬기어를 비교한 것 이다. 빈칸을 채우시오.
("낮다", "높다.", "작다.", "크다.", "쉽다." 와 "어렵다." 로 할 것)

항목 \ 방식	웜기어	헬리컬 기어
효 율	( )	( )
소 음	( )	( )
역구동	( )	( )

정답

(낮다)	(높다)
(작다)	(크다)
(어렵다)	(쉽다)

해설 ▶ 역구동 : 부하의 힘으로 움직이는 것

3 정격 전압 250 V, 전류 30 A, 주파수 60 Hz인 3상 유도전동기의 출력이 11 kW일 때 역률(%)을 구하시오.

정답 계산과정 : $\cos\theta = \dfrac{11 \times 10^3}{\sqrt{3} \times 250 \times 30} \times 100 = 84.678[\%]$

답 : 84.68[%]

해설 ▶ $P = \sqrt{3}\,VI\cos\theta \times 10^{-3}[\text{kW}]$ 에서 $\cos\theta = \dfrac{P(\text{kW}) \times 10^3}{\sqrt{3} \times V \times I}$

4 승객용 엘리베이터 로프의 안전율을 계산하고 적합성을 판단하시오.

카 자중 1600 kg, 적재하중 1000 kg,
로프 길이 80 m, φ12×4, 파단하중 5990 kg, 로프무게 0.494 kg/m,
2:1로핑, 종탄성계수(E) 7000 kg/cm²

정답 계산과정 : $S = \dfrac{2 \times 4 \times 5990}{(1000 + 1600 + 0.494 \times 80 \times 4)} = 17.374$

답 : 안전율 17.37
   적합성 : 17.37 ≥ 12   ∴ 적합하다.

5 카 자중 1450 kg, 정격 적재하중 900 kg인 오버밸런스률 45 %인 엘리베이터의 균형추 무게(kg)를 계산하시오.

정답 계산과정 : $W = 1450 + 900 \times 0.45 = 1855[\text{kg}]$

답 : 1855

6 엘리베이터의 하강 속도가 점점 증가하여 84 m/min에서 과속조절기의 캐치가 동작하여 평균 감속도 $0.6g_n$으로 추락방지장치가 작동하여 카가 정지하였다. 추락방지안전장치가 작동 후 카가 정지하기까지 소요 시간은 몇 초인지 소숫점 둘째 자리까지 답하시오.

정답 계산과정 : $g_n = \dfrac{\frac{84}{60}}{t}$ $t = \dfrac{1.4}{0.6 \times 9.81} = 0.237 [\text{s}]$

답 : 0.24

7 동기속도 1800 rpm, 전부하 회전수 1750 rpm인 유도전동기의 슬립은 몇 %인가?

정답 계산과정 : $S = \dfrac{1800 - 1750}{1800} \times 100 = 2.777$

답 : 2.78

8 에스컬레이터 및 무빙워크의 안전장치가 감지해야 할 사항 5가지를 쓰시오.

정답 ① 과속 감지
② 손잡이 속도편차 감지
③ 구동체인 파단 감지
④ 스텝체인 파단 감지
⑤ 손잡이 인입구 끼임 감지
⑥ 점검용 덮개 열림 감지
⑦ 의도되지 않은 운행 방향의 역전 감지 (의도되지 않은 역주행 감지)

9 엘리베이터 권상기의 브레이크는 정격하중의 몇 %를 싣고 하강 시 카를 안전하게 정지시켜야 하는가?

정답 125

10 다음은 에너지 분산형 완충기에 관한 내용이다. (   )안에 답을 쓰시오.

에너지 분산형 완충기는 정격하중을 싣고 정격속도의 (①) %로 충돌할 때 평균 감속도는 (②)g_n 이하이어야 하고 $2.5g_n$을 초과하는 감속도는 (③) 초보다 길지 않아야 한다.

정답 ① 115   ② 1   ③ 0.04

11 다음 로프의 마모 및 파손상태에 관한 빈칸을 채우시오.

마모 및 파손상태	기 준
소선의 파단이 균등하게 분포되어 있는 경우	1구성 꼬임(스트랜드)의 1꼬임 피치 내에서 파단 수 (①) 이하
파단 소선의 단면적이 원래의 소선 단면적의 70% 이하로 되어 있는 경우 또는 녹이 심한 경우	1구성 꼬임(스트랜드)의 1꼬임 피치 내에서 파단 수 (②) 이하
소선의 파단이 1개소 또는 특정의 꼬임에 집중되어 있는 경우	소선의 파단총수가 1꼬임 피치 내에서 6꼬임 와이어로프이면 (③) 이하, 8꼬임 와이어로프이면 (④) 이하
마모부분의 와이어로프의 지름	마모되지 않은 부분의 와이어로프 직경의 (⑤)% 이상

정답 ① 4 ② 2 ③ 12 ④ 16 ⑤ 90

12 다음은 수직형 휠체어리프트에 관한 내용이다. ( )안에 답을 쓰시오.

수직형 휠체어리프트는 수직에 대하여 경사도가 (①)°를 초과하지 않는 유도되는 경로를 따라 운행하며 정격속도는 (②) m/s 이하, 정격하중은 (③) kgf 이상이고 최대 허용하중은 (④) kgf 이하이어야 한다.

정답 ① 15 ② 0.15 ③ 250 ④ 500

13 엘리베이터에 4:1 로핑을 할 경우 1:1 로핑과 비교 시 단점 3가지를 쓰시오.

정답
① 로프 길이 증가
② 로프의 마모 증가
③ 종합효율 감소
④ 카 무게증가 (도르래 수량 증가)

14 간접식 유압 엘리베이터를 직접식과 비교 시 장점과 단점 각각 3가지를 쓰시오.

정답 (1) 장점
① 실린더 점검용이
② 실린더 설치 용이
③ 승강행정이 길다.
(2) 단점
① 승강로 점유 면적이 크다.
② 추락방지안전장치, 과속조절기, 완충기가 필요하다.
③ 카 바닥의 빠짐이 크다

15 엘리베이터 주행안내 레일의 설치 목적 3가지를 쓰시오.

> **정답** ① 승강로 내에서 카와 균형추의 위치규제
> ② 추락방지안전장치 작동 시 수직하중 지탱
> ③ 불 균형된 하중 적재 시 균형유지

16 전기식 엘리베이터와 주택용 엘리베이터의의 기계실이 출입문 크기를 쓰시오.

(1) 전기식 엘리베이터 :
(2) 주택용 엘리베이터 :

> **정답** (1) 폭 0.7 m 이상 높이 1.8 m 이상
> (2) 폭 0.6 m 이상 높이 0.6 m 이상

17 엘리베이터의 트랙션비에 대하여 다음 물음에 답하시오.

(1) 트랙션 비에 대하여 설명하시오.
(2) 개선방법 5가지를 쓰시오.

> **정답** (1) 트랙션비는 카 측 로프에 걸리는 장력과 균형추측 로프에 걸리는 장력의 비율이다.
> (2) 개선방법
> ① 보상체인, 보상로프 설치
> ② 오버밸런스율을 크게 한다.(50%)
> ③ 카 무게를 가볍게 한다.
> ④ 로프 가닥수를 줄인다.
> ⑤ 이동케이블의 본수를 줄인다.

> **해설** 트랙션(권상) 능력은 카가 미끄러짐이 감소하고 권상되는 능력을 말하며 권부각을 크게하거나 가감속도를 작게하면 미끄러짐이 적고 트랙션 능력이 향상된다.
> ※ 트랙션비 개선 방법과 트랙션능력 개선방법은 차이가 있다.

18 이 엘리베이터는 드럼과 로프 또는 스프로켓과 체인에 의해 직접구동(마찰과 관계없이)되는 엘리베이터이다. 이 엘리베이터의 단점 3가지를 쓰시오.

> **정답** (1) 승강 행정과 속도에 한계가 있다.
> (2) 전동기 용량 (소요 동력)이 크다
> (3) 지나치게 풀리거나 감길 위험이 있다.(과주행 위험)

> **해설** 프지티브 구동 방식(권동식)엘리베이터에 관한 설명으로 정격속도는 0.63 m/s 이하.

19 2단식 및 다단식 기계식 주차장치가 정지하고 있을 때 자연 하강에 의하여 아래층에 있는 자동차의 파손을 방지하는 안전장치의 명칭을 쓰시오.

정답 자연하강 보정장치

20 엘리베이터의 문닫힘 안전장치 종류 3가지를 쓰고 간단히 설명하시오.

정답 (1) 세이프티 슈 : 사람이나 이물질 접촉 시 닫힘이 멈추고 열린다.
(2) 광전장치 : 비접촉식으로 광선 차단 시 닫힘이 멈추고 열린다.
(3) 초음파 장치 : 초음파를 이용하여 일정한 구역에 사람이나 이물질 감지 시 닫힘이 멈추고 열린다.

2021년 승강기기사 실기(필답형)

2021년 1회 승강기기사 실기(필답형)

1 (1) 소방구조용 엘리베이터의 카의 크기는 정격하중 (   ) kg, 폭 (   ) mm, 깊이 (   ) mm 출입구 유효폭은 (   ) mm 이상이어야 한다.
(2) 피난용 엘리베이터의 출입문 유효 폭은 (   )mm, 정격하중은 (   ) kg 이상이어야 한다.

정답 (1) (630), (1100), (1400), (800)
(2) (900), (1000)

2 다음은 웜기어와 헬리컬기어를 비교한 것이다. 빈칸을 채우시오.
("낮다", "높다.", "작다.", "크다.", "쉽다." 와 "어렵다." 로 할 것)

항목 \ 방식	웜기어	헬리컬 기어
효 율	( )	( )
소 음	( )	( )
역구동	( )	( )

정답

(낮다)	(높다)
(작다)	(크다)
(어렵다)	(쉽다)

3 직류전동기의 속도제어 방식 3가지를 쓰고 설명하시오.

정답 (1) 전압제어 : 전기자 전압을 속도에 맞도록 제어하는 방식
(2) 저항제어 : 전기자 회로에 직렬로 가변저항을 연결하여 속도를 제어하는 방식
(3) 계자제어 : 계자전류는 속도에 반비례하므로 계자전류를 가변하여 제어하는 방식

해설 (1) 직류전동기의 회전수 : $N = K \dfrac{E_a - I_a(R_a + r_a)}{I_f}$

여기서, E_a : 전기자 전압, I_a : 전기자전류, K : 전동기정수, r_a : 전기자저항,
I_f : 계자전류
(2) 직류전동기는 계자전류가 일정하면 회전수는 전기자 전압에 비례한다.

4 AC 도어 모터에 비해 DC 도어 모터의 장점 2가지를 쓰시오.

정답 (1) 속도응답 특성이 우수하다.
(2) 효율이 높다.

5 (1) 승강장문 잠금 부품의 결합은 문이 열리는 방향으로 ( ) N의 힘을 가할 때 잠금효과를 감소시키지 않아야 한다.
(2) 잠겨있는 승강장문에 열리는 방향으로 몇 N의 힘를 가하여 시험할 때 영구적인 변형이나 파손이나 없어야 하는가?
① 개폐식 문 : ( ) N
② 경첩이 달린 문 : ( ) N

정답 (1) (300)
(2) ① 개폐식 문 : (1000) N
② 경첩이 달린 문 : (3000) N

6 다음 유압엘리베이터의 밸브에 대하여 간단히 설명하시오.

(1) 안전밸브 :
(2) 체크밸브 :
(3) 럽쳐밸브 :
(4) 차단밸브 :

정답 (1) 작동유의 압력이 140 %를 넘지 않도록 제한하는 밸브
(2) 한 쪽 방향 으로만 작동유가 흐르도록 하는 밸브
(3) 배관의 파손 등으로 압력이 급격히 저하되어 카가 하강하는 것을 방지하기 위한 밸브
(4) 유지보수 시 밸브를 양방향 차단하여 카의 움직임을 막는 수동밸브.

7 편도 전속 주행 1 m당 1 kWh, 기동, 감속 시 각각 9 kWh의 전력을 소비하는 엘리베이터의 전속 주행거리가 33 m일 때 일주 에너지를 구하시오.

정답 계산과정 : $2 \times (9 + 1 \times 33 + 9) = 102 [\text{kWh}]$
답 : $102 [\text{kWh}]$

해설 일주시간(RTT : One Round Trip Time)은 엘리베이터가 출발 층에서 승객을 싣고 서비스하면서 올라갔다가 다시 출발 층으로 되돌아올 때까지 걸리는 시간으로 왕복이기 때문에 2를 곱한다.
※ 일주시간 = Σ(주행시간 + 도어개폐시간 + 승객출입시간 + 손실시간)

8 도르래의 U 홈, 언더컷 홈, V 홈의 마찰력의 크기를 부등호로 표시하시오.

정답 V홈 > 언더컷 홈 > U홈

9 엘리베이터 카 내부의 조명에 대하여 다음 ( )안에 답하시오.

(1) 벽에서 ( ) mm 이상 떨어진 카 바닥 위 ( ) m 지점 ( ) lx 이상
(2) 조명 장치는 ( )개 이상을 ( )로 연결
(3) 비상등은 ( ) lx 이상 ( )시간 이상 점등되어야 한다.

정답 (1) (100), (1), (100)
(2) (2), (병렬)
(3) (5), (1)

10 (1) 엘리베이터의 카 천장의 비상구출구의 크기에 대한 물음의 빈칸을 채우시오.
( ) m × ( ) m 이상
(2) 승강로에 ( )대 이상의 엘리베이터가 설치된 경우 카 벽에는 폭 ( ) m, 높이 ( ) m 이상의 크기로 비상구출구를 설치할 수 있고 이때 카 간의 수평거리는 ( ) m를 초과할 수 없다.

정답 (1) (0.4), (0.5)
(2) (2), (0.4), (1.8), (1)

11 다음 빈칸에 적합한 절연 저항값을 쓰시오.

공칭 회로 전압(V)	시험 전압/직류(V)	절연 저항(MΩ)
SELV[a] 및 PELV[b] > 100 VA	250	≥ (①)
≤ 500 FELV[c] 포함	500	≥ (②)
> 500	(③)	≥ 1.0

a SELV: 안전 초저압 (Safety Extra Low Voltage)
b PELV: 보호 초저압 (Protective Extra Low Voltage)
c FELV: 기능 초저압 (Functional Extra Low Voltage)

정답 ① 0.5 ② 1 ③ 1000

---

12 엘리베이터용 로프의 공칭 직경은 (   )mm, 권상 도르래의 직경은 로프직경의 (   )배, 주택용 엘리베이터는 (   )배 이상이어야 하고 매다는 장치 연결부분의 강도는 로프 파단 하중의 (   )% 이상 견뎌야 한다.

정답 (8), (40), (30), (80)

---

13 에너지 분산형 완충기를 적용한 엘리베이터가 정격속도의 (   )%로 충돌 시 평균 감속도는 (   ) g 이하여야 하며 2.5 g를 초과하는 감속도는 (   )초 이하이어야 한다.

정답 (115), (1), (0.04)

---

14 에스컬레이터와 무빙워크의 디딤판의 홈 폭은 (   ) mm 이상, (   ) mm 이하, 홈의 깊이는 (   ) mm 이상, 웹의 폭은 (   ) mm 이상, (   ) mm 이하이어야 한다.

정답 (5), (7), (10), (2.5), (5)

---

15 권상 도르래 직경 500 mm, 감속비 2 : 45, 4극 3상 유도전동기에 380 V, 50 HZ의 전원을 공급하였을 때 권상기 도르래의 속도를 구하시오. (단, 전동기 슬립은 2%)

정답 계산과정 : $N = \dfrac{120 \times 50 \times (1-0.02)}{4} = 1470 \text{[rpm]}$

$V = \dfrac{\pi \times 500 \times 1470}{1000} \times \dfrac{2}{45} = 102.625 \text{ [m/min]}$

답 : 102.63[m/min]

해설▶ 도르래 속도, 로프 속도는 로핑 계수와 관계없고 카 속도는 로핑 계수에 반비례 한다.

카 속도 $V = \dfrac{\pi \times D(\text{mm}) \times N(\text{rpm})}{k \times 1000} \times i\,(\text{감속비})\,[\text{m/min}]$

16 엘리베이터의 정격 속도가 1.4 m/s일 때 과속조절기의 최저속도와 최고속도의 범위를 구하시오.

(1) 최저속도 :
(2) 최고속도 :

정답 (1) 최저속도 : $1.4 \times 1.15 = 1.61\,[\text{m/s}]$ 답 : 1.61[m/s] 이상

(2) 초고속도 : $1.25 \times 1.4 + \dfrac{0.25}{1.4} = 1.928\,[\text{m/s}]$ 답 : 1.93[m/s] 미만

17 다음 조건에서 엘리베이터 로프의 안전율을 구하시오.

카 자중 2850 kg, 적재하중 1000 kg, 로프 길이 100 m, 로프 가닥 수 $\phi12 \times 5$, 로프의 파단하중 59 kN, 로프 단위중량 0.494 kg/m, 단, 로핑은 2:1 이다.

정답 계산과정 : $S = \dfrac{2 \times 5 \times \dfrac{59000}{9.81}}{2850 + 1000 + 5 \times 0.494 \times 100} = 14.679$ 답 : 14.68

해설▶ 단위 통일을 위해 로프의 파단하중 59kN을 kg으로 변환하여 계산한다.

18 에너지분산형 완충기가 적용된 유압식 엘리베이터의 피트바닥에 작용하는 수직력(N)을 구하시오.

카에 지지되는 총 중량 2500 kg, 정격하중 1500 kg, 멈춤쇠 장치 4개

정답 계산과정 : $F = \dfrac{2 \times 9.81 \times (2500 + 1500)}{4} = 19620\,[\text{N}]$

답 : 19620[N]

해설▶ 간접식 유압식 엘리베이터의 피트 바닥에 작용하는 수직력(N)
(1) 에너지 축적형 완충기가 적용된 적용된 멈춤 쇠 장치의 경우
$$F = \dfrac{3 \cdot g_n \cdot (P+Q)}{n}$$
(2) 에너지 분산형 완충기가 적용된 적용된 멈춤 쇠 장치의 경우
$$F = \dfrac{2 \cdot g_n \cdot (P+Q)}{n}$$

여기서, F : 멈춤 쇠 장치가 작동하는 동안에 고정 정지위치에 작용하는 전체 수직력(N)
g_n : 중력 가속도(9.81 m/s²)
n : 멈춤 쇠 장치 수
P : 카 자중 및 이동케이블, 보상 로프/체인 등 카에 의해 지지되는 부품의 중량[kg]
Q : 정격하중[kg]

19 권상기용 드럼형 브레이크의 제동토크가 160 N·m, 브레이크의 마찰계수 0.35, 드럼 외경 280 mm, 드럼 중심에서 스프링까지 거리(a) 260 mm, 라이닝 하단까지 거리(b) 200 mm, 이며 스프링이 1개일 때 스프링에 작용하는 힘(N)을 구하시오.

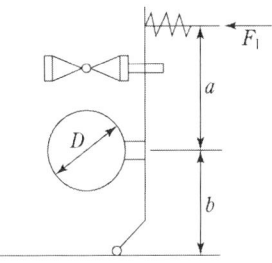

정답 계산과정 : $P_n = 2 \times T_d \times \dfrac{1}{\mu \times D \times N} = \dfrac{2 \times 160}{0.35 \times 0.28 \times 1} = 3265.31[N]$

$F_s = \dfrac{3265.31 \times 200}{260 + 200} = 1419.7[N]$

답 : 1419.7

해설 (1) 제동토크 $T+_d$ = 부하계수(k) × 전부하토크(T)의 공식에서 부하계수는 없으면 무시하며 브레이크의 제동력은 전 부하토크를 제동시킬 수 있어야 한다.

(2) 제동토크(T_d) = 브레이크 수(N) × 드럼반력(P_n) × 반지름($\dfrac{D}{2}$) × 마찰계수(μ)

$P_n = \dfrac{2T_d}{\mu DN}$

스프링에 작용하는 힘(F_s) = $P_n \times \dfrac{b}{a+b}$

20 다음 조건의 스프링완충기에 관한 물음에 답하시오.

스프링완충기의 작용하중 P, 전단응력 τ, 스프링정수 k, 스프링직경 D, 소선직경 d, 스프링 지수 $C = \dfrac{D}{d}$ 라고 할 때 전단응력이 1/4이 되면

(1) 소선의 직경 d는 어떻게 변하는가?
(단, $k=1$, D와 스프링의 최대압축력은 일정하다.)

(2) 상기 조건에서 스프링 지수 C가 작아지면 전단응력이 작아진다. C가 작아지면 발생하는 문제점과 원인을 설명하시오.

정답 (1) 스프링 직경 D와 작용하중 P가 일정하므로

$$\tau = \frac{8PD}{\pi d^3} \text{에서 } \tau \propto \frac{1}{d^3} \quad d = \sqrt[3]{\frac{1}{\tau}} = \sqrt[3]{\frac{1}{\frac{1}{4}}} = \sqrt[3]{4} = 1.587$$

답 : 1.59

(2) 스프링지수 C가 작아지면 D가 일정하기 때문에 소선의 직경 d가 굵어지고 제작 시 굵어진 소선을 같은 직경의 봉에 감을 때 손상 우려가 있어 C는 4 이상으로 한다.

2021년 2회 승강기기사 실기(필답형)

1 서로 다른 부하 조건에서 가이드슈에 의해 엘리베이터의 주행안내 레일에 작용하는 힘 5500 N, 레일의 단면계수 14300 mm³, 레일 브래킷 간격이 2500 mm일 때 레일의 굽힘응력은 몇 [N/mm²]인가 계산하시오.

정답 계산과정 : $M_m = \dfrac{3 \times 5500 \times 2500}{16} = 2578125 [\text{N} \cdot \text{mm}]$

$\sigma_m = \dfrac{2578125}{14300} = 180.288 [\text{N/mm}^2]$

답 : 180.29

해설 $\sigma_m = \dfrac{M}{Z}$ 및 $M_m = \dfrac{3F_h l}{16}$

여기서, σ_m : 굽힘응력[N/mm²], M_m : 굽힘모멘트[N·mm],
Z : 단면계수[mm³], l : 브래킷 간격[mm],
F_h : 서로 다른 부하조건에서 가이드슈에 의해 레일에 작용하는 힘[N]

2 스프링 복귀식 유입 완충기를 속도 150 m/min 엘리베이터에 적용하여 충격시험 시 최소 행정거리는 몇 [mm] 인가 계산하시오.

정답 계산과정 : $S = 0.0674 \times 2.5^2 \times 10^3 = 421.25 [\text{mm}]$
답 : 421.25[mm]

해설 에너지 분산형 완충기 최소 행정거리 : $S = 0.0674 V^2 [\text{m}]$
에너지 축적형 완충기 최소 행정거리 : $S = 0.0135 V^2 [\text{m}]$
여기서, V : 정격속도[m/s]

3 다음은 웜기어와 헬리컬기어를 비교한 것 이다. 다음 보기에서 빈칸을 채우시오.
("낮다.", "높다.", "작다.", "크다.", "쉽다." 와 "어렵다."로 답할 것)

항목 \ 방식	웜기어	헬리컬 기어
효 율	( )	( )
소 음	( )	( )
역구동	( )	( )

정답

(낮다)	(높다)
(작다)	(크다)
(어렵다)	(쉽다)

4 정격속도 1 m/s, 정격전압 380 V, 제어용 전력 1.2 kVA/대, 정격전류 31 A, 수용률 0.91인 2대의 엘리베이터용 변압기의 최소용량(kVA)을 구하시오.

정답 계산과정 : $P = \sqrt{3} \times 380 \times (31 \times 2) \times 1.1 \times 0.91 \times 10^{-3} + (1.2 \times 2) = 43.247 [kVA]$
답 : $43.25 [kVA]$

해설 (1) 변압기 용량 $P = \dfrac{\text{부하설비용량[kW]} \times \text{수용률}}{\text{역률} \times \text{부등률}} \times \text{여유계수[kVA]}$

수용률 $= \dfrac{\text{최대수용전력[kW]}}{\text{부하설비용량의 총계[kW]}} \times 100 [\%]$

(2) 엘리베이터는 전동기 전류의 합이 제어전류의 합보다 크므로
① 전동기 부하전류의 합이 50 A 이하인 경우 : $I_a \geq \sum I_M \times 1.25 + \sum I_H$
② 전동기 부하전류의 합이 50 A 초과인 경우 : $I_a \geq \sum I_M \times 1.1 + \sum I_H$

5 다음 회로에 10 Ω과 R Ω의 저항을 병렬 연결하고 50 V의 전압을 인가했을 때 소비전력이 860 W였다. 저항 R은 몇 Ω인가?

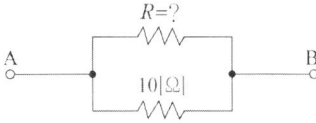

정답 계산과정 : $P = \dfrac{V^2}{R}$ 에서 합성저항 $R_t = \dfrac{50^2}{860} = 2.91$

$2.91 = \dfrac{R \times 10}{R + 10}$ ∴ $R = 4.1 \, \Omega$

답 : 4.1 Ω

6 다음 승강장문 잠금장치(인터록)의 주요 구성품을 쓰시오.

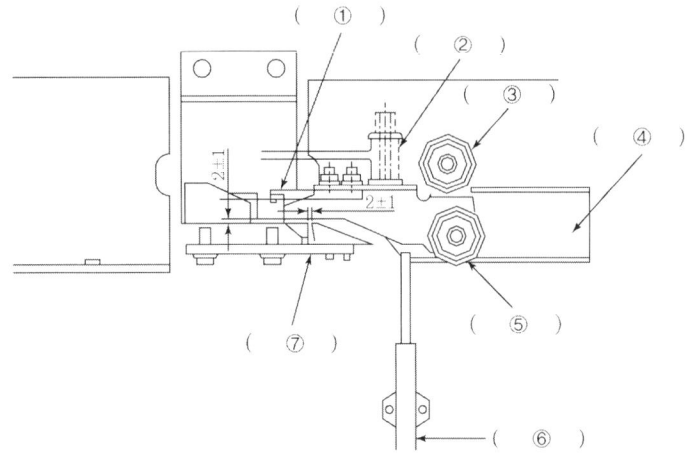

정답 ① 가동접점 ② 스프링 ③ 개방 롤러 ④ 인터록(기계적 잠금장치)
⑤ 구동롤러 ⑥ 풀림봉 ⑦ 래치

7 어린이 손끌림 방지를 위한 문틀과 문짝의 틈새에 관하여 빈칸을 채우시오.

문턱 위로 ( ) m까지의 문짝과 문틀 틈새는 ( ) mm 이하, 유리문은 ( ) mm 이하 마모 시 문짝과 문틀 틈새 ( ) mm, 유리문은 ( ) mm 까지 허용된다.

정답 (1.6), (5), (4), (6) (5)

8 다음 그림을 보고 권상기 로핑에 대하여 답하시오.

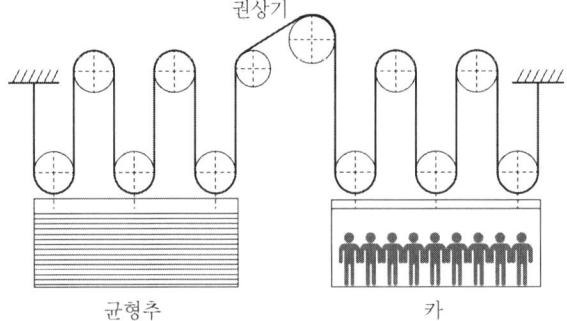

(1) 거는 법의 종류를 쓰시오.
(2) 감는 법의 종류를 쓰시오.
(3) 권상기 도르레 속도가 180 m/min일 때 카 속도는 몇 m/min인가?

정답 (1) 6 : 1
(2) 싱글랩
(3) 30

해설 (1) 거는 법은 로핑계수를 말하며 (카 측 로프 수) : (구동 도르래 측 로프 수)
(2) 감는 법 : 래핑의 방식으로 싱글랩(중·저속용)과 더블랩(고속용)이 있다.
(3) 도르래 속도와 로프 속도는 로핑계수와 무관하며 카 속도는 로핑 계수에 반비례한다.

9 엘리베이터의 일주시간에 대하여 설명하고 구성요소 4가지를 쓰시오.

(1)
(2)

정답 (1) 출발 층에서 승객을 싣고 출발하여 다시 출발 층으로 돌아오는 데 걸리는 시간
(2) 일주시간 = 주행시간 + 도어 개폐시간 + 승객 출입시간 + 손실시간

10 동력 전원의 상이 바뀌거나 결상되는 것을 감지하는 기기의 명칭을 쓰시오.

정답 역결상계전기

11 다음 인터록 유접점 회로의 R_1과 R_2의 논리식을 쓰시오.

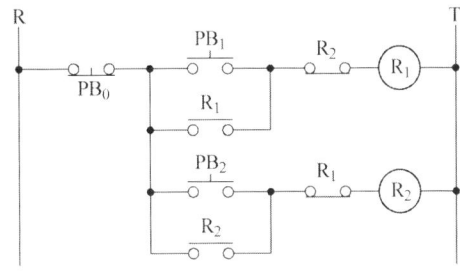

정답 $R_1 = \overline{PB_0} \cdot (PB_1 + R_1) \cdot \overline{R_2}$
$R_2 = \overline{PB_0} \cdot (PB_2 + R_2) \cdot \overline{R_1}$

해설 직렬 접속은 곱하고 병렬 접속은 더한다.

12 권상 도르래에 사용되는 U홈, 언더컷 홈, V 홈에 대하여 다음 물음에 답하시오.

(1) 홈의 단면도를 그리시오.
(2) U홈, 언더컷 홈을 적용하는 엘리베이터의 속도범위를 기술하시오.

정답 (1)

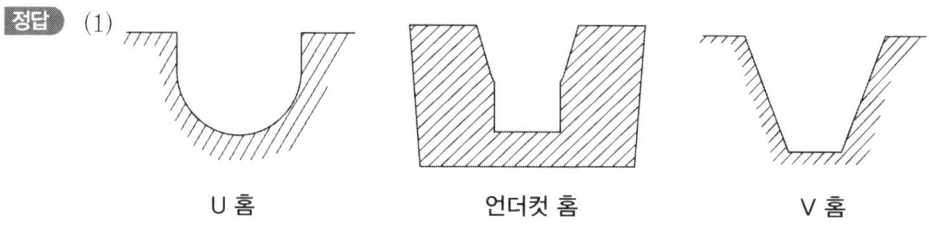

U 홈   언더컷 홈   V 홈

(2) U 홈은 고속엘리베이터, 언더컷 홈은 중저속에 사용된다.

13 주행안내 레일의 사용목적 3가지를 쓰시오.

정답
(1) 위치규제
(2) 수직하중 유지
(3) 균형 유지

14 4극 3상 유도전동기가 50 Hz의 주파수에서 전부하 상태의 회전수가 1460 rpm일 때 슬립(%)을 구하시오.

정답 계산과정 : $S = \dfrac{1500-1460}{1500} \times 100 = 2.666[\%]$

답 : $2.67[\%]$

15 경사도가 30° 이하인 에스컬레이터 속도는 (①) m/s 이하이고 30° 초과 (②)° 이하의 에스컬레이터는 (③) m/s 이하이어야 한다. 팔레트 폭이 1.1 m 이하이고 수평 주행 구간이 1.6 m 이상인 무빙워크의 공칭속도는 (④) m/s까지 허용된다.

정답 ① 0.75   ② 35   ③ 0.5   ④ 0.9

16 주행안내 레일에서 제동 작용에 의해 감속되는 추락방지안전장치로 허용 가능한 값까지 카 또는 균형추에 작용하는 힘을 제한하기 위한 안전장치는?

정답 점차 작동형 추락방지안전장치

해설 "키 워드 제동작용에 의해 감속되는"것은 점차 작동형이며 즉시 작동형은 감속하지 않고 즉시 작동하는 추락방지안전장치다.

17 다음은 드럼식 브레이크의 상세도이다. 각 부분의 명칭을 쓰시오.

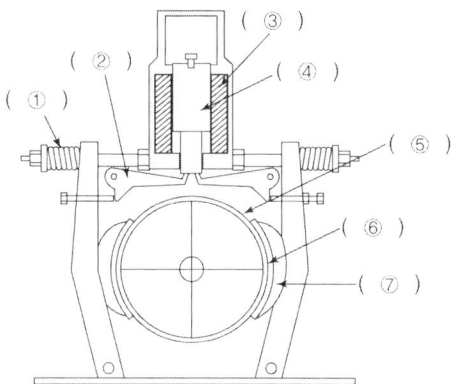

정답 ① 브레이크 스프링 ② 브레이크암 ③ 솔레노이드 코일 ④ 플런저
⑤ 브레이크드럼 ⑥ 브레이크 라이닝 ⑦ 브레이크 슈

18 카의 환기구멍 유효면적은 카유효면적의 ( ) % 이상 이어야하고 카문 주위의 틈새는 ( ) % 까지 환기구먼 면적에 고려할 수 있다. 환기 구멍은 직경 ( ) mm의 막대가 통과 될 수 없는 구조이어야 한다.

정답 (1), (50), (10)

19 수직형 휠체어리프트는 수직에 대한 경사도가 ( )°를 초과하지 않는 경로를 따라 운행하며 정격속도는 ( )m/s 이하 정격하중은 ( )kg 이상이어야 한다. 카바닥 면적에 대하여 ( ) kg/m² 이상으로 설계되고 최대하중은 ( ) kg 이하여야 한다.

정답 (15), (0.15), (250), (250), (500)

20 소방구조용엘리베이터의 최저속도는 ( ) m/s 이상이고 소방관 접근지정 층에서 가장 먼 층 까지 도달시간은 ( )초 이내이다.

정답 (1), (60)

2021년 4회 승강기기사 실기(필답형)

1 엘리베이터 전동기 용량 10 kW, 기계실 온도 40 ℃, 외기온도 30 ℃의 조건에서 1 행정당 구동시간 15초, 시간당 구동횟수 60회 일 때 기계실 환기량(m³/h)을 구하시오.
(단, 공기의 비열은 0.29 kcal/m³·℃ 임)

정답 계산과정 : 발열량 $Q = \dfrac{860 \times 10 \times 15 \times 60}{3600} = 2150 [\text{kcal/h}]$

환기량 $G = \dfrac{2150}{0.29 \times (40-30)} = 741.379 [\text{m}^3/\text{h}]$

답 : 741.38

2 엘리베이터를 분류단계 6가지를 쓰시오.

정답
(1) 용도 및 종류에 의한 분류 (2) 속도에 의한 분류
(3) 조작 방식에 의한 분류 (4) 감속기 구조에 의한 분류
(5) 기계실 위치에 의한 분류 (6) 구동 방식에 의한 분류
(7) 제어방식에 의한 분류 (8) 설치 형태 및 카 구조에 의한 분류

3 옥외용 에스컬레이터의와 무빙워크의 추가적인 요구사항 3가지를 쓰시오.

정답
(1) 지지설비는 부식으로부터 보호되어야 한다.
(2) 전기설비는 IP 54 이상 또는 NEMA 250의 4 이상의 등급이나 동등 이상의 등급으로 보호
(3) 눈·비 등에 대한 보호
(4) 야간 조명설비(승강장 플레이트 및 디딤판)

해설 ※ 눈·비 등에 대한 보호
① 수평 투영 면적 바로 위에 보호 덮개(지붕)설치
② 동절기 디딤판 및 승강장 및 스커트 디플렉터에 눈이 쌓이지 않도록 난방시스템 설치
③ 승강장 플레이트, 콤 플레이트가 미끄러지지 않도록 설계
④ 트러스 내부에 물이 고지지 않도록 배수설비와 적절한 정화시설

4 소방구조용 엘리베이터의 속도는 (   )m/s 이상, 소방관 접근지정 층에서 가장 먼 층에 (   )초 이내에 도착 되어야 하고 정전 시 보조 전원공급장치는 (   )초 이내에 엘리베이터 운행에 필요한 전력을 자동으로 발생시키고 (   )시간 이상 운행 시킬 수 있어야 한다.

정답 (1), (60), (60), (2)

5 주차구획이 여러층으로 배치되어 있고, 여러층의 주차구획 사이를 승하강 운행하는 승강기로 구성되어 있으며 또한 승하강하는 승강기용 운반기(케이지 또는 리프트)에는 주차구획의 자동차를 입·출고하기 위한 수평이동 장치가 설치되어 있어 자동차를 좌우로 이송시켜 입·출고하도록 하는 방식의 기계식 주차장치의 명칭을 쓰시오.

정답 승강기식 주차장치

해설 승강기 슬라이드식 주차장치는 승강기식과 유사하며 팔레트 전체가 종행 및 횡행으로 이동(슬라이드)할 수 있는 기능이 추가된 방식이다.

6 빈칸에 엘리베이터의 주행 안내 레일의 안전율을 쓰시오.

하중 조건	연신율 (A_5)	안전율
정상 운행, 적재 및 하역	$A_5 > 12\%$	
	$8\% \leq A_5 \leq 12\%$	
안전장치 작동	$A_5 > 12\%$	
	$8\% \leq A_5 \leq 12\%$	

정답

하중 조건	연신율 (A_5)	안전율
정상 운행, 적재 및 하역	$A_5 > 12\%$	2.25
	$8\% \leq A_5 \leq 12\%$	3.75
안전장치 작동	$A_5 > 12\%$	1.8
	$8\% \leq A_5 \leq 12\%$	3.0

7 엘리베이터용 전동기의 구비조건 4가지를 쓰시오.

정답 (1) 기동 토크가 커야 한다.
(2) 기동전류가 작아야 한다.
(3) 관성모멘트가 작아야 한다.
(4) 발열량이 적어야 한다.

8 엘리베이터의 카 벽에 사용되는 평면 유리판의 두께를 쓰시오.

유리 형식	내접원 지름	
	최대 1 m	최대 2 m
	최소 두께 (mm)	최소 두께 (mm)
강화 접합유리		
접합유리		

정답

유리 형식	내접원 지름	
	최대 1 m	최대 2 m
	최소 두께 (mm)	최소 두께 (mm)
강화 접합유리	8	10
접합유리	10	12

9 다음 와이어 로프를 파단강도가 낮은 것 부터 높은 순서로 쓰고 도금 가능 여부를 "도금" "비도금" "모두 가능"을 쓰시오.

A종, B종, C종, D종, E종, G종

정답 E종(모두 가능), G종(도금), A종(모두 가능)
B종(모두 가능), C종(비도금), D종(비도금)

10 엘리베이터용 비상통화장치의 설치 장소에 대한 물음에 빈칸을 채우시오.

승강로에 갇힌 사람이 빠져나올 방법이 없는 경우, 이러한 위험이 존재하는 장소 (   ), (   ), (   ) 등에는 피난 공간에서 조작할 수 있는 비상통화장치가 설치되어야 한다.

정답 (피트), (승강로 내부 작업구역), (카 상부)

11 카 내에 갇힌 이용자 등이 외부와 통화할 수 있는 비상통화장치를 설치해야 하는 장소를 쓰시오.

(1) 관리인력이 상주하는 장소 3곳 : (   ), (   ), (   )
(2) 고정된 시설물 외부 2곳 : (   ), (   )

정답 (1) (경비실), (전기실), (중앙관리실)
(2) (유지관리업체), (자체점검 담당자)

12 수송능력 8200 명/h, 수직높이 4.5 m, 전체효율 0.6인 에스컬레이터의 전동기 용량(kW)을 계산하시오.

정답 계산과정 : 정격하중 $G = 270 \times 1 \times \dfrac{4.5}{\tan 30} = 2104.44 [\text{kg}]$

$$P = \dfrac{2104.44 \times 45 \times \sin 30}{6120 \times 0.6} = 12.894 [\text{kW}]$$

답 : 12.89[kW]

해설 수송능력 8200 명/h의 에스컬레이터는 스텝폭 1 m, 속도 0.75 m/s(경사각 30° 이하)임을 알 수 있다.

---

13 다음 엘리베이터의 기계실 출입문 크기를 쓰시오. (폭×높이)

(1) 승객용 엘리베이터 : 폭 (　　) m 이상, 높이 (　　) m 이상
(2) 주택용 엘리베이터 : 폭 (　　) m 이상, 높이 (　　) m 이상

정답 (1) (0.7), (1.8)
　　　(2) (0.6), (0.6)

---

14 다음 엘리베이터용 로프의 안전율을 구하시오.

카 자중 2850 kg, 적재 하중 1000 kg, 로프 길이 100 m, 가닥 수 φ12×5 가닥,
로프의 파단하중 59 kN, 로프 단위중량 0.494 kg/m 2:1 로핑

정답 계산과정 : $S = \dfrac{2 \times 5 \times \dfrac{59 \times 10^3}{9.81}}{2850 + 1000 + 5 \times 0.494 \times 100} = 14.679$

답 : 14.68

해설 로프 파단하중의 단위를 kg으로 환산하여 안전율 공식에 대입하여 계산한다.
$$S = \dfrac{k(\text{로핑계수}) \times N(\text{가닥 수}) \times f(\text{로프의 파단하중})}{W_T(\text{로프에 걸리는 총 하중})}$$

---

15 정격하중 1125 kg, 정격속도 105 m/min, 오버밸런스율 50 %, 전효율 80 %일 때 엘리베이터용 전동기 용량(kW)을 구하시오. (단, 로핑은 2:1)

정답 계산과정 : $P = \dfrac{1125 \times 105 \times 0.5}{6120 \times 0.8} = 12.063 [\text{kW}]$

답 : 12.06[kW]

해설 엘리베이터 속도와 정격하중이 주어지면 전동기 용량은 로핑 방식은 관계없다.

16 다음 엘리베이터의 피트 바닥의 수직력은 몇 [N]인지 계산하시오.
엘리베이터 정격속도 1 m/s, 카 자중 1000 kg, 적재하중 1000 kg
(단, g_n = 9.81 m/s²)

> **정답** 계산과정 : $F = 4 \times 9.81 \times (1000 + 1000) = 78480 [N]$
> 답 : 78480

17 균형추 또는 평형추 측에도 추락방지장치(비상정지장치)를 설치해야 하는 조건을 쓰시오.

> **정답** 피트 하부가 사무실이나 통로, 창고 등 사람이 출입하는 장소로 이용될 때

18 소방구조용 엘리베이터의 경우 피트 바닥 위로 1 m 이내에 위치한 전기장치는 IP ( )이상의 등급으로 보호되어야 한다. 콘센트 및 승강로에서 가장 낮은 조명 전구의 위치는 허용 가능한 피트 내부의 최대 누수 수준 위로 ( )m 이상이어야 한다.

> **정답** (67), (0.5)

19 소형 화물용 엘리베이터에 대한 다음 물음에 답하시오.
(1) 정격하중 :
(2) 정격속도 :

> **정답** (1) 300 kg 이하
> (2) 1 m/s 이하

20 다음은 에스컬레이터 구동체인 안전장치의 조립도이다. 조립도를 보고 작동원리를 간단히 설명하시오.

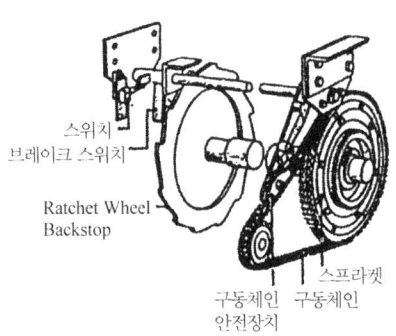

정답 구동체인 위에 항상 문지름판이 접촉하여 구동체인의 늘어짐을 감지하고 체인이 느슨해지거나 끊겼을 경우 브레이크 래치가 브레이크 휠에 걸려 구동장치의 하강 방향의 회전을 기계적으로 제지한다. 또한 안전스위치가 작동하여 전원을 차단한다.

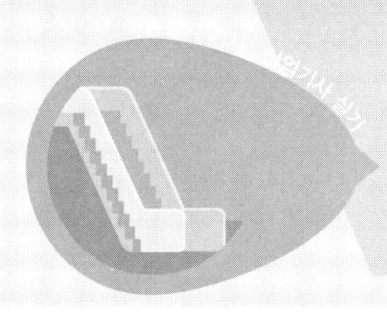

2022년 승강기기사 실기(필답형)

2022년 1회 승강기기사 실기(필답형)

1 계단교차점 및 십자형으로 교차하는 에스컬레이터 또는 무빙워크의 막는 조치 및 안전 보호판 설치도를 보고 막는 조치 끝부분에서 수평거리 "X"와 수직틈새 "Y"를 다음 표의 간격을 보고 안전한 경우(O), 불안전한 경우(X)를 표기하시오.

수평거리(X) [cm]	수직틈새(Y) [cm]	안전(O) / 불안전(X)
25	30	
34	31	
35	32	
36	35	

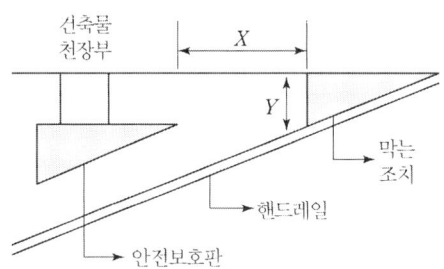

정답

수평거리(X) [cm]	수직틈새(Y) [cm]	안전(O) / 불안전(X)
25	30	×
34	31	○
35	32	○
36	35	×

해설 수평거리 X : 25 cm ~ 35 cm, 수직 틈새 Y : 30 cm 초과

2 유도전동기에 380 V, 50 Hz의 전원을 공급할 때 1440 rpm으로 회전하는 전동기에서 전동기 설치 문제로 불평형 진동이 발생하였다. 불평형 진동 주파수(Hz)를 구하시오.

정답 계산과정 : 맥동주파수 $= \dfrac{N(\mathrm{rpm})}{60} = \dfrac{1440}{60} = 24[\mathrm{Hz}]$

답 : 24[Hz]

해설 $f(주파수) = \dfrac{1}{T(주기)}$, 1440 rpm = 1440 ÷ 60 = 24 rps

즉 1초에 24번 반복하므로 24 Hz

3 다음 유도전동기의 속도-토크 곡선의 (1), (2), (3)의 토크명칭을 쓰시오.

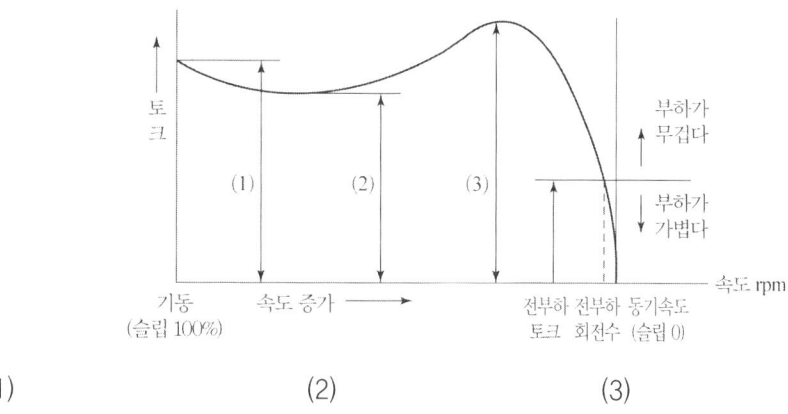

(1)　　　　　　　　　　(2)　　　　　　　　　　(3)

정답 (1) 기동토크　(2) 풀업토크　(3) 정동토크

4 다음 유압식 엘리베이터의 실린더 내벽의 안전율을 구하시오.

재료의 파괴강도(f) : 3800 kgf/cm², 　상용압력(P_w) : 50 kgf/cm²
실린더 내경(d) : 20 cm,　　　　　　실린더 두께(t) : 0.65 cm

정답 계산과정 : $S = \dfrac{2 \times f \times t}{P_w \times d} = \dfrac{2 \times 3800 \times 0.65}{50 \times 20} = 4.94$

답 : 4.94

해설 실린더 안전율 $S = \dfrac{2 \times f(재료의\ 파괴강도) \times t(실린더\ 두께)}{P_w(상용압력) \times d(실린더\ 내경)}$

5 다음 엘리베이터의 권상기 소음 측정에 관한 물음에 답하시오.

권상기로부터(　) m의 거리에서 KSC 1502에 규정한 지시 소음계 또는 이것과 동등 이상의 종합 기능을 가진 측정기로 측정하였을 때 (　) dB(A) 이하가 되어야 한다. 다만, 측정 위치의 암소음이 (　) dB(A) 이하인 곳에서 측정한다.

정답 (1), (70), (55)

6 다음 에스컬레이터의 정지거리를 (   )안에 쓰시오.

공칭속도 v	정지거리
0.50 m/s	( ) m부터 ( ) m까지
0.65 m/s	( ) m부터 ( ) m까지
0.75 m/s	( ) m부터 ( ) m까지

정답

공칭속도 v	정지거리
0.50 m/s	(0.20) m부터 (1.00) m까지
0.65 m/s	(0.30) m부터 (1.30) m까지
0.75 m/s	(0.40) m부터 (1.50) m까지

7 다음은 엘리베이터의 플라이볼형 과속조절기에 관한 설명이다. 물음에 답하시오.

플라이볼형 과속조절기는 도르래의 회전을 (①)에 의해 수직축의 회전으로 변환되고 이 축의 상부의 (②)에 연결된 플라이볼에 작용하는 (③)으로 작동하여 추락방지 안전장치를 작동시킨다.

정답 ① 베벨기어 ② 링크기구 ③ 원심력

8 다음 유압엘리베이터의 속도제어 방식에 대하여 간단히 설명하시오.

(1) 유량제어 밸브방식 :
(2) 인버터 제어방식 :

정답 (1) 유량제어 밸브 방식 : 전동기의 회전수는 일정하고 상승 속도에 적합한 작동유의 토출량을 유량제어 밸브로 조절하는 방식
(2) 인버터 제어방식 : 유도전동기의 회전수를 인버터로 조절하여 펌프의 작동유 토출량을 속도에 맞추어 조절하는 방식

해설 ① 유압엘리베이터의 속도제어 방식 : 유량제어 밸브 방식, 인버터 제어방식
② 유량제어 밸브 방식 : 미터인 회로 방식, 블리드오프 회로 방식

9 다음 엘리베이터의 피트 바닥에 작용하는 수직력(kN)을 구하시오.

정격하중 : 1125 kg, 카에 의해 지지되는 부품의 중량 : 500 kg,
카 자중 : 1100 kg, 균형추에 의해 보상되는 밸런스율 : 50%
중력가속도 : 9.81 m/s²

(1) 카가 완충기에 작용했을 때 [kN]
(2) 균형추가 완충기에 작용했을 때 [kN]

정답 (1) 계산과정 : $F = 4 \cdot g_n \cdot (P+Q)$
$= 4 \times 9.81 \times (1100+500+1125) \times 10^{-3}$
$= 106.929 [kN]$
답 : 106.93[kN]

(2) 계산과정 : $F = 4 \cdot g_n \cdot (P+q \cdot Q)$
$= 4 \times 9.81 \times (1100+500+1125 \times 0.5) \times 10^{-3}$
$= 84.856 [kN]$
답 : 84.86[kN]

10 에스컬레이터에서 다음 조건의 경우 스텝 체인의 안전율을 구하시오.

층고 (H)	3.5 m
체인을 포함한 스텝 1개의 중량 (W)	41 kgf
에스컬레이터의 경사각 (α)	30°
스텝체인의 보정 파단력	12500 kgf
스텝 폭 (S)	1 m
스텝의 피치 (P)	0.4 m
스텝체인의 인장용 스프링 장력 (T)	600 kgf

정답 계산과정 : $T_{step}[kg] = \frac{1}{2}(270A + \frac{2H \cdot W}{P})\sin\alpha + \frac{T}{2}$
$= \frac{1}{2}(270 \times \sqrt{3} \times 3.5 \times 1 + \frac{2 \times 3.5 \times 41}{0.4}) \times \sin 30° + \frac{600}{2}$
$= 888.57[kg]$
안전율 $= S - \frac{12500}{888.57} = 14.067$

답 : 14.07

11 엘리베이터 피트의 피난 공간에 대하여 빈칸을 채우시오.

[피트의 피난공간 크기]

유형	자세	그림	피난공간 크기	
			수평 거리(m×m)	높이(m)
1	서 있는 자세		(1)	(2)
2	웅크린 자세		(3)	(4)
3	누운 자세		(5)	(6)

[기호 설명] ① 검은색 ② 노란색 ③ 검은색

정답 (1) 0.4×0.5 (2) 2 (3) 0.5×0.7 (4) 1 (5) 0.7×1 (6) 0.5

12 유압식엘리베이터 전동기용량 10 kW, 기계실온도 40 ℃, 외기온도 30 ℃의 조건에서 1행정당 구동시간 15초, 시간당 구동횟수 60회 일 때 발열량(kcal/h)과 환기량(m³/h)을 구하시오. (단, 공기 비열 = 0.24 kcal/kg·℃, 공기밀도 = 1.2 kg/m³)

(1) 발열량
(2) 환기량

정답 (1) 발열량 $Q = \dfrac{860 \times 10 \times 15 \times 60}{3600} = 2150 [\text{kcal/h}]$ 답 : 2150

(2) 환기량 $G = \dfrac{2150}{0.24 \times 1.2 \times (40-30)} = 746.527 [\text{m}^3/\text{h}]$ 답 : 746.53

해설 공기의 체적비열 = 밀도×무게 비열 = 0.24×1.2 = 0.288 kcal/m³ ≒ 0.29 kcal/m³·℃

13 다음 유압엘리베이터의 밸브 명칭을 쓰시오.

(1) 미리 설정된 방향으로 설정치를 초과한 상태로 과도한 유체의 흐름을 차단하는 밸브 :
(2) 유체를 배출함으로써 설정된 값이하로 압력을 제한하는 밸브 :
(3) 한 방향으로만 유체를 흐르게 하는 밸브 :

정답 (1) 럽쳐밸브 (2) 릴리프 밸 (3) 체크밸브

14 다음 엘리베이터의 과속조절기에 관한 기준에 대하여 답하시오.

추락방지안전장치의 작동을 위한 과속조절기는 정격속도의 115 % 이상의 속도 및 다음 구분에 따른 어느 하나에 해당하는 속도 미만에서 작동되어야 한다.

(1) 캡티브 롤러 형을 제외한 즉시 작동형 추락방지안전장치: (   ) m/s
(2) 캡티브 롤러 형의 추락방지안전장치: (   ) m/s
(3) 정격속도 1 m/s 이하에 사용되는 점차 작동형 추락방지안전장치: (   ) m/s
(4) 정격속도 1 m/s 초과에 사용되는 점차 작동형 추락방지안전장치
   : (   ) m/s

정답 (1) 0.8   (2) 1   (3) 1.5   (4) $1.25 \cdot V + \dfrac{0.25}{V}$

15 엘리베이터가 과속 발생 시 과속부터 정지까지 보기의 과속조절기, 권상기, 추락방지장치 부품을 작동 순서대로 번호를 쓰시오.

(1) 로프 캐치   (2) 전기스위치   (3) 권상기 브레이크
(4) 추락방지안전장치   (5) 과속조절기 진자

정답 (5) – (2) – (3) – (1) – (4)

16 다음 엘리베이터 로프의 안전율을 계산하고 안전성을 판단하시오.

카자중 2850 kg, 적재하중 1125 kg,
로프길이 100 m, 로프가닥 수 : φ12×4 가닥,
로프 1가닥 파단하중 59 kN, 로프 단위중량 0.494 kg/m, 2:1 로핑

정답 계산과정 : $S = \dfrac{2 \times 4 \times \dfrac{59000}{9.81}}{2850 + 1125 + 4 \times 0.494 \times 100} = 11.530$

답 : 부적합

해설 ① 로프 파단하중의 단위를 kg으로 환산하여 안전율 공식에 대입하여 계산한다.

$$S = \dfrac{k(\text{로핑계수}) \times N(\text{가닥 수}) \times f(\text{로프의 파단하중})}{W_T(\text{로프에 걸이는 총 하중})}$$

② 직경 8 mm 이상 3가닥 이상 로프의 안전율은 12 이상이어야 한다.

17 엘리베이터용 도어모터의 구비 조건 4가지를 쓰시오.

> **정답** (1) 소형이고 가벼워야 한다.
> (2) 소음이 적어야 한다.
> (3) 수명이 길어야 한다.
> (4) 유지보수가 용이해야 한다.
> (5) 가격이 싸야 한다.

18 다음 경사형 휠체어 리프트에 관한 설명의 물음에 답하시오.

> 경사형 휠체어리프트가 1인용일 경우에는 정격하중을 (①) kg 이상으로 하고, 휠체어 사용자용일 경우 (②) kg 이상으로 설계한다.
> 탑재 하중이 결정되지 않은 경우(예를 들면 공공건물)의 휠체어용 경사형 휠체어 리프트는 정격하중을 (③) kg 이상으로 한다.
> 최대 정격하중은 (④) kg 이다.

> **정답** ① 115 ② 150 ③ 225 ④ 350

19 수직 층고 7m, 시간당 9000명을 수송하는 에스컬레이터의 소요 동력은 몇 kW인지 구하시오.

> **정답** 계산과정 : $P = 9.81 \times Q[\text{kg}] \times H[\text{m}] \times 10^{-3}[\text{kW}]$
> $= 9.81 \times 9000 \times 75 \div 3600 \times 7 \times 10^{-3} = 12.875[\text{kW}]$
> 답 : 12.88[kW]

> **해설** 에스컬레이터의 전동기 용량은 $P = \dfrac{G(\text{kg}) \times V(\text{m/min}) \times \sin\theta}{6120 \times \eta} \times \beta(\text{탑승율})[\text{kW}]$
> 인데 경사각, 속도, 디딤판 폭이 조건에 없어 일반적인 전동기 용량 계산식을 적용한다.

20 다음 부품의 정밀검사항목 1개씩 적으시오.

(1) 제어반 :
(2) 구동기 :
(3) 브레이크 :
(4) 보조브레이크 :
(5) 핸드레일 :

> **정답** (1) 제어반 : 열화상태   (2) 구동기 : 권상능력
> (3) 브레이크 : 제동력 및 감속도   (4) 보조브레이크 : 제동력 및 감속도
> (5) 핸드레일 : 디딤판과 공차 속도 및 장력 상태

2022년 2회 승강기기사 실기(필답형)

1 반 밀폐식 승강로의 벽은 움직이는 부품에 대하여 승강로벽 높이 H[m]와 움직이는 부품과의 거리 D[m]를 그래프에 표시하시오.

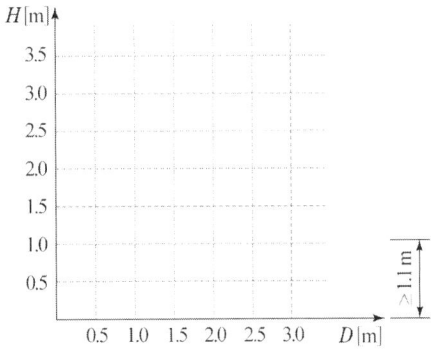
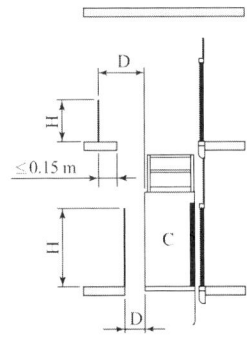

 정답

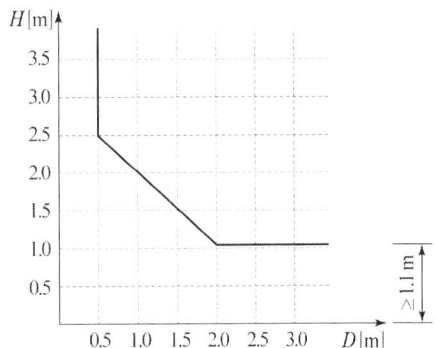

해설 ▶ (1) 승강장문 측: 3.5 m 이상
(2) 다른 측면 및 움직이는 부품까지의 수평거리가 0.5 m 이하인 장소 : 2.5 m 이상
움직이는 부품까지의 거리가 0.5 m를 초과하는 경우에는 2.5 m의 값을 순차적으로 줄일 수 있으며, 2 m의 거리에서는 최소 1.1 m까지 줄일 수 있다.

2 계단교차점 및 십자형으로 교차하는 에스컬레이터 또는 무빙워크의 막는 조치 및 안전 보호판 설치도를 보고 막는 조치 끝부분에서 수평거리 "X"와 수직틈새 "Y"를 빈칸에 쓰시오.

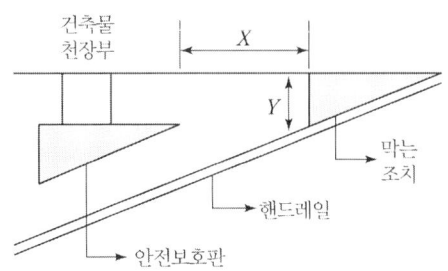

(1) X : (　　~　　) cm
(2) Y : (　　)cm 초과

정답 (1) 25 ~ 35
(2) 30

3 엘리베이터의 카 조명은 카 벽에서 100 mm 이상 떨어진 카 바닥 위로 1 m 위로 모든 지점에서 (　) lx 이상의 전기 조명장치와 비상전원장치에 의해 공급되는 (　) lx 이상의 조도로 (　)시간 이상 동안 공급되는 비상등이 있어야 한다.

정답 (100), (5), (1)

4 다음 유압식 엘리베이터의 실린더의 안전율이 5일 때 두께는 몇 cm인가?

재료의 파괴강도(f) : 3800 kgf/cm²
상용압력(P_w) : 50 kgf/cm²
실린더 내경(d) : 20 cm

정답 계산과정 : $t = \dfrac{5 \times 50 \times 20}{2 \times 3800} = 0.657 [\text{cm}]$

답 : 0.66[cm]

해설 $S = \dfrac{2 \times f(\text{재료의 파괴강도}) \times t(\text{실린더 두께})}{P_w(\text{상용압력}) \times d(\text{실린더 내경})}$

$\therefore t = \dfrac{S \times P_w \times d}{2 \times f}$

5 비상통화 버튼을 작동시키면 (①) 표시등이 점등되고 통화가 연결되면 (②) 표시등이 점등되어야 하며 전송을 알리는 음량은 (③)dB ~ (④)dB 이어야 한다.

정답 ① 노란색 ② 녹색 ③ 35 ④ 65

6 승강기 출입문 잠금장치의 정적시험과 동적시험에 대하여 설명하시오.

(1) 정적 시험
(2) 동적 시험

정답 (1) 경첩이 달린 출입문에 사용되는 승강장문 잠금장치 또는 카문 잠금장치에 대해, 점차적으로 3000 N의 값까지 증가하는 정적인 힘으로 300 s의 전체 기간에 대한 시험이 이루어져야 한다. 수평으로 닫히는 출입문에 사용할 승강장문 잠금장치 또는 카문 잠금장치에 적용되는 힘은 1000 N 이어야 한다.
(2) 잠금 위치에 있는 승강장문 잠금장치 또는 카문 잠금장치는 출입문의 열림 방향에서 충격 시험을 받아야 한다. 충격은 0.50 m 높이에서 4 kg의 견고한 물질이 자유낙하 할 때의 충격에 상응해야 한다.

7 다음은 웜기어와 헬리컬기어를 비교한 것 이다. 빈칸을 채우시오.

("낮다.", "높다.", "작다.", "크다.", "쉽다." 와 "어렵다." 로 할 것)

항목 \ 방식	웜기어	헬리컬 기어
효 율		
소 음		
역구동		
감속비		
진 동		

정답

낮다	높다
작다	크다
어렵다	쉽다
크다	작다
작다	크다

8 다음 절연저항에 관한 질문의 빈칸을 채우시오.

공칭 회로 전압(V)	시험 전압/직류(V)	절연 저항(MΩ)
SELV[a] 및 PELV[b] > 100 VA	250	≥ (①)
≤ 500 FELV[c] 포함	500	≥ (②)
> 500	③	≥ (④)

a SELV: 안전 초저압 (Safety Extra Low Voltage)
b PELV: 보호 초저압 (Protective Extra Low Voltage)
c FELV: 기능 초저압 (Functional Extra Low Voltage)

정답 ① 0.5 ② 1 ③ 1000 ④ 1

9 권상기용 드럼형 브레이크의 제동토크가 160 N·m, 브레이크의 마찰계수 0.35, 드럼 외경 (D) 300 mm, 드럼 중심에서 라이닝 하단까지 거리(l_1) 200 mm, 스프링까지 거리(l_2) 300 mm일 때 한쪽 스프링에 작용하는 힘(N)을 구하시오. (단, 스프링 1개일 때)

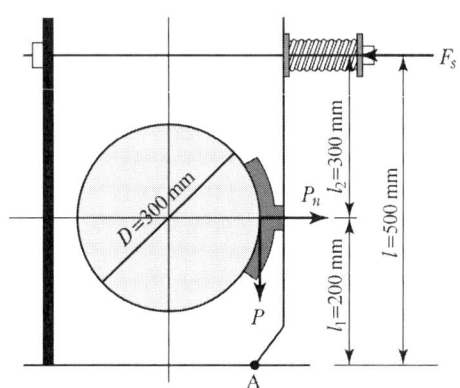

정답 계산과정 : $P_n = \dfrac{2 \times T_d}{\mu \times D \times N} = \dfrac{2 \times 160}{0.35 \times 0.3 \times 1} = 3047.62[N]$

$F_s = \dfrac{3047.62 \times 200}{300 + 200} = 1219.048[N]$

답 : 1219.05

10 승강기에 적용되는 IoT(Internet of Things : 사물인터넷) 기술 3가지를 쓰시오.

정답 (1) 원격보수 : 센서를 연결하여 고장진단 및 보수
(2) 스마트폰 호출 : 스마트폰을 이용한 승강기 호출
(3) 설치 현장 안전사고 예방 : CCTV를 통해 안전장구 착용 상태 및 현장 안전관리
(4) 인포메이션 판넬 : 카 안의 승객에게 뉴스 및 정보전달

11
엘리베이터의 설비 중 제어반 이외에 기계실에 설치될 수 있는 설비 5가지를 쓰시오.

정답 (1) 권상기 (2) 과속조절기 (3) 조명설비
(4) 환기설비 (5) 비상통화장치 (6) 승강기용 소화설비
(7) 비상운전패널 (8) 하중검출장치

12
엘리베이터의 정격속도가 0.75 m/s일 때와 1.5 m/s일 때 과속조절기의 동작 속도의 범위를 구하시오.

(1) 0.75 m/s :
(2) 1.5 m/s :

정답 (1) $0.75 \times 1.15 = 0.862 [m/s]$
0.86 m/s 이상 1.5 m/s 미만
(2) $1.5 \times 1.15 = 1.73 [m/s]$ 이상 $1.25 \times 1.5 + \dfrac{0.25}{1.5} = 2.04 [m/s]$ 미만
1.73[m/s] 이상 2.04[m/s] 미만

해설 카 측에는 점차작동형이 사용되어야 하며 정격속도 0.63 m/s 이하의 경우 즉시작동이 사용될 수 있고 점차작동형 추락방지안전장치는 정격속도 1 m/s 이하의 엘리베이터는 1.5 m/s 미만에서 작동해야 한다.

13
에스컬레이터의 디딤판과 스커트 틈새는 각 측면에서 ( ) mm 이하, 양쪽 측면의 합은 ( ) mm 이하이고 뉴얼의 끝과 진입방지대 및 진입방지대와 진입방지대 사이의 자유로운 입구 폭은 ( ) mm 이상이어야 한다.

정답 (4), (7), (500)

14
정격속도 2.5 m/s인 엘리베이터의 에너지 분산형 완충기 시험 시 완충기에 충돌하는 속도[m/s]와 완충기의 최소행정 거리[m]는 얼마 인지 계산하시오.

정답 (1) 충돌속도 $2.5 \times 1.15 = 2.875 [m/s]$ 답 : 2.88
(2) 최소행정 $S = 0.0674 \times 2.5^2 = 0.421 [m]$ 답 : 0.42

15
수직형 휠체어 리프트에 관하여 다음 빈칸을 채우시오.

정격속도는 ( ) m/s 이하 정격하중은 ( ) kg 이상이어야 한다.
최대 허용하중은 ( ) kg 이하여야 한다.

정답 (0.15), (250), (500)

16 소방구조용 엘리베이터의 보조전원 공급장치에 관하여 다음 빈칸을 채우시오.

보조 전원공급장치는 (　)초 이내에 엘리베이터 운행에 필요한 전력을 자동으로 발생시키고 (　)시간 이상 운행 시킬 수 있어야 한다.

정답 (60), (2)

17 피이드백 제어계의 블록선도의 빈칸에 들어갈 내용을 쓰시오.

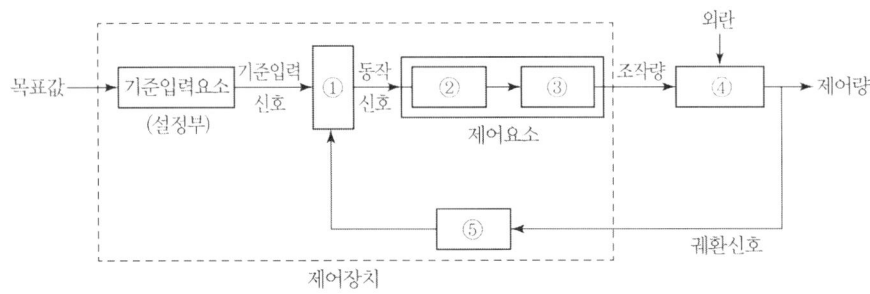

정답 ① 비교부 ② 조절부 ③ 조작부 ④ 제어대상 ⑤ 검출부

18 정격속도 1 m/s 정격전압 380 V, 제어용 전력 1.2 kVA/대, 정격전류 31 A, 수용률 0.91인 2대의 엘리베이터용 변압기의 최소용량은 몇 KVA 인가?

정답 계산과정 : $P = \sqrt{3} \times 380 \times (31 \times 2) \times 1.1 \times 0.91 \times 10^{-3} + (1.2 \times 2) = 43.247 [\text{kVA}]$
답 : 43.25

19 다음 조건일 때 엘리베이터의 상부 체대 안전율을 구하시오.

카 자중 : 1960 kg, 적재하중 : 1350 kg, 상부체대 1본 스팬 길이 : 210 cm, 부재 단면계수 : 420 cm³, 파단강도 : 410 MPa

정답 계산과정 : ① 최대굽힘모멘트 $M = \dfrac{(1960 + 1350) \times 210}{4} = 173775 [\text{kg} \cdot \text{cm}]$

② 응력 $\sigma = \dfrac{173775}{420} = 413.75 [\text{kg/cm}^2]$

③ $410[\text{MPa}] = 410 \div 9.81 \times 10^6 [\text{kg}]/(10^2)^2 [\text{cm}^2] = 4179.41 [\text{kg/cm}^2]$
$S = \dfrac{4179.41}{413.75} = 10.101$

답 : 10.1

20 다음 무빙워크의 무부하 시 소비전력을 구하시오.

본 문제는 지문이 2페이지 정도로 길고 내용이 복잡하여 복귀하지 못하였습니다.

[해설] 소비전력은 $P = \sqrt{3}\,VI\cos\theta \times h(\text{시간}) \times 10^{-3}[\text{kWh}]$
무빙워크는 무부하 시도 체인 등의 마찰 손실이 커 무부하 전류, 전압, 역률, 구동 시간이 주어져야 소비전력을 구할 수 있다.
무빙워크의 전동기 용량은 $P = \dfrac{m(\text{kg}) \times V(\text{m/min}) \times (\sin\theta + \mu\cos\theta)}{6120 \times \eta}[\text{kW}]$이며
수평형의 경우 경사각이 0°이므로 $P = \dfrac{m(\text{kg}) \times V(\text{m/min}) \times \mu(\text{마찰계수})}{6120 \times \eta}[\text{kW}]$가 된다.

2022년 4회 승강기기사 실기(필답형)

1 카 자중 1000 kgf, 적재하중 1000 kgf인 엘리베이터에 다음 사양의 스프링 완충기를 적용하였다. 다음 물음에 답하시오.

[스프링의 사양]
스프링의 평균지름 D : 150 mm, 소선의 지름 d : 30 mm, 허용 응력 : 7000 kg/cm²

(1) 스프링의 비틀림 전단응력(kg/cm²)을 구하시오.
(2) 안전성 판단하시오.
(3) 엘리베이터의 속도가 2 m/s일 때 스프링 완충기의 최소행정(m)을 계산하시오.

[정답]
(1) $\tau = \dfrac{8PD}{\pi d^3} = \dfrac{8 \times 2(1000+1000) \times 15}{\pi 3^3} = 5658.842[\text{kg/cm}^2]$
답 : 5658.84
(2) 허용응력(7000 kg/cm²) > 사용 응력(5658.84 kg/cm²)
답 : 안전하다.
(3) $S = 0.135\,V^2 = 0.135 \times 2^2 = 0.54[\text{m}]$
※ 속도 1 m/s 초과의 엘리베이터는 에너지분산형 완충기를 적용해야 하므로 문제가 성립되지 않는다.

[해설] 단위를 주어진 허용응력의 단위 [kg/cm²]로 통일하고 작용하는 하중은 2를 곱해 환산 동하중으로 적용한다.

2 다음 엘리베이터의 전동기 용량과 제동 소요 시간을 구하시오.

정격 적재하중 : 1275 kg, 속도 : 2 m/s, 오버밸런스율 : 50 %,
종합효율 70 %, 제동거리 : 260 mm

(1) 전동기 용량(KW)를 구하시오.
(2) 제동 소요 시간(초)를 계산하시오.

정답 (1) $P = \dfrac{1275 \times 120 \times (1-0.5)}{6120 \times 0.7} = 17.857 [\text{kW}]$ 답 : 17.86

(2) 제동거리 $S = \dfrac{Vt}{2}$ 에서 제동시간 $t = \dfrac{2S}{V} = \dfrac{2 \times 0.26}{2} = 0.26$초 답 : 0.26

3 권상식 엘리베이터의 구동 도르래에서 로프의 수명과 관련이 있는 인자 3가지를 쓰시오.

정답 (1) 도르래의 직경
(2) 도르래 홈의 형상
(3) 도르래의 재질

해설 문제의 핵심은 도르래에서 로프수명과 관련 있는 요인을 물었고 로프 거는법(로핑계수), 로프 감는법(싱글랩, 더블랩), 가감속시간 등은 도르래와 직접적인 관계가 멀다.

4 다음 엘리베이터의 카 문에 관한 질문에 답하시오.

(1) 잠금 해제 구간에서 카 문을 개방하는데 필요한 힘은 (   ) N을 초과하지 않아야 한다.
(2) 카가 운행 중일 때 카 내부에 있는 사람에 의한 카 문의 개방은 (   ) N 이상의 힘이 요구되어야 하며 카가 잠금해제구간 밖에 있을 때 (   ) N의 힘으로 50 mm 이상 열리지 않아야 한다.

정답 (1) 300 (2) 50, 1000

5 다음 장애인용 엘리베이터에 관한 질문에 답하시오.

(1) 승강기 안팎에 설치되는 모든 스위치의 높이는 바닥면으로부터 (   ) m 이상, (   ) m 이하에 설치되어야 한다. 다만, 스위치 수가 많은 경우는 (   ) m 이하까지 완화될 수 있다.
(2) 출입문의 통과 유효폭은 (   ) m 이상 이어야 한다.
(3) 승강장 바닥과 승강기 박닥의 틈은 (   ) m 이하 이어야 한다.

정답 (1) 0.8, 1.2, 1.4
(2) 0.8
(3) 0.03

6 다음 빈칸에 적합한 절연 저항값을 쓰시오.

절연저항

공칭 회로 전압(V)	시험 전압/직류(V)	절연 저항(MΩ)
SELV[a] 및 PELV[b] > 100 VA	250	≥ (①)
≤ 500 FELV[c] 포함	500	≥ (②)
> 500	1000	≥ (③)

a SELV: 안전 초저압 (Safety Extra Low Voltage)
b PELV: 보호 초저압 (Protective Extra Low Voltage)
c FELV: 기능 초저압 (Functional Extra Low Voltage)

정답 ① 0.5   ② 1   ③ 1

7 엘리베이터용 전동기의 구비조건 3가지를 쓰시오.

정답
(1) 기동토크가 커야 한다.
(2) 기동전류가 작아야 한다.
(3) 회전부의 관성모멘트가 작아야 한다.
(4) 발열량이 적어야 한다.

8 승강기의 가이드 레일 설치목적 3가지를 쓰시오.

정답
(1) 카와 균형추의 승강로 내 위치규제
(2) 추락방지안전장치 작동 시 수직하중 유지
(3) 불규칙한 하중 적재 시 균형 유지

9 기계실·기계류 공간 및 풀리실의 다음 장소에 조명은 몇 lx 이상 이어야 하는가?

(1) 작업공간의 바닥 면 :
(2) 작업공간 간 이동 공간의 바닥 면

정답 (1) 200   (2) 50

10 에스컬레이터와 무빙워크의 디딤판 규격(m)을 쓰시오. (이상, 이하로 표시할 것)

(1) 폭 :
(2) 깊이 :
(3) 높이 :

정답　(1) 폭 : 0.58 m 이상 1.1 m 이하
　　　　(2) 깊이 : 0.38 m 이상
　　　　(3) 높이 : 0.24 m 이하

11 다음 엘리베이터 로프의 안전율을 계산하시오.

카자중 2850 kg, 적재하중 1000 kg, 카에 부착되는 기타 중량 : 100 kg
로프길이 100 m, 로프가닥 수 : φ12×5 가닥, 로프의 파단하중 59 kN,
로프 단위중량 : 0.494 kg/m, 2:1 로핑

정답　계산과정 : $S = \dfrac{2 \times 5 \times \dfrac{59000}{9.81}}{2850 + 1000 + 100 + 5 \times 0.494 \times 100} = 14.329$

　　　답 : 14.33

12 소방구조용 엘리베이터의 다음 질문에 대한 답을 쓰시오.

(1) 소방관 접근 지정 층에서 소방관이 조작하여 문이 닫힌 후 가장 먼 층까지 도달하는 시간은 몇 초 이내이어야 하는가? (　　　)
(2) 운행 속도는 몇 m/s 이상 이어야 하는가? (　　　)
(3) 승강 행정이 200m 이상일 때 가장 먼 층까지의 도달 시간은 운행 거리 몇 m마다 1초씩 증가될 수 있는가? (　　　)

정답　(1) 60　(2) 1　(3) 3

13 다음은 가변전압·가변주파수 제어방식 엘리베이터의 주 회로도이다. 빈칸에 적합한 명칭을 쓰시오.

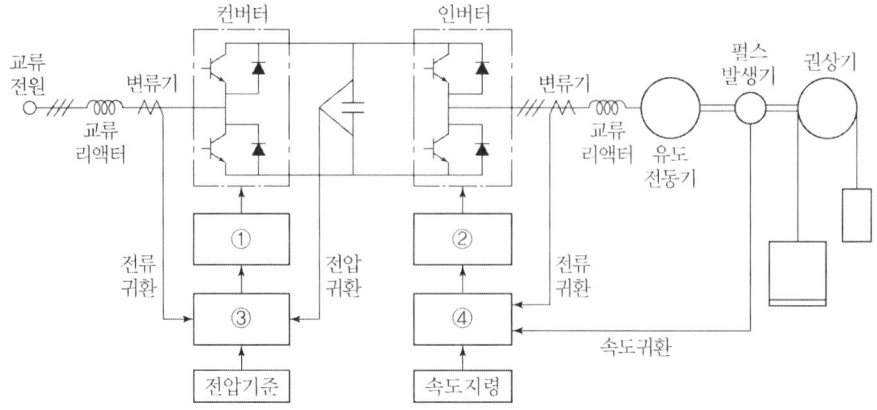

정답 ① [PWM 제어회로]   ② [PWM 제어회로]
　　　③ [컨버터 제어회로]   ④ [인버터 제어회로]

해설 회생 전력을 상용전원에 회생시키는 회생제동 방식의 회로이며 한전 측 상용전원으로 회생시키는 컨버터 제어회로도 정현파에 가까운 교류전력을 회생시켜야 하기 때문에 인버터 제어회로와 같이 PWM 방식을 적용한다.

14 카 지붕에 있어야 할 피난 공간의 자세와 크기를 모두 쓰시오.

정답 (1) 서 있는 자세 : 수평거리 0.4 m×0.5 m, 높이 2 m 이상
　　　(2) 웅크린 자세 : 수평거리 0.5 m×0.7 m, 높이 1 m 이상

15 전기식 엘리베이터의 피트 바닥에 작용하는 수직력을 구하는 공식을 쓰시오.

(1) 전 부하 상태의 카가 완충기에 작용하였을 때 수직력(N)
(2) 균형추가 완충기에 작용하였을 때 수직력(N)

정답 (1) 전 부하 상태의 카가 완충기에 작용하였을 때 수직력(N)

$$F = 4 \cdot g_n \cdot (P + Q)$$

여기서, F : 전체 수직력(N)
　　　g_n : 중력 가속도(9.81 m/s^2)
　　　P : 카 자중과 이동케이블, 보상 로프/체인 등 카에 의해 지지되는 부품의 중량(kg)
　　　Q : 정격하중(kg)

(2) 균형추가 완충기에 작용하였을 때 수직력(N)

$$F = 4 \cdot g_n \cdot (P + q \cdot Q)$$

여기서, F : 전체 수직력(N)
　　　g_n : 중력 가속도(9.81 m/s^2)
　　　P : 카 자중 및 이동케이블, 보상로프/체인 등 카에 의해 지지되는 부품의 중량(kg)
　　　Q : 정격하중(kg)
　　　q : 균형추에 의해 보상되는 밸런스율

16 다음에서 설명하는 과속조절기의 명칭을 쓰시오.

(1) 과속조절기 도르래의 속도가 빨라지면 원심력에 의해 진자가 벌어져서 과속스위치가 작동하여 전원이 차단되고 로프캐치가 조속기 로프를 잡아 추락방지안전장치를 작동시키며 저속/중속용에 적합하다.
　　　답 :

(2) 과속조절기 도르래의 회전을 베벨기어에 의해 수직축의 회전으로 변환시켜 축 상부의 링크 기구에 연결된 플라이볼에 작용하는 원심력으로 작동하여 추락방지 안전장치를 작동시키며 고속 엘리베이터에 적용한다.
답 :

정답 (1) 디스크형 과속조절기
(2) 플라이볼형 과속조절기

17 다음은 유압엘리베이터 밸브에 관한 설명이다. ( ) 안에 밸브명칭을 쓰시오.

(1) 압력을 전부하 압력의 140 %까지 제한하는 밸브 : (   )
(2) 한쪽 방향으로 만 오일이 흐르도록 하는 밸브 : (   )
(3) 점검 및 보수 시 작동유를 차단하는 밸브 : (   )

정답 (1) 안전밸브(릴리프밸브)
(2) 체크밸브(역저지밸브)
(3) 스톱밸브

18 엘리베이터 브레이크 시스템 작동 조건 2가지를 쓰시오.

정답 (1) 주동력 전원공급 차단된 경우
(2) 제어회로 전원공급 차단된 경우

19 다음 콘덴서 회로의 합성 정전 용량은 몇 (μF)인지 계산하시오.

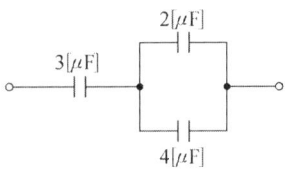

정답 계산과정 : $Q = \dfrac{3 \times 6}{3 + 6} = 2\,[\mu F]$ 답 : $2\,[\mu F]$

20 엘리베이터의 적절한 권상 능력 또는 전동기의 동력을 확보하기 위해 매다는 로프의 무게에 대한 보상 수단 관련 물음에 답하시오.

(1) 속도 3 m/s 초과 시 보상 수단 :

(2) 속도 3.5 m/s 초과 시 추가 설치 장치 :
(3) 인장장치가 없는 보상수단의 순환하는 부근에 안내봉을 설치해야 하는 속도는 몇 m/s 초과한 경우인가? :

정답
(1) 보상 로프
(2) 튀어오름 방지장치(로크다운 비상정지장치)
(3) 1.75

2023년 승강기기사 실기

2023년 1회 승강기기사 실기

1 다음 엘리베이터의 균형추의 무게와 전동기 회전수 및 운행 속도를 구하시오.

정격 적재하중 1500 kg, 카 자중 2280 kg, 오버밸런스율 50 %, 주파수 60 Hz, 전동기 극수 : 4, 권상 도르래 직경 : 720 mm, 감속비 1:45, 로핑 1:1

(1) 균형추의 무게는 몇 kg인가?
(2) 전동기 회전수는 몇 rpm인가?
(3) 엘리베이터의 운행 속도는 몇 m/s인가?

 (1) 계산식 : $W = 2280 + 1500 \times 0.5 = 3030 [\text{kg}]$ 답 : 3030[kg]

(2) 계산식 : $N = \dfrac{120 \times 60}{4} = 1800 [\text{rpm}]$ 답 : 1800[rpm]

(3) 계산식 : $V = \dfrac{\pi \times 720 \times 1800}{1000 \times 60} \times \dfrac{1}{45} = 1.507 [\text{m/s}]$ 답 : 1.51[m/s]

2 엘리베이터용 과전류 차단기 용량 선정 시 고려할 사항 2가지를 쓰시오.

정답 (1) 전동기 이외의 부하 전류의 합이 전동기 부하보다 큰 경우 모든 부하 전류의 합을 계산하여 동일하거나 큰 허용 전류를 보유한 전선을 산정하여 차단기 용량을 선정한다.
(2) 전동기를 제외한 부하전류의 합이 전동기 부하전류의 합보다 작은 경우
  ① 전동기 부하전류의 합이 50[A] 이하인 경우 전선의 허용 전류는
    전동기 부하전류의 합 × 1.25 + 전동기 제외한 부하 전류의 합으로 계산하여 적용한다.
  ② 전동기 부하전류의 합이 50A 초과 시 전선의 허용 전류는
    전동기 부하전류의 합 × 1.1 + 전동기 제외한 부하 전류의 합으로 계산하여 적용한다.

3 정격하중 3000 kg, 속도 0.75 m/s, 경사도 30°, 승입율 0.8, 효율 85%인 에스컬레이터의 전동기 용량을 구하시오

정답 계산과정 : $P = \dfrac{3000 \times 0.75 \times \sin30}{102 \times 0.85} \times 0.8 = 10.380 [\text{kW}]$

답 : $10.38[\text{kW}]$

4 엘리베이터 기계실 유지보수 시 제어반 관련 유지보수 부품 5가지를 쓰시오.

정답
(1) 주 접촉기　　(2) 릴레이 접촉기　　(3) 인버터
(4) PCB 기판　　(5) 퓨즈
(6) 점검/정상 운전 스위치와 각종 스위치류
(7) 온도 센서(기계실 팬 작동)　　(8) 트랜스포머　　(9) 제동저항

5 고층 건물에서 발생하는 연돌현상(Stack Effect)에 관한 다음 물음에 답하시오.

(1) 연돌현상에 대하여 설명하시오.
(2) 연돌현상의 문제점에 관하여 쓰시오.
(3) 연돌현상 방지대책에 관하여 쓰시오.

정답
(1) 연돌현상
　　건물의 내부와 외부 온도 차이 및 건물의 높이에 의해 발생하는 상부와 하부의 압력 차이에 의한 공기의 상승현상이 엘리베이터의 승강로를 통해 이동하며 발생하는 현상
(2) 연돌현상의 문제점
　　① 승강장 도어가 자동으로 완전히 닫히지 않음
　　② 상층부 도어 오픈 시 승강로 내부의 공기가 승강장으로 이동
　　③ 문틀(Jamb)과 문짝의 틈새를 통과하는 공기의 유동 소음 발생
　　④ 승강로 내부 상승기류와 기기의 공진현상이 발생하면 주행 소음 및 진동 발생
(3) 연돌현상 방지 대책
　　① 승강로 기계실에 공조시스템 설치
　　② 중앙개폐식 도어 적용 (측면 개폐식에 비해 틈새가 작다.)
　　③ 건물에 이중 도어 설치
　　④ 건물에 자동문 설치
　　⑤ 건물에 회전문 설치

6 다음 소방 구조용 엘리베이터에 관한 물음에 답하시오.

(1) 카 지붕에 (　　) m × (　　) m 이상의 비상구출문이 있어야 한다. 다만, 정격용량이 630 kg인 엘리베이터의 비상구출문은 0.4 m × 0.5 m 이상으로 할 수 있다.
(2) 이중천장이 설치된 경우 비상구출문에 대한 이중천장을 열기 위해 가하는 힘은 몇 N 보다 작아야 하는가?

정답 (1) 0.5 m×0.7 m
(2) 250

7 엘리베이터의 주행안내 레일의 크기를 결정하는 3가지 요소의 핵심 키워드를 채워 넣으시오.

① 추락방지안전장치 작동 시	
② 지진 발생 시	
③ 불균형한 하중 적재 시	

정답 ① 좌굴하중 ② 수평 진동력 ③ 회전모멘트

8 정격속도 1 m/s, 정격전압 380 V, 제어용 전력 1 kVA/대, 정격전류 7.4 A, 수용률 0.91인 3대의 엘리베이터용 변압기의 최소용량(kVA)을 계산하시오.

정답 계산과정 : $P = \sqrt{3} \times 380 \times (7.4 \times 3) \times 1.25 \times 0.91 \times 10^{-3} + (1 \times 3) = 19.620\,[\text{kVA}]$
답 : 19.62

해설 변압기 용량 $P = \dfrac{\text{부하설비용량[kW]} \times \text{수용률}}{\text{역률} \times \text{부등률}} \times \text{여유계수[kVA]}$

9 엘리베이터의 전자-기계 브레이크의 요구조건 2가지를 쓰시오.

정답 (1) 카가 정격속도로 정격하중의 125 %를 싣고 하강 방향으로 운행될 때 구동기를 정지시킬 수 있어야 한다.
(2) 드럼 또는 디스크 제동에 관여하는 브레이크의 모든 기계적인 부품은 2세트 이상으로 설치되어야 한다.

10 다음은 승강기의 정의에 관한 내용이다. ( )에 적당한 답을 쓰시오.

"승강기"란 (　　)이나 고정된 시설물에 설치되어 (　　　　)에 따라 사람이나 화물을 (　　　)으로 옮기는 데에 사용되는 시설로서 엘리베이터, 에스컬레이터, 휠체어리프트 등 대통령령으로 정하는 것을 말한다.

정답 (건축물) (일정한 경로) (승강장)

11 엘리베이터의 카 벽에 사용되는 평면 유리판의 두께를 쓰시오.

유리 형식	내접원 지름	
	최대 1 m	최대 2 m
	최소 두께 (mm)	최소 두께 (mm)
강화 접합유리	①	②
접합유리	③	④

정답 ① 8   ② 10   ③ 10   ④ 12

12 다음은 경사형 휠체어 리프트에 관한 설명이다. ( )안에 답을 쓰시오.

경사형 휠체어 리프트가 1인용일 경우에는 정격하중을 ( ) kg 이상으로 하고 휠체어 사용자 용일 경우 ( ) kg 이상으로 설계한다.
탑재 하중이 결정되지 않은 경우(예를 들면 공공건물), 휠체어용 경사형 휠체어리프트는 정격하중을 ( ) kg 이상으로 한다. 최대 정격하중은 ( ) kg 이다.

정답 (115), (150), (225), (350)

13 다음은 에스컬레이터 또는 무빙워크에 관한 설명이다. ( )안에 답을 쓰시오.

트레드 표면에서 측정된 이용 가능한 모든 위치의 연속되는 2개의 스텝 또는 팔레트 사이의 틈새는 ( ) 이하이어야 한다.
에스컬레이터 또는 무빙워크의 스커트가 디딤판 측면에 위치한 경우 수평틈새는 각 측면에서 ( ) 이하이어야 하고, 정확히 반대되는 두 지점의 양 측면에서 측정된 틈새의 합은 ( ) 이하이어야 한다.

정답 (6), (4), (7)

14 다음은 가변전압 가변주파수 제어회로이다. ① ~ ④의 명칭을 쓰시오.

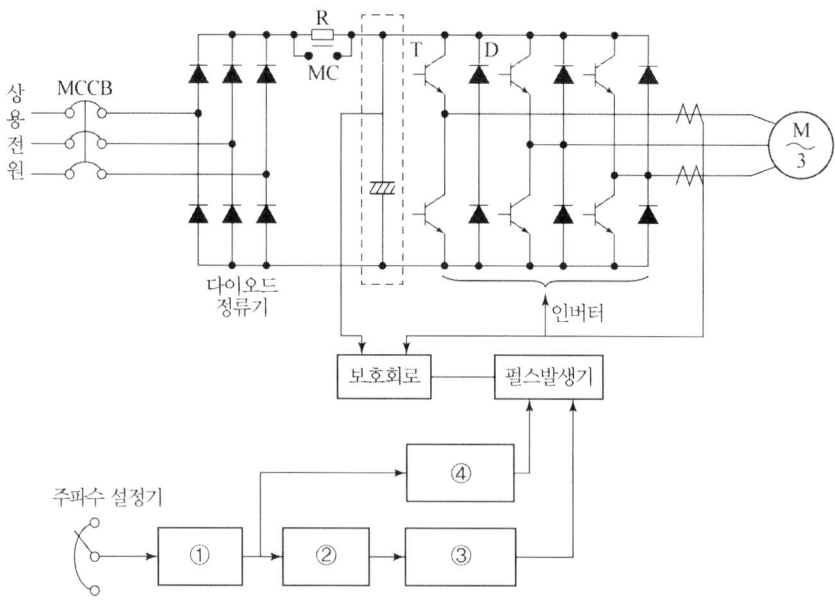

정답 ① 가감속 조절기 ② v/f 변환기 ③ 신호분배기 ④ PWM 변조회로

15 기계실·기계류 공간 및 풀리실의 다음 장소에 조명은 몇 lx 이상 이어야 하는가?

(1) 작업공간의 바닥 면 :
(2) 작업공간 간 이동 공간의 바닥 면 :

정답 (1) 200 (2) 50

16 에스컬레이터와 무빙워크의 디딤판 규격(m)을 쓰시오. (이상, 이하로 표시할 것)

(1) 폭 :
(2) 깊이 :
(3) 높이 :

정답 (1) 폭 : 0.58 m 이상 1.1 m 이하
(2) 깊이 : 0.38 m 이상
(3) 높이 : 0.24 m 이하

17 정격 전압 250 V, 전류 30 A, 주파수 60 Hz인 3상 유도전동기 출력이 11 kW일 때 역률(%)을 구하시오.

정답 계산과정 : $\cos\theta = \dfrac{11 \times 10^3}{\sqrt{3} \times 250 \times 30} \times 100 = 84.678[\%]$

답 : 84.68[%]

18 다음 유압회로의 명칭을 쓰시오.

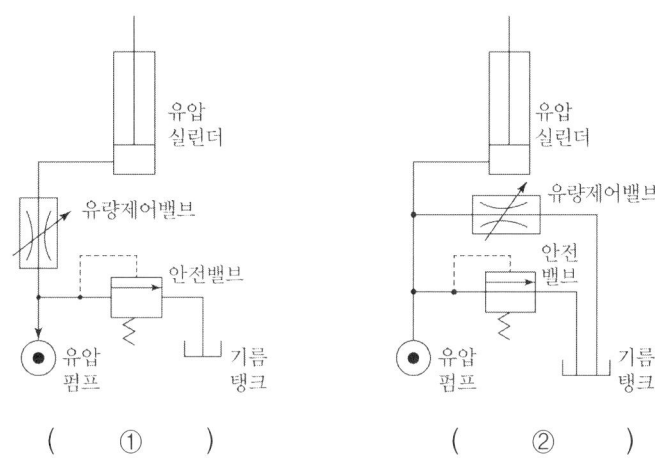

(①)   (②)

정답 ① 미터인회로   ② 블리드오프 회로

해설 (1) 미터인 회로
① 펌프에서 토출된 작동유를 실린더에 보낼 때 주회로 파이프에 유량제어 밸브를 삽입하여 유량을 제어하는 회로
② 정확한 속도제어 가능하다.
③ 기동 시 쇼크 발생
(2) 블리드오프 회로
① 펌프에서 토출된 작동유를 실린더에 보낼 때 유량제어밸브를 분기된 바이패스(By pass) 회로에 삽입하여 유량을 제어하는 회로
② 효율과 착상정도가 높다.
③ 기동쇼크가 적다.
④ 정확한 속도제어가 어렵다.

19 소방구조용 엘리베이터의 전기장치의 물에 대한 보호등급을 쓰시오.

(1) 승강장문을 포함하는 최상층 승강장 아래 승강로 벽으로부터 1 m 이내에 위치한 승강로 내부의 전기기기, 카 지붕 및 카 벽면의 외부를 둘러싼 전기설비 :
(2) 승강장문을 포함하는 최상층 승강장 아래 승강로 벽으로부터 1 m 이상 떨어진 승강로 내부의 전기장치 :
(3) 피트 바닥 위로 1 m 이내에 위치한 전기장치 :
(4) 카 지붕 및 카 외벽 내의 전기설비 :

정답 (1) IP X3 (2) IP X1 (3) IP 67 (4) IP X3

20 카 자중 3500 kg, 정격하중 2000 kg, 승강행정 60 m, 로프 6본, 균형추의 오버밸런스율이 40 %일 때 전부하시 카가 최상층에 있는 경우 트랙션 비를 계산하시오.
(단, 로프는 1.2 kg/m 이고, 보상율이 90 %가 되는 균형 체인을 설치한다.)

정답 계산과정 : 전부하 시 카가 최상층에 있는 경우

$$T = \frac{\text{카자중} + \text{정격하중} + \text{균형체인 무게}}{\text{균형추 무게} + \text{로프 무게}}$$

$$= \frac{3500 + 2000 + (1.2 \times 60 \times 6 \times 0.9)}{3500 + 2000 \times 0.4 + (1.2 \times 60 \times 6)} = 1.244$$

답 : 1.24

해설 트랙션 비는 카가 무부하 시 최상층에 있는 경우와 전부하시 최하층에 있는 경우가 가장 나쁜 상태이기 때문에 일반적으로 계산하여 적용하지만 문제의 조건에 맞도록 계산해야 한다.

※ 전부하의 카가 최하층에 있는 경우

$$T = \frac{\text{카자중} + \text{정격하중} + \text{로프무게}}{\text{균형추 무게} + \text{균형체인 무게}}$$

$$= \frac{3500 + 2000 + 1.2 \times 60 \times 6}{3500 + 2000 \times 0.4 + (1.2 \times 60 \times 6 \times 0.9)} = 1.265$$

답 : 1.27

2023년 2회 승강기기사 실기

1 정격하중 4780 kg, 속도 0.5 m/s, 경사도 30°, 승입율 0.8, 효율 75 %인 에스컬레이터의 전동기 용량을 구하시오.

정답 계산과정 : $P = \dfrac{4780 \times 0.5 \times \sin 30}{102 \times 0.75} \times 0.8 = 12.496 [\text{kW}]$

답 : $12.5 [\text{kW}]$

2 아래 그림은 엘리베이터의 카가 상승 시 개문 출발이 감지된 경우를 나타내었다. 이 장치는 다음과 같은 거리에서 카를 정지시켜야 한다. (   )안에 정답을 쓰시오.

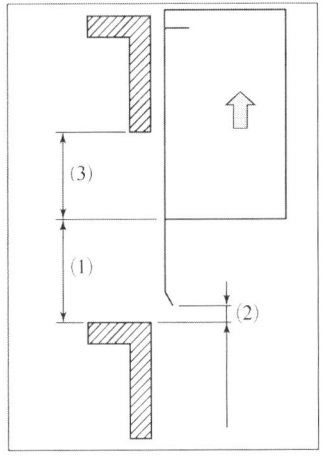

(1) 개문 출발이 감지되는 경우 승강장으로부터 (   ) m 이하
(2) 승강장 문턱과 카 에프런의 가장 낮은 부분 수직거리 (   ) m 이하
(3) 카 문턱에서 승강장문 상부 인방 까지의 수직거리 (   ) m 이상

정답 (1) 1.2 (2) 0.2 (3) 1

3 다음 엘리베이터의 권상기 브레이크에 관한 물음에 답하시오.

전동기 출력 12 kW, 전동기 회전수 1460 rpm, 카 속도 90 m/min, 정지거리 0.25 m, 부하계수 1.5, 브레이크 드럼 직경 300 mm, 마찰계수 0.35 브레이크슈 2개

(1) 제동시간은 몇 초인가?
(2) 제동토크는 몇 N·m인가?
(3) 브레이크 반력은 몇 N인가?

정답 (1) 제동시간 $t = \dfrac{2S}{V} = \dfrac{2 \times 0.25}{\dfrac{90}{60}} = 0.333[s]$ 답 : 0.33

(2) 제동토크 $T_d = \dfrac{P}{\omega} \times$ 부하계수 $= \dfrac{12 \times 10^3}{2\pi \times \dfrac{1460}{60}} \times 1.5 = 117.731[\text{N·m}]$

답 : $117.73[\text{N·m}]$

(3) $P_n = \dfrac{2 \times T_d}{\mu \times D \times N} = \dfrac{2 \times 117.73}{0.35 \times 0.3 \times 2} = 1121.238[\text{N}]$ 답 : $1121.24[\text{N}]$

4 카 자중 3000 kgf, 적재 하중 2000 kgf일 때 스프링 완충기의 전단응력은 몇 MPa인가? (단, 응력 계수 1.3, 스프링의 직경(D) 170 mm, 소선의 직경(d) 35 mm 이다.)

정답 계산과정 : $\tau = \dfrac{8PD}{\pi d^3} \times$ 응력계수

$= \dfrac{8 \times 2(3000 + 2000) \times 9.81 \times 170 \times 10^{-3}}{\pi (35 \times 10^{-3})^3} \times 1.3 \times 10^{-6}$

$= 1287.648[\text{MPa}]$

답 : $1287.65[\text{MPa}]$

해설 완충기에 작용하는 하중은 환산 동하중이 작용하므로 정하중의 2배를 적용하고 Pa = N/m² 이므로 하중 kgf에 중력가속도 9.81를 곱하며 단위를 N으로 환산하고 길이의 단위도 m로 환산하여 공식에 대입한다.

5 에스컬레이터와 무빙워크의 디딤판 규격(m)을 쓰시오. (이상, 이하로 표시할 것)

(1) 폭 :
(2) 깊이 :
(3) 높이 :

정답 (1) 폭 : 0.58 m 이상 1.1 m 이하
(2) 깊이 : 0.38 m 이상
(3) 높이 : 0.24 m 이하

6 다음 무접점 논리회로에 대한 물음에 답하시오.

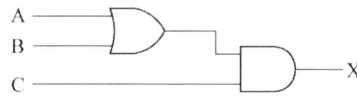

(1) 유접점 회로로 표시하시오.
(2) 논리식을 쓰시오.

정답 (1)

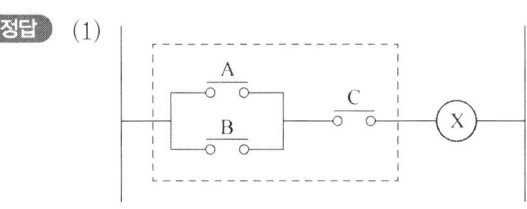

(2) X = (A + B) · C

7 인버터제어 엘리베이터 설치 시 고조파 저감대책 3가지를 쓰시오.

정답 (1) 고조파 필터를 설치한다.
(2) 동력선과 제어용 약전 기기의 전선을 이격시킨다.
(3) 동력선과 제어용 약전 기기의 배관을 별도로 한다.
(4) 동력선과 제어용 약전 기기의 접지를 분리시킨다.
(5) 리액터를 설치한다.

8 다음은 빈칸에 적합한 절연저항 값을 쓰시오.

공칭 회로 전압(V)	시험 전압/직류(V)	절연 저항(MΩ)
SELV[a] 및 PELV[b] > 100 VA	250	≥ (①)
≤ 500 FELV[c] 포함	500	≥ (②)
> 500	1000	≥ (③)

a SELV: 안전 초저압 (Safety Extra Low Voltage)
b PELV: 보호 초저압 (Protective Extra Low Voltage)
c FELV: 기능 초저압 (Functional Extra Low Voltage)

정답 ① 0.5 ② 1 ③ 1

9 기계식 주차장치 종류 3가지를 쓰시오.

정답 (1) 승강기식
(2) 승강기 슬라이드식
(3) 수직순환식
(4) 수평순환식
(5) 평면왕복식

10 다음 엘리베이터의 속도에 필요한 전동기 회전수(rpm)를 구하시오.

카 속도 1.5 m/s, 권상기 감속비 2:79, 주도르레 지름 650 mm, 로핑방식 1 : 1

정답 계산과정 : $V = \dfrac{\pi DN}{1000} \times i$ 에서 $N[\text{rpm}] = \dfrac{V(\text{m/min}) \times 1000}{\pi \times D(\text{mm}) \times i}$

$\therefore N = \dfrac{1.5 \times 60 \times 1000}{\pi \times 650 \times \dfrac{2}{79}} = 1740.910[\text{rpm}]$

답 : 1740.91

11 다음 전기식엘리베이터의 피트 바닥에 작용하는 전체 수직력(N)을 구하시오.

엘리베이터 정격속도 1 m/s,
카 자중 및 카에 의해 지지되는 부품의 중량 1000 kg
적재하중 1000 kg (단, 중력가속도 $g_n = 9.81$ m/s^2)

정답 계산과정 : $F = 4 \cdot g_n(P+Q) = 4 \times 9.81 \times (1000+1000) = 78480[\text{N}]$

답 : 78480

12 소방구조용 엘리베이터의 전기장치의 물에 대한 보호등급을 쓰시오.

(1) 승강장문을 포함하는 최상층 승강장 아래 승강로 벽으로부터 1m 이내에 위치한 승강로 내부의 전기기기, 카 지붕 및 카 벽면의 외부를 둘러싼 전기설비 :
(2) 승강장문을 포함하는 최상층 승강장 아래 승강로 벽으로부터 1 m 이상 떨어진 승강로 내부의 전기장치 :
(3) 피트 바닥 위로 1m 이내에 위치한 전기장치 :
(4) 카 지붕 및 카 외벽 내의 전기설비 :

정답 (1) IP X3 (2) IP X1 (3) IP 67 (4) IP X3

13 다음 장애인용 엘리베이터에관한 물음에 답하시오.

(1) 승강기의 전면에는 (　)m × (　) m 이상의 활동공간이 확보되어야 한다.
(2) 승강장바닥과 승강기바닥의 틈은 (　) m 이하이어야 한다.
(3) 승강기 내부의 유효바닥면적은 폭 (　) m 이상, 깊이 (　) m 이상이어야 한다.

정답 (1) (1.4) × (1.4)
(2) 0.03
(3) 1.6, 1.35

14 다음 엘리베이터의 과속조절기 로프에 관한 설명에 빈칸을 채우시오.

(1) 과속조절기 로프의 최소 파단 하중은 권상 형식 과속조절기의 마찰 계수 μmax (　　) 를 고려하여 과속조절기가 작동될 때 로프에 발생하는 인장력에 (　　) 이상의 안전율을 가져야 한다.

(2) 과속조절기의 도르래 피치 직경과 과속조절기 로프의 공칭 직경 사이의 비는 (　　) 이상이어야 한다.

정답 (1) 0.2, 8
(2) 30

15 다음 유압식 엘리베이터의 회로도를 보고 물음에 답하시오.

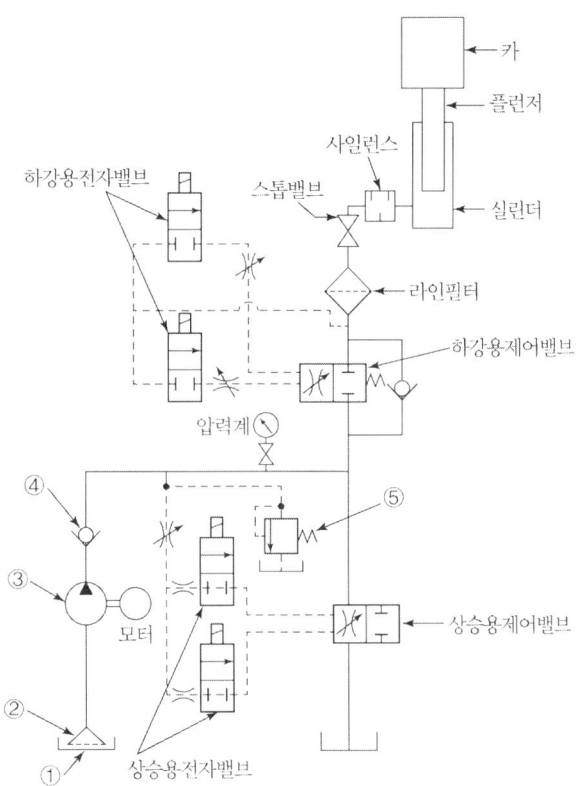

(1) 부품의 기호 번호 ①, ②, ③, ④, ⑤의 명칭을 쓰시오.
(2) 부품 기호 ⑤번의 기능을 설명하시오.

정답 (1) ① 탱크　② 스트레이너　③ 펌프
④ 역지지밸브(체크밸브)　⑤ 안전밸브(릴리프밸브)
(2) 압력배관 내부의 압력이 과도하게 상승하는 것을 방지하는 밸브로 작동압력이 상용압력의 140 %를 초과하지 않도록 하는 안전밸브

16 엘리베이터의 추락방지안전장치가 작동시 정지력과 정지거리의 관계를 그래프로 작성하시오.

(1) 점차작동형(FGC)   (2) 점차작동형(FWC)   (3) 즉시작동형

정답

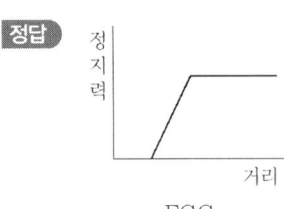
FGC

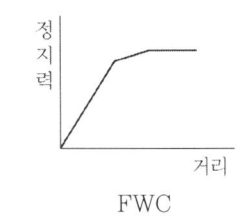
FWC

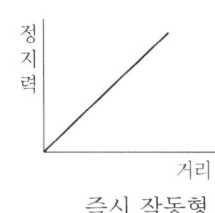
즉시 작동형

17 엘리베이터의 T형 주행안내레일의 최대 허용 휨에 관하여 답하시오.

(1) σ_{perm} = 추락방지안전장치가 작동하는 카, 균형추 또는 평형추의 주행안내 레일 : 양방향으로 (　) mm
(2) σ_{perm} = 추락방지안전장치가 없는 균형추 또는 평형추의 주행안내 레일 : 양방향으로 (　) mm

정답 (1) 5   (2) 10

18 적재중량 1200 kg, 카 자중 2600 kg, 로프 한 가닥의 파단하중 60 kN, 가닥 수 5, 로프 자중 250 kg, 균형도르래 중량 500 kg인 엘리베이터의 로핑방식이 2:1 싱글 랩로핑 일 때 로프의 안전율을 구하시오. (단, 안전율 산정 시 균형도르래 중량은 1/2을 적용한다.)

정답 계산과정 : $S = \dfrac{2 \times 60 \times 10^3 \div 9.81 \times 5}{(1200 + 2600 + 250 + 250)} = 14.223$

답 : 14.22

19 다음 엘리베이터의 승강장문 또는 카문에 관한 물음에 빈칸을 채우시오.

(1) 승강장문 또는 카문과 문에 견고하게 연결된 기계적인 부품들의 운동에너지는 평균 닫힘 속도로 계산되거나 측정했을 때 (　) J 이하이어야 한다.
(2) 문이 닫히는 것을 막는데 필요한 힘은 문이 닫히기 시작하는 1/3 구간을 제외하고 (　) N을 초과하지 않아야 한다.

정답 (1) 10   (2) 150

20 다음 와이어로프의 종류를 보고 물음에 답하시오.

A종, B종, C종, D종, E종, B종

(1) 파단강도가 제일 낮은 로프 :
(2) 파단강도가 제일 높은 로프 :

정답 (1) E　　(2) D

2023년 4회 승강기기사 실기

1 다음은 엘리베이터의 자동 동력 작동식 문에 관한 설명이다. (　)에 맞는 답을 쓰시오.

(1) 승강장문 또는 카문과 문에 견고하게 연결된 기계적인 부품들의 운동에너지는 평균 닫힘 속도로 계산되거나 측정했을 때 (　) J 이하이어야 하며 수평 개폐식 문의 평균 닫힘 속도는 다음 구분에 따른 구간을 제외하고 문의 전체 작동구간에 걸쳐 계산된다.
　① 중앙 개폐식 문: 각 작동구간의 끝에서 25 mm
　② 측면 개폐식 문: 각 작동구간의 끝에서 (　) mm
(2) 문이 닫히는 것을 막는데 필요한 힘은 문이 닫히기 시작하는 1/3 구간을 제외하고 (　) N을 초과하지 않아야 한다.
(3) 어린이의 손이 틈새에 끼이거나 말려 들어가는 위험을 방지하기 위해 문턱 위로 최소 1.6 m까지의 문짝 간 틈새 또는 문짝과 문틀 사이의 틈새는 (　) mm 이하 유리문은 (　) mm 이하이어야 한다.

정답 (1) 10, 50　　(2) 150　　(3) 5, 4

2 다음 승강장문 잠금장치(인터록)의 주요 구성품을 쓰시오.

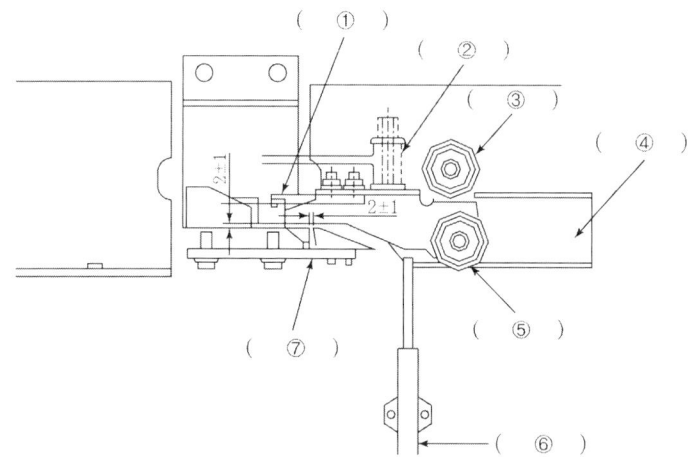

정답 ① 가동접점 ② 스프링 ③ 개방롤러 ④ 인터록(기계적 잠금장치)
　　　 ⑤ 구동 롤러 ⑥ 풀림봉 ⑦ 래치

3 다음 비상통화장치의 구비조건에 관한 물음에 답하시오.

(1) 카 내 비상통화장치 스피커의 출력은 몇 W 이상이어야 하는가? (　　)
(2) 음량 범위 : (　　)dB 이상 (　　)dB 이하
(3) 비상통화장치가 작동 시 절연저항은 몇 MΩ 이상 이어야 하는가? (　　)

정답 (1) 0.25　(2) 35, 65　(3) 0.3

해설 비상통화장치의 절연저항은 스위치 또는 회로를 off하고, 전원을 떼어낸 상태에서 측정한 전원입력 단자 사이의 절연저항은 2 MΩ 이상, 충전부와 단락될 우려가 있는 비 충전 금속부 사이의 내습 절연저항은 0.3 MΩ 이상이어야 한다.
※ 작동 시 : 내습 절연저항

4 적재하중 750 kg, 카실 및 바닥 무게 260 kg인 엘리베이터의 카에 직경 12 mm의 브레이스로드 4개를 60° 각도로 설치한 경우 다음 물음에 답하시오.

(1) 브레이스로드 1개에 가해지는 인장하중(N)을 구하시오.
(2) 브레이스로드 1개에 가해지는 인장응력(MPa)를 구하시오.

정답 (1) $T = \dfrac{\dfrac{P}{4}}{\sin\theta} = \dfrac{750+260}{4 \times \sin 60} \times 9.81 = 2860.222[N]$

답 : 2860.22

(2) $\sigma = \dfrac{P}{A} = \dfrac{2860.22}{\pi \times (\dfrac{12}{2} \times 10^{-3})^2} \times 10^{-6} = 25.289 [\text{Mpa}]$

답 : 25.29

5 엘리베이터 전동기 용량 15 kW, 기계실 온도 38 ℃, 외기온도 24 ℃의 조건에서 1행정당 구동시간 22초, 시간당 구동횟수 42회일 때 다음 물음에 답하시오.
(단, 공기비열은 0.29 kcal/m³·℃ 임)

(1) 기계실의 발열 에너지는 몇 (kJ/h) 인가?
(2) 기계실 환기량(m³/h)을 구하시오.

정답 (1) $P = \dfrac{15 \times 22 \times 42 \times 3600}{3600} = 13860 [\text{kJ/h}]$ 답 : 13860[kJ/h]

(2) 발열량 $Q = 0.24 \times 13860 [\text{kJ/h}] = 3326.4 [\text{kcal/h}]$

환기량 $G = \dfrac{3326.4}{0.29 \times (38 - 24)} = 819.310 [\text{m}^3/\text{h}]$ 답 : 819.31

6 권상식 엘리베이터의 트랙션비를 개선하기 위한 로프와 주 도르래의 대책을 2가지 쓰시오.

정답 (1) 로프의 무게를 줄인다. (로프의 가닥수를 줄인다.)
(2) 도르래의 무게를 줄인다. (카 무게를 줄이는 효과)
(3) 이동케이블의 본 수를 줄인다.

해설 트랙션비는 카 측 로프의 장력과 균형추 측 로프의 장력의 비를 말하며 개선 대책 : 보상로프 설치한다. 카 무게를 줄인다. 로프 무게를 줄인다. 이동케이블의 무게를 줄인다.
※ 권부각을 크게 하거나 가감속도를 작게 하면 슬립은 감소 하지만 트랙션 비와는 직접적인 관계가 적다.

7 적재하중 1000 kgf, 카 자중 2350 kgf, 전동기의 극수 4극, 주파수 60 Hz, 권상기 도르래 직경 480 mm, 감속비 1:45, 전동기 효율 90 %, 오버밸런스율 40 %일 때 다음 물음에 답하시오.

(1) 전동기 회전수(rpm)를 구하시오.
(2) 엘리베이터 속도(m/min)를 구하시오.

정답 (1) $N = \dfrac{120 \times 60}{4} = 1800 [\text{rpm}]$ 답 : 1800[rpm]

(2) $V = \dfrac{\pi \times 480 \times 1800}{1000} \times \dfrac{1}{45} = 60.318 [\text{m/min}]$ 답 : 60.32[m/min]

8 엘리베이터의 주행안내 레일 사용 목적 3가지를 쓰시오.

정답
① 위치규제
② 수직하중 지탱
③ 균형 유지

9 엘리베이터의 카 벽에 사용되는 평면 유리판의 두께를 쓰시오.

유리 형식	내접원 지름	
	최대 1 m	최대 2 m
	최소 두께 (mm)	최소 두께 (mm)
강화 접합유리	①	②
접합유리	③	④

정답 ① 8 ② 10 ③ 10 ④ 12

10 이 엘리베이터는 드럼과 로프 또는 스프로켓과 체인에 의해 직접구동(마찰과 관계없이)되는 엘리베이터이다. 이 엘리베이터의 단점 3가지를 쓰시오.

정답
① 승강 행정과 속도에 한계가 있다.
② 전동기 용량 (소요 동력)이 크다
③ 지나치게 풀리거나 감길 위험이 있다.(과 주행 우려)

해설 포지티브 구동방식(권동식)의 엘리베이터로 균형추가 없어 승강로 소요 면적이 적어 소형 화물용 엘리베이터와 주택용 엘리베이터에 사용되며 속도는 0.63 m/s 이하이다.

11 다음은 웜기어와 헬리컬기어를 비교한 것 이다. (가)와 (나)에 기어의 명칭을 쓰시오.

항목 \ 방식	(가)	(나)
효 율	낮다	높아
소 음	작다	크다
역구동	어렵다	쉽다

정답 (가) 웜기어
(나) 헬리컬기어

12 동력 전원의 상이 바뀌거나 결상되는 것을 감지하는 계전기의 명칭을 쓰시오.

정답 역결상계전기

13 수직 층고 4.8 m, 시간당 8200명을 수송하는 에스컬레이터의 소요 동력은 몇 kW인지 구하시오. (단, 75 kg/명, 효율은 60 %, 마찰 계수는 0.07이다.)

정답 정격하중 $G = 270 \times 1 \times \dfrac{4.8}{\tan 30} = 2244.74 [\text{kg}]$

$$P = \dfrac{2244.74 \times 45 \times (\sin 30 + 0.07 \times \cos 30)}{6120 \times 0.6} = 15.422 [\text{kW}]$$

답 : 15.42[kW]

해설 (1) 에스컬레이터의 전동기 용량 공식은 $P = \dfrac{G(\text{kg}) \times V(\text{m/min}) \sin\theta}{6120 \, \eta} \times \beta [\text{kW}]$이며 주어진 조건 "수송 능력 시간당 8200명"에서 속도 0.75 m/s, 디딤판 폭 1 m, 경사각은 속도가 0.5 m/s를 초과하므로 30°를 적용하고 마찰 계수를 적용하여

$$P = \dfrac{G(\text{kg}) \times V(\text{m/min}) \times (\sin\theta + \mu\cos\theta)}{6120 \, \eta} \times \beta [\text{kW}]$$ 계산한다.

14 카 자중 3500 kg, 정격하중 2000 kg, 승강행정 60 m, 로프 6본, 균형추의 오버밸런스율이 40% 일 때 전부하시 카가 최상층에 있는 경우 트랙션비를 계산하시오.
(단, 로프는 1.2 kg/m이고, 보상율이 90 %가 되는 균형 체인을 설치한다.)

정답 계산과정 : $T = \dfrac{\text{카자중} + \text{정격하중} + \text{균형체인 무게}}{\text{균형추} + \text{로프}}$

$= \dfrac{3500 + 2000 + (1.2 \times 60 \times 6 \times 0.9)}{3500 + 2000 \times 0.4 + (1.2 \times 60 \times 6)}$

$= 1.244$

답 : 1.24

해설 ※ 전부하의 카가 최하층에 있는경우

$T = \dfrac{\text{카자중} + \text{정격하중} + \text{로프무게}}{\text{균형추 무게} + \text{균형체인 무게}}$

$= \dfrac{3500 + 2000 + 1.2 \times 60 \times 6}{3500 + 2000 \times 0.4 + (1.2 \times 60 \times 6 \times 0.9)}$

$= 1.265$

답 : 1.27

15 다음 유도전동기의 속도-토크 곡선의 (1), (2)의 토크명칭을 쓰시오.

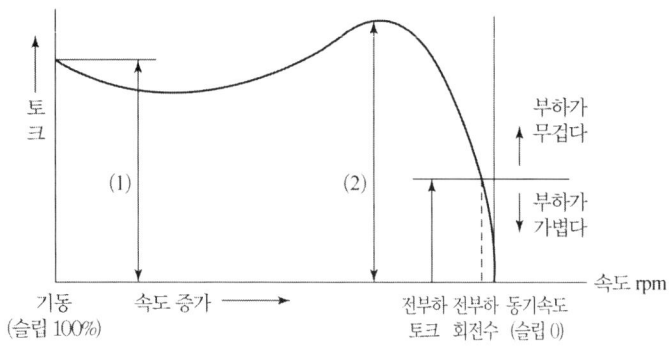

정답 (1) 기동토크   (2) 정동토크

16 엘리베이터 피트의 피난 공간에 대하여 빈칸을 채우시오.

[피트의 피난공간 크기]

유형	자세	그림	피난공간 크기	
			수평 거리(m×m)	높이(m)
1	서 있는 자세		(1)	(2)
2	웅크린 자세		(3)	(4)
3	누운 자세		(5)	(6)

[기호 설명] ① 검은색 ② 노란색 ③ 검은색

정답 (1) 0.4×0.5
(2) 2
(3) 0.5×0.7
(4) 1
(5) 0.7×1
(6) 0.5

17 전기식 엘리베이터와 주택용 엘리베이터의 권상기 도르래의 직경에 관한 물음에 답을 쓰시오.

(1) 일반용 엘리베이터의 도르래 직경은 로프 직경의 몇 배 이상이어야 하는가?
(2) 주택용 엘리베이터의 도르래 직경은 로프 직경의 몇 배 이상이어야 하는가?

정답 (1) 40
(2) 30

18 다음 매다는 장치의 안전율에 관하여 답하시오.

(1) 3가닥 7 mm 로프로 구동되는 권상구동 엘리베이터 : (　) 이상
(2) 체인에 의해 구동되는 엘리베이터 (　) 이상

정답 (1) 16
(2) 10

19 다음과 같은 조건일 때 권상기 도르래의 직경(mm)을 구하시오.

로핑은 1 : 1, 정격속도 90 m/min, 주파수 60 Hz, 극수 4, 슬립 3 %, 감속비 2 : 79

정답 계산과정 : 전동기의 회전수 $N = \dfrac{120f}{P}(1-S) = \dfrac{120 \times 60}{4} \times (1-0.03) = 1746 \text{[rpm]}$

카 속도 $V = \dfrac{\pi DN}{1000} i = \dfrac{\pi \times D \times N}{1000} \times \dfrac{2}{79}$ 에서

권상기 도르래 직경 $D = \dfrac{1000\,V}{\pi N i} = \dfrac{1000 \times 90}{\pi \times 1746} \times \dfrac{79}{2} = 648.105 \text{[mm]}$

답 : 648.11[mm]

20 엘리베이터 권상기의 전자-기계 브레이크는 카가 정격속도로 정격하중의 (　)%를 싣고 하강 방향으로 운행될 때 안전하게 정지시킬 수 있어야 하고 브레이크의 최저 작동전압은 정격전압의 (　)% 이하이어야 하고 최고 여자전압은 정격전압의 (　)% 이하이어야 한다.

정답 (125) (80) (55)

2023년 4회 승강기산업기사 실기

1 직류발전기의 전기자반작용에 의해 발생하는 부작용과 해결방안을 설명하시오.

정답 (1) 주자속 감소로 유기기전력 감소 : 보상권선 설치
※ 전동기는 토크감소 속도 증가
(2) 전기적 중성축이 회전 방향으로 이동(편자 작용) : 회전 방향 앞쪽에 주 자극과 같은 극의 보극 설치
※ 전동기는 회전 방향 뒤쪽에 주 자극과 같은 극
(3) 정류불량에 의한 불꽃 발생 : 브러시 이동
※ 전기자 반작용
직류기에서 전기자 전류에 의해서 발생하는 자속이 주계자 자속에 미치는 반작용

2 엘리베이터 과속조절기의 작동에 관한 다음 물음에 답하시오.
추락방지안전장치의 작동을 위한 과속조절기는 정격속도의 115% 이상의 속도 및 다음 구분에 따른 어느 하나에 해당하는 속도 미만에서 작동되어야 한다.

(1) 캡티브 롤러 형을 제외한 즉시 작동형 추락방지안전장치: (   ) m/s
(2) 캡티브 롤러 형의 추락방지안전장치: (   ) m/s
(3) 정격속도 1 m/s 이하에 사용되는 점차 작동형 추락방지안전장치: (   ) m/s
(4) 정격속도 1 m/s 초과에 사용되는 점차 작동형 추락방지안전장치 : (   ) m/s

정답 (1) 0.8 (2) 1 (3) 1.5
(4) $1.25 \cdot V + \dfrac{0.25}{V}$

3 전동기의 정동토크에 대하여 설명하시오.

정답 전동기의 최대 토크로 최대 토크 이상의 부하가 걸리면 정지한다.

4 다음 조건의 에스컬레이터 전동기 용량(kW)을 계산하시오.

정격하중 3000 kg, 속도 0.75 m/s, 경사각 25°, 승입율 80 %, 총 효율 85 %

정답 계산과정 : $P = \dfrac{3000 \times 0.75 \times \sin 25°}{102 \times 0.85} \times 0.8 = 8.774$ kW

답 : 8.77

5 엘리베이터의 피트 바닥은 전 부하 상태의 카가 완충기에 작용하였을 때 카 완충기 지지대 아래에 부과되는 정하중의 (　)배를 지지할 수 있어야 하고 피트의 기초는 (　) N/m² 이상의 부하가 걸리는 것으로 설계되어야 한다.

> **정답** 4, 5000

6 엘리베이터의 로프 매듭법의 종류 3가지를 쓰시오.

> **정답** (1) 자체 조임 쐐기형 소켓
> (2) 압착링 매듭법
> (3) 주물 단말처리

7 승강기 부품의 품질보증 기간은 판매 후 몇 년 동안인가?

> **정답** 3년

8 에스컬레이터의 정밀 안전검사사 항목 5가지를 쓰시오.

> **정답** (1) 제어반(열화상태)
> (2) 전동기(운전 및 절연상태)
> (3) 브레이크(제동력 및 감속도)
> (4) 보조브레이크(제동력 및 감속도)
> (5) 핸드레일(디딤판과의 공차속도 및 장력상태)

9 다음은 소방구조용 엘리베이터의 표지판이다. 빈칸을 채우시오.

구 분		기 준
색상	바탕	(　　)
	그림	(　　)
크기	카 조작 반	20 mm × 20 mm
	승강장	100 mm × 100 mm

> **정답** 적색, 흰색

10 엘리베이터용 전동기의 구비조건 3가지를 쓰시오.

> **정답** (1) 기동토크가 커야 한다.
> (2) 기동 전류가 작아야 한다.
> (3) 회전 부분의 관성모멘트가 작아야 한다.

11 전기식(권상식) 엘리베이터에 비교하여 유압식 엘리베이터의 장점 3가지를 쓰시오.

> **정답** (1) 기계실의 위치가 자유롭다.
> (2) 건물의 상부에 하중이 걸리지 않는다.
> (3) 승강로 상부 틈새가 작아도 된다.

12 엘리베이터가 어떤 이유로 인해 잠금 해제구간에 잠금해제구간에서 정지한다면 손으로 승장장문 및 카문을 여는데 필요한 힘은 몇 N을 초과하지 않아야 하는가?

> **정답** 300 N

13 카 내부에 있는 사람에 의한 카문의 개방을 제한하기 위하여 카가 잠금해제구간 밖에 있을 때 몇 N의 힘으로 50mm 이상 열리지 않아야 하는가?

> **정답** 1000 N

14 적재하중 1150kgf, 정격속도 3.5m/s, 오버밸런스율 0.45, 전체 효율 86%인 엘리베이터용 모터 용량은 몇 [kW] 인가?

> **정답** 계산과정 : $P = \dfrac{1150 \times 3.5 \times 60 \times (1-0.45)}{6120 \times 0.86} = 25.236$
> 답 : 25.24[kW]

15 카 자중 1450 kg, 정격 적재하중 900 kg인 오버밸런스률 45 %인 엘리베이터의 균형추 무게는 몇 kg 인가?

> **정답** 계산과정 : $W = 1450 + 900 \times 0.45 = 1855$ kg
> 답 : 1855 kg

16 엘리베이터의 피트 출입문의 크기는 폭 (0.7)m, 높이 (1.8)m 이상 이어야 한다.

정답 0.7, 1.8

17 다음 엘리베이터 피트의 피난 공간의 크기에 관한 물음에 답하시오.

유 형	수평거리(m × m)	높이 (m)
서 있는 자세	0.4 × 0.5	2
웅크린 자세	0.5 × 0.7	1

정답

18 정격속도 1 m/s, 정격전압 380 V, 제어용전력 1.2 kVA/대, 정격전류 31 A, 수용률 0.91 인 2대의 엘리베이터용 변압기의 최소 용량은 몇 kVA 인가?

정답 계산과정 : $P = \sqrt{3} \times 380 \times (31 \times 2) \times 1.1 \times 0.91 \times 10^{-3} + (1.2 \times 2) = 43.247$
답 : 43.25

19 다음은 도르래와 로프를 사용한 권상 구동방식의 엘리베이터를 나타낸 것이다. 로프의 감 긴각이 120°이고 도르래와 로프의 마찰계수가 0.2일 때 트랙션 비를 구하시오.
단, 보조 도르래의 영향은 고려하지 않는다.

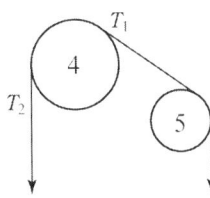

정답 계산과정 : 트랙션비 $\frac{T_1}{T_2} = e^{f \cdot \alpha} = e^{\frac{2}{3}\pi \times 0.2} = 1.520$
답 : 1.52

20 도르래나 풀리에서 로프의 이탈을 막는 중간 고정 장치 설치 위치를 "○"로 표시하시오.

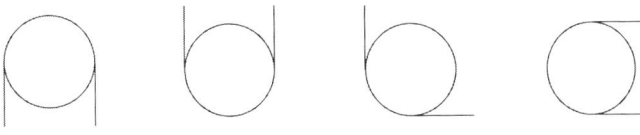

정답

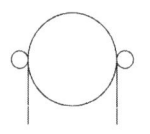 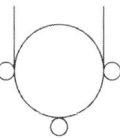 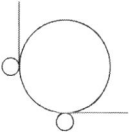 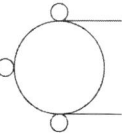

2024년 승강기기사·산업기사 실기

2024년 1회 승강기기사 실기

1 엘리베이터의 점차 작동형 추락방지안전장치에 대하여 설명하고 종류 2가지에 관하여 작동 원리를 설명하시오.

정답 주행안내 레일에서 제동 작용에 의해 감속을 주는 추락방지안전장치로 허용 가능한 값까지 카 또는 균형추에 작용하는 힘을 제한하는 안전장치로 2가지 종류가 있다.
　(1) 플랙시블 가이드 클램프(flexible guide clamp-F.G.C)형
　　　추락방지 안전장치가 작동하여 카가 정지할 때까지 레일을 죄는 힘이 동작 초기부터 카가 정지할 때까지 일정하며 구조가 간단하고 복구가 용이하다.
　(2) 플랙시블 웨지 클램프(Flexible Wedge Clamp - F.W.C)형
　　　추락방지 안전장치가 작동하여 카가 정지할 때까지 레일을 죄는 힘이 동작 초기에는 약하게 시작하여 카가 하강함에 따라 강해지다가 얼마 후 일정치로 도달하여 정지한다.

2 다음 엘리베이터의 피트 바닥에 작용하는 수직력[kN]을 구하시오.

정격하중 : 1125 kg,　　카에 의해 지지되는 부품의 중량 : 500 kg
카 자중 : 1100 kg,　　균형추에 의해 보상되는 밸런스율 : 50 %
중력가속도 : 9.81 m/s²

(1) 카가 완충기에 작용했을 때 [kN]

정답 계산과정 : $F = 4 \cdot g_n \cdot (P+Q)$
$\qquad\qquad\quad = 4 \times 9.81 \times (1100+500+1125) \times 10^{-3} = 106.929 [\text{kN}]$
답 : 106.93[kN]

(2) 균형추가 완충기에 작용했을 때 [kN]

정답 계산과정 : $F = 4 \cdot g_n \cdot (P + q \cdot Q)$
$\qquad\qquad\quad = 4 \times 9.81 \times (1100+500+1125 \times 0.5) \times 10^{-3} = 84.856 [\text{kN}]$
답 : 84.86[kN]

3 정격속도 120 m/min 엘리베이터의 완충기 동작시험 시 카가 완충기에 충돌하여 6초 후에 정지하였다. 완충기의 정지거리(mm)와 평균감속도(m/s²)를 계산하고 적합성을 판단하시오.

> **정답** 계산과정 : (1) 정지거리 $S = \dfrac{V \times t}{2} = \dfrac{2 \times 1.15 \times 0.6}{2} \times 10^3 = 690$ mm
> (2) 평균감속도 $a = \dfrac{V}{t} = \dfrac{2 \times 1.15}{0.6} = 3.83 \text{m/s}^2$
> (3) 적합성 : $3.83 \div 9.81 = 0.39 g_n \leq 1 g_n$: 적합

4 카 자중 3500 kg, 정격하중 2000 kg, 승강행정 60 m, 로프 6본, 균형추의 오버밸런스율이 40 %일 때 전부하 시 카가 최상층에 있는 경우 트랙션비를 계산하시오.
(단, 로프 무게는 1.2 kg/m 이고, 보상율이 90 %가 되는 균형 체인을 설치한다.)

> **정답** 계산과정 : 전부하 시 카가 최상층에 있는 경우
> $T = \dfrac{\text{카자중} + \text{정격하중} + \text{균형체인 무게}}{\text{균형추} + \text{로프}}$
> $= \dfrac{3500 + 2000 + (1.2 \times 60 \times 6 \times 0.9)}{3500 + 2000 \times 0.4 + (1.2 \times 60 \times 6)} = 1.24$
> 답 : 1.24

5 다음과 같이 설치된 엘리베이터의 권상 도르래 등가번호를 주어진 표를 이용하여 구하시오. (단, V 홈의 각도 $\gamma = 40°$임)

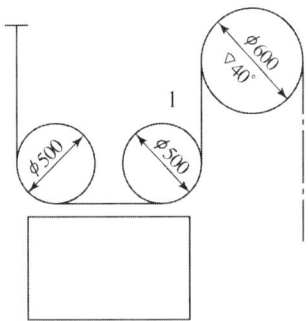

표. 권상도르래의 등가번호 Nequiv(t) 평가

V-홈	V-각도(γ)	35°	36°	38°	40°	42°	45°	50°
	Nequiv(t)	18.5	16	12	10	8	6.5	5
U-언더컷 홈	U-각도(β)	75°	80°	85°	90°	95°	100°	105°
	Nequiv(t)	2.5	3.0	3.8	5.0	6.7	10.0	15.2

정답 계산과정 : V 각도 $\gamma = 40°$인 경우 표에서 권상도르래의 등가번호 $N_{equiv}(t)$는 표에 따라 10 권상 도르래와 도르래 직경사이의 비율계수 $K_p = (\frac{600}{500})^4 = 2.07$
편향 도르래 등가번호 $N_{eq(p)} = 2.07 \times (2+0) = 4.14$
(※ 움직이는 도르래이므로 역 방향 굽힘 없음)
도르래의 등가번호 $N_{\equiv} = 10 + 4.14 = 14.14$

답 : 14.14

6 다음 엘리베이터 로프의 안전율을 계산하시오.

| 카 자중 1000 kg, | 적재하중 750 kg, | 2:1 로핑 |
| 1가닥 무게 20 kg, | 로프 5가닥, | 로프 1가닥 파단하중 15 kN |

정답 계산과정 : $S = \dfrac{2 \times 5 \times \dfrac{15000}{9.81}}{1000 + 750 + 5 \times 20} = 8.265$

답 : 8.27

7 엘리베이터의 주행안내 레일 목적 3가지를 쓰시오.

정답 ① 위치규제
② 수직하중 지탱
③ 균형유지

8 승강기 관리주체가 행하는 엘리베이터의 자체점검 항목 5가지를 쓰시오.

정답 ① 주개폐기의 설치 및 작동상태
② 안전표지
③ 비상운전 및 작동시험을 위한 장치의 기능 및 작동상태
④ 비상통화장치 설치 및 작동상태
⑤ 누수 및 청결 상태
⑥ 감속기의 이상 소음 및 진동상태
⑦ 피트 및 기계류 공간의 접근 수단

※ 에스컬레이터의 자체검검 항목
① 조명 절연저항   ② 디딤판 틈새
③ 손잡이 틈새   ④ 유지점검/보수용 정지스위치 작동상태
⑤ 속도, 전류 및 정지거리 ⑥ 전기 안전장치의 감지상태
⑦ 안전표지

9 승강기 감시반 기능 3가지를 쓰시오.

정답
① 표시기능 : 카의 운행방향 및 층 표시 기능
② 경보기능 : 고장, 화재 발생 시 경보기능
③ 통신기능 : 비상통화장치 및 인터폰을 이용하여 연락하는 기능
④ 제어기능 : 홀수/짝수 층 운행, 파킹(Parking)등을 제어하는 기능

10 엘리베이터 카의 조명에 대하여 다음 ( )안에 답하시오.

(1) 벽에서 ( ) mm 이상 떨어진 카 바닥 위 ( ) m 지점 ( ) lx 이상
(2) 조명 장치는 ( )개 이상을 ( )로 연결
(3) 비상등은 ( ) lx 이상 ( )시간 이상 점등되어야 한다.

정답
(1) 100, 1, 100
(2) 2, 병렬
(3) 5, 1

11 다음 무접점 논리회로에 대한 물음에 답하시오.

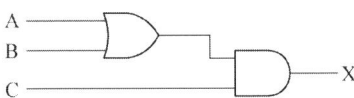

(1) 유접점 회로로 표시하시오
(2) 논리식을 쓰시오.

정답 (1)

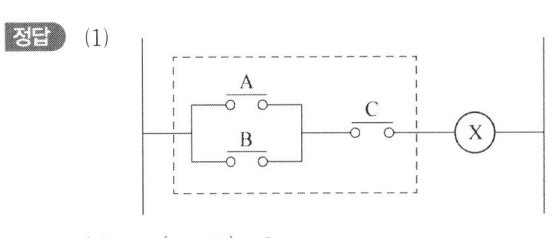

(2) X = (A+B)·C

12 다음 조건의 엘리베이터의 속도(m/min)를 구하시오.

전동기 : 4극, 50 Hz, 380 V, 슬립 3.5 %, 3상
권상기 : 도르래 직경 500 mm, 감속비 1:25

정답 계산과정 : $N = \dfrac{120 \times 50 \times (1-0.035)}{4} = 1447.5 [\text{rpm}]$

$V = \dfrac{\pi \times 500 \times 1447.5}{1000} \times \dfrac{1}{25} = 90.949 [\text{m/min}]$

답 : 90.95

13 카 바닥의 폭 1.6 m, 깊이 1.45 m인 엘리베이터의 최대하중을 계산하고 적재하중 1000 kg 13인승의 장애인 겸용 엘리베이터에 적용 할 경우 적합성 여부를 주어진 표1.를 적용하여 판정하시오.

표 1. 정격하중 및 최대 카 유효 면적

정격하중, 무게 (kg)	최대 카 유효 면적 (m^2)	정격 하중, 무게 (kg)	최대 카 유효 면적 (m^2)
100[가]	0.37	900	2.20
180[나]	0.58	975	2.35
225	0.70	1,000	2.40
300	0.90	1,050	2.50
375	1.10	1,125	2.65
400	1.17	1,200	2.80
450	1.30	1,250	2.90
525	1.45	1,275	2.95
600	1.60	1,350	3.10
630	1.66	1,425	3.25
675	1.75	1,500	3.40
750	1.90	1,600	3.56
800	2.00	2,000	4.20
825	2.05	2,500[다]	5.00

[비고] 1. 정격하중 100[가] kg은 1인승 엘리베이터의 최소 무게
    2. 정격하중 180[나] kg은 2인승 엘리베이터의 최소 무게
    3. 정격하중이 2,500[다] kg을 초과한 경우, 100 kg 추가 마다 0.16 m^2의 면적을 더한다.
    4. 수치 사이의 중간 하중에 대한 면적은 보간법으로 계산한다.

정답 계산과정 : (1) 카 바닥면적 : $S = 1.6 \times 1.45 = 2.32 m^2$
    (2) 바닥 면적 2.32 m^2의 정격하중
    $(X-900) : (975-900) = (2.32-2.20) : (2.35-2.20)$
    $(X-900) : 75 = 0.12 : 0.15$
    $0.15X - 135 = 9$ ∴ $X = 960 [\text{kg}]$
    $960 \div 75 = 12.8$ ∴ 12인승
    (3) 정원은 12인승으로 부적합하다.

14 다음 엘리베이터 승강장문의 강도에 관한 내용이다. ( )안에 답을 쓰시오.

잠금장치가 있는 승강장문 및 카문은 승강장문이 잠긴 상태 및 카문이 닫힌 상태에서 다음과 같은 기계적 강도를 가져야 한다.

가) 문짝/문틀에 대해 5 cm² 면적의 원형 또는 정사각형 모양의 어느 지점마다 수직으로 (   ) N의 정적인 힘을 균등하게 분산하여 가할 때 다음과 같아야 하며, 시험 후에는 문의 안전성 및 성능에 영향을 받지 않아야 한다.
   1) (   ) mm를 초과하는 영구적인 변형이 없어야 한다.
   2) (   ) mm를 초과하는 탄성변형이 없어야 한다.

나) 승강장문의 문짝/문틀(승강장 측) 및 카문의 문짝/문틀(카 내부 측)에 대해 100 cm² 면적의 원형 또는 정사각형 모양의 어느 지점마다 수직으로 (   ) N의 정적인 힘을 균등하게 분산하여 가할 때 안전성 및 성능에 영향을 주는 중대한 영구 변형이 없어야 한다. 최대 틈새는 (   ) mm 이내이어야 한다.

정답 가) 300   1) 1   2) 15
나) 1000, 10

15 다음 엘리베이터의 권상도르래 홈 형상을 권상 능력이 큰 순서로 쓰시오.
(언더컷 홈, U홈, V홈)

정답 V홈 > 언더컷 홈 > U홈

16 엘리베이터의 주개폐기가 차단하지 않아야 하는 회로 3가지를 쓰시오.

정답 ① 카 조명과 환기장치
② 카 지붕의 콘센트
③ 기계류 공간 및 풀리실의 조명
④ 기계류 공간, 풀리실 및 피트의 콘센트
⑤ 승강로 조명

17 수직형 휠체어리프트는 수직에 대한 경사도가 (   )°를 초과하지 않는 경로를 따라 운행하며 정격속도는 (   ) m/s 이하 정격하중은 (   ) kg 이상이어야 한다. 카바닥 면적에 대하여 (   ) kg/m² 이상으로 설계되고 최대하중은 (   ) kg 이하여야 한다.

정답 15, 0.15, 250, 500

18 정밀 검사장비를 사용하여 검사하여야 하는 에스컬레이터의 검사 항목 3가지를 쓰시오.

정답
① 제어반 : 열화 상태
② 전동기 : 운전 및 절연 상태
③ 브레이크 : 제동력 및 감속도
④ 보조 브레이크 : 제동력 및 감속도
⑤ 핸드레일 : 디딤판과의 속도 공차 및 장력상태

19 엘리베이터의 밀폐형 승강로에 허용되는 개구부 3개를 쓰시오.

정답
① 승강장문을 설치하기 위한 개구부
② 승강로의 비상문 및 점검문을 설치하기 위한 개구부
③ 화재 시 가스 및 연기의 배출을 위한 통풍구
④ 환기구
⑤ 엘리베이터 운행을 위해 필요한 기계실 또는 풀리실과 승강로 사이의 개구부

20 에스컬레이터의 점검용 덮개에 요구되는 사항 3가지를 쓰시오.

정답
① 점검용 덮개 열림을 감지하는 안전장치가 설치되어야 한다.
② 전용열쇠 또는 도구에 의해서만 열려야 한다.
③ 하나 이상의 부품으로 구성되는 경우, 먼저 열리는 부품에 안전장치가 있어야 한다. 연속적으로 구성된 것은 기계적 연동, 겹침 등으로 개별적 제거가 방지되거나 각각의 부품마다 안전장치가 제공되어야 한다.
④ 점검용 덮개 뒤의 공간에 들어갈 수 있다면 덮개가 잠기더라도 내부에서 열쇠 또는 도구를 사용하지 않고 열려야 한다.
⑤ 구멍이 없어야 한다.

2024년 2회 승강기기사 실기

1 다음은 수직형 휠체어리프트에 관한 안전기준이다. 문제를 읽고 (   )안에 알맞은 내용을 쓰시오.
(1) 구동 피니언은 치차 강도의 내구 한도에 대한 안전율을 (   ) 이상으로 설계해야 한다. 각각의 피니언은 피팅의 내구 한도에 대한 안전율은(   ) 이상이 되어야 한다.
(2) 현수 로프의 공칭직경은 (   ) mm 이상, 안전율은 (   ) 이상이어야 한다.
  ※ 현수체인의 안전율은 10 이상이 되어야 한다.

정답
(1) 2, 1.4
(2) 6, 12

2 다음 회로에서 전동기의 역률을 구하시오.
전력계 W_1 = 5.6[kW], W_2 = 2.8[kW], 전압계 V=220[V]

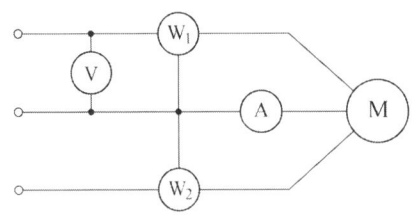

정답 계산방법 : 전류값이 없으므로 2 전력계법으로 계산한다.

$$역률 = \frac{유효전력}{피상전력} = \frac{5.6+2.8}{2\sqrt{5.6^2+2.8^2-5.6\times 2.8}} = 0.866$$

$$※\ \cos\theta = \frac{W_1+W_2}{2\sqrt{W_1^2+W_2^2-W_1\times W_2}}$$

답 : 0.87

3 적재하중 2000 kgf, 카 자중 3000 kgf 정격속도 45 m/min인 엘리베이터에 다음과 같은 규격의 스프링완충기 2개를 설치하였다. (단, 스프링 코일의 평균지름 D=170 mm, 소선의 지름 d = 35 mm, 유효 권수 n = 6이고 스프링의 허용전단응력은 8 GPa이다.)
(1) 완충기의 최소행정 거리(mm)를 구하시오.
(2) 완충기 스프링의 전단응력(GPa)을 계산하고 적합성을 판정하시오.

정답 (1) $S = 0.135 V^2 = 0.135 \times 0.75^2 \times 10^3 = 75.937$ mm
답 : 75.94 mm

(2) 스프링 전단응력 $\tau = \frac{8PD}{\pi d^3}$ 에서 완충기가 2개 이므로

$$\tau = \frac{8\times 2\times (3000+2000)\times 9.81\times 170\times 10^{-3}}{\pi\times (35\times 10^{-3})^3\times 2}\times 10^{-9} = 0.495 \text{GPa}$$

0.495 GPa ≤ 8 GPa 적합

4 정밀검사 장비를 사용하여 기계실에서 검사하여야 하는 엘리베이터의 검사 항목 5가지를 쓰시오.

정답
(1) 제어반 : 열화상태
(2) 구동기 : 권상능력
(3) 전동기 : 운전 및 절연상태
(4) 브레이크 : 제동력 및 감속도
(5) 유압유니트 : 운전상태

5 다음 엘리베이터에 관한 물음에 답하시오.

> 적재하중 : 1125 kgf, 카 자중 : 1700 kgf, 승강행정 : 90 m
> 로프 : 직경12 mm, 6가닥, 1 m당 중량 : 0.484 kg/m
> 오버밸런스율 : 50 %

(1) 균형추의 무게(kgf)를 구하시오.
(2) 전 부하의 카가 최상층에 있을 때의 트랙션 비를 구하시오.

정답 (1) $1700 + 1125 \times 0.5 = 2262.5$ kgf   답 : 2262.5

(2) 트랙션비 $= \dfrac{\text{카측 로프 장력}}{\text{균형추 측 로프 장력}} = \dfrac{1700 + 1125}{1700 + 1125 \times 0.5 + (90 \times 6 \times 0.484)} = 1.119$

답 : 1.12

6 다음 엘리베이터의 비상통화장치에 관한 물음의 빈칸을 채우시오.
(1) 카 내 통화장치 스피커 출력은 최소한 (   )W 이상이어야 한다.
(2) 스피커 출력으로부터 1 m 떨어진 거리에서 (   ) dB부터 (   ) dB 까지의 범위에서 조정 가능해야 한다.
(3) 명료도는 삼자 간 이상 통화는가능하되 MOS값 (   )이상으로 유지되어야 한다.

정답 (1) 0.25 (2) 35, 65 (3) 3.0

7 다음 그림과 같은 과속조절기 설명의 질문에 빈칸을 채우시오.

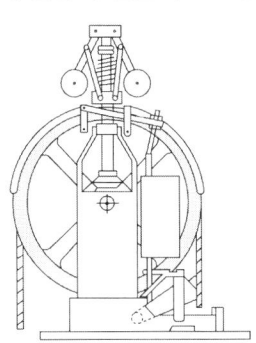

이 과속조절기는 도르래의 회전을(   )에 의해 수직축의 회전으로 변환되고 이 축의 상부의 (   )에 연결된 플라이볼에 작용하는(   )으로 작동하여 추락방지 안전장치를 작동시킨다.

정답 베벨기어, 링크기구, 원심력

8 다음은 엘리베이터의 승강장문에 관한 설명이다. 빈칸을 채우시오.
(1) 승강장문 잠금 부품의 결합은 문이 열리는 방향으로 (   )N의 힘을 가할 때 잠금효과를 감소시키지 않아야 한다.
(2) 잠겨있는 승강장문에 열리는 방향으로 몇 N의 힘를 가하여 시험할 때 영구적인 변형이나 파손이나 없어야 하는가?
  ① 개폐식 문 : (   ) N
  ② 경첩이 달린 문 : (   ) N

정답 (1) 300
(2) ① 1000 ② 3000

9 다음 에스컬레이터가 상승 운행 시 평균 용량(kW)을 계산하시오.

시간당 승객 1000명, 높이 4.5, 마찰계수 0.05, 경사 30°
부하계수 1.3, 총 효율 70 %

정답 계산과정 : 스텝폭과 속도가 없기 때문에 전동기 용량을 구하는 기본식과 마찰력을 더한 값으로 구한다.

$$P = 9.81 \times W(kg/s) \times 10^{-3} \times H(m : 수직이동거리)[kW]$$

마찰력에 의한 용량

$$P = 9.81 \times W(kg/s) \times 10^{-3} \times H(m : 수직이동거리 \times \mu \cos\theta [kW]$$

두 식을 정리하면

$$P = \frac{9.81 \times W \times 10^{-3} \times H \times (1 + \mu\cos\theta)}{\eta(효율)} \times 부하계수 [kW]$$

W : 적재하중(kg/s) H : 수직이동거리(m)

$$= \frac{9.81 \times 1000 \times 75 \div 3600 \times 10^{-3} \times 4.5 \times (1 + 0.05 \times \cos 30)}{0.7} \times 1.3$$

$$= 1.781 [kW]$$

답 : 1.78 kW

10 다음은 웜기어와 헬리컬기어를 비교한 것이다. 빈칸을 채우시오.
("낮다", "높다.", "작다.", "크다.", "쉽다." 와 "어렵다." 로 할 것)

항목 \ 방식	웜기어	헬리컬기어
효율	( )	( )
소음	( )	( )
역구동	( )	( )

정답

항목 \ 방식	웜기어	헬리컬기어
효율	(낮다)	(높다)
소음	(작다)	(크다)
역구동	(어렵다)	(쉽다)

11 다음은 에스컬레이터 또는 무빙워크에 관한 설명이다. 빈칸을 채우시오.

트레드 표면에서 측정된 이용 가능한 모든 위치의 연속되는 2개의 스텝 또는 팔레트 사이의 틈새는 ( ) mm 이하이어야 한다.
에스컬레이터 또는 무빙워크의 스커트가 디딤판 측면에 위치한 경우 수평틈새는 각 측면에서 ( ) mm 이하이어야 하고, 정확히 반대되는 두 지점의 양 측면에서 측정된 틈새의 합은 ( ) mm 이하이어야 한다.

정답 6, 4, 7

12 다음 승장장문 잠금장치의 구조 도면을 보고 물음에 답하시오.

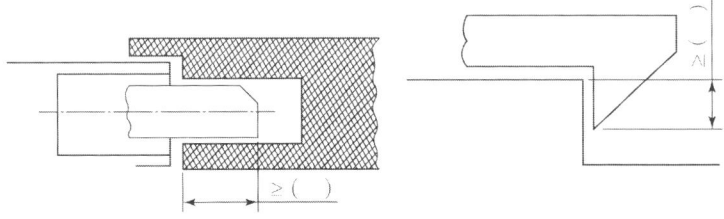

잠금장치의 전기안전장치는 잠금 부품이 ( ) mm 이상 물리지 않으면 작동되지 않아야 한다.

정답 7

13 승강로 최상층의 승강장 문턱과 카 측면의 금속재 캠, 승강로 벽에 설치된 리미트스위치 A, B ,C를 보고 물음에 답하시오.

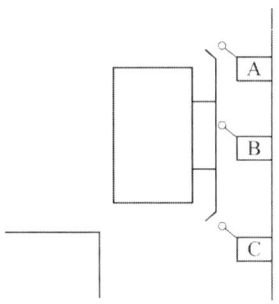

(1) 리미트 스위치 A, B, C의 명칭을 쓰시오.
(2) B와 C의 기능을 쓰시오

> **정답** (1) A : 상부 파이널리미트 스위치
> B : 상승리미트 스위치
> C : 강제감속 스위치
> (2) B : 리미트 스위치가 작동하면 카가 더 이상 상승하는 것을 방지한다.
> C : 리미트 스위치가 작동하면 전동기에 강제로 감속지령을 내린다.

14 다음은 권상식 엘리베이터의 권상기의 안전성 시험에 관한 설명이다. 빈칸을 채우시오.

(1) 기계적 부품 1세트의 제동토크는 적용하중의 (   )% 이내의 값으로 설계하여 브레이크 전체의 제동토크가 전동기토크의 (   )배를 초과하지 않도록 설계하는 것을 권장한다.
   ※ 브레이크 부품 1세트의 제동력은 정격하중의 100 % 하강 및 빈카 상승 시 안전하게 감속정지 해야 한다. 구성요소의 고장으로 브레이크 세트 중 하나가 작동하지 않으면 정격하 중을 싣고 정격속도로 하강하는 카 또는 빈 카로 상승하는 카를 감속, 정지 및 정지상태 유지를 위한 나머지 하나의 브레이크 세트는 계속 제동되어야 한다.
(2) 도르래 홈의 run-out 시험
   도르래의 진동 시험은 도르래를 회전시키고 측정기로 측정하였을 때 종진동 및 횡진동의 최대 진폭 값이 (   ) mm 이하이어야 한다.
(3) 브레이크 드럼의 바깥지름 run-out 시험
   브레이크 드럼을 회전시키고 브레이크 드럼 표면을 다이얼 게이지 등으로 측정하였을 때 최대 진폭 값이 (   ) mm 이하이어야 한다.

(4) 브레이크 (디스크)의 바깥지름 run-out 시험

브레이크 (디스크)를 회전시키고 브레이크 디스크 표면을 다이얼 게이지 등으로 측정하였을 때 최대 진폭 값이 (   ) mm 이하이어야 한다.

다만, 디스크의 직경이 900 mm를 초과하는 경우, 별도의 기준을 적용할 수 있다.

정답
(1) 125, 2.5
(2) 0.2
(3) 0.05
(4) 0.1

15 엘리베이터의 문닫힘 안전장치에 관하여 다음 물음에 답하시오.

(1) 접촉식 문닫힘 안전장치의 명칭 1개를 쓰시오.
(2) 비접촉식 문닫힘 안전장치의 명칭 2개를 쓰시오.
(3) 문닫힘 안전장치는 카 문턱 위로 (   ) mm와 (   ) mm 사이의 전구간에 걸쳐 물체를 감지할 수 있어야 한다.

정답
(1) 세이프티슈
(2) 광전장치, 초음파 장치
(3) 25, 1600

16 엘리베이터와 관계없는 배관, 전선 또는 그 밖에 다른 용도의 설비는 승강로, 기계실 및 풀리실에 설치되어서는 안 되지만 해당 설비의 제어장치 또는 조절장치는 승강로, 기계실 및 풀리실 외부에 있어고 엘리베이터의 안전한 운행에 지장을 주지 않는 조건으로 승강로, 기계실, 풀리실에 설치할 수 있는 설비 3가지를 쓰시오.

정답
(1) 증기난방 및 고압 온수난방을 제외한 엘리베이터를 위한 냉·난방설비
(2) 카에 설치되는 영상정보처리기기의 전선 등 관련 설비
(3) 카에 설치되는 모니터의 전선 등 관련 설비
(4) 환기를 위한 덕트
(5) 소방 관련 법령에 따라 기계실 천장에 설치되는 화재감지기 본체, 비상용 스피커 및 가스계 소화설비
(6) 화재 또는 연기 감지시스템에 의해 전원(조명 전원을 포함한다)이 자동으로 차단되고 엘리베이터가 승강장에 정상적으로 정지했을 때에만 작동되는 스프링클러 관련 설비(스프링클러 시스템은 엘리베이터를 구성하는 설비로 간주한다)
(7) 피트 침수를 대비한 배수 관련 설비

17 엘리베이터의 자체점검 시 점검 주기가 월 1회인 카 문의 점검 사항 3가지를 쓰시오.

정답
(1) 문짝과 문짝, 문틀 또는 문턱 사이의 틈새
(2) 어린이 손끼임방지 수단의 설치상태
(3) 카문 및 관련 부품의 설치 및 작동상태

※ 3개월 1회 카문 점검 사항
(1) 카 문턱과 승강장 문턱 사이의 거리
(2) 문의 개폐방식이 조합된 경우 문간 틈새

18 권상 도르래 직경 500 mm, 감속비 2 : 45, 4극 3상 유도전동기에 380 V, 50 HZ의 전원을 공급하였을 때 권상기 도르래의 속도를 구하시오. (단, 전동기 슬립은 2%, 2:1로핑)

정답 계산과정 : $N = \dfrac{120 \times 50 \times (1-0.02)}{4} = 1470$ rpm

$V = \dfrac{\pi \times 500 \times 1470}{1000} \times \dfrac{2}{45} = 102.63$ m/min

※ 도르래 속도와 로프 속도는 로핑계수와 무관하다.

19 엘리베이터에 방범을 목적으로 설치하는 설비 혹은 운전방식을 3가지 쓰시오.

정답
(1) 방법창
(2) CCTV
(3) 각층정지운전

20 다음 완충기에 관한 문제의 빈칸을 채우시오.
비선형 특성을 갖는 에너지 축적형 완충기는 카의 질량과 정격하중, 또는 균형추의 질량으로 정격속도의 (   )%의 속도로 완충기에 충돌할 때의 다음 사항에 적합해야 한다.
(1) 감속도는 (   ) g_n 이하이어야 한다.
(2) 2.5 g_n를 초과하는 감속도는 (   )초 보다 길지 않아야 한다.
(3) 카 또는 균형추의 복귀속도는 (   ) m/s 이하이어야 한다.
(4) 최대 피크 감속도는 (   ) g_n 이하이어야 한다.

정답 115
(1) 1
(2) 0.04
(3) 1
(4) 6

2024년 3회 승강기기사 실기

1 엘리베이터의 로프에 관한 문제에 답하시오.

(1) 그림을 보고 꼬임의 명칭을 쓰시오.

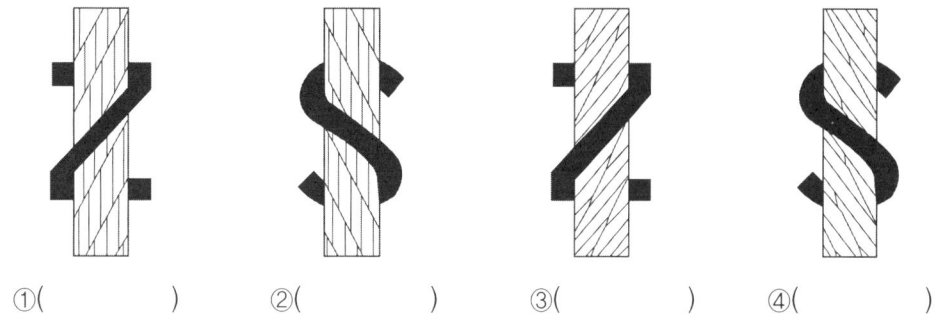

①(   )   ②(   )   ③(   )   ④(   )

(2) 엘리베이터용 로프 중 실형, 8 꼬임, 소선이 19개인 로프의 기호를 쓰시오.

정답 (1) ① 보통Z꼬임   ② 보통S꼬임   ③ 랭Z꼬임   ④ 랭S꼬임
(2) 8 X S(19)

2 다음은 에스컬레이터와 무빙워크에 관한 설명이다. 빈칸을 채우시오.

(1) 에스컬레이터의 경사도 α는 30°를 초과하지 않아야 한다. 다만, 층고가 6 m 이하이고, 공칭속도가 (   ) m/s 이하인 경우에는 경사도를 (   )까지 증가시킬 수 있다.
(2) 무빙워크의 경사도는 (   )이하이어야 한다.

정답 (1) 0.5, 35°
(2) 12°

3 정밀 검사장비를 사용하여 실시하는 엘리베이터의 정밀검사항목 8개를 쓰시오.

정답 (1) 제어반(열화상태)
(2) 구동기(권상능력)
(3) 전동기(운전 및 절연상태)
(4) 유압유니트(운전상태)
(5) 브레이크(제동력 및 감속도)
(6) 비상정지장치(제동력 및 감속도)
(7) 럽쳐밸브(제동력 및 감속도)
(8) 상승과속방지장치(제동력 및 감속도)

※ 추가로 개문출발방지장치(제동력 및 감속도), 릴리프밸브(압력), 카문 및 승강장문
(문닫힘 속도 및 운동에너지) 등이 있다.

4 카 바닥의 폭 2000 mm, 깊이 1500 mm, 문설주에서 문짝까지의 깊이 80 mm, 출입구 폭 1000 mm인 엘리베이터의 최대하중을 계산하고, 17인승의 장애인 겸용 엘리베이터에 적용할 경우 적합성 여부를 주어진 표1.과 표2.와 카바닥의 단면도를 보고 판정하시오.

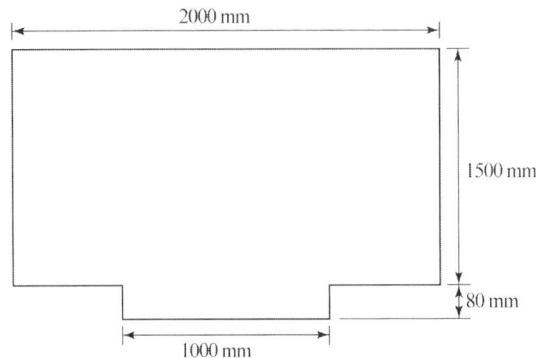

표1. 정격하중 및 최대 카 유효 면적

정격하중, 무게 (kg)	최대 카 유효 면적 (m²)	정격 하중, 무게 (kg)	최대 카 유효 면적 (m²)
100^{가)}	0.37	900	2.20
180^{나)}	0.58	975	2.35
225	0.70	1,000	2.40
300	0.90	1,050	2.50
375	1.10	1,125	2.65
400	1.17	1,200	2.80
450	1.30	1,250	2.90
525	1.45	1,275	2.95
600	1.60	1,350	3.10
630	1.66	1,425	3.25
675	1.75	1,500	3.40
750	1.90	1,600	3.56
800	2.00	2,000	4.20
825	2.05	2,500^{다)}	5.00

[비고] 1. 정격하중 100^{가)} kg은 1인승 엘리베이터의 최소 무게
 2. 정격하중 180^{나)} kg은 2인승 엘리베이터의 최소 무게
 3. 정격하중이 2,500^{다)} kg을 초과한 경우, 100 kg 추가 마다 0.16 m²의 면적을 더한다.
 4. 수치 사이의 중간 하중에 대한 면적은 보간법으로 계산한다.

표2. 엘리베이터의 정원 및 최소 카 유효 면적

정원(인승)	최소 카 유효 면적 (m²)	정원(인승)	최소 카 유효 면적 (m²)
1	0.28	11	1.87
2	0.49	12	2.01
3	0.60	13	2.15
4	0.79	14	2.29
5	0.98	15	2.43
6	1.17	16	2.57
7	1.31	17	2.71
8	1.45	18	2.85
9	1.59	19	2.99
10	1.73	20	3.13

[비고] 20인승을 초과한 경우, 추가 승객 1명마다 0.115 m²의 면적을 더한다.

정답 (1) 카 바닥면적 : $S = 2 \times 1.5 = 3\,\text{m}^2$

※ 문설주에서 문짝까지의 깊이가 100 mm 이하이므로 움푹 들어간 공간의 면적은 제외한다.

(2) 바닥 면적 3 m²의 정격하중

$(X - 1275) : (1350 - 1275) = (3.00 - 2.95) : (3.10 - 2.95)$

$(X - 1275) : 75 = 0.05 : 0.15$

$0.15 X - 191.25 = 3.75$

∴ $X = 1300$ kg

$1300 \div 75 = 17.33$ ∴ 17인승

(3) 17인승의 최소카 유효 면적 2.71 m² 이상이므로 조건에 만족하므로 정격하중 1300 kg 17인승 장애인 겸용 엘리베이터에 적합하다.

5 다음 에스컬레이터가 상승 운행 시 평균 용량(kW)을 계산하시오.

시간당 운송인원 950명, 수직 층고 5 m, 마찰계수 0.07, 경사각 25°, 종효율 65 %

정답 계산과정 : 스텝폭과 속도가 없기 때문에 전동기 용량을 구하는 기본식과 마찰력을 더한 값으로 구한다.

$$P = 9.81 \times W(\text{kg/s}) \times 10^{-3} \times H(\text{m : 수직이동거리})[\text{kW}]$$

마찰력에 의한 용량

$$P = 9.81 \times W(\text{kg/s}) \times 10^{-3} \times H(\text{m : 수직이동거리}) \times \mu \cos\theta\,[\text{kW}]$$

두 식을 정리하면

$$P = \frac{9.81 \times W \times 10^{-3} \times H \times (1 + \mu\cos\theta)}{\eta(\text{효율})} \times 부하계수\,[\text{kW}]$$

$$= \frac{9.81 \times 950 \times 75 \div 3600 \times 10^{-3} \times 5 \times (1+0.07 \times \cos 25)}{0.65}$$
$$= 1.588 [\text{kW}]$$

W : 적재하중[kg/s], H : 수직이동거리[m]

답 : 1.59 [KW]

6 그림과 같은 구조의 엘리베이터 상부체대에 관한 물음에 답하시오.

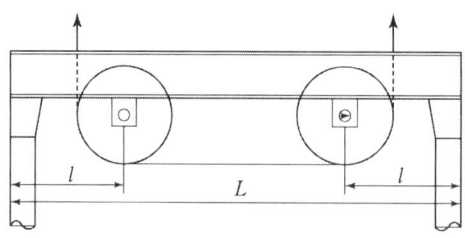

[조건] ① 카자중(W_1) : 1,600[kg]
② 적재하중(W_2) : 1,000[kg]
③ 사용재료 : SS-400 강재 2본
  (영률 $E=2.1 \times 10^6$[kg/cm^2], 파단강도 : 4,100[kg/cm^2])
④ 길이(l)(한쪽 도르레 중심선과 카주 사이 거리) : 500[mm]
⑤ 상부체대 스팬 길이 1700[mm]
⑥ 단면계수 : 140[cm^3]

(1) 최대굽힘모멘트(kg·cm)를 구하시오.
(2) 최대굽힘응력(kg/cm^2)를 구하시오.
(3) 안전율을 구하시오.

정답 (1) $M = \dfrac{(1600+1000) \times 50}{2} = 65000 [\text{kg} \cdot \text{cm}]$

(2) $\sigma = \dfrac{65000}{2 \times 140} = 232.14 [\text{kg/cm}^2]$

(3) $S = \dfrac{4100}{232.14} = 17.66$

7 엘리베이터 전동기 용량 15 kW, 기계실 온도 38℃, 외기온도 24℃의 조건에서 1행정 당 구동시간 22초, 시간당 구동횟수 42회일 때 다음 물음에 답하시오.
(단, 공기비열 = 1.007 kJ/kg·℃, 공기밀도 = 1.2 kg/m^3)

(1) 기계실의 발열 에너지는 몇 (kJ/h) 인가?
(2) 기계실 환기량(m³/h)을 구하시오.

정답 (1) 발열 에너지 $P = 15 \times 22 \times 42 = 13860 \text{ kJ/h}$ 답 : 13860

(2) 환기량 $G = \dfrac{13860}{1.007 \times 1.2 \times (38 - 24)} = 819.265 \text{ m}^3/\text{h}$ 답 : 819.27

※ 무게 비열을 체적 비열로 변환하기 위해 밀도를 곱한다.

$1.007 \times 1.2 = 1.208 \text{ kJ/m}^3 \cdot \text{℃} \times 0.24$
$= 0.289 \text{ kcal/m}^3 \cdot \text{℃}$
$= 0.29 \text{ kcal/m}^3 \cdot \text{℃}$

8 다음 엘리베이터의 트랙션 비를 계산하시오.(단, 소수 셋째 자리까지 구할 것)

적재하중 : 1600 kgf, 카 자중 : 2000 kgf, 승강행정 : 60 m, 로프 : 5가닥
1 m당 중량 : 0.5 kg/m, 오버밸런스율 : 50 %

(1) 전 부하의 카가 최상층에 있을 때의 트랙션 비를 구하시오.
(2) 무 부하의 카가 최하층에 있을 때의 트랙션 비를 구하시오.

정답 (1) 계산과정 : 트랙션비 $= \dfrac{\text{카측 로프 장력}}{\text{균형추 측 로프 장력}}$

$= \dfrac{2000 + 1600}{2000 + 1600 \times 0.5 + (60 \times 5 \times 0.5)}$

$= 1.2203$

답 : 1.220

(2) 계산과정 : 트랙션비 $= \dfrac{\text{카측 로프 장력}}{\text{균형추 측 로프 장력}} = \dfrac{2000 + 1600 \times 0.5}{2000 + (60 \times 5 \times 0.5)} = 1.3023$

답 : 1.302

9 엘리베이터의 피트에 설치하는 정지장치에 관한 물음에 답하시오.

(1) 피트 깊이가 경우 1.6 m 미만인 경우 정지 스위치 :
   ① 최하층 승강장 바닥에서 수직 위로 (   ) m 이내 및 피트 바닥에서 수직 위로
      (   ) m 이내
   ② 승강장문 안쪽 문틀에서 수평으로 (   ) m 이내
(2) 피트 깊이가 1.6 m 이상인 경우 정지스위치 : 2개의 정지스위치는 다음 구분에 따른
    위치에 각각 있어야 한다.
   ① 상부 정지스위치: 최하층 승강장 바닥에서 수직 위로 (   ) m 이내 및 승강장문 안
      쪽 문틀에서 수평으로 (   ) m 이내

② 하부 정지스위치 : 피트 바닥에서 수직 위로 (   ) m 이내 및 피난 공간에서 조작이 가능한 위치

정답 (1) ① 0.4, 2 ② 0.75
(2) ① 1, 0.75 ② 1.2

10 다음은 엘리베이터의 비상문에 관한 설명이다. 물음에 답하시오.

(1) 연속되는 상·하 승강장문의 문턱간 거리가 몇 m를 초과한 경우 비상문을 설치 하여야 하는가?
(2) 비상문의 크기를 쓰시오.

정답 (1) 11 m
(2) 높이 1.8 m 이상, 폭 0.5 m 이상

11 소방구조용 엘리베이터는 소방관 접근 지정층에서 소방관이 조작하여 엘리베이터 문이 닫힌 이후부터 (   )초 이내에 가장 먼 층에 도착되어야 하고 운행속도는 (   ) m/s 이상 이어야 한다.

정답 60, 1

12 제어시스템에는 유지관리 업무 수행을 위한 보호 수단으로 엘리베이터의 결함 등을 확인 하는 패널을 설치해야 한다. 이 패널이 수행해야 할 기능 5가지를 쓰시오.

정답 ① 고장분석 및 전기안전장치의 결함확인 기능
② 결함 초기화 및 정상 운행 복귀 기능
③ 유지관리를 위한 조정 및 설정기능
④ 점검 및 검사를 위한 조정 기능
⑤ 월간 기동횟수 및 운행시간 적산 기록·표시 기능

13 다음 승강장문 잠금장치에 관한 물음에 답하시오.

(1) 주요 구성품의 명칭을 쓰시오.

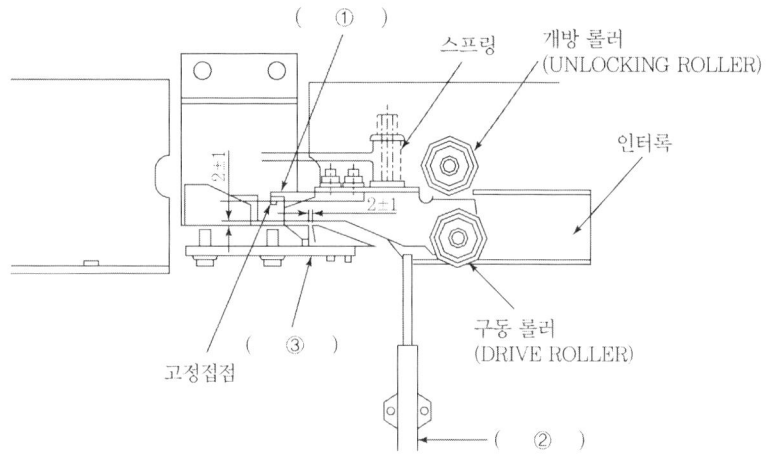

(2) 다음의 경우 잠금부품(인터록)과 전기안전장치(접점)의 작동 순서를 쓰시오.
① 문이 열릴 때 :
② 문이 닫힐 때 :

정답 (1) ① 가동접점　② 풀림봉　③ 랫치
(2) ① 전기안전장치(접점)이 먼저 열리고 잠금부품(인터록)이 해제된다.
② 잠금부품(인터록)이 먼저 7 mm 이상 물리고 전기안전장치(접점)이 작동한다.

14 다음 엘리베이터의 승강로 조도는 몇 lx 이상 이어야 하는가?

(1) 카 지붕 수직위 1 m 지점 :
(2) 피트 하부에서 수직위로 1 m 지점 :
(3) 그 외의 장소 :

정답 (1) 50
(2) 50
(3) 20

15 다음 에스컬레이터의 제동부하 및 정지거리에 관한 설명의 빈칸을 채우시오.

(1) 에스컬레이터와 정지거리

공칭속도	정지거리
0.50 m/s	(　　) m부터 (　　) m까지
0.65 m/s	(　　) m부터 (　　) m까지
0.75 m/s	(　　) m부터 (　　) m까지

(2) 에스컬레이터의 제동부하

공칭 폭 z_1	스텝 당 제동부하
0.6 m 이하	(　　) kg
0.6 m 초과 0.8 m 이하	(　　) kg
0.8 m 초과 1.1 m 이하	(　　) kg

정답 (1)

정지거리
(0.20) m부터 (1.00) m까지
(0.30) m부터 (1.30) m까지
(0.40) m부터 (1.50) m까지

(2)

스텝 당 제동부하
(60) kg
(90) kg
(120) kg

16 다음 경사형 휠체어리프트에 관한 설명의 물음에 답하시오.

탑재 하중이 결정되지 않은 경우(예를 들면 공공건물)의 휠체어용 경사형 휠리프트는 정격하중을 (　　) kg 이상으로 한다. 최대 정격하중은 (　　) kg이다.
과부하 감지장치는 하중이 균등하게 분포될 때 정격하중의 (　　)%를 초과하면 발생되는 것으로 간주 된다.

정답 225, 350, 25

17 다음 엘리베이터의 피트 바닥에 작용하는 수직력[kN]을 구하시오.

정격하중 : 1125 kg, 카에 의해 지지되는 부품의 중량 : 500 kg,
카 자중 : 1100 kg, 균형추에 의해 보상되는 밸런스율 : 50 %
중력가속도 : 9.81 m/s^2

(1) 카가 완충기에 작용했을 때 [kN]
(2) 균형추가 완충기에 작용했을 때 [kN]

정답 (1) $F = 4 \cdot g_n \cdot (P+Q)$
  $= 4 \times 9.81 \times (1100 + 500 + 1125) \times 10^{-3} = 106.929 [kN]$
 답 : 106.93
  (2) $F = 4 \cdot g_n \cdot (P + q \cdot Q)$
  $= 4 \times 9.81 \times (1100 + 500 + 1125 \times 0.5) \times 10^{-3} = 84.856 [kN]$
 답 : 84.86

18 다음 유압식 엘리베이터 밸브의 역할을 설명하시오.

(1) 체크밸브 :
(2) 릴리프 밸브 :

정답 (1) 한 방향으로만 유체를 흐르게 하는 밸브
  (2) 유체를 배출함으로써 설정값 이하로 압력을 제한하는 밸브

19 다음 ( )안에 적당한 답을 쓰시오.

(1) 균형 로프를 설치해야 하는 속도 : ( ) m/s 초과
(2) 록다운비상정지장치를 설치해야 하는 속도 : ( ) m/s 초과

정답 (1) 3.0
  (2) 3.5

20 다음 완충기에 관한 문제의 빈칸을 채우시오.
비선형 특성을 갖는 에너지 축적형 완충기는 카의 질량과 정격하중, 또는 균형추의 질량으로 정격속도의 115%의 속도로 완충기에 충돌할 때의 다음 사항에 적합해야 한다.

(1) 감속도는 ( ) g_n 이하이어야 한다.
(2) 2.5 g_n를 초과하는 감속도는 ( )초 보다 길지 않아야 한다.
(3) 카 또는 균형추의 복귀속도는 ( ) m/s 이하이어야 한다.
(4) 최대 피크 감속도는 ( ) g_n 이하이어야 한다.

정답 (1) 1
  (2) 0.04
  (3) 1
  (4) 6

2024년 1회 승강기산업기사 실기

1 직류 엘리베이터의 속도제어 방식에 대하여 다음 물음에 답하시오.

(1) 정지레오나드 방식에 대하여 설명하시오.
(2) 워드레오나드 방식에 비교한 정지레오나드 방식의 장점을 쓰시오.

정답 (1) 직류전동기의 회전수는 전기자 전압에 비례하므로 전력용 반도체소자를 사용하여 엘리베이터의 속도에 적합한 직류전압으로 변환하여 제어하는 방식
(2) 전동 발전기(Motor-Generator)를 사용하지 않고 전력용 반도체를 사용하여 직류 전압을 제어하기 때문에 소비전력이 적고 효율이 높으며 속도제어 폭이 넓어 고속엘리베이터에 적용이 가능하다.

2 엘리베이터 과속조절기의 작동에 관한 다음 물음에 답하시오.
추락방지안전장치의 작동을 위한 과속조절기는 정격속도의 115 % 이상의 속도 및 다음 구분에 따른 어느 하나에 해당하는 속도 미만에서 작동되어야 한다.

(1) 캡티브 롤러 형을 제외한 즉시 작동형 추락방지안전장치: (　　　) m/s
(2) 캡티브 롤러 형의 추락방지안전장치: (　　　) m/s
(3) 정격속도 1 m/s 이하에 사용되는 점차 작동형 추락방지안전장치: (　　　) m/s
(4) 정격속도 1 m/s 초과에 사용되는 점차 작동형 추락방지안전장치
　: (　　　　　　) m/s

정답 (1) 0.8
(2) 1
(3) 1.5
(4) $1.25 \cdot V + \dfrac{0.25}{V}$

3 정격 전압 380 V, 전류 20 A, 주파수 60 Hz인 3상 유도전동기 출력이 11 kW일 때 역률 [%]을 구하시오.

정답 계산과정 : $\cos\theta = \dfrac{11 \times 10^3}{\sqrt{3} \times 380 \times 20} \times 100 = 83.563$

답 : 83.56 %

4 다음 승강기용 비상통화장치에 대한 물음에 답하시오.

비상통화장치의 마이크로폰의 배선은 전원용 전선 ( )가닥, 제어용 전선 ( )가닥으로 구성되어 있다.

정답 2, 2

5 엘리베이터 카틀의 구성요소 4가지를 쓰시오.

정답 상부체대, 카주, 하부체대, 브레이스로드

6 다음 빈칸에 적합한 절연 저항값을 쓰시오.

공칭 회로 전압(V)	시험 전압/직류(V)	절연 저항(MΩ)
SELV^a 및 PELV^b > 100 VA	250	≥ ( )
≤ 500 FELV^c 포함	500	≥ ( )
> 500	( )	≥ 1.0

a SELV: 안전 초저압 (Safety Extra Low Voltage)
b PELV: 보호 초저압 (Protective Extra Low Voltage)
c FELV: 기능 초저압 (Functional Extra Low Voltage)

정답

공칭 회로 전압(V)	시험 전압/직류(V)	절연 저항(MΩ)
SELV^a 및 PELV^b > 100 VA	250	≥ (0.5)
≤ 500 FELV^c 포함	500	≥ (1.0)
> 500	(1000)	≥ 1.0

a SELV: 안전 초저압 (Safety Extra Low Voltage)
b PELV: 보호 초저압 (Protective Extra Low Voltage)
c FELV: 기능 초저압 (Functional Extra Low Voltage)

7 전기식(권상식) 엘리베이터에 비교하여 유압식 엘리베이터의 장점 3가지를 쓰시오.

정답 (1) 기계실의 위치가 자유롭다.
(2) 건물의 상부에 하중이 걸리지 않는다.
(3) 승강로 상부 틈새가 작아도 된다.

8 엘리베이터용 수평 개폐식 자동작동식 문의 다음 물음에 답하시오.

(1) 승강장문 또는 카문과 문에 견고하게 연결된 기계적인 부품들의 운동에너지는 평균 닫힘 속도로 계산되거나 측정했을 때 (　　) J 이하이어야 한다.
(2) 문이 닫히는 것을 막는데 필요한 힘은 문이 닫히기 시작하는 1/3 구간을 제외하고 (　　) N을 초과하지 않아야 한다.

> **정답** (1) 10　　(2) 150

9 엘리베이터에 사용되는 과속조절기의 종류 3가지를 쓰시오.

> **정답** (1) 마찰정지형 과속조절기
> (2) 디스크형 과속조절기
> (3) 플라이볼형 과속조절기

10 엘리베이터의 균형추에 대하여 설명하시오.

> **정답** 트랙션식(권상식) 엘리베이터의 전동기 용량을 줄이고 과주행을 방지하는 역할을 하며 균형추의 무게는 카 무게 + 정격하중 × 오버밸런스율로 계산한다.

11 직경이 16 mm인 로프를 사용할 경우 엘리베이터 권상기의 도르래 직경은 몇 mm 이상이어야 하는가?

> **정답** $D = 16 \times 40 = 640$ mm　　　답 : 640

12 다음 엘리베이터의 기계실에 관한 물음에 답하시오.

(1) 출입문의 크기를 쓰시오.
(2) 작업공간의 유효높이를 쓰시오.
(3) 기계실 바닥에 (　　) m를 초과하는 단차가 있는 경우 고정된 사다리 또는 보호 난간이 있는 계단이나 발판이 있어야 한다.
(4) 보호되지 않은 회전부품위로 (　　) m 이상의 유효 수직거리가 있어야 한다.
(5) 작업구역 간 이동통로의 폭은 (　　) m 이상이어야 한다.

> **정답** (1) 폭 0.7 m 이상, 높이 1.8 m 이상
> (2) 2.1 m 이상
> (3) 0.5　　(4) 0.3　　(5) 0.5

13 엘리베이터의 제어반 및 캐비닛 전면의 유효 수평면적에 관한 물음에 답하시오.

(1) 깊이는 외함 표면에서 측정하여 (　　) m 이상이어야 한다.
(2) 폭은 다음 구분에 따른 수치 이상이어야 한다.
　① 제어반 폭이 0.5 m 미만인 경우 :
　② 제어반 폭이 0.5 m 이상인 경우 :

정답 (1) 0.7
　　　(2) ① 0.5 m　② 제어반 폭

14 소방구조용 엘리베이터의 보조전원 공급장치에 대한 물음에 답하시오.

(1) (　　)초 이내에 엘리베이터 운행에 필요한 전력용량을 자동으로 발생시키도록 하되 수동으로 전원을 작동시킬 수 있어야 한다.
(2) (　　)시간 이상 운행시킬 수 있어야 한다.

정답 (1) 60
　　　(2) 2

15 엘리베이터가 최상층과 최하층을 지나치지 않도록 하는 안전장치로 종단정지장치와 독립적으로 작동되는 안전장치의 명칭을 쓰시오.

정답 파이널 리미트 스위치

16 소형화물용 엘리베이터의 유효면적(m^2)을 쓰시오.

정답 1 m^2 이하

17 수직형 휠체어리프트 승강로가 만족해야 하는 조건에 관한 물음에 답하시오.

(1) 밀폐식 승강로 : (　　) m 이하
(2) 비 밀폐식 승강로 : (　　) m 이하

정답 (1) 4
　　　(2) 2

18 승강기의 가이드 레일 설치목적 3가지를 쓰시오.

정답
(1) 카와 균형추의 승강로 내 위치규제
(2) 추락방지안전장치 작동 시 수직하중 유지
(3) 불규칙한 하중 적재 시 균형 유지

19 다음은 도르래의 U 홈과 언더컷 홈을 비교한 것 이다. 빈칸을 채우시오.
("낮다", "높다.", "작다.", "크다.", "길다." 와 "짧다." 로 할 것)

항목＼방식	U 홈	언더컷 홈
면압	( )	( )
마찰력	( )	( )
마모	( )	( )
로프의 수명	( )	( )
적용 속도	( )	( )

정답

항목＼방식	U 홈	언더컷 홈
면압	(작다)	(크다)
마찰력	(작다)	(크다)
마모	(어렵다)	(쉽다)
로프의 수명	(길다)	(짧다)
적용 속도	(높다)	(낮다)

20 다음은 에스컬레이터 구동체인 파단 안전장치의 조립도이다. 조립도를 보고 기계적인 요소의 작동원리를 설명하시오.

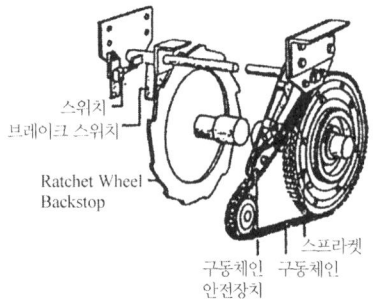

정답 구동체인 위에 항상 문지름판이 접촉하여 구동체인의 늘어짐을 감지하고 체인이 느슨해지거나 끊겼을 경우 브레이크 래치가 브레이크 휠에 걸려 구동장치의 하강 방향의 회전을 기계적으로 제지한다.

2024년 2회 승강기산업기사 실기

1 다음은 경사형 휠체어 리프트에 관한 설명이다. ( )안에 답을 쓰시오.

경사형 휠체어 리프트가 1인용일 경우에는 정격하중을 (　) kg 이상으로 하고 휠체어 사용자용일 경우 (　) kg 이상으로 설계한다.
탑재 하중이 결정되지 않은 경우(예를 들면 공공건물), 휠체어용 경사형 휠체어리프트는 정격하중을 (　) kg 이상으로 한다. 최대 정격하중은 (　) kg이다.

정답 115, 150, 225, 350

2 엘리베이터 과속조절기의 작동에 관한 다음 물음에 답하시오.
추락방지안전장치의 작동을 위한 과속조절기는 정격속도의 115% 이상의 속도 및 다음 구분에 따른 어느 하나에 해당하는 속도 미만에서 작동되어야 한다.

(1) 캡티브 롤러 형을 제외한 즉시 작동형 추락방지안전장치: (　) m/s
(2) 캡티브 롤러 형의 추락방지안전장치: (　) m/s
(3) 정격속도 1 m/s 이하에 사용되는 점차 작동형 추락방지안전장치: (　) m/s
(4) 정격속도 1 m/s 초과에 사용되는 점차 작동형 추락방지안전장치
　: (　) m/s

정답 (1) 0.8
(2) 1
(3) 1.5
(4) $1.25 \cdot V + \dfrac{0.25}{V}$

3 엘리베이터 구동기 조립시험 시 무 부하시험의 종류 5가지를 쓰시오.

정답 (1) 성능 시험 : 무부하로 2시간 이상 연속적으로 권상기를 정·역회전 작동시켰을 때 이상이 없어야 한다.
(2) 오일 누유 상태 성능 : 시험 중이거나 성능 시험 후 오일 실(seal) 및 접합부(도르래축, 웜축 베어링부 등)에서 오일이 흘러내려서는 안 된다.
(3) 정격 속도 : 도르래의 정격 속도는 표시 속도값의 ±3 % 이내에 있어야 한다.
(4) 소음 측정 : 권상기로부터 1 m의 거리에서 KSC 1502에 규정한 지시 소음계 또는 이것과 동등 이상의 종합 기능을 가진 측정기로 측정하였을 때 70 dB(A)이하가 되어야 한다. 다만, 측정 위치의 암소음이 55 dB(A) 이하인 곳에서 측정한다.

(5) 진동 측정 : 권상기의 기어측 베어링, 도르래측 베어링, 기어 케이스 위에서 측정기로 진동을 측정하였을 때 최대 진폭값이 0.014 mm 이하이어야 한다
(6) 온도 상승 시험 : 무부하로 2시간 이상 연속 운전하였을 측정부의 온도는 표 1의 값 이하이어야 한다. 다만, 온도 상승 한계는 측정 온도와 주위 온도의 차로 계산한다.

표1. 각 부의 온도상승 상한값

측정부	온도상승기준(℃)
베어링 부위	55
전동기 권선	105
브레이크 코일	70
프레임 부	55

4 기계실·기계류 공간 및 풀리실의 다음 장소에 조명은 몇 lx 이상 이어야 하는가?

(1) 작업공간의 바닥 면 :
(2) 작업공간 간 이동 공간의 바닥 면 :

정답 (1) 200
(2) 50

5 다음 엘리베이터의 상부체대 안전율을 구하시오.

카 자중 1960 kg, 적재하중 1350 kg, 상부체대 1본 스팬 길이 210 cm, 부재 단면계수 420 cm³, 파단강도 410 MPa 로핑 1:1

정답 ① $M = \dfrac{(1960+1350) \times 210}{4} = 173775 \text{ kg·cm}$

② $\sigma = \dfrac{173775}{420} = 413.75 \text{ kg/cm}^2$

③ $410 \text{ MPa} = 410 \div 9.81 \times 10^6 \text{ kg}/(10^2)^2 \text{ cm}^2 = 4179.41 \text{ kg/cm}^2$

$S = \dfrac{4179.41}{413.75} = 10.101$

답 : 10.1

6 엘리베이터 전동기 용량 10 kW, 기계실 온도 40 ℃, 외기온도 30 ℃의 조건에서 1 행정당 구동시간 15초, 시간당 구동횟수 60회 일 때 기계실 환기량을 구하시오.
(단, 공기비열은 0.29 kcal/m³·℃임)

정답 발열량 $Q = \dfrac{860 \times 10 \times 15 \times 60}{3600} = 2150$ kcal/h

환기량 $G = \dfrac{2150}{0.29 \times (40-30)} = 741.38$ m³/h

7 전기식 엘리베이터의 비상운전과 점검운전에 관한 물음에 답하시오.

(1) 비상운전과 점검운전 중 우선순위가 높은 것을 쓰시오.
(2) 점검운전 속도(m/s)를 쓰시오.

정답 (1) 점검운전
(2) 0.63 m/s

8 교류 1단속도 제어방식의 엘리베이터에 관하여 설명하시오.

정답 기동과 주행은 전동기가 구동하고 감속 시점부터 전동기 전원을 차단하고 브레이크의 제동력으로 감속 정지한다. (속도 30 m/min 이하에 적용)

9 다음 권상기를 효율이 높은 순서로 나열하시오.

웜기어 권상기, 헬리컬기어 권상기, 기어리스 권상기

정답 기어리스 권상기, 헬리컬기어 권상기, 웜기어 권상기

10 다음 빈칸에 적합한 절연 저항값을 쓰시오.

공칭 회로 전압(V)	시험 전압/직류(V)	절연 저항(MΩ)
SELV[a] 및 PELV[b] > 100 VA	250	≥ ( )
≤ 500 FELV[c] 포함	500	≥ ( )
> 500	( )	≥ 1.0

a SELV: 안전 초저압 (Safety Extra Low Voltage)
b PELV: 보호 초저압 (Protective Extra Low Voltage)
c FELV: 기능 초저압 (Functional Extra Low Voltage)

정답

공칭 회로 전압(V)	시험 전압/직류(V)	절연 저항(MΩ)
SELV^a 및 PELV^b > 100 VA	250	≥ (0.5)
≤ 500 FELV^c 포함	500	≥ (1.0)
> 500	(1000)	≥ 1.0

a SELV: 안전 초저압 (Safety Extra Low Voltage)
b PELV: 보호 초저압 (Protective Extra Low Voltage)
c FELV: 기능 초저압 (Functional Extra Low Voltage)

11 전기식(권상식) 엘리베이터에 비교하여 유압식 엘리베이터의 장점과 단점 3가지를 쓰시오.

정답 장점 : (1) 기계실의 위치가 자유롭다.
(2) 건물의 상부에 하중이 걸리지 않는다.
(3) 승강로 상부 틈새가 작아도 된다.
단점 : (1) 승강행정과 속도에 제한이 있다.
(2) 전동기 용량이 크다.
(3) 효율이 낮다.

12 군관리방식의 엘리베이터에 층 표시기 대신 홀랜턴을 사용하는 이유를 쓰시오.

정답 군관리 방식의 엘리베이터는 수송효율을 높이기 위해 카의 운행 방향과 같은 방향의 승강장 호출에 응답하지 않고 통과하는 경우 있어 홀랜턴을 사용한다.

13 카 자중 3500 kg, 정격하중 2000 kg, 승강행정 60 m, 로프 6본, 균형추의 오버밸런스율이 40 %일 때 전부하시 카가 최상층에 있는 경우 트랙션비를 계산하시오.
(단, 로프는 1.2 kg/m 이고, 보상율이 90%가 되는 균형 체인을 설치한다.)

정답 전부하 시 카가 최상층에 있는 경우
$$T = \frac{카자중 + 정격하중 + 균형체인\ 무게}{균형추 + 로프}$$
$$= \frac{3500 + 2000 + (1.2 \times 60 \times 6 \times 0.9)}{3500 + 2000 \times 0.4 + (1.2 \times 60 \times 6)} = 1.24$$
답 : 1.24

14 엘리베이터의 카를 점검 운전으로 하강 운전 시 조작 방법을 쓰시오.

> **정답** 운전 누름 버튼과 하강 누름 버튼을 동시에 계속 누르고 있어야 한다.

15 카의 문턱과 승강로 벽 사이의 수평거리를 일정하게 유지해야 하는 이유를 설명하시오.

> **정답** 카 문턱과 승강장 문턱, 카 도어 및 승강장 도어장치의 부품이 충돌하는 것을 방지하기 위해서 일정한 간격을 유지해야 한다.

16 다음 유압식 엘리베이터의 실린더 내벽의 안전율을 구하시오.

재료의 파괴강도(f) : 3800 kgf/cm², 상용압력(P_w) : 50 kgf/cm²
실린더 내경(d) : 20 cm, 실린더 두께(t) : 0.65 cm

> **정답** 안전율 = $\dfrac{2 \times 재료의\ 파괴강도(f) \times 실린더\ 두께(t)}{상용압력(P_w) \times 실린더\ 내경(d)}$
>
> 실린더 안전율 = $\dfrac{2 \times f \times t}{Pw \times d} = \dfrac{2 \times 3800 \times 0.65}{50 \times 20} = 4.94$

17 엘리베이터를 구성하는 부품 중 인증을 받아야 하는 승강기안전부품 5가지를 쓰시오.

> **정답**
> (1) 개문출발방지장치
> (2) 과속조절기
> (3) 구동기(전동기 및 전자 기계 브레이크 포함)
> (4) 비상통화장치
> (5) 상승과속방지장치
> (6) 완충기
> (7) 제어반
> (8) 이동케이블
> (9) 추락방지안전장치
> (10) 출입문 잠금장치
> (11) 출입문 조립체
> (12) 매다는 장치
> (13) 럽쳐밸브
> (14) 유량제한기

18 다음 에스컬레이터 경사도와 속도에 관한 설명이다. 빈칸을 채우시오.

(1) 경사도 α가 30° 이하인 에스컬레이터는 (　　) m/s 이하이어야 한다.
(2) 경사도 α가 30°를 초과하고 35° 이하인 에스컬레이터는 (　　) m/s 이하이어야 한다.

> **정답** (1) 0.75
> (2) 0.5

19 승강장문 잠금장치는 잠금부품(인터록)과 승강장 문의 닫힘을 확인하는 전기안전장치(전기 스위치)로 구성되어있다. 문이 열릴 때와 닫힐 때 작동순서를 설명하시오.

> **정답** (1) 문이 열릴 때 : 전기안전장치가 개방된 후 잠금부품이 해제되어야 한다.
> (2) 문이 닫힐 때 : 잠금부품이 7 mm 이상 물린 후 전기안잔장치가 작동되어야 한다.

20 에스컬레이터 구동체인의 분류 중 체인과 링크의 형식에 관한 내용이다. 빈칸을 채우시오.

[체인의 형식]

형 식	내 용
( )	롤러가 있는 체인을 나타낸다.
( )	롤러가 없는 체인을 나타낸다.

> **정답** 롤러체인, 부시체인

2024년 3회 승강기산업기사 실기

1 피난용 엘리베의터의 카 규격은 다음과 같아야 한다. 빈칸을 채우시오.

피난용 엘리베이터의 카의 출입문 유효 폭은 ( ) mm 이상, 정격하중은 ( ) kg 이상이어야 한다.
의료시설(침상 미사용 시설 제외)의 경우에는 들것 또는 침상의 이동을 위해 출입문 폭 ( ) mm, 카 폭 ( ) mm, 카 깊이 ( ) mm 이상이어야 한다.

> **정답** 900, 1000, 1100, 1200, 2300

2 다음 유압식 엘리베이터의 가요성 호스에 관한 물음에 답하시오.

(1) 실린더와 체크밸브 또는 하강밸브사이의 가요성 호스는 전 부하 압력 및 파열 압력과 관련하여 안전율은 몇 이상 이어야 하는가?
(2) 가요성 호스 및 실린더와 체크밸브 또는 하강밸브사이의 가요성 호스 연결장치는 전 부하 압력의 몇 배의 압력을 손상없이 견뎌야 하는가?

> **정답** (1) 8 (2) 5배

3 다음 유압식 엘리베이터 밸브의 역할을 쓰시오.

(1) 릴리프 밸브 :
(2) 체크밸브 :
(3) 스톱밸브 :

> **정답** (1) 릴리프 밸브 : 압력조절 밸브로서 상승압력의 140% 이내로 제한하는 밸브
> (2) 체크밸브 : 한 쪽 방향으로만 유체를 흐르도록 하는 밸브
> (3) 스톱밸브 : 점검 및 보수 시 밸브를 양방향 차단하여 카의 움직임을 막는 수동 밸브

4 VVVF방식 엘리베이터의 컨버터의 기능을 쓰시오.

> **정답** 3상 교류전원을 직류로 변환하는 장치

5 소방구조용 엘리베이터의 비상구출문에 대한 각각의 이중천장을 열기 위해 가하는 힘은 몇 N보다 작아야 하는가?

> **정답** 250 N

6 다음 엘리베이터의 카 문에 관한 질문에 답하시오.
(1) 잠금 해제 구간에서 카 문을 개방하는 데 필요한 힘은 (   ) N을 초과하지 않아야 한다.
(2) 카가 운행 중일 때 카 내부에 있는 사람에 의한 카 문의 개방은 (   ) N 이상의 힘이 요구되어야 하며 카가 잠금해제구간 밖에 있을 때 (   ) N의 힘으로 50 mm 이상 열리지 않아야 한다.

> **정답** (1) 300
> (2) 50, 1000

7 기계식 주차장치의 중량배분에 관한 물음의 빈칸을 채우시오.

자동차 중량의 전륜 및 후륜에 대한 배분은 ( ) : ( )로 하고 계산하는 단면에는 큰 쪽의 중량이 집중하중으로 작용하는 것으로 가정하여 계산하여야 한다.

> **정답** 6 : 4

8 승강로 최상층의 승강장 문턱과 카 측면의 금속재 캠, 승강로 벽에 설치된 리미트스위치 A, B, C를 보고 물음에 답하시오.

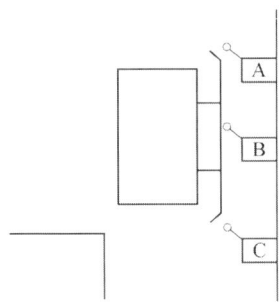

(1) 리미트 스위치 A, B, C의 명칭을 쓰시오.
(2) B와 C의 기능을 쓰시오

> **정답** (1) A : 상부 파이널리미트 스위치
> B : 상승리미트 스위치
> C : 강제감속 스위치 (슬로다운 스위치)
> (2) B : 리미트 스위치가 작동하면 카가 더 이상 상승하는 것을 방지한다.
> C : 리미트 스위치가 작동하면 전동기에 강제로 감속지령을 내린다.

9 다음의 경우 엘리베이터 승강장문의 잠금부품(인터록)과 전기안전장치(접점)의 작동순서를 쓰시오.
① 문이 열릴 때 :
② 문이 닫힐 때 :

> **정답** ① 전기안전장치(접점)이 먼저 열리고 잠금부품(인터록)이 해제된다.
> ② 잠금부품(인터록)이 먼저 7 mm 이상 물리고 전기안전장치(접점)이 작동한다.

10 에스컬레이터와 무빙워크의 디딤판 규격(m)을 쓰시오. (이상, 이하로 표시할 것)

> **정답** (1) 폭 : 0.58 m 이상 1.1 m 이하
> (2) 깊이 : 0.38 m 이상
> (3) 높이 : 0.24 m 이하

11 정격하중 4780 kg, 속도 0.5 m/s, 경사도 30°, 승입율 0.8, 효율 75%인 에스컬레이터의 전동기 용량을 구하시오.

정답 계산식 : $P = \dfrac{4780 \times 0.5 \times \sin30}{102 \times 0.75} \times 0.8 = 12.496$

답 : 12.5 kW

12 정격속도 1 m/s, 정격전압 380 V, 제어용전력 1.2 kVA/대, 정격전류 31 A, 수용률 0.91인 2대의 엘리베이터용 변압기의 최소용량은 몇 kVA 인가?

정답 계산과정 : $P = \sqrt{3} \times 380 \times (31 \times 2) \times 1.1 \times 0.91 \times 10^{-3} + (1.2 \times 2) = 43.247$

답 : 43.25 kVA

13 다음 엘리베이터용 로프의 안전율을 구하시오.

카 자중 2850 kg, 적재 하중 1000 kg, 로프 길이 100 m, 가닥 수 : $\phi 12 \times 5$ 가닥,
로프의 파단하중 59 kN, 로프 단위중량 0.494 kg/m 2:1 로핑

정답 계산과정 : $S = \dfrac{2 \times 5 \times \dfrac{59000}{9.81}}{2850 + 1000 + 5 \times 0.494 \times 100} = 14.69$

답 : 14.69

14 직류전동기의 속도제어 방식 3가지를 쓰고 설명하시오.

정답 (1) 전압제어 : 전기자 전압을 속도에 맞도록 제어하는 방식
(2) 저항제어 : 전기자 회로에 직렬로 가변저항을 연결하여 속도를 제어하는 방식
(3) 계자제어 : 계자전류는 속도에 반비례하므로 계자전류를 가변하여 제어하는 방

15 엘리베이터의 주행안내 레일의 크기를 결정하는 3가지 요소의 핵심 키워드를 채워 넣으시오.

정답 ① 추락방지안전장치 작동 시 : 좌굴하중
② 지진 발생 시 : 수평진동력
③ 불균형한 하중 적재 시 : 회전모멘트

16 에스컬레이터의 공칭속도에 적합한 정지거리를 쓰시오.

공칭속도	정지거리
0.50 m/s	( ) m부터 ( ) m까지
0.65 m/s	( ) m부터 ( ) m까지
0.75 m/s	( ) m부터 ( ) m까지

정답

공칭속도	정지거리
0.50 m/s	(0.20) m부터 (1.00) m까지
0.65 m/s	(0.30) m부터 (1.30) m까지
0.75 m/s	(0.40) m부터 (1.50) m까지

17 정격속도가 105 m/min인 엘리베이터의 완충기를 시험하는 경우 다음 물음의 답을 쓰시오. (단, 제동시간은 0.3 초이다.)

(1) 카가 완충기에 충돌하는 속도(m/s)를 구하시오.
(2) 카가 완충기에 충돌하여 정지 시까지 이동 거리(m)를 구하시오.

정답 (1) 계산식 : $V = \dfrac{105}{60} \times 1.15 = 2.012$ m/s   답 : 2.01 m/s

(2) 계산식 : $S = \dfrac{2.01 \times 0.3}{2} = 0.301$ m   답 : 0.30 m

18 에스컬레이터의 보조 브레이크가 작동 시 구비 조건 2가지를 쓰시오.

정답 (1) 속도가 공칭속도의 1.4배의 값을 초과하기 전
(2) 디딤판이 현재의 운행 방향에서 바뀔 때

19 비상전원공급장치의 역할 2가지를 쓰시오.

정답 (1) 정전 시 카의 비상등에 전원을 공급한다.
(2) 정전 시 내부통화 시스템 또는 비상통화장치에 전원을 공급한다.

20 다음 완충기에 관한 문제의 빈칸을 채우시오.

에너지 분산형 완충기는 정격하중을 싣고 정격속도의 ( )%로 충돌할 때 평균 감속도는 ( ) g_n 이하이어야 하고 $2.5 g_n$을 초과하는 감속도는 ( ) 초보다 길지 않아야 한다.

정답 115, 1, 0.04

2025년 승강기기사·산업기사 실기

2025년 1회 승강기기사 실기

1 포지티브 구동 엘리베이터의 단점 3가지를 쓰시오.

정답
① 승강 행정과 속도에 한계가 있다. (정격속도 0.63 m/s 이하)
② 전동기 용량 (소요 동력)이 크다.
③ 지나치게 풀리거나 감길 위험이 있다. (과 주행의 위험)

해설 포지티브 구동 엘리베이터의 장점은 균형추가 없어 승강로 소요 면적이 작다.
※ 주택용 엘리베이터와 소형화물용 엘리베이터에 사용된다.

2 정격하중 1125 kg, 정격속도 1.75 m/s, 오버밸런스율 50 %, 전체효율 80 %인 엘리베이터의 전동기 용량(kW)을 구하시오.

정답 계산과정 : $P = \dfrac{L(\text{kg}) \times V(\text{m/s}) \times (1-\text{OB})}{102 \times \eta} = \dfrac{1125 \times 1.75 \times (1-0.5)}{102 \times 0.8} = 12.063 \text{ kW}$

답 : 12.06 kW

해설 엘리베이터 전동기용량을 구하는 공식은
$P(\text{kW}) = \dfrac{L(\text{kg}) \times V(\text{m/s}) \times (1-\text{OB})}{102 \times \eta} = \dfrac{L(\text{kg}) \times V(\text{m/min}) \times (1-\text{OB})}{6120 \times \eta}$

3 엘리베이터와 휠체어리프트의 중대고장의 종류 5가지를 쓰시오.

정답
① 출입문이 열린 상태로 움직인 경우
② 출입문이 이탈되거나 파손되어 운행되지 않은 경우
③ 최상, 최하 층을 지나 계속 움직인 경우
④ 운행하려는 층으로 운행하지 않은 경우
⑤ 운행 중 승객이 운반기구에 갇힌 경우

4 인버터제어(VVVF)방식을 적용한 유압식 엘리베이터의 장점 3가지를 쓰시오.

정답 ① 효율이 높다.
② 기동 및 정시쇼크 감소로 승차감이 좋다.
③ 기동전류가 작다.

5 승강장문 및 카 문이 닫혔 있을 때의 문짝간 틈새나 문짝과 문틀(측면) 또는 문턱 사이의 틈새는 몇 mm까지 허용되는지 (   )안에 쓰시오.

(1) 수평개폐식 : 문짝간 틈새 및 문짝과 문틀 또는 문턱 틈새 : (   ) mm 이하
부품이 마모된 경우 (   ) mm 이하
(2) 수직개폐식 : 문짝간 틈새 및 문짝과 문틀 또는 문턱: (   ) mm 이하
부품이 마모된 경우 (   ) mm 이하

정답 (1) (6), (10)
(2) (10), (14)
※ 손 끌림 방지대책 : 문턱 위 1.6 m까지 5 mm (유리 4 mm) 마모 시 6 mm(유리 5 mm) 또는 열림을 정지시키는 손가락 감지수단 (유연한 재질 가능)

6 다음은 유압엘리베이터 밸브에 관한 설명이다. ( ) 안에 밸브명칭을 쓰시오.

(1) 압력을 전부하 압력의 140 %까지 제한하는 밸브 : (   )
(2) 한 쪽 방향으로만 오일이 흐르도록 하는 밸브 : (   )
(3) 점검 및 보수 시 작동유를 차단하는 밸브 : (   )

정답 (1) 릴리프 밸브(안전밸브)
(2) 체크밸브(역저지밸브)
(3) 스톱밸브(차단밸브)

7 엘리베이터용 과속조절기 종류 3가지를 쓰시오.

정답 ① 디스크형 ② 마찰정지형(롤세이프티) ③ 플라이볼형

8 다음 엘리베이터의 과속조절기에 관한 기준에 대하여 답하시오.

추락방지안전장치의 작동을 위한 과속조절기는 정격속도의 115 % 이상의 속도 및 다음 구분에 따른 어느 하나에 해당하는 속도 미만에서 작동되어야 한다.

(1) 캡티브 롤러 형을 제외한 즉시 작동형 추락방지안전장치: (   ) ㎧
(2) 캡티브 롤러 형의 추락방지안전장치: (   ) ㎧
(3) 정격속도 1 ㎧ 이하에 사용되는 점차 작동형 추락방지안전장치: (   ) ㎧
(4) 정격속도 1 ㎧ 초과에 사용되는 점차 작동형 추락방지안전장치: (   ) ㎧

정답 (1) 0.8 (2) 1 (3) 1.5 (4) $1.25 \cdot V + \dfrac{0.25}{V}$

9 에스컬레이터에서 다음 조건의 경우 스텝 체인의 안전율을 구하시오.

층고 (H)	3.5 m
체인을 포함한 스텝 1개의 중량 (W)	41 kgf
에스컬레이터의 경사각 (α)	30°
스텝체인의 보정 파단력	12,500 kgf
스텝 폭 (S)	1 m
스텝의 피치 (P)	0.4 m
스텝체인의 인장용 스프링 장력 (T)	600 kgf

정답 계산과정 : 에스컬레이터의 스텝체인장력

$$T_{step}[\text{kg}] = \frac{1}{2}\left(270\,A + \frac{2H \cdot W}{P}\right)\sin\alpha + \frac{T}{2}$$
$$= \frac{1}{2}\left(270 \times \sqrt{3} \times 3.5 \times 1 + \frac{2 \times 3.5 \times 41}{0.4}\right) \times \sin 30° + \frac{600}{2}$$
$$= 888.57[\text{kg}]$$

안전율 $= \dfrac{12500}{888.57} = 14.07$

답 : 14.07

10 엘리베이터용 도어모터의 구비조건 4가지를 쓰시오.

정답 (1) 소형이고 가벼워야 한다.
(2) 소음이 적어야 한다.
(3) 수명이 길어야 한다.
(4) 유지보수가 용이해야 한다.
(5) 가격이 싸야한다.

11 다음은 비선형 특성을 갖는 에너지 축적형 완충기에 관한 내용이다. (   )안에 답을 쓰시오.

정격하중을 싣고 정격속도의 115 %로 충돌할 때 평균 감속도는 (①)g_n 이하이어야 하고 (②)g_n을 초과하는 감속도는 0.04 초보다 길지 않아야 하며 최대 피크 감속도는 (③)g_n 이하이어야 한다.

정답 ① 1 ② 2.5 ③ 6

12 엘리베이터의 다음 장소에 설치되어야 하는 조명은 몇 [lx] 이상이어야 하는지 쓰시오.

(1) 카 조작반 및 카 벽에서 100 mm 이상 떨어진 카 바닥 위로 1 m 모든 지점 :
    (   ) lx 이상
(2) 승강장문 근처의 승강장에 있는 자연조명 또는 인공조명 : (   ) lx 이상
(3) 기계실·기계류 공간 및 풀리실의 작업공간의 바닥 면 : (   ) lx 이상
(4) 기계실·기계류 공간 및 풀리실의 이동 공간의 바닥 면 : (   ) lx 이상

정답 (1) 100 (2) 50 (3) 200 (4) 50

13 엘리베이터의 매다는 장치와 권상 도르래에 관한 물음에 답하시오.

(1) 로프의 공칭 직경은 (   ) mm 이상이어야 한다. 다만, 구동기가 승강로에 위치하고, 정격속도가 1.75 m/s 이하인 경우로서 행정안전부장관이 안전성을 확인한 경우에 한정하여 공칭 직경 (   ) mm의 로프가 허용된다.
(2) 권상 도르래·풀리 또는 드럼의 피치직경과 로프(벨트)의 공칭 직경 사이의 비율은 로프(벨트)의 가닥수와 관계없이 (   ) 이상이어야 한다. 다만, 주택용 엘리베이터의 경우 (   ) 이상이어야 한다.

정답 (1) 8, 6
(2) 40, 30

14 다음은 에스컬레이터의 경사도에 관한 내용이다. (   )안에 답을 쓰시오.

(1) 에스컬레이터의 경사도 α는 (   )°를 초과하지 않아야 한다. 다만, 층고가 6 m 이하이고, 공칭속도가 0.5 m/s 이하인 경우에는 경사도를 (   )°까지 증가시킬 수 있다.
(2) 무빙워크의 경사도는 (   )° 이하이어야 한다.

정답 (1) 30, 35
(2) 12

15 다음 회로에서 전동기의 역률을 구하시오.
전력계 W_1 = 5.6[kW], W_2 = 2.8[kW], 전압계 V=220[V]

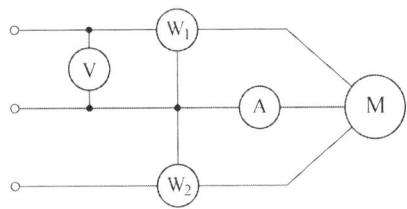

정답 전류값이 없으므로 2전력계법으로 계산한다.

$$역률 = \frac{유효전력}{피상전력} = \frac{5.6 + 2.8}{2\sqrt{5.6^2 + 2.8^2 - 5.6 \times 2.8}} = 0.866$$

※ $\cos\theta = \dfrac{W_1 + W_2}{2\sqrt{W_1^2 + W_2^2 - W_1 \times W_2}}$

답 : 0.87

16 엘리베이터 설치검사 시 기계실 내의 기계류 체크 사항 5가지를 쓰시오.

정답
(1) 기계실에 엘리베이터 용도 이외의 설비가 없는지 확인한다.
(2) 기계실 작업공간이 엘리베이터 안전기준에 따라 확보되는지 확인한다.
(3) 기계실 출입문의 구조가 엘리베이터 안전기준에 적합한지 확인한다.
(4) 기계실의 조명이 엘리베이터 안전기준에 적합한지 확인한다.
(5) 기계실의 환기가 엘리베이터 안전기준에 적합한지 확인한다.

해설 설치검사 시 기계실 내의 기계류 체크 사항
(1) 기계실에 「엘리베이터 안전기준」 6.1.2.1에 따른 설비를 제외한 엘리베이터 용도 이외의 것이 없는지 확인한다.
(2) 기계실 작업공간이 「엘리베이터 안전기준」 6.6.3.2.1에 따라 확보되는지 확인한다. (※ 기계실 작업구역의 유효높이 2.1m 이상)
(3) 기계실 출입문의 구조가 「엘리베이터 안전기준」 6.3.2, 6.3.3가)·나)·다)에 따라 적합한지 확인한다. (※ 높이 1.8m 이상, 폭 0.7m 이상)
(4) 기계실 출입문의 기계적 강도가 「엘리베이터 안전기준」 6.3.3마)·바)에 따라 적합한지 확인한다. (※ 0.3m x 0.3m 면적의 원형이나 사각 단면에 1000N의 힘을 균등하게 분산하여 가할 때 15mm를 초과하는 탄성변형이 없어야 한다.
(5) 기계실 바닥의 개구부에 「엘리베이터 안전기준」 6.6.3.3에 따라 물체가 승강로 내부로 떨어지지 않도록 하는 수단이 설치되어 있는지 확인한다.
(6) 기계실의 환기가 「엘리베이터 안전기준」 6.1.3에 따라 적합한지 확인한다.
(7) 조명이 「엘리베이터 안전기준」 6.1.4.2, 6.1.5.2가) 및 14.7에 따라 적합한지 확인한다. (※ 작업구역 : 200 lx 이상 / 이동통로 : 50 lx 이상)
(8) 콘센트가 「엘리베이터 안전기준」 6.1.5.2나) 및 14.7에 따라 설치되어 있는지 확인한다. (※ 1개 이상의 콘센트 설치)

(9) 양중용 지지대 및 고리에 「엘리베이터 안전기준」 6.1.7에 따라 허용 하중이 표시되어 있는지 확인한다. (※ 1개 이상)

17 카가 최고 위치에 있을 때, 승강로 천장의 가장 낮은 부분(천장 아래에 있는 빔 및 부품을 포함)과 다음 구분에 따른 카 지붕의 설비 사이의 유효 거리를 쓰시오.

(1) 카의 투영부분 중 다음 (2)와 (3)을 제외한 카 지붕에 고정된 설비 중 가장 높은 부분 (수직거리, 경사거리 포함) : (　　) m 이상
(2) 카의 투영부분에서 수평거리 0.4 m 이내의 가이드 슈/롤러, 로프 단말처리부 및 수직 개폐식 문의 헤더 또는 부품의 가장 높은 부분(수직거리) : (　　) m 이상
(3) 난간의 가장 높은 부분
　– 카의 투영 부분에서 수평거리 0.4m 이내와 난간 외부 수평거리 0.1 m 이내 부분(수직거리) : (　　) m 이상
　– 카의 투영부분에서 수평거리 0.4m 바깥 부분(경사거리) : (　　) m 이상

정답 (1) 0.5　(2) 0.1　(3) 0.3　0.5

18 1:1 로핑의 전기식 엘리베이터의 상부체대 부재의 길이가 170 cm, 단면계수 194.01 cm³, 중심에 작용하는 힘이 23249.7 N이고 부재의 파단강도가 402 MPa 일 때 상부체대의 안전율을 구하시오.

정답 계산과정 : 최대굽힘모멘트 $M_{\max} = \dfrac{23249.7 \times 170}{4} = 988112.25 \text{ N·cm}$

응력 $\sigma = \dfrac{988112.25}{194.01} = 5093.1 \text{ N/cm}^2$

※ $5093.1 \text{ N/cm}^2 = \dfrac{5093.1 \text{ N}}{(10^{-2})^2} = 5093.1 \times 10^4 \times 10^{-6} = 50.93 \text{ MPa}$

※ $\text{Pa} = \text{N/m}^2$

안전율 $S = \dfrac{\text{부재의 파단강도}(f)}{\text{응력}(\sigma)} = \dfrac{402}{50.93} = 7.893$

답 : 7.89

19 서로 다른 부하 조건에서 가이드슈에 의해 엘리베이터의 주행안내 레일에 작용하는 힘 5500 N, 레일의 단면계수 14300 mm³, 레일 브라켓 간격이 2500 mm일 때 레일의 굽힘응력은 몇 [N/mm²]인가?

정답 계산과정 : $M_m = \dfrac{3 \times f_h \times l}{16} = \dfrac{3 \times 5500 \times 2500}{16} = 2578125 [\text{N·mm}]$

$$\sigma_m = \frac{2578125}{14300} = 180.288$$

답 : 180.29

20 다음 그림은 로프식 엘리베이터의 기계대에 걸리는 하중을 표시한 것이다. 아래와 같은 조건일 때 기계대의 안전율을 구하고 적합성을 판단하시오.

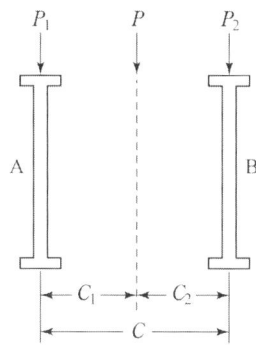
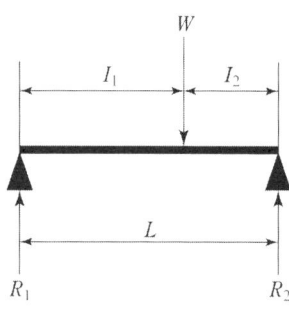

[조건]
① 카 자중(W_1) : 1,600 kg, 적재하중(W_2) : 800 kg, 로프자중(W_r) : 80 kg
② 균형로프(W_X) : 47 kg, 인장차 중량(W_t) : 400 kg, 권상기 자중(W_M) : 2,000 kg
③ 기계대 사용재료 : I 300×150×10(SS-400), 단면계수(Z)=849 cm³
　오버 밸런스율(OB) : 45%, C_1 : 250 cm, C_2 : 200 cm
　I_1 : 1,000 mm, I_2 : 800 mm, 파단강도 : 4,100 kg/cm²

정답 계산과정 : (1) 기계 기계대에 걸리는 총 하중(P)
　　　　　　P=권상기 자중 + 환산 동하중
　　　　　　　= 권상기 자중 + 2(움직이는 부품의 정하중)
　　　　　균형추 중량(W_C) = $W_1 + W_2 \times OB$ = 1600+800×0.45 = 1960 kg
　　　　　$P = W_M + 2(W_1 + W_2 + W_C + W_r + W_X + W_t)$
　　　　　　= 2000 + 2×(1600+800+1960+80+47+400)
　　　　　　= 11774 kg
(2) 기계대 A와 B에 작용하는 하중(P_1, P_2)
$$P_1 = \frac{P \times C_2}{(C_1 + C_2)} = \frac{11774 \times 200}{(250+200)} = 5232.89 \text{ kg}$$
$$P_2 = \frac{P \times C_1}{(C_1 + C_2)} = \frac{11774 \times 250}{(250+200)} = 6541.11 \text{ kg}$$
(3) 기계대의 안전율(S)을 구하고 판정하시오.
　$P_1 < P_2$이므로 P_2에 의한 최대 모멘트를 구하면

$$M = \frac{P_2 \times I_1 \times I_2}{L} = \frac{6541.11 \times 100 \times 80}{180} = 290716 \text{ kg·cm}$$

$$\sigma = \frac{M}{Z} = \frac{290716}{849} = 342.42 \text{ kg/cm}^2$$

안전율 $S = \frac{f}{\sigma} = \frac{4100}{342.42} = 11.97 > 4$

답 : 적합하다.

2025년 2회 승강기기사 실기

1 다음 엘리베이터의 승강로 조도는 몇 lx 이상 이어야 하는지 쓰시오.

(1) 카 지붕 수직위 1m 지점 : ( )
(2) 피트 하부에서 수직위로 1m 지점 : ( )
(3) 그 외의 장소 : ( )

정답 (1) 50 (2) 50 (3) 20

2 다음 장애인용 엘리베이터에 관한 물음에 답하시오.

(1) 승강기의 전면에는 ( )m × ( )m 이상의 활동공간이 확보되어야 한다.
(2) 승강장바닥과 승강기바닥의 틈은 ( )m 이하이어야 한다.
(3) 승강기 내부의 유효바닥면적은 폭( )m 이상, 깊이( )m 이상이어야 한다.

정답 (1) (1.4), (1.4)
(2) (0.03)
(3) (1.6), (1.35)

3 다음은 에너지 분산형 완충기에 관한 내용이다. ( )안에 답을 쓰시오.

에너지 분산형 완충기는 정격하중을 싣고 정격속도의 (①)%로 충돌할 때 평균 감속도는 (②)g_n 이하이어야 하고 2.5g_n을 초과하는 감속도는 (③)초보다 길지 않아야 한다. 완충기가 스프링식 또는 중력 복귀식일 경우, 최대 (④)초 이내에 완전히 복귀되어야 한다.

정답 ① 115 ② 1 ③ 0.04 ④ 120

4 AC 도어 모터에 비해 DC 도어 모터의 장점 2가지를 쓰시오.

정답 (1) 속도응답 특성이 우수하다.
(2) 효율이 높고 고속엘리베이터에 적용한다.

5 다음은 소방구조용 엘리베이터에 관한 규정이다. 빈칸에 답을 쓰시오.

소방구조용엘리베이터의 최저속도는 (①) m/s 이상이고 소방관 접근지정 층에서 가장 먼 층 까지 도달시간은 (②)초 이내이다.

정답 ① 1 ② 60

6 다음 와이어 로프를 파단강도가 낮은 것 부터 높은 순서로 쓰고 도금 가능 여부를 "도금" "비도금" "모두 가능"을 쓰시오.

A종, B종, C종, D종, E종, G종

정답 E(모두 가능), G(도금), A(모두 가능)
B(모두 가능), C (비도금), D(비도금)

7 다음 엘리베이터의 피트 바닥에 작용하는 수직력을 구하시오.

정격하중 : 1125 kg, 카에 의해 지지되는 부품의 중량 : 500 kg
카 자중 : 1100 kg, 균형추에 의해 보상되는 밸런스율 : 50%
중력가속도 : 9.81 m/s^2

(1) 카가 완충기에 작용했을 때 [kN]
(2) 균형추가 완충기에 작용했을 때 [kN]

정답 (1) 계산과정 : $F = 4 \cdot g_n \cdot (P+Q)$
$= 4 \times 9.81 \times (1100 + 500 + 1125) \times 10^{-3}$
$= 106.929$ kN
답 : 106.93 kN
(2) 계산과정 : $F = 4 \cdot g_n \cdot (P + q \cdot Q)$
$= 4 \times 9.81 \times (1100 + 500 + 1125 \times 0.5) \times 10^{-3}$
$= 84.856$ kN
답 : 84.86 kN

8 기계실·기계류 공간 및 풀리실의 다음 장소에 조명은 몇 lx 이상 이어야 하는가?

(1) 작업공간의 바닥 면 :
(2) 작업공간 간 이동 공간의 바닥 면 :

정답 (1) 200　(2) 50

9 카 자중 3500 kg, 정격하중 2000 kg, 승강행정 60 m, 로프 6본, 균형추의 오버밸런스율이 40 %일 때 전부하시 카가 최상층에 있는 경우 트랙션비를 계산하시오.
(단, 로프는 1.2 kg/m 이고, 보상율이 90%가 되는 균형 체인을 설치한다.)

정답 계산과정 : 전부하 시 카가 최상층에 있는 경우

$$T = \frac{\text{카자중} + \text{정격하중} + \text{균형체인 무게}}{\text{균형추} + \text{로프}}$$

$$= \frac{3500 + 2000 + (1.2 \times 60 \times 6 \times 0.9)}{3500 + 2000 \times 0.4 + (1.2 \times 60 \times 6)} = 1.244$$

답 : 1.24

해설 트랙션 비는 카가 무부하 시 최상층에 있는 경우와 전부하 시 최하층에 있는 경우가 가장 나쁜 상태이기 때문에 적용하지만 문제의 조건에 맞도록 계산해야 한다.

※ 전부하의 카가 최하층에 있는경우

$$T = \frac{\text{카자중} + \text{정격하중} + \text{로프무게}}{\text{균형추무게} + \text{균형체인 무게}}$$

$$= \frac{3500 + 2000 + 1.2 \times 60 \times 6}{3500 + 2000 \times 0.4 + (1.2 \times 60 \times 6 \times 0.9)}$$

$$= 1.265$$

답 : 1.27

10 그림과 같이 저항 $R_1 = 20\ \Omega$, $R_2 = 50\ \Omega$, $R_3 = 100\ \Omega$를 연결하고 $V = 200$ V 전원을 인가할 때 회로에 흐르는 부하전류 I (A)를 구하시오.

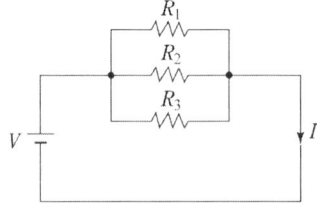

정답 $\dfrac{1}{R} = \dfrac{1}{20} + \dfrac{1}{50} + \dfrac{1}{100} = \dfrac{8}{100}$　합성저항 $R = \dfrac{100}{8}$

∴ $I = \dfrac{V}{R} = \dfrac{200}{12.5} = 16$ A

답 : 16 A

11 다음 유압식 엘리베이터의 회로도를 보고 물음에 답하시오.

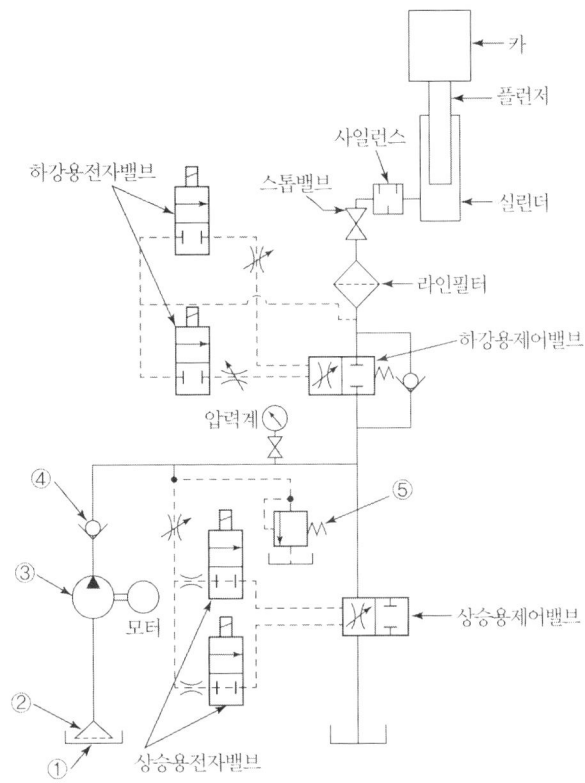

(1) 부품의 기호 번호 ①, ②, ③, ④, ⑤의 명칭을 쓰시오.
(2) 부품 기호 ⑤번의 기능을 설명하시오.

정답 (1) ① 탱크   ② 스트레이너   ③ 펌프
   ④ 역저지밸브(체크밸브)   ⑤ 안전밸브(릴리프밸브)
(2) 압력배관 내부의 압력이 과도하게 상승하는 것을 방지하는 밸브로 작동압력이 상용압력의 140 %를 초과하지 않도록 하는 안전밸브

12 승강기 관리주체가 행하는 엘리베이터의 자체 점검 항목 5가지를 쓰시오.

정답 ① 주개폐기의 설치 및 작동상태
② 안전표지
③ 비상운전 및 작동시험을 위한 장치의 기능 및 작동상태
④ 비상통화장치 설치 및 작동상태
⑤ 누수 및 청결 상태
⑥ 감속기의 이상 소음 및 진동상태
⑦ 피트 및 기계류 공간의 접근 수단

13 에스컬레이터의 안전인증부품 5가지를 쓰시오.

> **정답**
> ① 과속역행방지장치
> ② 구동기(전동기 및 전자기계 브레이크를 포함한다)
> ③ 구동 체인
> ④ 디딤판
> ⑤ 디딤판 체인
> ⑥ 제어반

14 정격하중 1125 kg, 정격속도 90 m/min, 오버밸런스율 50 %, 전체효율 75 %인 엘리베이터의 전동기 용량(kW)을 구하시오.

> **정답** $P = \dfrac{1125 \times 90 \times 0.5}{6120 \times 0.75} = 11.029$ kW
> 답 : 11.03 kW

15 다음 그림과 같은 가이드레일에서 x방향 수평하중(F_x)이 12 kN 작용할 때 x방향의 처짐량은 몇 mm인가? (단, 가이드 브래킷 사이 최대거리는 250 cm, y축 단면2차 모멘트는 26.48 cm⁴ 재료의 세로탄성계수는 210 GPa이다. 건물처짐량은 무시하고 공식은 엘리베이터 안전기준에 따른다.)

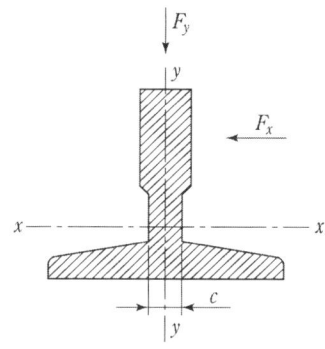

> **정답** 계산과정 : $\delta_x = 0.7 \times \dfrac{12 \times 10^3 \times (250 \times 10^{-2})^3}{48 \times 210 \times 10^9 \times 26.48 \times (10^{-2})^4} \times 10^3 = 49.172$ mm
> 답 : 49.17

16 다음은 유압식 엘리베이터의 속도제어 방법이다. 그 방식에 대하여 설명하시오.

(1) 유량 제어 밸브에 의한 방식
(2) 인버터(VVVF)에 의한 방식

정답 (1) 회전수가 일정한 전동기를 부착한 펌프는 일정량의 작동유를 토출하고 유량 제어 밸브로 상승 속도에 맞게 유량을 제어하는 방식이다.
(2) 전동기의 회전수를 인버터(VVVF)제어방식으로 제어하여 상승 속도에 적합한 펌프의 회전수가 되도록 제어 하여 펌프에서 토출되는 작동유의 양을 제어하는 방식이다.

해설 유압식 엘리베이터의 속도제어 방식은 유량제어밸브 방식과 인버터제어 방식으로 분류되고 유량제어 밸브 방식은 미터인회로 방식과 브리드오프 방식이 있다.

17 다음 엘리베이터 주행안내 레일의 사양을 보고 선형보간법을 이용하여 인장강도(R_{402}) 402 N/mm²인 주행안내 레일의 오메가(ω) 값을 계산하시오.

항 목	단 위	규 격
주행안내 레일의 단면적(A)	mm²	1550
X-축 단면2차 모멘트(I_x)	mm⁴	599000
Y-축 단면2차 모멘트(I_y)	mm⁴	532000
레일브래킷 사이의 최대거리(l)	mm	2500

정답 계산과정 : $\lambda(\text{세장비}) = \dfrac{l(\text{레일브래킷 사이의 최대거리 mm})}{i(\text{최소 회전반경 mm})}$

$= \dfrac{l}{\sqrt{\dfrac{I_y(Y\text{축 단면2차모멘트})}{A(\text{레일단면적})}}}$

$= \dfrac{2500}{\sqrt{\dfrac{532000}{1550}}} = 134.942$

$\omega(\text{오메가값}) = \left[\dfrac{\omega_{520} - \omega_{370}}{520 - 370} \times (R_m - 370)\right] + \omega_{370}$ 에서

$\lambda(\text{세장비})$가 134.942 이므로

$\omega_{520} = 0.00025330 \times \lambda^2 = 0.00025330 \times 134.942^2 = 4.612$

$\omega_{370} = 0.00016887 \times 134.942^2 = 3.075$

$\therefore \omega_{402} = \left[\dfrac{\omega_{520} - \omega_{370}}{520 - 370} \times (R_{402} - 370)\right] + \omega_{370}$

$= \left[\dfrac{4.612 - 3.075}{520 - 370} \times (402 - 370)\right] + 3.075$

$= 3.4028$

답 : 3.40

18 엘리베이터 카의 개문출발방지장치는 다음과 같은 거리에서 카를 정지시켜야 한다. 맞으면 O, 틀리면 X를 ( ) 안에 써 넣으시오.

(1) 카의 개문출발이 감지되는 경우, 승강장으로부터 1.2 m 이하 ( )
(2) 승강장문 문턱과 카 에이프런의 가장 낮은 부분 사이의 수직거리는 100 mm 이하 ( )
(3) 반-밀폐식 승강로의 경우, 카 문턱과 카의 입구쪽 승강로 벽의 가장 낮은 부분 사이의 거리는 200 mm 이하 ( )
(4) 카 문턱에서 승강장문 상인방까지 또는 승강장문 문턱에서 카문 상인방까지의 수직거리는 1.2m 이상 ( )
(5) 이 값은 승강장의 정지위치에서 움직이는 카의 모든 하중(무부하에서 정격하중의 100%까지)에 대해서 유효해야 한다. ( )

정답 (1) O (2) X (3) O (4) X (5) O

해설 (2) 승강장문 문턱과 카 에이프런의 가장 낮은 부분 사이의 수직거리는 200 mm 이하
(4) 카 문턱에서 승강장문 상인방까지 또는 승강장문 문턱에서 카문 상인방까지의 수직거리는 1 m 이상

19 다음 에스컬레이터 입면도의 주요 치수를 보기에서 고르시오.

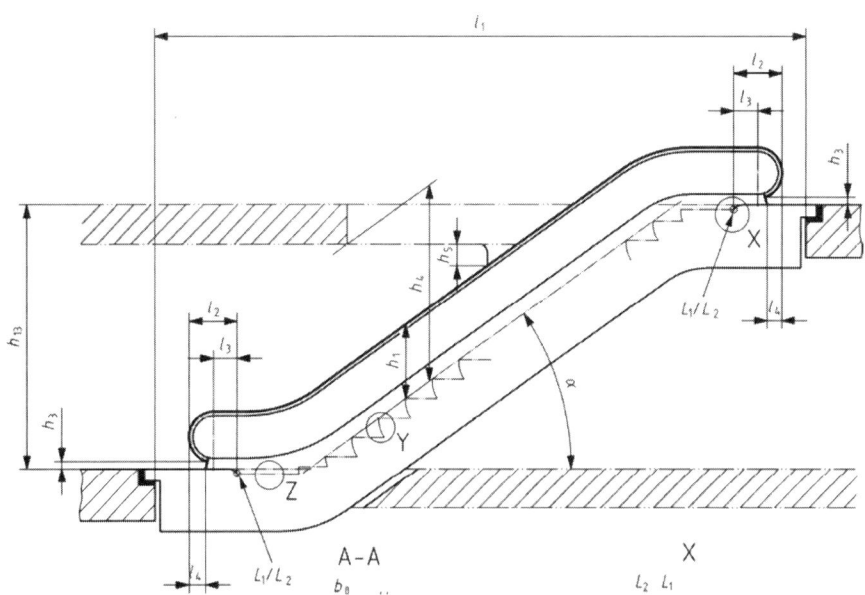

(1) 경사진 부분에서 스텝 앞부분이나 팔레트 표면 또는 벨트 표면에서 손잡이 꼭대기까지 수직높이 h_1 : ( ) m에서 ( ) m까지
(2) 뉴얼 안에 들어가는 손잡이 입구의 마감된 바닥으로부터 최하점 h_3 : ( ) m에서 ( ) m까지

(3) 뉴얼 끝지점 및 모든 지점의 자유공간을 포함한 에스컬레이터의 스텝 또는 무빙워크의 팔레트나 벨트 위의 틈새 높이 $h_4 \geq ($ $)$ m

(4) 계단의 교차점 및 십자형으로 교차하는 에스컬레이터 또는 무빙워크의 경우 틈새의 수직거리 $h_5 \geq ($ $)$ m

| 보기 | ① 0.9 m에서 1.1 m 까지   ② 0.1 m에서 0.25 m 까지
          ③ 0.2 m   ④ 2.3 m   ⑤ 0.3

정답 (1) ①   (2) ②   (3) ④   (4) ⑤

20 다음 에스컬레이터가 상승 운행 시 평균 용량(kW)을 계산하시오.

시간당 승객 1000명, 높이 4.5, 마찰계수 0.05, 경사 30°
부하계수 1.3 총효율 70%

정답 스텝폭과 속도가 없기 때문에 전동기 용량을 구하는 기본식과 마찰력을 더한 값으로 구한다.

$P = 9.81 \times W(\text{kg/s}) \times 10^{-3} \times H(\text{m : 수직이동거리}) \,[\text{kW}]$

마찰력에 의한 용량

$P = 9.81 \times W(\text{kg/s}) \times 10^{-3} \times H(\text{수직이동거리 : m}) \times \mu \cos\theta \,[\text{kW}]$

두 식을 정리하면

$P = \dfrac{9.81 \times W(\text{적재하중 : kg/s}) \times 10^{-3} \times H(\text{수직이동거리 : m}) \times (1 + \mu\cos\theta)}{\eta(\text{효율})}$
  $\times 부하계수 [\text{kW}]$

$= \dfrac{9.81 \times 1000 \times 75 \div 3600 \times 10^{-3} \times 4.5 \times (1 + 0.05 \times \cos 30)}{0.7} \times 1.3$

$= 1.781 \,[\text{kW}]$

2025년 3회 승강기기사 실기

1 에스컬레이터의 정지거리에 관한 물음에 답하시오.

(1) 빈칸에 속도에 맞는 정지거리를 쓰시오.

공칭속도	정지거리
0.50 m/s	( ) m부터 ( ) m까지
0.65 m/s	( ) m부터 ( ) m까지
0.75 m/s	( ) m부터 ( ) m까지

정답

공칭속도	정지거리
0.50 m/s	(0.20) m부터 (1.00)m까지
0.65 m/s	(0.30) m부터 (1.30)m까지
0.75 m/s	(0.40) m부터 (1.50)m까지

(2) 공칭속도 0.5 m/s의 에스컬레이터가 0.6 m/s² 감속도로 정지하였을 때 정지거리를 구하고 적합성을 판단하시오.

해설 감속도 $a = \dfrac{V}{t}$에서 정지시간 $t = \dfrac{V}{a} = \dfrac{0.5}{0.6} = 0.833$ 감속시간 t는 $0.83s$

∴ 정지거리 $S = \dfrac{Vt}{2} = \dfrac{0.5 \times 0.83}{2} = 0.207$ m

정지거리 S는 0.21 m

정답 공칭속도 0.5 m/s의 에스컬레이터 정지거리는 0.20 m부터 1.00 m까지 이기 때문에 정지거리 0.21 m로 적합하다.

2 다음 엘리베이터의 피트 사다리에 관한 물음에 답하시오.

(1) 피트 사다리 설치할 수 있는 피트 깊이 : (   ) m 이하
(2) 피트 사다리의 강도 : (   ) N 이상
(3) 발판의 유효폭 : (   ) mm 이상

정답 (1) 2.5 (2) 1500 (3) 280

3 다음은 소방구조용 및 피난용 엘리베이터에 대한 추가 요건이다. 빈칸을 채우시오.

(1) 소방구조용 엘리베이터 카의 출입문 유효 폭은 (   ) mm 이상, 정격하중은 (   ) kg 이상이어야 한다.

(2) 피난용 엘리베이터 카의 출입문 유효 폭은 (　　) mm 이상, 정격하중은 (　　) kg 이상이어야 한다.

정답 (1) 800, 630
(2) 900, 1000

4 카 자중 3500 kg, 정격하중 2000 kg, 로프1 본의 길이 60 m, 로프 6본, 균형추의 오버밸런스율이 40%일 때 전부하 시 카가 최하층에 있는 경우 트랙션비를 계산하시오.
(단, 로프는 1.2 kg/m 이고, 보상율이 90%가 되는 균형 체인을 설치한다.)

정답 전부하의 카가 최하층에 있으므로
$$T = \frac{\text{카자중} + \text{정격하중} + \text{로프무게}}{\text{균형추무게} + \text{균형체인무게}}$$
$$= \frac{3500 + 2000 + 1.2 \times 60 \times 6}{3500 + 2000 \times 0.4 + (1.2 \times 60 \times 6 \times 0.9)} = 1.265$$
답 : 1.27

5 경사형 휠체어리프트에 관한 물음에 답하시오.

(1) 카의 정격속도는 (　　)m/s 이하여야 한다.
(2) 경사형 휠체어리프트가 1인용일 경우에는 정격하중을 (　　)kg 이상으로 하고 휠체어 사용자용일 경우 (　　)kg 이상으로 설계한다.
(3) 탑재 하중이 결정되지 않은 경우(예를 들면 공공건물), 휠체어용 경사형 휠체어리프트는 정격하중을 (　　)kg 이상으로 한다. 최대 정격하중은 (　　)kg 이다.

정답 (1) 0.15
(2) 115, 150
(3) 225, 350

6 에너지 분산형 완충기를 적용한 엘리베이터가 정격속도의 (　　)%로 충돌 시 평균 감속도는 (　　)g_n 이하여야 하며 2.5g_n를 초과하는 감속도는 (　　)초 이하이어야 한다.

정답 115, 1, 0.04

7 엘리베이터와 관계없는 배관, 전선 또는 그 밖에 다른 용도의 설비는 승강로, 기계실 및 풀리실에 설치되어서는 안 되지만 해당 설비의 제어장치 또는 조절장치는 승강로, 기계실 및 풀리실 외부에 있어고 엘리베이터의 안전한 운행에 지장을 주지 않는 조건으로 승강로, 기계실, 풀리실에 설치할 수 있는 설비 5가지를 쓰시오.

정답
(1) 증기난방 및 고압 온수난방을 제외한 엘리베이터를 위한 냉·난방설비
(2) 카에 설치되는 영상정보처리기기의 전선 등 관련 설비
(3) 카에 설치되는 모니터의 전선 등 관련 설비
(4) 환기를 위한 덕트
(5) 소방 관련 법령에 따라 기계실 천장에 설치되는 화재감지기 본체, 비상용 스피커 및 가스계 소화설비
(6) 화재 또는 연기 감지시스템에 의해 전원(조명 전원을 포함한다)이 자동으로 차단되고 엘리베이터가 승강장에 정상적으로 정지했을 때에만 작동되는 스프링클러 관련 설비(스프링클러 시스템은 엘리베이터를 구성하는 설비로 간주한다)
(7) 피트 침수를 대비한 배수 관련 설비

8 엘리베이터가 상승 방향으로 과속이 발생했을 경우 이를 감지하여 정지시키는 안전장치 2가지를 쓰시오.

정답
① 로프 브레이크
② 도르래 브레이크
③ 카 브레이크
④ 이중화 브레이크

9 승강장문 및 카 문이 닫혔을 때 문턱 위로 최소 1.6 m까지의 문짝 간이나 문짝과 문틀 또는 문턱 사이의 틈새는 몇 mm까지 허용되는지 ( )안에 쓰시오.

(1) 수평 개폐식 : 문짝간 틈새 및 문짝과 문틀 또는 문턱 틈새 : (   )mm 이하
　　　　　　　　부품이 마모 된 경우 (   )mm 이하
(2) 수직 개폐식 : 문짝간 틈새 및 문짝과 문틀 또는 문턱: (   )mm 이하
　　　　　　　　부품이 마모 된 경우 (   )mm 이하

정답 (1) 6, 10
　　　 (2) 10, 14

해설 ※ 손 끌림 방지 대책 : 문턱 위 1.6 m까지 5 mm (유리 4 mm) 마모 시 6 mm(유리 5 mm) 또는 열림을 정지시키는 손가락 감지수단 (유연한 재질 가능)

10 다음은 3상 유도 전동기의 기동회로이다. 무접점 회로를 보고 논리식을 작성하고 유접점 회로를 작성시오.

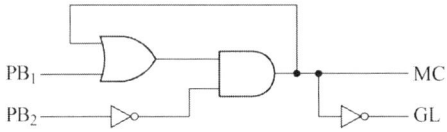

정답 (1) $MC = (PB_1 + MC) \cdot \overline{PB_2}$, $GL = \overline{MC}$
(2) 유접점회로

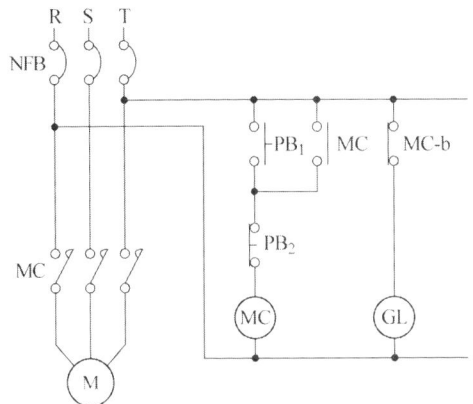

11 유압식 엘리베이터의 카와 플런저의 연결구조에 따라 분류한 종류 3가지 방식을 쓰시오.

정답 직접식, 간접식, 팬더그래프식

12 엘리베이터의 매다는장치 안전율은 다음 구분에 따른 수치 이상이어야 한다. 안전율을 쓰시오.

(1) 3가닥 이상의 로프(벨트)에 의해 구동되는 권상구동 엘리베이터의 경우: (   )
(2) 3가닥 이상의 6 mm 이상 8 mm 미만의 로프에 의해 구동되는 권상구동 엘리베이터의 경우: (   )
(3) 2가닥 이상의 로프(벨트)에 의해 구동되는 권상구동 엘리베이터의 경우: (   )
(4) 로프가 있는 드럼구동 및 유압식 엘리베이터의 경우: (   )
(5) 체인에 의해 구동되는 엘리베이터의 경우: (   )

정답 (1) 12 (2) 16 (3) 16 (4) 12 (5) 10

13 유압식 엘리베이터의 장점 3가지를 쓰시오.

정답 (1) 기계실의 위치가 자유롭다.
(2) 건물 꼭대기 부분에 하중이 걸리지 않는다.
(3) 꼭대기 틈새가 작다.

14 다음과 같은 조건의 엘리베이터 전동기 슬립(%)과 속도(m/min)를 계산하시오.

- 주 도르래 지름(D) : 650 mm
- 감속비(i) : $\frac{2}{79}$
- 극수(P) : 4
- 주파수(f) : 60 Hz
- 전동기 회전수 : 1746 rpm (단, 로핑은 1:1 방식이다.)

정답 (1) 슬립 $S = \frac{1800-1746}{1800} \times 100 = 3\%$ (동기속도 $N_s = \frac{120 \times 60}{4} = 1800$ rpm)

답 : 5%

(2) 속도 $V = \frac{\pi DN}{1000} \times i = \frac{\pi \times 650 \times 1746}{1000} \times \frac{2}{79} = 90.263$ m/min

답 : 90.26 m/min

15 다음 조건의 자동 동력 작동식으로 작동되는 엘리베이터의 문의 운동에너지를 구하고 적합 여부를 판단하시오.

문 폭이 900 mm인 중앙 개폐식 문의 평균 닫힘 시간이 1.5초이고, 카 문 및 부속품의 무게가 65 kg, 승강장 문 및 부속품의 무게가 60 kg 이다.

정답 계산과정 : (1) 닫힘 구간 : $S = \frac{900}{2} - (25 \times 2) = 400$ mm

(2) 평균 닫힘 속도 : $V = \frac{S}{t} = \frac{0.4}{1.5} = 0.267$ ∴ $V = 0.27$ m/s

(3) 문의 무게 : $m = 65 + 60 = 125$ kg

(4) 문의 운동에너지 : $E = \frac{1}{2}mv^2 = \frac{1}{2} \times 125 \times 0.27^2 = 4.556$ J

답 : 운동에너지는 4.56 J이며 10 J 이하로 적합하다.

해설 문의 평균 닫힘 속도는 각 작동구간의 끝에서 중앙 개폐식은 25 mm, 측면 개폐식은 50 mm 구간을 제외하고 문의 전체 작동 구간에 걸쳐 계산된다.

16 다음은 소방구조용 엘리베이터의 1단계 운전에 관한 설명이다. 맞으면 O, 틀리면 X를 ( ) 안에 써 넣으시오.

(1) 모든 승강장 호출 및 카 내의 등록버튼은 작동되지 않아야 하고, 미리 등록된 호출은 취소되어야 한다. ─ ( )

(2) 문 닫힘 버튼 및 비상통화버튼은 작동이 가능한 상태이어야 한다. ─ ( )

(3) 승강장에 문을 열고 대기하고 있는 소방구조용 엘리베이터는 문을 닫고 소방관 접근 지정층까지 멈추지 않고 이동되어야 한다. 경보음은 문이 닫힐 때까지 카 내에서 울려야 한다. 승강장문이 실제 열려있는 시간이 10초를 초과하기 전에 열과 연기에 영향을 받을 수 있는 문닫힘 안전장치는 무효화 되고, 감소된 동력 조건하에 닫히기 시작해야 한다. ─ ( )

(4) 소방관 접근 지정 층과 반대 방향으로 운행 중인 소방구조용 엘리베이터는 가장 가까운 승강장에 정상적으로 정지되고 문은 열리지 않고 소방관 접근 지정층으로 복귀되어야 한다. ── (   )

(5) 소방관 접근 지정 층에 도착한 소방구조용 엘리베이터의 승강장문 및 카문은 닫힌 상태로 계속 유지되어야 한다. ── (   )

정답 (1) O (2) X (3) X (4) O (5) X

해설 (2) 문 열림 버튼 및 비상통화버튼은 작동이 가능한 상태이어야 한다.
(3) 실제 열려있는 시간이 15초를 초과하기 전에 닫히기 시작해야 한다.
(5) 승강장문 및 카문은 열린 상태로 계속 유지되어야 한다.

17 엘리베이터의 로프와 도르래의 마찰력을 높이는 방법을 3가지 쓰시오.

정답 (1) 마찰계수를 높인다.
(2) 권부각을 크게 한다.
(3) 도르래를 언더컷 홈으로 가공한다.
(4) 로프를 더블랩으로 감는다.

18 다음은 엘리베이터의 비상등에 관한 설명이다. (   )안에 답하시오.

정상 조명 전원이 차단되면 (①) lx 이상의 비상등이 (②)시간 동안 다음의 장소에 점등되어야 한다.
- 카 내부 및 카 지붕에 있는 비상통화장치의 작동 버튼
- 카 바닥 위 (③)m 지점의 카 중심부
- 카 지붕 바닥 위 (④)m 지점의 카 지붕 중심부

정답 ① 5 ② 1 ③ 1 ④ 1

19 다음은 엘리베이터의 비상통화장치에 관한 설명이다. 맞는 내용을 모두 고르시오.

(1) 버튼을 한번만 눌러도 작동되어야 한다.
(2) 버튼을 누르면 음향 또는 통신신호가 작동되고 적색 표시등이 점등되어야 한다.
(3) 연결되면 녹색표시등 점등되어야 한다
(4) 카 내 비상통화장치 스피커의 출력 : 0.25 W 이상이어야 한다.
(5) 음량 : 30 dB 이상 60 dB 이하이어야 한다.

정답 (1), (3), (4)

해설 (2) 노란색 (5) 35dB 이상 65dB 이하

20. T형 주행안내 레일을 사용한 엘리베이터가 아래의 조건으로 가이드롤러에 의해 안내되고 있다. 정상적인 사용 시 주행안내 레일의 X-축과 Y-축의 굽힘응력 및 플랜지의 굽힘응력을 구하고 X-축과 Y-축의 처짐을 구하여 적합성을 판단하시오. 단, 좌굴은 발생하지 않는 것으로 간주한다.

정격하중	$Q=1000$ kg
카측 총중량	$P=1553$ kg
주행안내 레일 규격	13 kg/m
주행안내 레일 목 두께	$c=9.5$ mm
브래킷 사이의 거리	$l=2500$ mm
X-축 지지력	$F_x=663.55$ N
Y-축 지지력	$F_y=751.36$ N
X-축 단면계수	$Z_x=14300$ mm^3
Y-축 단면계수	$Z_y=12000$ mm^3
X-축의 단면 2차모멘트	$I_x=599000$ mm^4
Y-축의 단면 2차모멘트	$I_y=532000$ mm^4
탄성계수	$E=206000$ N/mm^2

정답 (1) X-축의 굽힘응력

X-축 굽힘모멘트 $M_y = \dfrac{3 \times F_y \times l}{16} = \dfrac{3 \times 751.36 \times 2500}{16} = 352200$ N·mm

X-축의 굽힘응력 $\sigma_x = \dfrac{M_x}{Z_x} = \dfrac{352200}{14300} = 24.63$ N/mm^2

(2) Y-축의 굽힘응력

Y-축 굽힘모멘트 $M_y = \dfrac{3 \times F_x \times l}{16} = \dfrac{3 \times 663.55 \times 2500}{16} = 311039.06$ N·mm

Y-축의 굽힘응력 $\sigma_y = \dfrac{M_y}{Z_y} = \dfrac{311039.06}{12000} = 25.92$ N/mm^2

(3) 플랜지의 굽힘응력 $\sigma_F = \dfrac{18.5 \times F_x}{c^2} = \dfrac{1.85 \times 663.55}{9.5^2} = 13.60$ N/mm^2

(4) 처짐

① X-축의 처짐

$\delta_x = 0.7 \times \dfrac{F_x \times l^3}{48 \times E \times I_y} = 0.7 \times \dfrac{663.55 \times 2500^3}{48 \times 206000 \times 532000}$

$= 1.38$ mm ≤ 5 mm 적합

② X-축의 처짐

$\delta_y = 0.7 \times \dfrac{F_y \times l^3}{48 \times E \times I_x} = 0.7 \times \dfrac{751.36 \times 2500^3}{48 \times 206000 \times 599000}$

$= 1.39$ mm ≤ 5 mm 적합

2025년 1회 승강기산업기사 실기

1 과속조절기가 작동될 때 과속조절기에 의해 발생되는 과속조절기 로프의 인장력은 다음 2개의 값 중 큰 값 이상이어야 하는데 2개의 값을 쓰시오.

정답 (1) 추락방지안전장치가 작동되는데 필요한 힘의 2배
(2) 300 N

2 다음 엘리베이터의 그림을 보고 물음에 답하시오.

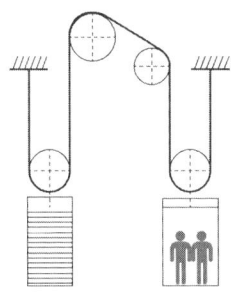

(1) 로핑의 종류 :
(2) 래핑의 종류 :
(3) 카의 속도는 주 로프 속도의 (   )배가 된다.
(4) 로프의 장력은 부하 측 하중의 (   )배가 된다.

정답 (1) 2 : 1   (2) 싱글랩   (3) 1/2   (4) 1/2

3 승강기 안전관리자의 일상점검 확인 사항 5가지를 쓰시오.

정답 ① 기계실 출입문의 잠금상태
② 기계실 온도 및 환기장치의 작동상태
③ 엘리베이터·휠체어리프트 호출버튼 및 등록버튼의 작동상태
④ 표준부착물의 부착상태
⑤ 엘리베이터 비상통화장치의 작동상태

※ 그 밖에 다음 2개의 사항이 있다.
⑥ 기계실 출입문 및 승강장문 등 비상열쇠의 관리상태
⑦ 그 밖에 관리주체가 승강기 안전 운행에 필요하다고 정하는 사항

4 다음은 승강기의 정의에 관한 내용이다. ( )에 적당한 답을 쓰시오.

> "승강기"란 (①)이나 고정된 시설물에 설치되어 (②)에 따라 사람이나 화물을 (③)으로 옮기는 데에 사용되는 시설로서 엘리베이터, 에스컬레이터, 휠체어리프트 등 대통령령으로 정하는 것을 말한다.

정답 ① 건축물 ② 일정한 경로 ③ 승강장

5 카 자중 1000 kgf, 적재하중 1000 kgf인 엘리베이터의 카 측에 1개의 스프링 완충기를 설치하였다. 완충기 스프링의 전단응력(MPa)을 구하시오. (단, 스프링지름 $D = 150$mm, 소선 지름 $d = 30$ mm)

정답 계산과정 :
$$\tau = \frac{8PD}{\pi d^3} = \frac{8 \times 2(1000+1000) \times 9.81 \times 150 \times 10^{-3}}{\pi \times (30 \times 10^{-3})^3} \times 10^{-6} = 555.132 \text{ MPa}$$
답 : 555.13 MPa

해설 $\tau = \frac{8PD}{\pi d^3}$ [Pa]

여기서, τ : 전단응력, P : 스프링에 가해지는 최대압축력 N
     D : 스프링직경 m, d : 스프링소선의 지름 m
$N/m^2 = Pa$, $MPa = 10^6 \times Pa$ ∴ $Pa \times 10^{-6} = MPa$
※ 단위를 N과 m로 통일하였고 정하중을 환산동하중으로 적용하기 위해 2를 곱했다.

6 소방구조용 엘리베이터의 경우 피트 바닥 위로 1m 이내에 위치한 전기장치는 IP ( ) 이상의 등급으로 보호되어야 한다. 콘센트 및 승강로에서 가장 낮은 조명 전구의 위치는 허용가능한 피트 내부의 최대 누수 수준 위로( ) m 이상이어야 한다.

정답 (67), (0.5)

7 엘리베이터의 피트 출입문의 크기를 쓰시오.

(1) 폭 : ( )m 이상
(2) 높이 : ( )m 이상

정답 (1) (0.7)
     (2) (1.8)

8 승강기용 동력 전원설비 산정 시 필요한 요소 3가지를 쓰시오.

정답 ① 전압강하 ② 전압강하계수 ③ 주위온도

※ 그 밖에 다음 2개의 요소가 있다.
④ 부등률 ⑤ 가속 전류

9 엘리베이터용 로프 중 실형, 8 꼬임, 소선이 19개인 로프의 기호를 쓰시오.

정답 8×S(19)

10 다음은 경사형 휠체어 리프트에 관한 설명이다. ( )안에 답을 쓰시오.

경사형 휠체어 리프트가 1인용일 경우에는 정격하중을 (①) kg 이상으로 하고 휠체어 사용자용일 경우 (②) kg 이상으로 설계한다.
탑재 하중이 결정되지 않은 경우(예를 들면 공공건물), 휠체어용 경사형 휠체어리프트는 정격하중을 (③) kg 이상으로 한다. 최대 정격하중은 (④) kg 이다.

정답 ① 115 ② 150 ③ 225 ④ 350

11 소방구조용 엘리베이터의 크기에 관한 물음에 답하시오.

소방구조용 엘리베이터의 크기는 630 kg의 정격하중을 갖는 폭 (①) mm, 깊이 (②) mm 이상이어야 하며, 출입구 유효 폭은 (③) mm 이상이어야 한다.

정답 ① 1100 ② 1400 ③ 800

12 엘리베이터의 주행안내 레일 목적 3가지를 쓰시오.

정답 ① 위치규제 ② 수직하중 지탱 ③ 균형유지

13 정밀 검사장비를 사용하여 검사하여야 하는 에스컬레이터의 정밀안전 검사항목 5가지를 쓰시오.

정답 (1) 제어반(열화상태)
(2) 전동기(운전 및 절연상태)
(3) 브레이크 (제동력 및 감속도)
(4) 보조브레이크 (제동력 및 감속도)
(5) 핸드레일(디딤판과의 공차속도 및 장력상태)

14 점차 작동형 추락방지 안전장치에 관한 물음의 빈칸을 채우시오.

정격하중을 적재한 카 또는 균형추/평형추가 자유 낙하할 때 점차 작동형 추락방지 안전장치의 평균 감속도는 (   ) g_n 에서 (   ) g_n 사이에 있어야 한다.

정답 (0.2), (1)

15 카 바닥의 폭 1.6 m, 깊이 1.45 m인 엘리베이터의 적용 가능한 인승을 구하시오.

표 1. 정격하중 및 최대 카 유효 면적

정격하중, 무게 (kg)	최대 카 유효 면적 (m²)	정격 하중, 무게 (kg)	최대 카 유효 면적 (m²)
100^{가)}	0.37	900	2.20
180^{나)}	0.58	975	2.35
225	0.70	1,000	2.40
300	0.90	1,050	2.50
375	1.10	1,125	2.65
400	1.17	1,200	2.80
450	1.30	1,250	2.90
525	1.45	1,275	2.95
600	1.60	1,350	3.10
630	1.66	1,425	3.25
675	1.75	1,500	3.40
750	1.90	1,600	3.56
800	2.00	2,000	4.20
825	2.05	2,500^{다)}	5.00

[비고] 1. 정격하중 100^{가)} kg은 1인승 엘리베이터의 최소 무게
2. 정격하중 180^{나)} kg은 2인승 엘리베이터의 최소 무게
3. 정격하중이 2,500^{다)} kg을 초과한 경우, 100 kg 추가 마다 0.16 m²의 면적을 더한다.
4. 수치 사이의 중간 하중에 대한 면적은 보간법으로 계산한다.

정답 계산과정 : (1) 카 비닥면적 : $S = 1.6 \times 1.45 = 2.32 \text{ m}^2$
(2) 바닥 면적 2.32 m²의 정격하중을 보간법으로 구한다.
$(X-900) : (975-900) = (2.32-2.20) : (2.35-2.20)$
$(X-900) : 75 = 0.12 : 0.15$
$0.15X - 135 = 9$
$\therefore X = 960 \text{ kg}$
$960 \div 75 = 12.8$

답 : 12인승

16 정격하중 1125 kg, 정격속도 90 m/min, 오버밸런스율 50 %, 전체효율 75 %인 엘리베이터의 전동기 용량(kW)을 구하시오.

> **정답** 계산과정 : $P = \dfrac{1125 \times 90 \times 0.5}{6120 \times 0.75} = 11.029$ kW
> 답 : 11.03

17 엘리베이터용 과속조절기 종류 3가지를 쓰시오.

> **정답** ① 디스크형
> ② 마찰정지형(롤세이프티)
> ③ 플라이볼형

18 다음 엘리베이터의 승강로 조도는 몇 lx 이상 이어야 하는가?

(1) 카 지붕 수직위 1 m 지점 :
(2) 피트 하부에서 수직위로 1 m 지점 :
(3) 그 외의 장소 :

> **정답** (1) 50　　(2) 50　　(3) 20

19 다음은 엘리베이터용 매다는 장치에 관한 설명이다. 빈칸을 채우시오.

엘리베이터용 로프의 공칭 직경은 (　) mm, 권상 도르래의 직경은 로프직경의 (　)배, 주택용 엘리베이터는 (　)배 이상이어야 하고 매다는 장치 연결부분의 강도는 로프 파단 하중의 (　) % 이상 견뎌야 한다.

> **정답** (8), (40), (30), (80)

20 엘리베이터용 전동기의 구비조건 4가지를 쓰시오.

> **정답** (1) 기동 토크가 커야 한다.
> (2) 기동전류가 작아야 한다.
> (3) 회전 관성모멘트가 작아야 한다.
> (4) 발열량이 적어야 한다.

2025년 2회 승강기산업기사 실기

1 카 지붕에 있어야 할 피난 공간의 자세와 크기를 모두 쓰시오.

정답 (1) 서 있는 자세 : 0.4 m × 0.5 m × 높이 2 m 이상
(2) 웅크린 자세 : 0.5 m × 0.7 m × 높이 1 m 이상

2 엘리베이터의 기계실 내부에 설치하는 설비 5가지를 쓰시오.

정답 (1) 권상기 (2) 과속조절기 (3) 제어반 (4) 비상통화장치 (5) 조명설비
※ 그 밖에도 환기설비, 승강기와 관련된 소화설비 등이 있다.

3 다음은 에스컬레이터의 진입방지대에 관한 설명이다. 옳으면 (O), 틀리면 (X)를 표기하시오.

(1) 진입방지대는 입구에만 설치해야 한다. (　)
(2) 뉴얼의 끝과 진입방지대 및 진입방지대와 진입방지대 사이의 자유로운 입구 폭은 500 mm 이상이어야 하며, 사용되는 쇼핑 카트 또는 수하물 카트 유형의 폭보다 작아야 한다. (　)
(3) 진입방지대의 높이는 800 mm에서 1,100 mm 사이이어야 한다. (　)
(4) 진입방지대 및 고정장치는 높이 100 mm에서 3,000 N의 수평력을 견뎌야 한다. (　)

정답 (1) O (2) O (3) X (4) X

해설 (3) 진입방지대의 높이는 900 mm에서 1,100 mm 사이이어야 한다. (　)
(4) 진입방지대 및 고정장치는 높이 200 mm에서 3,000 N의 수평력을 견뎌야 한다.

4 계단교차점 및 십자형으로 교차하는 에스컬레이터의 안전보호판 설치도를 보고 막는 조치 끝부분에서 수평거리 "X"와 수직틈새 "Y"를 다음 표의 간격을 보고 안전한 경우(O), 불안전한 경우 (X)를 표기하시오.

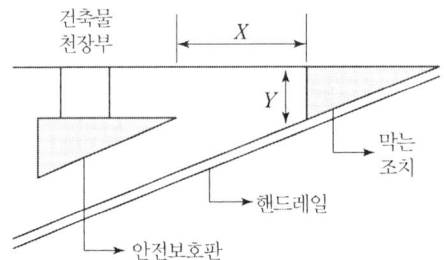

수평거리(X) cm	수직틈새(Y) cm	안전(O) / 불안전(X)
25	30	
34	31	
35	32	
36	35	

정답

수평거리(X) cm	수직틈새(Y) cm	안전(O) / 불안전(X)
25	30	×
34	31	○
35	32	○
36	35	×

해설 수평거리 X : 25 cm ~ 35 cm, 수직틈새 Y : 30 cm 초과

5 다음 엘리베이터 로프의 안전율을 계산하시오.

카자중 2850 kg, 적재하중 1125 kg,
로프길이 100 m, 로프가닥 수 : φ12×4 가닥,
로프 1가닥 파단하중 59 kN, 로프 단위중량 0.494 kg/m, 2:1 로핑

정답 계산과정 : $S = \dfrac{2 \times 4 \times \dfrac{59000}{9.81}}{2850 + 1125 + 4 \times 0.494 \times 100} = 11.530$

안전율 11.53

답 : 부적합

6 다음 엘리베이터의 과속조절기에 관한 기준에 대하여 답하시오.

추락방지안전장치의 작동을 위한 과속조절기는 정격속도의 115 % 이상의 속도 및 다음 구분에 따른 어느 하나에 해당하는 속도 미만에서 작동되어야 한다.

(1) 캡티브 롤러 형을 제외한 즉시 작동형 추락방지안전장치 : (　　　) ㎧
(2) 캡티브 롤러 형의 추락방지안전장치 : (　　　) ㎧
(3) 정격속도 1 ㎧ 이하에 사용되는 점차 작동형 추락방지안전장치 : (　　　) ㎧
(4) 정격속도 1 ㎧ 초과에 사용되는 점차 작동형 추락방지안전장치 : (　　　) ㎧

정답 (1) 0.8　 (2) 1　 (3) 1.5　 (4) $1.25 \cdot V + \dfrac{0.25}{V}$

7 전기식 교류엘리베이터의 속도제어 방식 4가지를 쓰시오.

> **정답** (1) 교류 1단속도 제어
> (2) 교류 2단속도 제어
> (3) 교류궤환전압제어
> (4) 가변전압 가변주파수 제어(인버터 제어)

8 엘리베이터의 적절한 권상능력 또는 전동기의 동력을 확보하기 위해 매다는 로프의 무게에 대한 보상 수단 관련 물음에 답하시오.

(1) 속도 3 m/s초과 시 보상 수단 :
(2) 속도 3.5 m/s 초과 시 추가 설치 장치 :
(3) 인장장치가 없는 보상수단의 순환하는 부근에 안내봉을 설치해야 하는 속도는 몇 m/s 초과한 경우인가? :

> **정답** (1) 보상로프
> (2) 튀어오름 방지장치(로크다운 비상정지장치)
> (3) 1.75

9 다음은 유압엘리베이터 밸브에 관한 설명이다. (　) 안에 밸브명칭을 쓰시오.

(1) 압력을 전부하 압력의 140 %까지 제한하는 밸브 : (　　　　)
(2) 한쪽 방향으로 만 오일이 흐르도록 하는 밸브 : (　　　　)
(3) 점검 및 보수 시 작동유를 차단하는 밸브 : (　　　　)

> **정답** (1) 릴리프 밸브 (안전밸브)
> (2) 체크밸브(역저지밸브)
> (3) 차단밸브(스톱밸브)

10 다음은 소방구조용 엘리베이터와 피난용 엘리베이터에 관한 설명이다. (　)안의 빈칸을 채우시오.

(1) 소방구조용 엘리베이터의 카의 크기는 정격하중 (　) kg, 폭 (　) mm, 깊이 (　) mm 출입구 유효폭은 (　) mm 이상이어야 한다.
(2) 피난용 엘리베이터의 출입문 유효 폭은 (　) mm, 정격하중은 (　) kg 이상이어야 한다.

> **정답** (1) (630), (1100), (1400), (800)
> (2) (900), (1000)

11 다음 엘리베이터의 피트 바닥에 작용하는 수직력을 구하시오.

정격하중 : 1125 kg, 카에 의해 지지되는 부품의 중량 : 500 kg
카 자중 : 1100 kg, 균형추에 의해 보상되는 밸런스율 : 50 %
중력가속도 : 9.81 m/s²

(1) 카가 완충기에 작용했을 때 [kN]
(2) 균형추가 완충기에 작용했을 때 [kN]

> **정답** (1) 계산과정 : $F = 4 \cdot g_n \cdot (P+Q)$
> $\qquad\qquad\qquad = 4 \times 9.81 \times (1100+500+1125) \times 10^{-3} = 106.929 \text{ kN}$
> 답 : 106.93 kN
> (2) 계산과정 : $F = 4 \cdot g_n \cdot (P + q \cdot Q)$
> $\qquad\qquad\qquad = 4 \times 9.81 \times (1100+500+1125 \times 0.5) \times 10^{-3} = 84.856 \text{ kN}$
> 답 : 84.86 kN

12 다음의 경우 엘리베이터 승강장문의 잠금부품(인터록)과 전기안전장치(접점)의 작동 순서를 쓰시오.

① 문이 열릴 때 :
② 문이 닫힐 때 :

> **정답** ① 전기안전장치(접점)이 먼저 열리고 잠금부품(인터록)이 해제된다.
> ② 잠금부품(인터록)이 먼저 7 mm 이상 물리고 전기안전장치(접점)이 작동한다.

13 정격속도가 1.75 m/s인 엘리베이터의 완충기를 시험하는 경우 다음 물음의 답을 쓰시오. 단, 제동시간은 0.3 초이다.

(1) 완충기에 충돌하는 속도는 몇 m/s인가?
(2) 충돌하는 감속도는 몇 g_n 인가?

> **정답** (1) $V = 1.75 \times 1.15 = 2.012$ 답 : 2.01 m/s
> (2) $a = \dfrac{2.01}{0.3 \times 9.81} = 0.682 g_n$ 답 : 0.68 g_n

14 엘리베이터의 문닫힘 안전장치의 종류 3가지를 쓰시오.

> **정답** (1) 세이프티 슈
> (2) 광전장치
> (3) 초음파장치

15 유도전동기에 380 V, 50 HZ의 전원을 공급할 때 1440 rpm으로 회전하는 전동기에서 전동기 설치 문제로 불평형 진동이 발생하였다. 불평형 진동은 몇 HZ인가?

정답 맥동주파수 $= \dfrac{N(\text{rpm})}{60} = \dfrac{1440}{60} = 24\text{ Hz}$

답 : 24 Hz

해설 $f(\text{주파수}) = \dfrac{1}{T}$, 1440 rpm = 1440 ÷ 60 = 24 rps

즉 1초에 24번 반복하므로 24 Hz

16 엘리베이터 카의 조명에 대하여 다음 (   )안에 답하시오.

(1) 벽에서 (   ) mm 이상 떨어진 카 바닥 위 (   ) m 지점 (   ) lx 이상
(2) 조명 장치는 (   )개 이상을 (   )로 연결
(3) 비상등은 (   ) lx 이상 (   )시간 이상 점등되어야 한다.

정답 (1) (100), (1), (100)
(2) (2), (병렬)
(3) (5), (1)

17 유도전동기의 슬립(%)을 구하는 공식을 쓰시오.

정답 슬립$(S) = \dfrac{\text{동기속도}(N_s) - \text{회전자 속도}(N)}{\text{동기기 속도}(N_s)} \times 100\ \%$

18 엘리베이터의 운행방식 중 오토 패스(AUTO-PASS)운전에 관한 물음에 답하시오.

(1) 기능을 간략히 설명하시오.
(2) 이 기능의 장점 2가지를 쓰시오.

정답 (1) 카 안에 탑승한 승객이 만원일 때 카에 등록된 층만 응답하고 승강장에 등록된 부름을 통과하는 기능
(2) ① 엘리베이터의 수송 능력을 높일 수 있다.
② 일주시간을 줄일 수 있다.

19 에너지 분산형 완충기를 적용한 엘리베이터가 정격속도의 (   )%로 충돌 시 평균 감속도는 (   )g 이하여야 하며 2.5g를 초과하는 감속도는 (   )초 이하 이어야 한다.

정답 (115), (1), (0.04)

20 다음 점검운전 조작반의 그림을 보고 물음에 답하시오.

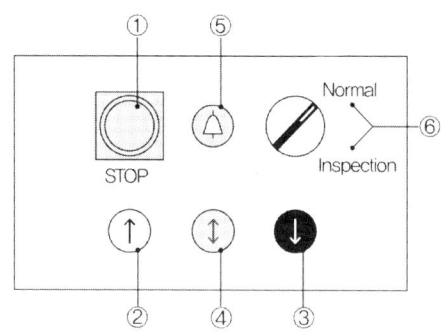

(1) ①~⑥번의 기호의 명칭을 쓰시오.
(2) 점검 운전으로 하강 시 작동시키는 방법을 설명하시오.

> **정답** (1) ① 정지 장치　② 상승 누름 버튼
> ③ 하강 누름 버튼　④ 운전 누름 버튼
> ⑤ 비상호출 누름 버튼　⑥ 정상/점검 스위치
> (2) ⑥번의 정상/점검 스위치를 Inspection(점검)에 위치시키고 ④번의 운전 누름 버튼과 ③번의 하강 누름 버튼을 동시에 누른다.

2025년 3회 승강기산업기사 실기

1 소방구조용 엘리베이터의 소방 운전 1단계, 2계 운전에 대하여 간단히 서술하시오.
(1) 1단계 :
(2) 2단계 :

> **정답** (1) 소방구조용 엘리베이터 우선호출(소방관 접근지정 층 복귀)
> (2) 소방운전제어 조건으로 엘리베이터 사용(소방관운전)

2 직류 전동기의 속도제어 방법 3가지를 쓰시오.

> **정답** 전압제어, 저항제어, 계자전류제어(자속제어)
>
> **해설** 직류전동기 회전수 : $N = \dfrac{E_a - I_a R_a}{I_f}$

3 엘리베이터 과속조절기의 작동에 관한 다음 물음에 답하시오.
추락방지안전장치의 작동을 위한 과속조절기는 정격속도의 115 % 이상의 속도 및 다음 구분에 따른 어느 하나에 해당하는 속도 미만에서 작동되어야 한다.

(1) 캡티브 롤러 형을 제외한 즉시 작동형 추락방지안전장치: (   ) m/s
(2) 캡티브 롤러 형의 추락방지안전장치: (   ) m/s
(3) 정격속도 1 m/s 이하에 사용되는 점차 작동형 추락방지안전장치: (   ) m/s
(4) 정격속도 1 m/s 초과에 사용되는 점차 작동형 추락방지안전장치: (   ) m/s

정답 (1) 0.8 (2) 1 (3) 1.5 (4) $1.25 \cdot V + \dfrac{0.25}{V}$

4 엘리베이터의 감속용 리미트 스위치가 작동되지 않거나 고장으로 카가 종단층을 지나 승강로 최상부 또는 최하부의 완충기에 충돌하는 것을 방지하는 안전장치의 명칭을 쓰시오.

정답 파이널리미트 스위치

5 엘리베이터의 수직 개폐식문의 현수장치에 관한 물음에 답하시오.

(1) 수직 개폐식 승강장문 및 카문의 문짝은 (   )개의 독립된 현수 부품에 의해 고정되어야 한다.
(2) 현수 로프·체인 및 벨트의 안전율은 (   )이상으로 설계되어야 한다.
(3) 현수 로프 풀리의 피치 직경은 로프 직경의 (   ) 배 이상이어야 한다.

정답 (1) 2 (2) 8 (3) 25

6 정격 전압 380 V, 전류 20 A, 주파수 60 Hz인 3상 유도전동기 출력이 11 kW일 때 역률(%)을 구하시오.

정답 $\cos\theta = \dfrac{11 \times 10^3}{\sqrt{3} \times 380 \times 20} \times 100 = 83.563$

답 : 83.56 %

7 엘리베이터와 비교하였을 때 에스컬레이터의 장점 3가지를 쓰시오.

정답 (1) 대기시간이 없고 연속적이다.
(2) 수송 능력이 크다.
(3) 건축물에 걸리는 하중이 분산된다.

8 다음은 자동차용 엘리베이터와 주택용 엘리베이터에 관한 내용이다. ( )안을 채우시오.

자동차용 엘리베이터의 경우 카의 유효면적은 1 m² 당 (①) kg으로 계산한 값 이상이어야 하고, 주택용 엘리베이터의 경우 카의 유효 면적은 (②) m² 이하이어야 한다.

정답 ① 150   ② 1.4

9 엘리베이터의 도어 클로저의 역할과 기능을 설명하고 종류 2가지를 쓰시오.

(1) 역할 및 기능 :
(2) 종류 :

정답 (1) 카가 없는 층의 승강장문 자동으로 닫히게 하는 장치로 승강장의 승객의 추락사고를 방지하는 장치
(2) 스프링 방식, 웨이트방식(중력식)

10 다음 그림과 같은 유압회로에 관한 물음에 답하시오.

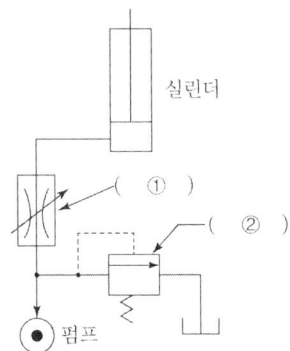

(1) 밸브 ①, ②의 명칭을 쓰시오.
(2) 이 회로의 특성을 간단히 기술하시오.

정답 (1) ① 유량제어밸브 ② 안전밸브
(2) 미터인 회로이며 정확한 속도제어가 가능하며 기동시 쇼크가 발생하고 효율은 떨어진다.

11 전기식(권상식) 엘리베이터에 비교하여 유압식 엘리베이터의 장점 3가지를 쓰시오.

정답 (1) 기계실의 위치가 자유롭다.
(2) 건물의 상부에 하중이 걸리지 않는다.
(3) 승강로 상부 틈새가 작아도 된다.

12 다음 유도전동기의 속도-토크 곡선의 (1),(2),(3)의 토크명칭을 쓰시오.

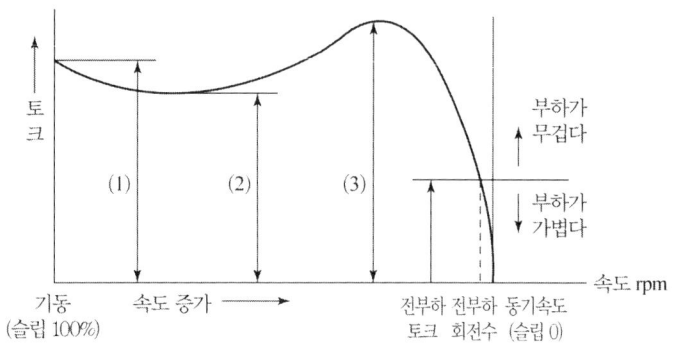

정답 (1) 기동토크 (2) 풀업토크 (3) 정동토크

13 다음은 소방구조용 엘리베이터의 1단계 운전에 관한 설명이다.
맞으면 O, 틀리면 X를 ( ) 안에 써 넣으시오.

(1) 승강기의 전면에는 1.4 m × 1.4 m 이상의 활동공간이 확보되어야 한다. —— ( )
(2) 승강장바닥과 승강기바닥의 틈은 0.03 m 이하이어야 한다. —— ( )
(3) 승강기 내부의 유효바닥면적은 폭 1.6 m 이상, 깊이 1.3 m 이상이어야 한다. —— ( )
(4) 호출버튼·조작반·통화장치 등 승강기의 안팎에 설치되는 모든 스위치의 높이는 바닥면
으로 부터 0.8 m 이상 1.2 m 이하의 위치에 설치되어야 한다. —— ( )
(5) 호출버튼 또는 등록버튼에 의하여 카가 정지하면 15초 이상 문이 열린 채로 대기해야 한다.
—— ( )

정답 (1) O (2) O (3) X (4) O (5) X

해설 (3) 1.35 m 이상
(5) 모든 승강장 호출 및 카내 등록 버튼은 작동되지 않아야 하고, 미리 등록된 호출
은 취소되어야 하며, 문을 열고 대기하고 있는 엘리베이터는 15초가 초과하기 전
에 닫히기 시작해야 한다.

14 다음 무접점 논리회로에 대한 물음에 답하시오.

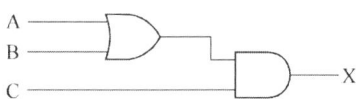

(1) 유접점 회로로 표시하시오.
(2) 논리식을 쓰시오.

정답 (1)

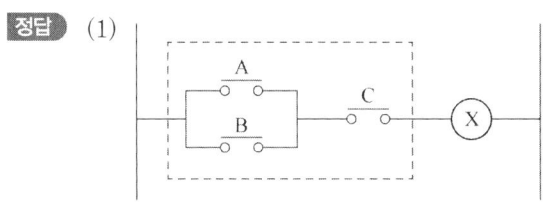

(2) X = (A + B) · C

15 다음의 경우 엘리베이터 승강장문의 잠금부품(인터록)과 전기안전장치(접점)의 작동 순서를 쓰시오.
① 문이 열릴 때 :
② 문이 닫힐 때 :

정답 ① 전기안전장치(접점)이 먼저 열리고 잠금부품(인터록)이 해제된다.
② 잠금부품(인터록)이 먼저 7 mm 이상 물리고 전기안전장치(접점)이 작동한다.

16 다음은 엘리베이터 권상용 로프의 안전율에 관한 표이다. 빈칸을 채우시오.

구 분	종 류		안 전 율
와이어 로프	권상용 로프의 직경	8mm 3가닥	(1)
		6mm 3가닥	(2)
	과속조절기 로프		(3)

정답 (1) 12　(2) 16　(3) 8

17 다음 조건으로 운행하는 엘리베이터의 전동기 회전수(rpm)와 주 도르래의 속도(m/min)를 구하시오.

[조건] 주 도르래 지름 660 mm, 감속비 2:67, 극수 4,
　　　주파수 33.3 HZ, 슬립 3 %

정답 (1) 전동기의 회전수
$$N = \frac{120f(1-S)}{P} = \frac{120 \times 33.3 \times (1-0.03)}{4} = 969.03 \text{ rpm}$$
답 : 969.03 rpm

(2) 속도
$$V = \frac{\pi DN}{1000} i = \frac{\pi \times 660 \times 969.03}{1000} \times \frac{2}{67} = 59.977 \text{ m/min}$$
답 : 59.98 m/min

18 엘리베이터용 수평개폐식 자동작동식 문의 다음 물음에 답하시오.

(1) 승강장문 또는 카문과 문에 견고하게 연결된 기계적인 부품들의 운동에너지는 평균 닫힘 속도로 계산되거나 측정했을 때 (   ) J 이하이어야 한다.
(2) 문이 닫히는 것을 막는데 필요한 힘은 문이 닫히기 시작하는 1/3 구간을 제외하고 (   ) N을 초과하지 않아야 한다.

정답 (1) 10   (2) 150

19 엘리베이터의 트랙션 비를 개선하는 방법 4가지를 쓰시오.

정답 (1) 보상로프및 보상체인을 설치한다.
(2) 카 자중을 가능한 한 줄인다.
(3) 오버밸런스율을 크게 한다.(50%로 한다)
(4) 로프 가닥수를 최소화 한다.

20 엘리베이터의 정격속도가 1.5 m/s일 때 과속조절기의 최저속도와 최고속도의 범위를 구하시오.
(1) 최저속도(m/s) :
(2) 최고속도(m/s) :

정답 (1) 최저속도 : $1.5 \times 1.15 = 1.725$ 답 : 1.73 m/s 이상
(2) 최고속도 : $1.25 \times 1.5 + \dfrac{0.25}{1.5} = 2.041$ 답 : 2.04 m/s 미만

해설 과속조절기의 작동 속도는 정격속도(V)의 1.15배 이상 $1.25 \times V + \dfrac{0.25}{V}$ 미만이다.

부록 승강기기사·산업기사 필수 암기사항

(1) 승강기 정의

건물이나 고정된 시설물에 부착되어 일정한 승강로를 통하여 사람이나 화물을 운반하는 시설로 엘리베이터, 에스컬레이터, 휠체어리프트 등 대통령령으로 정하는 것

(2) 엘리베이터 기계실

1) 출입문 크기 : ① 폭 : 0.7 m ② 높이 : 1.8 m 이상

※ 주택용, 소형화물용 엘리베이터

① 폭 : 0.6 m ② 높이 : 0.6 m 이상

2) 조도 : 200 lx 이상

3) 작업구역 유효 높이 : 2.1 m 이상

4) 기계실 바닥이 몇 m 초과하는 단차가 있는 경우 계단이나 발판을 설치해야 하는가?

0.5 m

5) 보호되지 않은 회전부품 위 측 수직유효거리 : 0.3 m 이상

(3) 승강로 조명을 측정하는 장소 2개소와 조도

① 카지붕 수직위 1 m : 50 lx 이상

② 피트바닥 수직위 1 m : 50 lx 이상

(그 외의 장소는 20 lx 이상)

(4) 전 부하 상태의 카가 완충기에 작용하였을 때 피트 바닥이 지지해야 하는 수직력을 구하는 방식

전기식 엘리베이터

$$F = 4 \times g_n \times (P+Q)$$

F : 전체수직력[N]

g_n : 중력가속도

P : 카에 걸리는 총 중량

Q : 정격하중

유압식 엘리베이터

(1) 에너지축적형 완충기 : $F = \dfrac{3 \cdot g_n \cdot (P+Q)}{n}$

(2) 에너지분산형 완충기 : $F = \dfrac{2 \cdot g_n \cdot (P+Q)}{n}$

n : 멈춤쇠 장치수

(5) 주요 부분의 조도
① 일반 승용엘리베이터 카 : 100 lx 이상
② 장애자용 엘리베이터 카 : 150 lx 이상
③ 카내 비상등 : 5 lx 이상, 1 시간 이상
④ 승강장 : 50 lx

(6) 엘리베이터와 관련된 문의 크기
① 카 천정 비상구출문 : **0.4×0.5 m** 이상
  ※ 소방구조용 : **0.5×0.7 m** 이상
② 갇힌 소방관 구출을 위해 이중천장을 열기 위한 힘은 **250 N** 보다 작아야 한다.
③ 카 벽 비상구출문 : **폭 0.4×높이 1.8 m** 이상 카 **간격 1 m** 이내
④ 피트, 기계실, 승강로 출입문 : **폭 0.7×높이 1.8 m** 이상
⑤ 비상문 : **폭 0.5×높이 1.8 m** 이상
⑥ 점검문 : **0.5×0.5 m** 이하
⑦ 풀리실 출입문 : **폭 0.6×높이 1.4 m** 이상
⑧ 상하 승강장문의 문턱간 거리가 몇 **11 m 초과** 시 비상문을 설치해야 한다.
⑨ 승강장문 및 카문의 높이 : **2 m** 이상 (주택용 : **1.8 m** 이상)

(7) 카의 문턱과 승강장 문턱 사이의 거리 : 35 mm 이하 (장애인용 : 30 mm 이하)

(8) 문닫힘 안전장치의 종류
① 세이프티슈(접촉식)
② 광전관 장치(비접촉식)
③ 초음파 장치(비접촉식)

(9) 문 닫힘 안전장치는 마지막 20 mm 구간에서 무효화 될 수 있다.

(10) 문 닫힘 안전장치는 문턱 위 25 mm와 1600 mm 사이의 전 구간에서 최소 50 mm의 물체를 감지할 수 있어야 한다.

(11)
① 문이 닫히는 것을 막는데 필요한 힘은 **150 N** 이하
② 잠금해제 구간에서 여는데 필요한 힘은 **300 N** 이하
  카가 운행 중일 때 카문의 개방은 **50 N** 이상의 힘이 요구되어야 하며 카가 잠금해제

구간 밖에 있을 때 카문은 **1000 N**의 힘으로 **50 mm** 이상 열리지 않아야 하며 자동 동력 작동 상태에서도 열리지 않아야 한다.

(12) 승강장문이 열릴 때와 닫힐 때 승강장문 잠금장치 순서
① 문이 열릴 때 : 전기적 안전장치(도어스위치) 개방 후 잠금부품 시건장치 개방
② 문이 닫힐 때 : 잠금부품(시건장치)가 7 mm 이상 걸린 후 전기적 안전장치(도어스위치) 작동(ON)

(13) 승강장문, 카문이 닫혀 있을 때 문짝과 문짝, 문틀과 문짝 틈새
① 수평 개폐식 : **6 mm** 이하, 마모 시 **10 mm** 이하
② 수직 개폐식 : 10 mm 이하, 마모 시 14 mm 이하
③ 문이 열릴 때 어린이 손 끼임 방지 : **5 mm** 이하, 마모 시 **6 mm** 이하,
　※ 유리문 **4 mm** 이하, 마모 시 **5 mm** 이하

(14) 엘리베이터 피트 출입수단
① 피트깊이 2.5 m 이하 : 사다리 혹은 피트출입문
② 피트깊이 2.5 m 초과 : 피트 출입문

(15) 카 지붕과 피트의 피난공간과 크기
1) 카 지붕 : ① 서 있는 자세 : $0.4 \times 0.5 \times H\ 2\ m$
　　　　　　② 웅크린 자세 : $0.5 \times 0.7 \times H\ 1\ m$
2) 피트 : ① 서 있는 자세 : $0.4 \times 0.5 \times H\ 2\ m$
　　　　② 웅크린 자세 : $0.5 \times 0.7 \times H\ 1\ m$
　　　　③ 누운 자세 : $0.7 \times 1 \times H\ 0.5\ m$

(16) 카 및 주요 거리
1) 잠금해제구간 : 승강장 바닥 상하 **0.2 m** 이하
2) 착상 정도 : **10 mm** 이하
3) 에이프런의 수직부분 높이 : **0.75 m** 이상
4) 자동차용 엘리베이터 유효면적 1 m^2당 하중 **150kg** 이상
5) 화물용 엘리베이터의 하역 시 기계적인 장치 착상 정확도 : **20 mm** 이하
6) 승강로 하부에 사람이 접근 할 수 있는 공간이 있는 경우 피트 바닥의 강도는 5000 N/m^2 이상으로 하고 균형추에 추락방지 안전장치를 설치해야 한다.

7) 카 지붕의 강도는 0.3 m×0.3 m 면적에서 **2000 N** 이상으로 영구 변형 없이 견뎌야 한다.
8) 카 지붕 보호난간
   ① 손잡이와 보호난간의 **1/2** 높이에 중간 봉
   ② 벽과 수평거리가 0.5 m 이하인 경우 높이 : **0.7 m** 이상
   ③ 벽과 수평거리가 0.5 m 초과한 경우 높이 : **1.1 m** 이상
   ④ 지붕 가장자리로부터 **0.15 m** 이내에 위치
   ⑤ 수직으로 **1000 N**의 힘을 가할 때 **50 mm**를 초과하는 탄성변형이 없어야 한다.
9) 카 아래와 윗부분에 있는 환기 구멍의 유효면적은 카 유효면적의 1 % 이상이어야 하고 틈새는 **50 %**까지 환기 구멍의 면적에 계산

(17) 승강로 내측과 카 문턱(문틀, 또는 카문의 닫히는 모서리) 사이의 수평거리는 승강로 전구간에 걸쳐 **0.15m** 이하여야 한다.
※ 이 수평거리의 제한을 받지 않기 위한 수단으로 잠금해제구간에서만 열리는 카도에 기계적인 잠금장치를 설치한다. (카문 잠금장치 설치)

(18) 균형추 주행구간 보호 칸막이는 피트 바닥 틈새 **0.3 m** 이하, 높이 **2 m** 이상 설치해야 한다.

(19) 권상 구동 엘리베이터에서 균형추가 완전히 압축된 완충기 위에 있을 때 카의 최고위치는 최상층 승강장 바닥에서 $+0.035\,V^2$ m 이하, 카가 완전히 압축된 완충기 위에 있을 때 카 바닥의 가장 낮은 부분과 피트바닥사이의 수직거리는 **0.5 m** 이상 이어야 한다.

(20) 엘리베이터의 카벽에 사용되는 유리의 종류 : **접합유리**

(21) 엘리베이터에 공칭직경 6 mm의 로프 사용 시 속도 **1.75m/s** 이하이고, 행전안전부장관의 안전성 승인, **3가닥** 이상, 안전율 **16** 이상이어야 한다.

(22) 로프 직경 **8mm** 이상, **3가닥**인 경우 안전율 **12** 이상, **2가닥**인 경우 16 이상이며, 도르래의 직경은 로프 직경의 **40배** 이상 이다.

(23) 로프 고정(체결) 방식 3가지 :
① 쐐기형 소켓 ② 압착링 매듭법 ③ 주물 단말처리

(24) 로프(매다는 장치) 단말은 로프 파단하중의 **80%** 이상이어야 한다.

(25) 로프의 권상능력 조건 :
정격하중의 **125%**를 적재하고 승강장 바닥에서 미끄럼 없이 정지상태를 유지

(26) 카 위치 이동에 따른 로프무게 보상수단과 관련 사항
① 3 m/s 이하 : 보상로프, 보상체인
② 3 m/s 초과 : 보상로프
③ 보상수단의 안전율 : 5 이상
④ 정격속도 1.75 m/s 초과 시 인장장치가 없는 경우 순환부근에 설치해야 하는 장치 : 안내봉
⑤ 인장풀리의 직경은 보상수단의 **30배** 이상

(27) 엘리베이터용 와이어 로프의 종류 3가지 :
① 실형(S)
② 필러형(F)
③ 워링톤형(W)

(28) 로프의 파단강도 및 도금, 비도금 가능 여부
① E 종 : 135 kg/mm^2 (1320 N/mm^2) 도금, 비도금
② G 종 : 150 kg/mm^2 (1470 N/mm^2) 도금
③ A 종 : 165 kg/mm^2 (1620 N/mm^2) 도금, 비도금
④ B 종 : 180 kg/mm^2 (1770 N/mm^2) 도금, 비도금
⑤ C 종 : 200 kg/mm^2 (1960 N/mm^2) 비도금
⑥ D 종 : 220 kg/mm^2 (2160 N/mm^2) 비도금

(29) 와이어로프의 신장(늘어남 길이) 공식 :

$$\delta = \frac{P \times H}{N \times A \times E}$$ ※ 로핑계수와는 관계없다.

δ : 신장(늘어남), H : 로프길이, N : 본수
A : 로프의 단면적, E : 로프의 종탄성계수

(30) 개문출발방지장치에 대하여 답하시오.
  1) 개문출발이 감지되는 경우 승강장에서 **1.2 m** 이하에서 정지하고 **상승 시** 카 문턱과 승강장 인방까지의 거리는 **1 m 이상**, 에프런의 가장 낮은 부분과 승강장 문턱 사이의 거리는 **200 mm** 이하.
    ※ 에이프런 수직부분 높이 : **0.75 m** 이상, 주택용 : **0.54 m** 이상
  2) 시험조건 : ① 정격하중의 100 % 하강 시
              ② 무부하 상승 시

(31) 주행안내레일의 역할 3가지 :
  ① 카와 균형추의 승강로내 **위치규제**
  ② 카의 **균형유지**
  ③ 추락방지안전장치 작동 시 **수직하중 유지**

(32) 주행안내레일 크기를 결정하는 요소 3가지 :
  ① 추락방지안전장치 작동시의 **좌굴하중**
  ② 지진발생시 **수평진동력**
  ③ 불균형한 하중적재 시 **회전모멘트**

(33) 엘리베이터 완충기의 종류 2가지 :
  ① 에너지 축적형 : 스프링 완충기, 우레탄완충기(솔리드버퍼)
  ② 에너지 분산형 : 유입완충기

(34) 에너지 분산형 완충기의 감속도는 **1g** 이하이어야 하며 **2.5g**를 초과하는 감속도는 **0.04 초** 이하여야 한다.

(35) 권상기 브레이크의 요건 및 소음
  1) 작동조건 2 가지 : ① 주동력 전원공급이 차단된 경우
                    ② 제어회로 전원공급이 차단된 경우
  2) 정격하중의 **125%** 싣고 정격속도 하강 시 **1 g** 이하의 감속도로 정지
  3) 무부하로 정격속도 상승 시 **1 g** 이하의 감속도로 정지
  4) 브레이크의 **기계적 부품은 2세트**로 구성되어야 하고 한쪽 브레이크의 제동능력은 정격하중을 싣고 하강 시와 빈카 상승 시 안전하게 제동되어야 한다.
  5) 플런저는 2세트 솔레노이드 코일은 1세트 (전기적인 부품은 이중화 필요 없음)

6) 권상기로부터 **1 m**의 거리에서 측정소음 : **70 dB** 이하

　　측정 위치의 암소음 : **55dB 이하**

(36) 과속조절기의 종류 3가지 :
　　① 디스크형
　　② 롤세이프티형(마찰정지형)
　　③ 플라이볼형(고속 : 베벨기어)

(37) 정격속도 1 m/s 엘리베이터의 과속조절기 작동속도
　　(정격속도 115 % 이상, 1.25V + 0.25/V [m/sec] 미만의 속도에서 작동)
　　1.15 m/s 이상 1.5 m/s 미만에서 작동

(38) 점차 작동형 추락방지 안전장치의 감속도 범위 : 0.2 g 이상 1 g 이하

(39) 추락방지안전장치 작동을 위한 로프의 인장력 :
　　① 추락방지안전장치가 작동되는데 필요한 힘의 2배 이상
　　② 300N 이상
　　　상기 두 값 중 큰 것 적용

(40) 과속조절기에 표시해야 할 내용 4가지를 쓰시오.
　　① 제조·수입업자
　　② 부품안전인증표시
　　③ 부품안전인증번호
　　④ 모델명
　　⑤ 정격속도

(41) 전동기 구동시간 제한장치에 대하여 답하시오.
　　1) 작동 조건 : ① 기동 시점에서 구동기가 회전하지 않을 경우
　　　　　　　　② 카 나 균형추가 주행중 장애물로 인해 로프가 권상도르래에서 슬립할 경우
　　2) 작동 시간 : ① 45초
　　　　　　　　② 정상작동 시 전체주행시간 + 10초 (10초 미만은 20초)
　　　　　　　　　상기 두 값 중 짧은 시간 이내

(42) 유압엘리베이터의 가요성 호스 안전율 : 8 이상

(43) 절연저항 값

공칭회로 전압[V]	시험전압/직류 [V]	절연저항[MΩ] 이상
SELV 및 PELV > 100 VA	250	0.5
≤ 500 FELV 포함	500	1
> 500	1,000	1

(44) 엘리베이터의 바이패스 장치가 작동 시 안전대책 2가지를 쓰시오.
① 카가 움직이는 동안 음향신호 (55 dB 이상)
② 카 하부 깜빡이는 조명
※ 카문과 승강장문이 동시에 바이패스되면 안된다.

(45) 비상통화장치 설치장소
① 건축물(3곳) : 경비실, 전기실, 중앙관리실
② 외부(2곳) : 유지관리업체, 자체점검자

(46) 비상통화장치 안전기준
  1) 작동 조건
    ① 버튼을 한번만 눌러도 작동되어야 한다.
    ② 버튼을 누르면 음향(35~65 dB) 또는 통신신호가 작동되고 노란색 표시등 점등
    ③ 연결되면 녹색표시등 점등
  2) 비상통화장치의 구비조건
    ① 카 내 비상통화장치 스피커의 출력 : 0.25 W 이상
    ② 음량 : 35 dB 이상 65 dB 이하
    ③ 절연 저항
      ㉮ 스위치 또는 회로를 off하고, 전원을 떼어낸 상태에서 전원입력 단자 사이의 절연저항을 측정하여 2 MΩ 이상
      ㉯ 내습절연 시험 : 0.3 MΩ 이상
    ④ 명료도 : 삼자간 이상 통화는 가능하되 MOS값 3.0 이상으로 유지되어야 한다.
    ⑤ 통화거리 : MOS값 3.0 이상을 유지하는 통화거리는 최소 1 km 이상이어야 한다.
    ⑥ 사용 온도 : -10 ~ +50℃
    ⑦ 전압변동률 : ± 10% 이내

(47) 장애인용 엘리베이터의 구비조건
① 승강장 바닥과 카 바닥의 틈 : **0.03 m** 이하
② 카 바닥면적 : 폭 **1.6 m**, 깊이 **1.35 m** 이상 (출입문 폭 : **0.8 m** 이상)
③ 버튼 및 스위치 높이 : 바닥에서 **0.8 m** 이상 **1.2 m** 이하
    (스위치가 많은 경우 **1.4 m** 이하로 완화 가능)

(48) 소방구조용 엘리베이터의 보조 전원공급장치는 **60초** 이내 작동하고 **2시간** 이상 운행시킬 수 있어야 한다.

(49) 소방구조용 엘리베이터의 속도는 **1 m/sec** 이상, 소방관 접근지정 층에서 가장 먼 층까지 도달 시간은 **60초** 이내 이어야 한다.
※ 승강행정이 **200 m** 이상인 경우는 **3 m** 거리마다 1초씩 증가될 수 있다.

(50) 소방구조운전 시 무효화 될 수 있는 안전장치
광전장치, 초음파장치 (열이나 연기에 영향을 받는 문닫힘 안전장치)

(51) 소방구조용 엘리베이터는 정격하중 **630 kg** 이상, 폭 **1100 mm**, 깊이 1400mm, 출입구 **폭 800 mm** 이상이어야 한다.

(52) 피난용 엘리베이터의 카 : 출입문 유효폭 900 mm 이상, 정격하중 1000 kg 이상

(53) 소방구조용 및 피난용 엘리베이터의 전기설비 보호등급
① 피트 바닥 위로 1m 이내에 위치한 전기장치 : **IP 67**
② 콘센트 및 승강로에서 가장 낮은 조명 전구의 위치는 허용 가능한 피트 내부의 최대 누수 수준 위로 **0.5 m 이상** 이어야 한다.
③ 승강장문을 포함하는 최상층 승강장 아래 승강로 벽으로부터 1m 이내에 위치한 승강로 내부의 전기기기, 카 지붕 및 카 벽면의 외부를 둘러싼 전기설비 : **IP X3**
④ 승강장문을 포함하는 최상층 승강장 아래 승강로 벽으로부터 1m 이상 떨어진 승강로 내부의 전기장치 : **IP X1**
⑤ 카 지붕 및 카 외벽 내의 전기설비 : **IP X3**

(54) 에스컬레이터의 속도는 공칭주파수 공칭전압에서 **±5 %** 이하이며, 경사도 **30°** 이하의 에스컬레이터는 0.75 m/sec, 경사도 30° 초과 35° 이하는 0.5 m/sec 이하이어야 한다.

(55) 무빙워크의 공칭속도는 **0.75 m/sec** 이하 경사도는 **12°** 이하 이어야 한다.
※ 수평주행구간이 1.6 m 이상이고 팔래트 폭이 1.1 m 이하인 무빙워크의 속도는 0.9 m/s 이하

(56) 에스컬레이터 및 무빙워크의 속도별 정지거리(감속도: 1 m/sec^2 이하)

공칭속도(m/sec)	정지거리 (m)
0.5	0.2 부터 1.00 까지
0.65	0.3 부터 1.30 까지
0.75	0.4 부터 1.50 까지
0.9	0.55부터 1.70까지

(57) ① 에스컬레이터 디딤판 : 높이 **0.24 m** 이하, 깊이 **0.38 m** 이상, 폭 **0.58~1.1 m**
※ 경사도가 6° 이하인 무빙워크의 폭은 1.65 m까지 허용
② 홈 : 폭 **5 mm** 이상 **7 mm** 이하, 홈의 깊이 **10 mm** 이상
③ 웹 : 폭 **2.5 mm** 이상 **5 mm** 이하

(58) 에스컬레이터 출입구 근처의 안전표시 4가지
① 손잡이를 꼭 잡으세요.
② 걷거나 뛰지 마세요.
③ 안전선 안에 서주세요.
④ 어린이나 노약자는 보호자와 함께 타세요.

(59) 에스컬레이터 보조브레이크 작동조건 2가지
① 공칭속도의 1.4배 초과하기 전
② 디딤판이 현재 운행방향에서 바뀔 때

(60) 에스컬레이터 보조브레이크 종류
① 폴 래칫 방식
② 디스크 웨지 방식
③ 디스크 브레이크 방식

(61) 계단교차점 막는 조치 및 안전보호판

1) 계단교차점 및 십자형으로 교차하는 에스

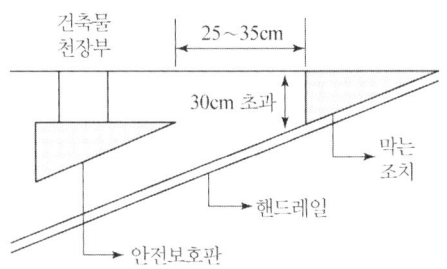

① 막는조치 수직부분 : **300mm 초과**
② 막는조치 끝에서 **250~350mm 안전보호판**

(62) 에스컬레이터 진입방지대의 요구조건

① 진입방지대는 입구에만 설치해야 한다. 자유구역에서는 출구에 설치할 수 없다.
② 뉴얼의 끝과 진입방지대 및 진입방지대와 진입방지대 사이의 자유로운 입구 폭은 **500 mm 이상**, 쇼핑 카트 또는 수하물 카트 유형의 폭보다 작아야 한다.
③ 진입방지대의 높이는 **900 mm에서 1,100 mm 사이**이어야 한다.
④ 진입방지대 및 고정장치는 높이 **200 mm에서 3,000 N의 수평력**을 견뎌야 한다.
⑤ 진입방지대는 가급적이면 건물 구조물에 고정되어야 한다.

(63) 특수승강기

1) 소형화물용 엘리베이터 :
① 정격하중은 **300 kg 이하**, 정격속도가 **1 m/s 이하**
② 기계실 개구부 크기 : 0.6 m×0.6 m 이상, 기계실 높이 : **1.8 m 이상**

2) 수직형 휠체어리프트 :
① 정격속도 **0.15 m/s 이하**, 정격하중은 **250 kg 이상**
② 카 바닥면적 **250 kg/m² 이상**, 최대 허용하중은 **500 kg 이하**
③ 과부하는 정격하중에 **75 kg 초과**시 작동, 카 바닥 유효면적 **2 m² 이하**

3) 경사형 휠체어 리프트 :
① 정격하중 1인용 **115 kg**(휠체어 사용자 : 150 kg) 이상
② 하중이 결정되지 않은 경우(공공건물) : 휠체어용 225 kg 이상,
　　　　　　　　　　　　　　　　최대 정격하중 : 350 kg 이상

③ 과부하 감지 : 정격하중 25% 초과

4) 경사형 엘리베이터 :
① 수평에 대하여 15°~75°의 경사
② 반 밀폐식 승강로 벽의 높이 기준이 되는 경사도 : 45°

저자 약력 profile

저 자 | 이 도 흠

공학석사(한양대학교)
대한민국 산업현장 교수(전기·전자)
일본 국토교통성 승강기검사원
한국승강기안전공단 교수
한국건설산업교육원 교수
한국승강기학회 이사
국무총리 표창, 통상산업부장관 표창 수상
동일출판사 승강기기사 집필(1992년)

전) – 현대엘리베이터㈜ 상무
    – 한국승강기대학교 겸임교수
    – 서일대학교 전기과 외래교수

판권
소유

승강기 기사 · 산업기사 실기

발　　행 / 2026년 1월 15일

저　　자 / 이 도 흠
펴 낸 이 / 이 지 연
펴 낸 곳 / 엔트미디어
주　　소 / 서울시 강서구 강서로 47-8 302호
　　　　　　 (화곡동 평인빌딩)
전　　화 / 02) 2608-8339
팩　　스 / 02) 2608-8314
등록번호 / 제839-91-00430

낙장 및 파본된 책은 구입서점이나 본사에서 교환해 드립니다.

ISBN : 979-11-92810-80-5　13550

값 / 23,000원

이 책은 저작권법에 의해 저작권이 보호됩니다.
엔트미디어 발행인의 승인자료 없이 무단 전재하거나 복제하는
행위는 저작권법 제136조에 의해 5년 이하의 징역 또는 5,000만
원 이하의 벌금에 처하거나 이를 병과(倂科)할 수 있습니다.